Zich
Intelligente Werbung, Exzellentes Marketing

Professor Dr. Christian Zich ist seit 1999 am Lehrstuhl für internationales Marketing und internationalen Vertrieb an der Fachhochschule Deggendorf. Zuvor hat er in verschiedenen Positionen im Vertrieb und Marketing der Siemens AG viele Praxiserfahrungen gesammelt. Als Geschäftsführer der Marketing- und Vertriebsberatung ppmt zählt er Unternehmen aller Größenordnungen und Branchen, vom Großkonzern bis zum kleinen Mittelstandsunternehmen zu seinen Kunden.

Intelligente Werbung, Exzellentes Marketing

Ein praktischer Leitfaden zu Kundenpsychologie und Neuromarketing, Prozessen und Partnermanagement

von Christian Zich

PUBLICIS

Bibliografische Information Der Deutschen Nationalbibliothek
Die Deutsche Nationalbibliothek verzeichnet diese Publikation in
der Deutschen Nationalbibliografie; detaillierte bibliografische Daten
sind im Internet über http://dnb.d-nb.de abrufbar.

Autor und Verlag haben dieses Buch mit großer Sorgfalt erarbeitet.
Dennoch können Fehler, auch bei der Übernahme aus anderen Quellen
nicht ausgeschlossen werden. Eine Haftung des Verlags oder des Autors,
gleich aus welchem Rechtsgrund, ist ausgeschlossen.

www.publicis-books.de

Lektorat: Dorit Gunia, dorit.gunia@publicis.de

ISBN 978-3-89578-377-7

Verlag: Publicis Publishing, Erlangen
© 2012 by Publicis Erlangen, Zweigniederlassung der PWW GmbH

Printed in Germany

If it doesn't sell, it isn't creative.

David Ogilvy

Vorwort:
Werbung muss verkaufen!

Sehr geehrter Leser,

dieses Buch habe ich für Sie geschrieben, und obwohl wir uns wahrscheinlich nie begegnet sind, habe ich mir doch viele Gedanken über Sie gemacht. Was Sie wissen möchten und müssen, wenn Sie im Marketing tätig sind oder anderweitig damit zu tun haben. Einige von Ihnen – Studenten, Kollegen, Kunden – habe ich kennen gelernt, und es waren Ihre Fragen und die gemeinsamen Diskussionen mit Ihnen, die letztlich dazu geführt haben, dass ich mich hinsetzte, um über meine Erfahrungen und Einsichten ins Marketing tatsächlich ein Buch zu schreiben. Ein Buch zu einem Thema, das so alt ist, wie die Werbung selbst.

Werbung ist nicht Selbstzweck, sie muss verkaufen!

Eine Forderung, die jeder Marketer ohne großes Nachdenken unterschreibt. Aber was heißt das eigentlich konkret? Eine Werbung, die verkauft, ist eine Werbung, die potenzielle wie aktuelle Kunden zu einer Kaufhandlung verleitet. So weit, so gut, doch spätestens bei dem Versuch, diese Forderung umzusetzen, tauchen einige Schwierigkeiten am Horizont des Marketing-Universums auf. Würde man zum Beispiel einen Werber fragen, wie er es machen würde, so bekäme man wohl die Antwort, „dass die kreative Umsetzung des Nutzens einer Leistung der Schlüssel zum Erfolg sei". Fragte man dagegen einen Kampagnenverantwortlichen eines Unternehmens, so „läge der Schlüssel in der richtigen Auswahl der Kundendaten in Kombination mit der richtigen Abgrenzung der Zielgruppe". Und interviewte man einen Produktmanager, so wäre es vielleicht „die optimale Darstellung der neuen, innovativen Produktfeatures".

Vorwort

5

Die Lösung des Dilemmas könnte nun ganz einfach die Verschmelzung aller Meinungen sein. Wenn es aber so leicht zu realisieren wäre, dann wäre dieses Buch unnötig und man müsste nur zu allen Beteiligten sagen: „Setzt Euch zusammen, werft alle Eure Ideen in einen Topf, dann entsteht die perfekte und verkaufsorientierte Werbung, die optimal Produkt oder Leistung verkauft." Was macht denn nun die Umsetzung dieser simplen Anforderung so schwierig? Hierzu eine kleine, aus dem Leben gegriffene Episode, wie sie – wahrscheinlich – dem einen oder anderen Leser sehr bekannt vorkommt:

In einem Meeting sitzen Vertreter des Produktmanagements, der Marketingkommunikation und der Werbeagentur und diskutieren sehr angeregt den Vorschlag der Werbeagentur. Der Creative Director hat gerade stolz sein Konzept für eine Broschüre präsentiert. In diese Broschüre hat die Agentur viel Arbeit in grafische und textliche Gestaltung investiert und alle kreativen Register gezogen. Die Broschüre fällt auf („... endlich heben Sie sich von der langweiligen Konkurrenz ab ..."), ist frech („... trauen Sie sich was ...") und erzeugt damit Aufmerksamkeit bei den Zielkunden. Prompt bekommt der Vertreter des Produktmanagements die ersten grauen Haare und befürchtet, dass die unkonventionelle Aufmachung nicht zum seriösen Image der Firma passt („... was sollen denn unsere Kunden von uns denken ...") und die Leistungsfähigkeit des Produktes zu sehr in den Hintergrund gedrängt wird („... also, man sieht ja das Produkt gar nicht, ich hätte viel lieber ein Bild ..."), außerdem stehe im Text viel zu wenig über die Technologie des Produktes. Mittendrin dann der Kampagnenmanager, der händeringend versucht, auch seine Vorstellungen („... die Kundengruppen, die wir adressieren wollen, interessieren sich doch gar nicht so für die Technik ...") und die Vorgaben seitens der Corporate Identity („... dieses Farbschema geht auf keinen Fall ...") einzubringen.

Nun, eine solche Situation hat wahrscheinlich jeder schon einmal so oder ähnlich erlebt. Das wesentliche Problem besteht darin, dass hier viele subjektive Meinungen aufeinanderprallen, ohne dass eine Orientierung an konkreten Tatsachen respektive objektivierbaren Entscheidungskriterien möglich wäre. Der Ausgang solcher Diskussionsrunden ist oft eher frustrierend als motivierend, da die Entscheidung nicht in Form eines Konsens zustande kommt, sondern indem entweder derjenige nachgibt, der weniger entscheidungsstark ist oder in einem Abhängigkeitsverhältnis steht (wie z. B. die Werbeagentur) oder sich derjenige durchsetzt, der besonders aggressiv auftritt oder die Budgethoheit besitzt. Das Ende solch einer gesamten Diskussion führt dazu, dass in der Regel zwei von den drei Personen sauer sind, die Werbung ein schwacher Kompromiss aus einer langen Liste von Funktionsanforderungen mit wenig aussagekräftigen Bildern wird, der Claim dann letztendlich langweilig und irgendwie so ähnlich wie viele andere ist.

Das Ergebnis dieses mühsamen und aufreibenden Prozesses ist eine Werbung, die keinen Kunden vom Hocker reißt. Obendrein war dann der ganze Spaß auch noch recht teuer. Es ist aber auch ein komplett anderer Verlauf der Diskussion vorstellbar. Aufgrund der Unkenntnis und der fehlenden Professionalität der Produktmanager und der Marketingverantwortlichen wird die ganze Last der Gestaltung auf die Schultern der Werbeagentur gelegt („Sie haben doch Ahnung von Werbung, ... Sie müssen uns doch sagen, was richtig ist ...“). Ein geschickter Verkäufer könnte nun die Verantwortlichen mit den wichtigen und nachhaltigen Argumenten problemlos „um den Finger wickeln“. In diesem Fall wäre keiner sauer und wenn nicht das erhoffte Ergebnis herauskäme, wäre die Agentur schuld.

Gibt es denn nun einen Ausweg aus diesem Dilemma, oder anders gefragt: Gibt es eine Möglichkeit, diese vollkommen verschiedenen Welten miteinander zu verbinden und Werbung als Verkaufsinstrumentarium zu verstehen, ohne langweilig zu werden? Ja, den gibt es! Und schon sind wir mitten im Thema: *Marketingleistung nach oben, Kosten nach unten.* Heißt nichts anderes, als langfristig in Markenidentitäten zu denken und kurz- und mittelfristig die Kampagnen so zu gestalten, dass der Kunde schreit: „Hurra“, das wollte ich schon immer haben, her damit!“.

Aber bevor wir weiter machen, ein kleiner Hinweis in eigener Sache. Unter meinen Studenten, Lesern, Kunden und Freunden sind Frauen genauso häufig vertreten wie Männer. Ich bin mir sicher, dass Sie mir verzeihen, wenn ich oft nur in der männlichen Form schreibe. Es würde meiner Meinung nach alle Leser und vielleicht auch mich selbst von dem ablenken, was ich an Inhalten schreiben wollte.

Viel Spaß beim Lesen und Optimieren!

Christian Zich

Danksagungen

An erster Stelle danke ich meiner Familie, die mich stets unterstützt hat; vor allem meine Frau hat sich tapfer durch die Manuskripte gekämpft und mit Kritik nicht gespart.

Frau Dorit Gunia und Herrn Dr. Gerhard Seitfudem von Publicis Publishing danke ich für die Unterstützung. Dafür, dass Sie immer ein offenes Ohr hatten für alle meine Anfragen, Formatierungsprobleme und mir immer mit Rat und Tat zur Verfügung standen.

Für die wertvollen Diskussionen, die Freigaben der Werbungen und Materialien, die ich in diesem Buch verwende, möchte ich folgenden Personen recht herzlich danken: Frau Iris Teubert, Saatchi & Saatchi, die mich nach über einem Dreivierteljahr Suche nach den Urheberrechten eines Pampers-Spots vor dem Wahnsinn gerettet hat.

Herrn Stefan Weinmann, Opel AG, gebührt die Ehre für die schnellste Freigabe: 24 Stunden für eine General Motors Arabia-Werbung.

Frau Jennifer Beck, Frau Franziska Turber, Herrn Lothar Korn, Herrn Sebastian Guinazu, alle AUDI AG, für die Freigabe der Werbungen und internen Materialien für das Beispiel der 25 Jahre Quattro-Kampagne.

Dank auch an Frau Senada Hamustafic, Herrn Helge Zimmer, beide Brown-Forman Beverages, für die Freigabe der Jack-Daniels-Werbung; Herrn Jörg Ueltzhöffer, SIGMA Gesellschaft für Internationale Marktforschung und Beratung mbH, für seine Collage zur Beschreibung des konsum-materialistischen Milieus; Herrn Wolfgang Schlünzen vom Mohnheimer Institut für die geniale Lena-Analyse; Herrn Uli Klein, Hilti Deutschland GmbH, für die Freigabe einer meiner Lieblingswerbungen aus dem Investitionsgüterbereich. Frau Sonja Voskuhl für die Freigabe des Philips-Screenshots und natürlich auch Frau Kamm, FH Deggendorf, für die tolle Unterstützung zum Thema Urheberrecht.

Frau Alexandra Neiber, Wunderman, Frau Julia Vellmete, InBestHandz, Herrn Jörg Puphal, zum Zeitpunkt der Bucherstellung noch Publicis Erlangen, Herrn Christian Bößl, Eigentümer w&p, für die interessanten Diskussionen rund um Werbung und Werbeagenturen.

Darüber hinaus habe ich einige Genehmigungen für Werbungen erhalten, die ich dann leider wegen Platznot doch nicht unterbringen konnte. Allen beteiligten Personen möchte ich hiermit ebenfalls danken: Frau Silvia Breyer, Pirelli Deutschland GmbH, Herrn Frank Schimmer und Herrn Michael Gamer, beide MSC, Frau Ulrike Kunz und Herrn Josef Behammer, beide Kontron AG, sowie Frau Karin Schmid und Herrn Christian Eder, beide Congatec AG, und auch Herrn Matthias Kollmer.

Inhalt

1 Zum Aufbau und zum Gebrauch des Buches: Bausteine zu exzellenter, kostenoptimierter und kreativer Marketingkommunikation

Das vorliegende Buch versteht sich als Arbeitsbuch und als Leitlinie zur ständigen und kontinuierlichen Verbesserung der Marketingleistung. Wer eine grundlegende Einführung zum Thema Marketing erwartet, wird leider enttäuscht sein. Gerade die Vorlagen (Templates) zur Umsetzung der Inhalte, die Zielgruppenprofile (TAPs) zur akkuraten Charakterisierung der Adressaten einer Werbung und die Prozessvorlagen für die reibungslosen Abläufe setzen doch einige Grundkenntnisse voraus.

Das Buch richtet sich daher an alle, die mit ihrem Know-how über die Grundlagen hinaus sind und wissen wollen, wie man Werbung macht, die verkauft, ohne dabei in den Kosten zu ertrinken. Denn es ist kein Kunststück, mit einem Millionenbudget die teuersten Werbeagenturen zu engagieren und gute Werbung zu machen, sondern mit einem effizienten Einsatz von Personal, Informationen und Ressourcen eine tolle Werbung zu machen. Ungeduldig? Dann bitte gleich in den ersten Teil einsteigen, aber nicht beschweren, wenn einige der Grundprinzipien unklar bleiben. Für den geduldigen Leser bieten die folgenden Seiten einige grundsätzliche Überlegungen und Strukturen, die sich durch das gesamte Buch hindurchziehen.

1.1 Exzellenz als Grundprinzip

Im Jahre 1988 fanden sich insgesamt 14 Unternehmen zusammen, um ein Management-Tool zu entwickeln, das die Wettbewerbsfähigkeit europäischer Unternehmen gegenüber amerikanischen und japanischen deutlich stärken sollte:[1] Das EFQM-Exzellenz-Modell war geboren. Die wichtigsten Grundgedanken sind relativ schnell zusammengefasst: Jede

Aktivität und jede Methode, die in einem Unternehmen angestoßen und implementiert wird, sollte nicht nur strukturiert und planmäßig durchgeführt werden, sie sollte sich auch in ganz konkreten, messbaren Ergebnissen niederschlagen. Auf Basis dieser Resultate sollte ein ebenso strukturierter und planmäßiger Verbesserungsprozess angestoßen werden, der kritisch die Aktivitäten und Methoden unter die Lupe nimmt und sie optimiert. Verbesserungszyklen sind daher keine einmalige Sache, sondern haben zwar einen Startpunkt, aber nie einen Endpunkt. Diese Leitlinie bestimmt alle Ausführungen in diesem Buch.

Die Grundlagen einer strukturierten und erfolgreichen Werbung sind die Informationen über aktuelle und potenzielle Kunden, die Aktivitäten, die darauf aufbauend angestoßen werden, sind Markenführung, Programmmanagement und Kampagnenmanagement. Jeder dieser drei Gestaltungsbereiche ist strukturierbar, messbar und optimierbar.

Wie der Name des EFQM-Exzellenz-Modells schon nahelegt, geht es um Höchstleistungen, nicht um das Erfüllen von einfachen Standards. Wer in einer globalisierten Welt profitabel und erfolgreich überleben will, dem bleibt langfristig gesehen nichts anderes übrig, als sich ständig mit den Besten zu messen und zu versuchen, besser als diese zu werden. Dieser Grundgedanke konkretisiert sich in Form einer strukturierten Analyse der Werbung erfolgreicher Unternehmen, um daraus zu lernen und die eigenen Prozesse zu optimieren. Dabei kommen einige interessante Vorgehensweisen und Methodiken zu Tage, die als Anleitung und Referenzvorgehensweise dienen können.

1.2 Enabler und Results: Grundbausteine der Exzellenz

Ein weiterer Kern des EFQM-Modells ist die Unterscheidung in Enabler und Results: Erstere sind Aktivitäten, Aufgabenbereiche, Vorgehensweisen etc., die dazu notwendig sind, exzellente Werbung (Results) zu gestalten, diese einfache Struktur liegt auch diesem Buch zugrunde:

- Enabler 1: Ohne Informationen über aktuelle und potenzielle Zielgruppen ist jede Werbung ein Konglomerat aus persönlichen Vorlieben und Meinungen, aber kein hartes Ergebnis, das auf klaren Zahlen, Daten und Fakten beruht. Nachdem man das Verhalten des Kunden dahingehend beeinflussen möchte, dass er kauft, so ist es von immenser Bedeutung, dieses Wissen in der Organisation verfügbar zu haben.

- Enabler 2: Ohne eine durchgängige Vorgehensweise/Methodik, die bei der Marke beginnt, sich über das Kommunikationsprogramm hinweg fortsetzt und in der ganz konkreten Gestaltung von Werbekampagnen endet, kann man nicht erwarten, dass exzellente Werbung entsteht.

- Enabler 3: Nur wer die richtigen Mitarbeiter und Wertschöpfungspartner hat, der kann auch erwarten, dass die Informationen richtig verwendet, die Methoden vernünftig sinnvoll und pragmatisch eingesetzt werden und darauf basierend eine exzellente Werbung entwickelt wird.

Diese drei verschiedenen Bereiche werden in genau dieser Reihenfolge strukturiert behandelt. Sie beschreiben auch die Entwicklung einer Organisation von einem bestimmten Ausgangspunkt beginnend hin zu einer sukzessiven Steigerung der Professionalität im Umgang mit Werbung. Daher ist diese Dreiteilung auch ein inhaltlicher Entwicklungspfad. Die Logik liegt auf der Hand: Man kann keine fortschrittlichen Methoden der Markenführung in einem Unternehmen implementieren, wenn man vorher keine Informationen darüber hat, warum sich die Zielgruppe so und nicht anders verhält.

1.3 Reifegradmodelle: Vier Stufen bis zur exzellenten Werbung (und zur exzellenten Organisation)

Das EFQM-Exzellenz-Modell beinhaltet in seinem Grundgedanken auch eine ständige Spiegelung der aktuellen Leistungsfähigkeit einer Organisation am Prinzip der Höchstleistung. Dazu hat die EFQM-Organisation den EFQM-Award ins Leben gerufen. Dieser wird an Unternehmen vergeben, die kontinuierlich, über viele Jahre hinweg erfolgreich waren und nachweisen können, dass dies auf strukturierten, nachvollziehbaren Methoden und Vorgehensweisen beruht. Das Erreichen einer Höchstleistung bedeutet im Regelfall eine große Anstrengung für eine Organisation über einen langen Zeitraum.

Leider hat noch kein Freizeitjogger innerhalb von zwei Wochen eine Marathonreife erlangt, der Weg bis dahin ist relativ lang und steinig. Warum sollte für Unternehmen ein anderes Prinzip gelten? Deswegen sind implizit im Modell bestimmte Reifegrade verankert. Allerdings sind diese Reifegrade viel zu abstrakt, um im Marketing und in der Werbung angewendet zu werden. Um diese methodischen Lücken zu füllen, haben sich verschiedene Organisationen auf die Fahnen geschrieben, konkrete Reifegradmodelle für ganz bestimmte Prozesse zu entwickeln. Eines der konkretesten ist das CMMI-Modell (Capability Maturity Model Integration).[2] Es beschreibt, in einfachen Worten zusammengefasst, die stufenweise Entwicklung der Professionalität der Arbeit im Entwicklungsbereich von Unternehmen. Die verschiedenen Reifegrade werden auf Basis objektiver Kriterien vergeben und dienen inzwischen vielen Firmen als Anhaltspunkt z. B. für die Vergabe von Aufträgen im Softwarebereich an Lieferanten. Um ein Reifegradmodell in der Praxis anwendbar zu machen und wirklich als Leitlinie für die kontinuierliche Verbesserung von Werbung und Marketing heranzuziehen, können jedoch nur die Grundgedanken des CMMI-übernommen werden, nicht deren konkrete Ausführung. In diesem Buch finden sich daher die folgenden vier Reifegradstufen wieder:

Basic: Die Organisation erfüllt die Grundvoraussetzungen einer vernünftigen Marketingarbeit. Es sind Basisinformationen über aktuelle wie potenzielle Zielgruppen vorhanden, Vorgehensweisen/Methoden im Rahmen der Markenführung, des Programm-und Kampagnenmanagements sind Standard. Verschiedene Standards werden erfüllt und die Werbung entspricht grundlegenden Prinzipien. Von einer strukturierten Optimierung und Verbesserung ist das Unternehmen aber noch weit entfernt.

Managed: Die Organisation ist auf dem besten Wege, eine gute Marketingarbeit zu leisten. Die Informationen über aktuelle wie potenzielle Zielgruppen sind differenziert und geben wertvolle Anhaltspunkte dafür, wie sich Kunden verhalten. Damit sind strukturierte und fortschrittliche Vorgehensweisen/Methoden im Rahmen der Markenführung, des Programm- und Kampagnenmanagements implementiert. Erste Ansätze für eine kontinuierliche, inhaltliche Überprüfung der eigenen Aktivitäten wurden angestoßen und fließen wiederum in deren inhaltliche Optimierung ein.

Advanced: Die Organisation ist in der Lage, die Ergebnisse der inhaltlichen Marketingarbeit zu verfolgen und Marke, Kommunikationsprogramm und Kampagnen ständig hinsichtlich ihrer Wirkung auf potenzielle wie aktuelle Kunden zu optimieren. Die Organisation setzt fortschrittlichste und wirkungsvollste Vorgehensweisen/Methoden im Rahmen der Markenführung, des Programm- und Kampagnenmanagements ein und optimiert deren Einsatz.

Excellent: Über die Stufe Advanced hinaus ist die Organisation in der Lage, alle Aktivitäten auch hinsichtlich ihrer Effizienz zu beurteilen und diese genauso zu steigern, wie die Erfolge bei potenziellen und aktuellen Kunden. Alle Prozesse werden quantitativ gemessen und permanent optimiert.

Der wesentliche Nutzen des Reifegradmodells ist die Möglichkeit, dass jeder Marketer anhand der ganz konkreten Einstufung feststellen kann, wie weit man noch von exzellenter Marketingarbeit entfernt ist und daraus ableiten kann, welche Aufgaben als nächste angepackt werden müssen, damit man diesem Ziel näher kommt.

1.4 Warum Kundenverhalten eine sinnvolle Grundlage für die Optimierung der Werbung ist

Fehlt noch etwas? Aber ja, der wichtigste Baustein ist das Wissen darüber, wie Kunden sich verhalten. Bei diesem Stichwort denken sicher die Einen oder Anderen an wirre Psychologen, die diesen Beruf nur deswegen ergriffen haben, um ihre eigenen Macken zu erforschen. In diese Tiefen der klinischen Psychologie werden wir uns nicht einarbeiten. Zu schwierig wird es nicht, denn die Lösung liegt in der geschickten Aufarbeitung all der vielen interessanten Erkenntnisse, die dieses Fach in den letzten Jahrzehnten entwickelt hat. Wichtigstes Ziel muss es sein, die richtigen und wichtigen Entscheidungsprozesse zu identifizieren, die Weichenstellungen in Richtung einer konkreten Kaufentscheidung sind. Aber Vorsicht, eine deterministische Toolbox nach dem Motto „Wenn X, dann immer Y", wie manche Autoren ihren Lesern vorgaukeln, wird es nicht! Die Psychologie kann immer nur eine Aussage mit Wahrscheinlichkeiten treffen. Aber die vielen guten und schlechten Beispiele, nicht nur aus dem ersten Kapitel, werden zeigen, dass es nicht so schwierig ist, die Erkenntnisse dieser Wissenschaft griffig anzuwenden. Im Gegenteil, richtig aufbereitet, ergibt sich ein sehr praktikables Handwerkszeug.

Ein kurzer Blick in einige Standardwerke der Psychologie offenbart eine Vielfalt an verschiedenen Forschungsgebieten.[3] Aber welche Ansätze sind hier relevant? An allererster Stelle natürlich die *Handlungstheorien,* die beschreiben, welchen Einfluss Einstellung, Motivation und Persönlichkeitsstruktur auf die Handlungen eines Individuums haben. Dieser Aspekt ist außerordentlich bedeutsam, denn wenn ein Marketer weiß, wie er genau Handlungen beeinflussen kann, ergeben sich hieraus auch konkrete Schlussfolgerungen für Werbungen. Damit ist der erste Schritt zu objektiven Gestaltungskriterien getan. Einen zweiten, sehr wertvollen Beitrag zur Optimierung der Werbung liefern die Theorien zu *Gedächtnis, Lernen und Informationsverarbeitung.* Aus der Adaption dieser Erkenntnisse ergibt sich schon der zweite wichtige Baustein. Jedes Individuum handelt aber nicht isoliert und als einzelne Person, sondern ist immer in einen sozialen Kontext eingebettet. Daher spielt selbstverständlich als dritter Baustein *das soziale Umfeld und dessen Einfluss auf individuelle Handlungen* eine große Rolle bei der Beurteilung der Werbewirksamkeit. Nachdem sowohl Handlungstheorie(n), Lerntheorie(n) und die Sozialpsychologie im Allgemeinen sehr prominente Forschungsgebiete der Psychologie sind, findet man durchaus die eine oder andere Erklärung dafür, warum Menschen so und nicht anders handeln. Doch sieht man sich diese Theorien genauer an, wird man relativ schnell feststellen, dass der Komplexitätsgrad sehr hoch, der Anwendungsgedanke jedoch sehr niedrig ist.

In der Psychologie steht eben in erster Linie Erkenntnisgewinn und Erklärung von Verhalten im Fokus der Wissenschaftler, weniger die Anwendung für fachfremde Disziplinen wie die Werbung. Trotzdem oder vielleicht gerade deswegen finden sich einige Autoren, die es sich zur Aufgabe gemacht haben, Psychologie verständlicher, anwendbarer, in die Praxis umsetzbar zu machen. Eines dieser Gesamtmodelle wurde von den amerikanischen Marketingprofessoren Blackwell, Engel und Miniard entwickelt.[4] Nachdem sie gewissermaßen den Urgroßvater einer ganzheitlichen Betrachtung des Kundenverhaltens entwickelt haben, soll dieses Modell als Schablone/Leitlinie, allerdings mit einigen praktischen und pragmatischen Modifikationen, für den gesamten ersten Teil des Buches verwendet werden.

1.5 Wie dieser Grundlage das Verkaufstalent beigebracht wird

Wo bleibt aber – bei aller Begeisterung für die Psychologie und deren Erkenntnisse – der Grundgedanke des Verkaufens? Weder die Psychologen noch Blackwell, Engel, Miniard hatten diese konkrete Zielsetzung bei der Entwicklung ihrer Methoden, Vorgehensweisen und Erkenntnisse im Hinterkopf. Hier muss man einen kurzen Ausflug in die Welt der Verkäufer wagen: Streicht man die komplette Gedankenwelt der Verkaufschecklisten, der Verhandlungspraktiken und Abläufe von Verkaufsgesprächen zusammen, so bleiben nur wenige zündende Grundideen übrig, die auch für die Werbung eingesetzt werden können. Eine der interessantesten Erfolgskriterien für ein Verkaufsgespräch hat Jolles entwickelt.[5] Er weist darauf hin, dass in jedem Verkaufsgespräch der Kunde drei verschiedene Fragen für sich selbst beantworten muss, damit die Kaufentscheidung auch getroffen wird:

- Do I want to fix what's bothering me?
- What do I need to fix that's bothering me?
- Who am I going to allow to fix what's bothering me?

So einfach diese drei Fragen sind, so bedeutend sind sie für den Verkaufs-erfolg einer Werbung. Warum? Wenn man es nicht schafft, dass die Ziel-gruppe bewusst oder unbewusst die erste mit Ja beantwortet, dann ist die Wahrscheinlichkeit für einen Verkaufserfolg eher gering. Die zweite sollte dann mit „Ich brauche genau das beworbene Produkt" und die dritte mit „Ja genau, die Firma ist die richtige!" beantwortet werden. Eine ganz einfache Fingerübung zur Bewertung der Verkaufsorientierung ist: Man setzt sich vor den Fernseher, schaltet in der Werbepause nicht auf stumm und versucht bei jeder Werbung zu bewerten, inwieweit sie diese drei Fragen beantwortet.

Warum also an dieser Stelle viele Seiten über Kundenpsychologie schrei-ben, wenn eigentlich diese drei Fragen ausreichend sind? Ganz einfach, gerade die Kombination des Kundenverhaltens mit der Verkaufsorientie-rung verspricht ein riesiges Potenzial für die Identifikation objektiver Bewertungskriterien und gleichzeitig auch konkrete Gestaltungsmög-lichkeiten. Hört sich gut an? Wo ist der Haken? Der wesentliche Haken an der ganzen Sache ist der, dass man sich von der eigenen Meinung verabschieden und konsequenter aus Sicht der Zielgruppe denken muss. Sehen wir uns also zunächst die Informationsverarbeitung an.

Teil I
Kundenverhalten, der Grundstock des Werbeerfolgs

"Advertising people who ignore research are as dangerous as generals who ignore decodes of enemy signals."

David Ogilvy

Es gibt einen netten Ausspruch von John Wanamaker, der sinngemäß einst sagte, dass circa 50 Prozent seiner gesamten Werbeausgaben rausgeschmissenes Geld sind, er wisse nur leider nicht, welche 50 Prozent.[6] Leider stellen viele Firmen erst im Nachhinein fest, ob die Werbung gut war, wenn sich die richtigen Umsatzzahlen einstellen. Dann ist es aber leider schon zu spät, um noch in den Entstehungsprozess einzugreifen. Viele Kosten sind ausgegeben, viel Zeit, Diskussionen und Abstimmungsrunden haben stattgefunden, kurzum: Die Sache ist gelaufen! Welchen Weg gibt es, um die überflüssigen 50 Prozent nicht nur im Nachhinein zu bestimmen, sondern bereits in der kreativen Ursuppe die richtigen Weichen zu stellen? Gehen wir dazu einen Schritt zurück, mitten in den gesamten Entstehungsprozess hinein. Hier geht es um Kunden, um deren unerfüllte Wünsche, deren Sehnsüchte und deren Probleme. Hier dreht sich viel um bewusstes Denken, aber auch noch mehr um die unbewussten Denkvorgänge, die in der Kultur, in der Art und Weise, wie wir Menschen Informationen verarbeiten, im Job usw. verankert sind. Wie bereits in Aussicht gestellt, die Psychologie hat die eine oder andere Lösung für viele Fragen. In diesem Kapitel gibt es die Antworten auf die wichtigsten:

- Warum die Art und Weise, wie Menschen Informationen verarbeiten, einen erheblichen Einfluss auf den Erfolg einer Werbung hat und damit auch den Kaufwunsch stark beeinflusst.
- Wie der Nutzen einer Leistung/eines Produktes dargestellt werden muss, damit der Adressat versteht, warum es gekauft werden soll.
- Welche Verstärker die Zielgruppe bietet, die, richtig eingesetzt, aus einer guten eine durchschlagende Idee machen.
- Und warum alles zusammen genommen den Kunden zum Kauf verleitet.

2 Am Anfang des Erfolgs steht der Stimulus: Wahrnehmung, Verarbeitung und Speicherung von Werbebotschaften und -informationen

Am Anfang war der Wunsch oder das Bedürfnis? Sollte man annehmen. Aber genau genommen steht am Anfang jedes Kaufprozesses ein Stimulus, der alle folgenden Entscheidungen ins Rollen bringt. Das kann ein Bild sein, ein Ton, ein Satz, ein Farbspritzer. Etwas, das die Aufmerksamkeit so stark fokussiert, dass es aus der Flüchtigkeit der alltäglichen Informationsflut heraussticht. Dann kommt der nächste kritische Wendepunkt: Kann die Aufmerksamkeit gehalten werden, auf den eigentlichen Gegenstand der Werbung gelenkt werden?

Irgendwann ist die Werbung zu Ende, der Alltag geht weiter. Was bleibt übrig? Ein flüchtiger Eindruck im sensorischen Gedächtnis, eine fahle Spur im Kurzzeitgedächtnis oder eine feste Verankerung im Langzeitgedächtnis? Damit wollen wir uns in diesem Abschnitt beschäftigen. Jeder Marketingverantwortliche in jedem Unternehmen verfolgt (hoffentlich) die Zielsetzung, dass die Werbung nicht nur wahrgenommen wird, sondern dass die übermittelten Botschaften auch langfristig gespeichert und zu Kaufhandlungen umgewandelt werden. Aber nachdem in der heutigen Zeit eher von einer Informationsüberlastung als von einer Informationsunterversorgung gesprochen werden kann, sind die Herausforderungen sehr groß geworden, innerhalb der Fülle von Stimuli überhaupt bemerkt zu werden. Selbst wenn die Zielgruppe die Kommunikationsmaßnahmen registriert, so ist noch lange nicht sichergestellt, dass die Botschaften langfristig gespeichert werden und letztendlich zu Kaufhandlungen führen. Darum geht es in diesem Kapitel um die gern vergessenen Aspekte der Informationsverarbeitung und wie diese geschickt in der Werbung verankert werden können.

Sieht man sich eine stark verkürzte Beschreibung der Verarbeitung einer Werbung an, so stellt man erstaunliche Parallelen zu Lernprozessen fest, allerdings mit einem sehr großen Unterschied: Im Gegensatz zu einem bewussten Lernvorgang, zum Beispiel in der Schule oder im Studium, beschäftigen sich die Mitglieder der Zielgruppe in den wenigsten Fällen bewusst mit den Werbebotschaften, wenn sie vor dem Fernseher, dem Radio sitzen oder eine Zeitung durchblättern. Vielmehr sind große Teile dieses Informationsverarbeitungsprozesses eher im Unbewussten zu suchen und weniger in den bewussten Denkprozessen. Psychologen sprechen dabei von der sogenannten „peripheren Route". Daraus ergibt sich die Herausforderung für jeden Marketer, den Adressaten bei seinen unbewussten Prozessen zu unterstützen und ihm die Verarbeitung der dargebotenen Informationen möglichst leicht zu machen. Dies steht in krassem Gegensatz zur Realität der Werbung, denn bei vielen Botschaften ist eine aktive Denkleistung gefragt, um deren Sinn zu verstehen. Ein Beispiel für einen solchen kognitiven Drahtseilakt hat die Firma Microsoft mit einer Broschüre zu Office 2003 generiert. Hier war auf der Titelseite zu lesen: „Die erste Software, die alle Prozesse, Informationen und Systeme über Grenzen hinweg nahtlos integriert und so für Sie arbeiten lässt."[7] Gleich verstanden?

Es stellt sich durchaus die Frage, ob es Sinn macht, mit visuellen Spielereien, Wortspielen mit Hintersinn einen wenig interessierten Adressaten zu belästigen. Die Antwort ist relativ einfach: Nicht belästigend, aber interessant soll der Stimulus sein und außerdem soll er ohne große geistige Anstrengung verstanden werden, dann hat man das Ziel schon fast erreicht. Dann besteht die Chance, dass der Betrachter zu einer konzentrierten, bewussten Verarbeitung der dargebotenen Informationen übergeht. Dies passiert genau dann, wenn man – bildlich gesprochen – über eine Formulierung, ein Bild etc. stolpert und man sich mit der Botschaft auseinandersetzt. Aber Vorsicht, Auffallen als Selbstzweck ist wenig zielführend. Auch diese Aspekte sollen auf den nächsten Seiten genauer betrachtet werden.

Gelingt das Kunststück, auf welche Art und Weise auch immer, dass der Kunde bei der Betrachtung einer Werbung von einem unbewussten zu einem bewussten Denkvorgang umschaltet und damit (vorübergehend) mit 100 Prozent Konzentration die dargebotenen Stimuli verarbeitet und speichert, dann kann man von einer perfekten Werbung reden. Bei den folgenden Ausführungen kann auf einen großen Fundus an wissenschaftlichen Erkenntnissen aus der Psychologie zurückgegriffen werden, die teilweise sehr interessante Blickwinkel für die Gestaltung von Kommunikationsmaßnahmen ermöglichen.

In Bild 1 sind vereinfacht die wichtigsten Komponenten dargestellt: 1) Wahrnehmung und Konzentration, 2) Verständnis, 3) Lernen 4) Distribution. Was unter diesen vier wichtigen Komponenten der Informationsverarbeitung genau zu verstehen ist und wieso diese eine erhebliche

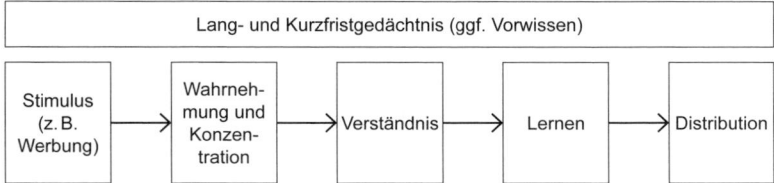

| Lang- und Kurzfristgedächtnis (ggf. Vorwissen) |

| Stimulus (z. B. Werbung) | → | Wahrneh- mung und Konzen- tration | → | Verständnis | → | Lernen | → | Distribution |

Bild 1 Informationsverarbeitung, stark vereinfacht dargestellt

Rolle bei der Gestaltung von Werbungen spielen, soll anhand eines konkreten AXE-Werbespots, eingebettet in dessen Markenkontext, genauer erläutert werden. Er war Bestandteil der Werbung im Jahre 2009. Das zentrale Video besitzt die interne Bezeichnung „Sprinkler", wurde weltweit in der jeweiligen Landessprache ausgestrahlt, und ist auf vielen verschiedenen Web 2.0-Portalen, z. B. YouTube, zu finden.[8]

2.1 Die Wahrnehmungs- und Konzentrationsschwelle

Stellen Sie sich Folgendes vor: Ein Mitglied der Zielgruppe sitzt vor dem Fernseher und lässt verschiedene Werbespots in einer Werbepause vor sich hin laufen. Nun sieht dieses Individuum eine abstruse Situation: Ein junger Mann, aus dessen Achselbereich sehr starke Wasserfontänen hervortreten, der wesentliche Eye-Catcher des gesamten Spots. Im Verlauf des Werbespots werden dann alltägliche Situationen aus dem Leben des Hauptdarstellers gezeigt, immer wieder in Kombination mit den starken Wasserfontänen: im Gespräch mit Freunden und Bekannten, wobei diese sehr nass werden; beim Tanzen in der Diskothek, auch hier werden alle Umstehenden ziemlich nass; beim Anhalten eines Taxis. Etwas eklig? Dies wurde wahrscheinlich bewusst in den Spot eingebaut. Eines der Schlüsselbilder aus der Werbung ist in Bild 2 dargestellt.

Jetzt besteht die Möglichkeit, dass der Betrachter zu 100 Prozent konzentriert diesem Spot folgt. Das Interesse ist da, und vielleicht schaltet er jetzt den Ton lauter. Er wundert sich noch mehr, denn es gibt immer wieder sehr kurze Dialoge, in denen sich der junge Mann zusammen mit seiner Freundin an einen Interviewer wendet und sich über das Problem des Schwitzens unterhält. Im Gegensatz zu der stark überzeichneten Darstellung des Transpirationsproblems steht das Gespräch, in dem der junge Mann darüber redet, dass jeder Mensch ab und an schwitzt und dies sei ja letztendlich eine vollkommen normale Sache. Allein durch

Bild 2 Schlüsselbild Schweißfontäne der AXE-Werbung „Sprinkler"
verfremdet

den Gegensatz zwischen den Bildwelten und dem Dialog wird eine interessante Situationskomik erzielt. Fast am Ende der Werbung erscheint dann das Produkt selbst, deren Anwendung und das Logo der Marke. Spätestens bei diesem Schlüsselbild wissen die meisten Mitglieder der Zielgruppe, junge Männer, um welches Produkt es sich handelt und vielleicht wird bei der nächsten Ausstrahlung des Werbespots nach den ersten Bildern der Ton angeschaltet, um zu verstehen, um was es genau geht.

In diesem Beispiel finden wir viele verschiedene Stimuli wieder, teilweise sind sie der Zielgruppe sicher bekannt. Listet man nur die visuellen Reize auf, so hat man über die ganze Werbung verteilt Schweißfontänen, die unter den Armen des Darstellers austreten, natürlich das Deodorant mit dem AXE-typischen Design etc. Die Werbung wird es mit großer Wahrscheinlichkeit schaffen, über diese Art der Stimuli den ersten Schritt, die Konzentrations- und Aufmerksamkeitsschwelle zu überwinden.

Sieht man sich Konkurrenzspots über Deodorants an, so wird in diesen der wesentliche Nutzen des Produktes eher in einer sehr sachlichen und manchmal auch langweiligen Art und Weise demonstriert und argumentiert. Hier besteht die Gefahr, dass die erste Hürde der Aufmerksamkeits- und Konzentrationsschwelle nicht überwunden wird. Unilever dagegen setzt bewusst auf Übertreibung, unterschwellig sexistische Anspielungen und Situationskomik. Dieser Spot unterscheidet sich daher sehr stark von Konkurrenzspots. Die Betrachter werden sich mit großer Wahrscheinlichkeit auf den Spot konzentrieren und wissen wollen, was es mit den Wasserfontänen auf sich hat. Sieht man sich die Historie der AXE-Werbung an, so bleibt sich diese treu und ist immer für eine Überraschung gut. Meist geht es um den Erfolg bei Frauen, die Bandbreite der Werbung reicht dabei von frech bis romantisch. Um eine Metapher zu benutzen: Sie ist lauter, schriller und prägt sich besser in's Gedächtnis ein. Die Marketer hinter AXE verfallen damit nicht der Versuchung, mit einem einmaligen Kracher Aufmerksamkeit um jeden Preis zu ergattern, vielmehr ist es eine Folge von Krachern, für die die Marke steht.

Aber allein die Unterscheidbarkeit von Konkurrenten ist noch lange nicht der Garant dafür, dass die erste Herausforderung gemeistert wird. Vielmehr hat auch die Art und Weise der Darbietung von Informationen einen erheblichen Einfluss auf die Aufmerksamkeit der Zielgruppe. Komplexe und unverständliche Verpackung des Nutzens sind nicht dazu geeignet, einen Betrachter zu begeistern. Erschließt sich die Information sofort, schnell und leicht, so ist die Wahrscheinlichkeit größer, die Aufmerksamkeit der Zielgruppe zu erhalten. Vor allem, wenn sich eine Marke treu bleibt und der Wiedererkennungseffekt bzw. das Vorwissen eine positiv verstärkende Wirkung ausübt. Anhand des AXE-Beispiels sieht man deutlich, wie mit den richtigen Stimuli die Aufmerksamkeit der Zielgruppe erregt wird und gleichzeitig durch eine zeitlich und inhaltlich konsistente Markendarstellung eine Erwartungshaltung erzeugt wird: „Kenne ich. Ah, das ist ja AXE. Mal sehen, was die sich dieses Mal wieder haben einfallen lassen."

Leider läuft die Informationsübertragung nicht immer so glatt, wie es die Hersteller gerne hätten, denn sehr viele Störungen können die beabsichtigten Effekte konterkarieren. Angefangen von den falschen Kanälen (in diesem Fall kann die Botschaft die Adressaten gar nicht erreichen) über zu große Ähnlichkeiten mit Konkurrenten oder Substituten (Verwechslung und anschließendes Abflauen der Konzentration) bis hin zur Tatsache, dass im einfachsten Fall wesentliche Bestandteile des Mediums durch ungeschickte Gestaltung nicht wahrgenommen werden (Fernsehwerbung kann ohne Ton nicht verstanden werden, Printwerbung wird überblättert etc.).

Eine relativ alte Werbung von Pirelli, die auch auf pfiffige Art und Weise die Aufmerksamkeit des Betrachters auf sich lenkt, zeigt den Sprinter Carl Lewis in High Heels.[9] Sie lenkt die Aufmerksamkeit der Zielgruppe auf die Werbung und zwar nur mit einer einzigen visuellen Information: der Athlet als Sinnbild des Männlichen und Starken in Verbindung mit Frauenschuhen. Die erste Reaktion ist Verwunderung und vielleicht auch das Bedürfnis, mehr über diese (positiv) skurrile Darstellung des Sprinters Carl Lewis zu erfahren. Genau jetzt ist der Moment gekommen, in dem der Adressat von unbewussten auf die bewusste Informationsverarbeitung umschaltet. Jetzt versucht das Individuum vielleicht, herauszufinden was dahinter steckt und liest die dargebotenen Informationen („Power is nothing without control"). Anhand dieses Beispiels wird deutlich, wie eine geschickte visuelle, verbale und akustische Gestaltung die Adressaten dazu bringen kann, von der unbewussten, nicht aktiven Verarbeitung zu einer bewussten Beschäftigung mit einer Werbung bzw. deren Inhalten und Botschaften umzuschalten.

Man sollte sich jedoch bei der Gestaltung nicht nur auf die Überwindung der Wahrnehmungsschwelle konzentrieren, sondern auch die weitere Verarbeitung der Informationen berücksichtigen. Denn schließlich verbindet man visuelle wie verbale Informationen mit einer Wertung. Diese kann sowohl positiv als auch negativ ausfallen, dazu gibt es auch ein sehr bekanntes Beispiel der Firma Benetton – Stichwort blutiges T-Shirt. Die Firma hat mit dieser sehr provokativen Kampagne zwar einen hohen Bekanntheitsgrad erreicht, aber auch in hohem Maße negative Publicity und damit auch negative Einstellungen gegenüber der Marke erzeugt. Dies ist ein Paradebeispiel für die leider zu oft zu findende Fehlinterpretation der Erzeugung von Awareness, nämlich die Erzeugung von Aufmerksamkeit um jeden Preis, auch um den Preis der Beschädigung der Marke bzw. des Produktes. Im besten Fall vergisst der Adressat die Werbung wieder, im schlechtesten Fall führt dies zu einer nachhaltigen Einstellungsänderung und damit eventuell zu einer Verweigerung des Kaufs.

Denkt man über die aktuelle Werbung hinaus, so stößt man auf einen weiteren Aspekt der menschlichen Informationsverarbeitung, in der Psychologie als „Top-Down-Ansatz" bezeichnet. Jeder Mensch versucht, während der Verarbeitung eingehender Stimuli, diese schnell zu kategorisieren und mit bereits gespeicherten Informationen aus dem Gedächtnis abzugleichen.

Zurück zum Beispiel Benetton: Was passiert, wenn der Adressat die Marke mit dem Schlüsselbild des blutigen T-Shirts inklusive aller negativen Konnotationen verbindet? Ist dies wirklich im Interesse der Firma? Dies mögen die Verantwortlichen selbst beantworten. Daher lautet die wesentliche Schlussfolgerung aus dieser Perspektive: Aufmerksamkeit um jeden Preis ist der falsche Weg. Erst wenn sichergestellt ist, dass der visuelle, verbale, geschriebene Stimulus die richtigen Einstellungen bzw. Konnotationen erzeugt, dann ist man auf dem richtigen Weg.

Noch einmal soll die Benetton-Werbung aus einer anderen Perspektive betrachtet werden: Was hat eigentlich ein blutiges T-Shirt mit neuen Kleidungsstücken zu tun? Wurde dieses T-Shirt etwa bei dieser Firma gekauft? Ganz einfach formuliert: Es hat *nichts* damit zu tun, leistet keinen

Beitrag zur Erzeugung einer starken Marke, sondern dient, wie bereits formuliert, nur einem einmaligen Peak in der Aufmerksamkeit. Fasst man dies etwas weiter, so kann man auch hier einen einfachen Grundsatz formulieren: Dient das Schlüsselbild oder der Schlüsselreiz nicht dazu, die Marke/das Produkt und die damit verbundenen Bedürfnisse zu erzeugen, zu erläutern, zu illustrieren etc., sondern lenkt es vom eigentlichen Fokus der Werbung ab, so ist es mit großer Wahrscheinlichkeit überflüssig oder falsch.

Die Adressaten registrieren einen Stimulus bzw. konzentrieren sich darauf deutlich leichter, wenn gewisse Vorinformationen bereits vorhanden sind. Dies bedingt aber eine Kontinuität/Konsistenz in der operativen Gestaltung der Werbung. Das bedeutet nicht, dass immer wieder dieselben Bilder, Sprüche etc. über Jahre hinweg verwendet werden. Die Kunst liegt darin, sich selbst treu zu bleiben, ohne langweilig zu werden. Sieht man sich die Historie der AXE-Werbung an, so sind beispielsweise die abgerufenen Vorinformationen zur Marke (bekannte Werbungen der Marke, Markenimage, Markenpersönlichkeit, Produktwissen etc.) verantwortlich dafür, dass die Konzentration erleichtert wird und die Wiedererkennung nach folgenden Schemata ablaufen kann:

- „… die letzte Werbung war schon sehr lustig, jetzt schauen wir mal, was AXE diesmal wieder eingefallen ist …"
- „… die haben immer so lustige Themen …"
- „… da geht es doch immer um Frauen, die Männern hinterherlaufen …"
- „Bom Chicka Wah Wah" … und viele mehr.

Bei der Analyse der Informationsverarbeitung darf man nicht vergessen, dass auch der Sales Cycle des Betrachters eine erhebliche Rolle spielt. Unmittelbar vor einem Kauf wird ein Kunde viel aufmerksamer Informationen aufnehmen und verarbeiten als nach dem Kauf, hier braucht er vielleicht eine Bestätigung, dass die Entscheidung richtig war.

Zwischenfazit:

Die erfolgreiche Überwindung der Wahrnehmungs- und Konzentrationsschwelle folgt einem einfachen Grundsatz: sich visuell, akustisch und verbal deutlich von der Konkurrenz und von Substituten abzuheben. Und zwar in einer Art und Weise, die von der Zielgruppe als positiv, interessant und spannend empfunden wird und von ihr leicht und ohne Anstrengung erfasst werden kann. Aufmerksamkeit um jeden Preis birgt die Gefahr des Einsatzes von nicht adäquaten Stilmitteln, Stimuli und Schlüsselinformationen in sich. Bei jedem Stimulus sollte geprüft werden, ob er in die langfristige Kommunikationsstrategie passt oder ob er diese zerstört.

2.2 Die Verarbeitungs- und Lernschwelle

Jede Marke, die über Jahre hinweg ein Markenimage aufgebaut hat, kann hervorragend auf einen Wiedererkennungseffekt bauen. Die gesamte Informationsverarbeitung wird deutlich vereinfacht, da sich jede Zielperson auf ein mehr oder weniger großes Vorwissen stützen kann. Im einfachsten Fall erfolgt eine Bestätigung der existierenden Erfahrungen mit der Marke, und damit wird ganz deutlich dem schleichenden Prozess des Vergessens vorgebaut. Was passiert aber, wenn eine neue Information, zum Beispiel in Form einer neuen Produkteigenschaft, eines neuen Produktes oder einer neuen Produktkategorie der Zielgruppe präsentiert wird? In diesem Fall muss nicht nur die Wahrnehmungs- und Konzentrationsschwelle überwunden werden, sondern auch die neuen Informationen müssen so verständlich dargestellt werden, dass sie ohne geistige Anstrengung zu bearbeiten sind und in die existierenden Strukturen relativ einfach integriert werden können.

In dem oben genannten AXE-Beispiel ist durch die überzeichnete Darstellung des starken Schwitzens und die Darstellung des Vorher-Nachher-Effektes (die Freundin des jungen Mannes appliziert das Deo und stoppt damit das Schwitzen) realisiert worden. Die Wirkung und die Anwendung des gezeigten Produktes ist so einfach dargestellt, dass der Benefit ohne große geistige Anstrengung verstanden wird. Gerade hier liegen noch sehr viele Potenziale verborgen, da es manchmal den Anschein hat, dass viele Firmen und deren Agenturen eher dazu neigen, die Botschaft zu schwierig oder zu schwach in der Kommunikationsmaßnahme zu verankern. Dies führt dazu, dass sich der Betrachter zu sehr anstrengen muss, um die Werbung zu verstehen. Das wiederum kann dazu führen, dass das Verständnis der Inhalte nicht erreicht wird. In anderen Worten formuliert:

> Wenn dem Adressaten nicht eine klare und deutliche Formulierung des Nutzens, der Benefits und der Argumente für das Produkt angeboten wird, ist die Wahrscheinlichkeit relativ groß, dass die Umwandlung in eine Kaufabsicht nicht stattfindet, sondern aufgrund der Unverständlichkeit der dargebotenen Botschaft der Informationsverarbeitung beendet wird.

Manchmal hat man den Eindruck, dass viel zu viel Expertenwissen in der Gestaltung steckt und dass diese Experten das Gespür verloren haben, was einfach zu verarbeiten ist. Dieses Abgleiten in den Expertenmodus kann für die Zielgruppe eine große Hürde darstellen. Gerade bei technischen Gütern passiert dies relativ schnell. Fangen wir mit einem unkritischen Beispiel an. In der Kosmetikindustrie strotzen die Werbungen von selbstkreierten Fachausdrücken wie zum Beispiel „Traubenkern-extrakte und Ceramide",[10] „Quattro Diamond Glow",[11] „Superstay 24h Lippenstift"[12] etc. So interessant und teilweise unfreiwillig lustig diese Kreationen auch sind, sie bergen in diesem Fall nur in geringem Maße die Gefahr eines Missverständnisses in sich, denn die Adressaten dieser Kommunikationsmaßnahmen sind in gewissem Maße Heavy User bzw. High-Involvement-Kundinnen. Nehmen wir als Beispiel nur den „Super-stay"-Lippenstift. Wenn in einer Werbung dieser Begriff genannt wird, ist für den Außenstehenden, nicht interessierten Adressaten nur schwer nachvollziehbar, dass dahinter ein Produkt stecken soll, das ganz beson-ders lange die Farbe auf den Lippen hält. Der Nutzen und das daraus re-sultierende Bedürfnis werden nur dann klar, wenn die Anwendung ein-deutig mit den Produkteigenschaften verknüpft und so dargeboten wird, dass es für jeden verständlich ist. Daher liegt eine große Verantwortung bei den Marketingabteilungen und den Agenturen. Je mehr Kunstbe-griffe kreiert und je schneller diese geändert werden, desto größer die Wahrscheinlichkeit, dass die Zielgruppe gar nicht die Möglichkeit hat, sich diese zu merken. Im Fall der Kosmetikwerbungen können den Urhe-bern durchaus die Kunstgriffe verziehen werden, denn diejenigen Frauen, die nichts mit solchen Begriffen anfangen wollen, gehören auch nicht zum avisierten Adressatenkreis.

Sieht man sich diesbezüglich die bereits erwähnte Werbung von Pirelli (Carl Lewis – High Heels) noch einmal an, so wird man feststellen, dass allein durch die visuelle Information der Nutzen der Marke bzw. des Pro-duktes nicht transferiert wird. Erst in Kombination mit der verbalen Bot-schaft „Power is nothing without control"[13] wird einigermaßen klar, wel-cher Nutzen dargestellt werden soll. Trotzdem wird von dem Betrachter dieser Werbung verlangt, dass er einige kognitive Kapazitäten dafür re-serviert, damit er die Verbindungen zwischen Reifen-Traktion-Kraft-Kon-trolle-Bildinformation herstellt, interpretiert und abspeichert. Es besteht aber auch die Gefahr, dass nur das Bild erinnert wird, der Nutzen unter-geht oder vergessen wird.

Zur Ehrenrettung aller fach- und branchenspezifischen Wortschöpfun-gen sollte man aber das Zielpublikum genauer betrachten. Für einen Ex-perten oder Heavy User sind Kunstwörter oder Fachbegriffe das tägliche Brot, für einen Einsteiger ein unüberwindbares Hindernis. Gerade die letztgenannten Mitglieder der Zielgruppe können durch eine Überfrach-tung der Kommunikation mit fachspezifischen Termini relativ schnell die Lust daran verlieren, sich überhaupt mit dem Thema zu befassen. Man könnte auch vermuten, dass viele Produktmanager ein entspre-chendes Vokabular aufgebaut haben, um Fremde fernzuhalten. Aber ge-nau das Gegenteil sollte bei Werbung der Fall sein. Trotzdem finden sich nach wie vor viele Fälle für die unterschwellige Absicht der Firmen, den Kunden eher abzuschrecken als zu begeistern. Dazu ein Beispiel von der Homepage von Philips über die meist gekaufte Produktlinie bei den Fernsehern:

„Ob Filme, Sportereignisse oder Spiele, mit diesem HD Ready-Fernseher erleben Sie großartige LED-Bilder. Dank der bewährten Philips Qualität und eines ganz besonderen Designs passt dieser Fernseher in jeden Raum Ihres Zuhauses. HD Ready für beste Bildqualität von HD-Signalen. Genießen Sie außergewöhnliche Bildqualität von High Definition-Bildern, und nutzen Sie HD-Quellen wie HDTV-Set-Top-Boxen oder Blue-ray-Discs. HD Ready ist ein geschütztes Gütezeichen und steht für eine Bildqualität, die noch besser als die von Progressive Scan ist. Das Gütezeichen entspricht den strengen Normen der EICTA und kennzeichnet Bildschirme, die High Definition-Signale verarbeiten können. Der Flachbildfernseher verfügt über einen universellen Anschluss für analoges YPbPr und einen DVI-, oder HDMI-Anschluss mit Unterstützung des HDCP-Kopierschutzes. Es kann die 720p- und 1080i-Signale bei einer Frequenz von 50 und 60 Hz anzeigen."[14]

Name-Dropping par excellence! Dieser Ausschnitt aus der Beschreibung der Produktlinie wurde nicht etwa lange gesucht, sondern über eine Google-Suche „Philips Fernseher" gefunden. Man landet direkt auf der Landing Page[15] und dann über den Link „meistverkaufte Produkte" auf dieser Seite. Eine Sequenz von Schritten, die eventuell jeder Interessent vor dem Kauf eines Fernsehers durchläuft. Der staunende Leser fragt sich, was denn eigentlich Bilder in LCD-Qualität sind (Ist das gut? Was habe ich davon?) und warum diese besser sind als die von „Progressive Scan" (Warum war das schlechter?). Auch die beeindruckend strengen Normen der EICTA (was/wer das auch sein mag) dienen nicht dazu, Licht in das Begriffswirrwarr zu bringen oder gar den Kunden vom Produkt zu überzeugen. Aber wahrscheinlich ist nur der Betrachter zu dumm.

Kurz zusammengefasst:

Als Experte/Heavy User und intimer Kenner des Produktes/der Leistung sollte man auf keinen Fall der Versuchung erliegen, einem unbedarften Publikum zu viele, zu spezifische Fachausdrücke zuzumuten. Nur wenn man davon ausgehen kann, dass ein großer Teil der Zielgruppe damit etwas anfangen kann und will, kann man etwas großzügiger mit fachlichen Termini umgehen. Hier muss man die richtige Balance zwischen Abgrenzung von der Konkurrenz und „leicht zu lernen" finden, denn man möchte sicher nicht einen verbalen Wettbewerbsvorteil mit einer Verständnishürde kaputt machen.

Aber: Ein sogenanntes High-Involvement-Gut wird die Aufmerksamkeit einer Person deutlich intensiver nicht nur vor, sondern auch über die Kaufentscheidung hinaus binden als ein sogenanntes Low-Involvement-Gut. Greift man als Beispiel Single-Malt-Whiskys auf, so wird jedem Leser einleuchten, dass ein echter Whiskyfan nach jeder Kaufentscheidung, selbst wenn noch einige Flaschen zu Hause stehen, wieder auf der Suche nach einem neuen guten Tropfen sein wird, Informationen über sein Hobby bzw. seine Passion sammelt und sich praktisch permanent vor dem nächsten Kauf befindet. In dem Fall gilt wie bei allen anderen High-Involvement-Gütern: Nach dem Kauf ist unmittelbar vor dem nächsten Kauf und nicht nach dem Kauf kommt eine Pause, dann kommt der nächste.

Was passiert, wenn die Mitglieder der Zielgruppe die Werbung nicht verstehen bzw. die Botschaften so formuliert sind, dass sie nicht einfach zu verstehen sind? Dann entsteht eine ganz häufige Situation: Man erinnert sich noch an den Plot der Werbung, vielleicht eine bestimmte kuriose Situation, einen Witz etc., aber nicht mehr daran, um was es in der Werbung eigentlich ging. Der beabsichtigte Lerneffekt, der in der Kommunikationsmaßnahme steckte, wurde nicht erzielt. Die Lernschwelle wurde nicht überwunden, d.h. die mehr oder weniger bewusste langfristige Speicherung der richtigen Zuordnung von Produkt – Nutzen – Marke. Daraus resultiert nun eine weitere wichtige Forderung an gute Werbung: Genauso leicht, wie das Verständnis für den Nutzen und die Benefits erzeugt wird, genauso leicht soll es gewissermaßen auswendig gelernt werden. Was heißt aber nun „leicht"?

Der Begriff „leicht" kann mithilfe des Konzeptes des assoziativen Netzwerks erklärt werden. Darunter wird die Art und Weise verstanden, wie Menschen Informationen organisieren und strukturieren. Vereinfacht dargestellt ist ein Knoten eines assoziativen Netzwerkes ein Wort, ein Informationscluster, ein Bild, ein Gefühl etc., die durch die Verknüpfung mit weiteren, anderen Begriffen einen Sinnzusammenhang ergeben. Wichtig sind die Bedeutungen, die ein Individuum bestimmten Begriffen gibt. Bei Überbegriffen oder Gesamtzusammenhängen, die bestimmte Begriffe zu Oberpunkten zusammenfassen oder schlicht und einfach etwas klassifizieren, spricht man von semantischen Domänen. Unter semantischen Räumen versteht man abgegrenzte Teilbereiche, die sich durch bestimmte Kontexte und Bedeutungszusammenhänge von anderen semantischen Einheiten abgrenzen lassen. Hört sich kompliziert an, erweist sich aber als interessantes Instrumentarium.

Betrachten wir diese Wortungeheuer anhand des Beispiels der Werbung von AXE. Semantische Domänen sind in diesem Fall die Marke AXE mit der kompletten Historie, Körperpflege an sich, soziale Akzeptanz und Reproduktion/Fortpflanzung. Mit dem Markennamen verbindet der Kunde sowohl sachliche Informationen (AXE ist ein Deodorant) als auch pragmatische Informationen (Frauenbild in der Werbung von AXE, überwiegend lustige Werbungen, Bom Chicka Wah Wah, die Tatsache, dass in der Regel Durchschnittsmänner abgebildet werden etc.).

Mit der Domäne Körperpflege sind Begriffe wie waschen, Duschgel, gut riechen oder Deodorant verbunden. Leicht bedeutet nun, dass ohne großen kognitiven Aufwand festgestellt werden kann, dass das beworbene Produkt in der Werbung ein Deodorant ist. Alle weiteren Verbindungen werden unbewusst vom Betrachter hergestellt. Die einfachste Möglichkeit, diese Information der Zielgruppe klarzumachen, so banal dies auch klingen mag, ist die Darstellung der Anwendung. Außer einem Deodorant sprüht man sich im Regelfall nichts unter die Achsel. Jede andere Form der Darstellung ist ein Verlust der Einfachheit.

Die Verbindungen zur Domäne soziale Akzeptanz lassen sich auch relativ leicht herstellen, denn wer stinkt, ist normalerweise kein gern geduldetes Mitglied der Gesellschaft, eher im Gegenteil. Der Umkehrschluss: Wer gut riecht, kommt an. Die eindeutigen Verbindungen zur Domäne der Reproduktion/Fortpflanzung lassen sich über einen kleinen Umweg auch herstellen. Der eine oder andere junge Mann wird eventuell die „Bom Chicka Wah Wah"-Kampagne[16] im Hinterkopf haben oder sich vielleicht an einen der ersten AXE-Spots erinnern, in dem Hunderte von Frauen in Bikinis einem Mann hinterherlaufen,[17] nur aufgrund der Tatsache, dass er das Deodorant benutzt hat. Mit diesen ziemlich eindeutigen Stimuli werden genau diejenigen Motivationen angesprochen, die die Zielgruppe in diesem Alter recht stark bewegen. Daher ist über die Historie der Marke hinweg eine ziemlich starke Verbindung zwischen Reproduktionstrieb, Duft und Produkt hergestellt worden.

Das komplette assoziative Netzwerk ist in Bild 3 dargestellt. Die Botschaft lautet: *„Jedermann wird unwiderstehlich, wenn er das Produkt benutzt, vor allem macht der Duft des Produktes den Mann attraktiv, auch wenn er ein vollkommener Durchschnittstyp ist".* Unilever hat es geschafft, dass diese zentrale Markenaussage in einen starken assoziativen Zusammenhang mit dem Produkt, der Marke und bestimmten visuellen Informationen gebracht wird. Ein wichtiges Stilmittel der AXE-Werbungen ist die Vermeidung von berühmten Persönlichkeiten als Träger der Werbebotschaft. Statt dessen werden Testimonials eingesetzt, die einem imaginären Durchschnittsmann am ehesten entsprechen. Dies ist auch logisch, denn die Glaubwürdigkeit eines Hollywood-Stars wäre gleich Null, denn jeder Betrachter würde denken: „Ist ja klar, dass er Erfolg bei den Frauen hat, denn er ist ja ein Star." In einem Spot trat der Hollywood-Star Ben Affleck auf und zählte die Anzahl der Frauen, die auf ihn aufmerksam

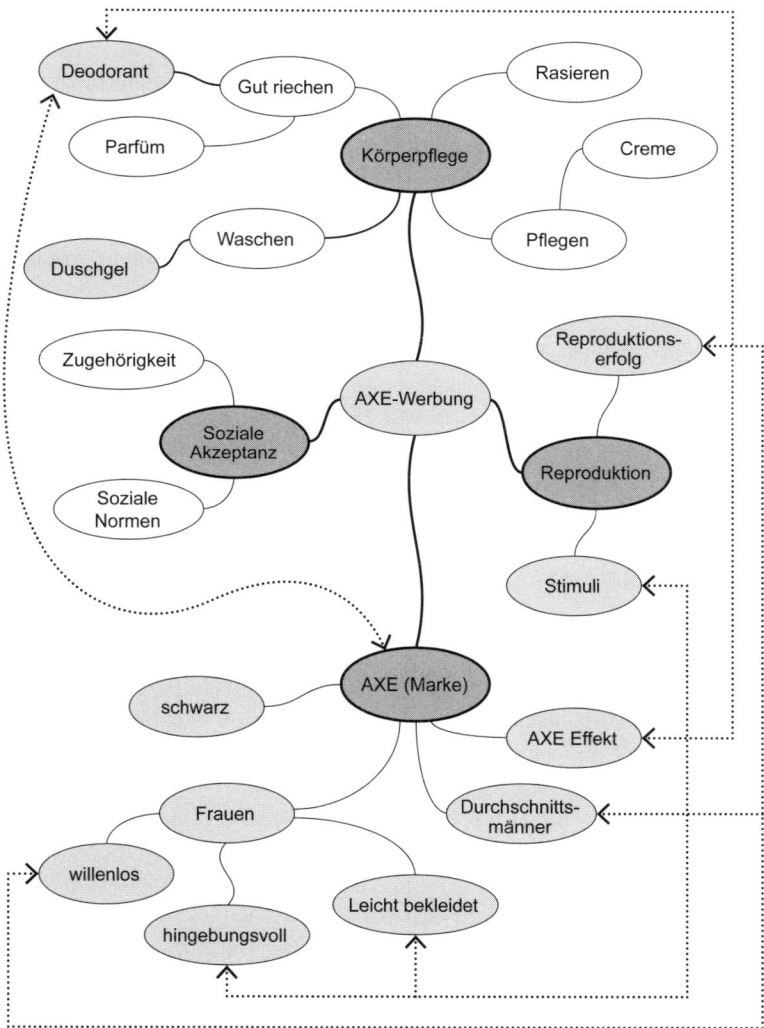

Bild 3 Das assoziative Netzwerk der Marke AXE

wurden. Als er dann in einem Aufzug im Hotel auf einen Pagen traf, stellte er fest, dass diesen deutlich mehr Frauen beachteten, selbstverständlich aufgrund des AXE-Effekts. Auch hier bleibt sich die Marke wieder treu. Diese Konstanz erleichtert nachhaltig den oben genannten Top-Down-Prozess.

Was passiert nun bei diesem Lernvorgang? Im Fall, dass in einer Kommunikationsmaßnahme nur bereits bekannte Botschaften transferiert werden sollen, werden Verbindungen zwischen den einzelnen Knoten des Netzwerks verstärkt. Dies bedeutet, dass im Verlauf der Jahre mehr oder weniger feste Verknüpfungen zwischen verschiedenen Knoten im assoziativen Netzwerk etabliert werden. Dies kann sowohl im positiven als auch im negativen Sinn interpretiert werden, denn ein Wechsel der Markenpersönlichkeit ist bei einer intensiven Verankerung deutlich schwieriger als bei einer leicht zu lösenden Verankerung.

Leicht zu lernen bedeutet aber auch, dass mehr oder weniger sinnstiftende Verbindungen zu existierenden Knoten ohne Probleme erstellt werden. Dieser Sachverhalt kommt vor allem bei Erweiterungen des Markenkerns zum Tragen. Eine Markenerweiterung der Marke AXE beispielsweise wäre relativ leicht bei Körperpflegeprodukten möglich, die in irgendeiner Art und Weise etwas mit Duft zu tun haben. Beispielsweise würde die Ergänzung der Palette um ein Rasierwasser vielleicht einigermaßen problemlos vonstatten gehen, denn auch hier könnte man den Duft wiederum als unwiderstehliche Komponente des Produktes herausheben und genau den gleichen altbekannten Stil in der Werbung beibehalten. Eine Erweiterung um Frauenkosmetik verbietet sich von selbst, denn die Konsistenz des Markenkerns könnte beim besten Willen nur sehr schwer hergestellt werden.

Ein weiterer Aspekt, der die Verarbeitung von Botschaften für die Zielgruppe sehr schwierig macht, ist eine hohe Varianz von Botschaften zu ein und demselben Sachverhalt bzw. zu ein und demselben Produkt. Es mag vielleicht aus der Sicht eines Marketingverantwortlichen sinnvoll sein, verschiedene Motive oder auch verschiedene Claims im Rahmen einer einzigen Kampagne zu definieren. Aber diese Vielfalt macht es gerade den Adressaten sehr schwer, sich ein eindeutiges, nachhaltig „verdrahtetes" und klares Bild von einem Produkt/einer Leistung zu machen. Umgekehrt ist es natürlich relativ einfach, sich eine einzige Botschaft zu merken, egal wie diese visuell, akustisch, textlich umgesetzt wird.

Sinnvoll ist diese Differenzierung nur dann, wenn verschiedene Zielgruppen angesprochen werden sollen. Beispielsweise hat die Firma Vodafone bei der Einführung der Kamerahandys im Jahre 2002 insgesamt vier verschiedene Spots im Fernsehen geschaltet: einen Spot in Anlehnung an den damals aktuellen James-Bond-Film (für die Technikfreaks unter den Männern); einen Spot für die Familie (ein Vater kauft für seinen Sohn einen Hund, schickt dieses Foto an die Frau – sie ist von vielen Hunden umgeben) und zwei Spots für junge Leute, in denen Geselligkeit, Informationsaustausch etc. in den Vordergrund gerückt wurden. Alle vier Spots wurden durch eine selbstähnliche Struktur und gestalterische Ähnlichkeit verbunden, die trotz der Adressierung verschiedener Zielgruppen ein einheitliches Bild der Marke Vodafone vermittelten. In diesem Fall wird es dem Betrachter relativ einfach gemacht, trotz der verschiedenen Inhalte und Visualisierungen einen einheitlichen Eindruck zu erhalten. Bei diesen Beispielen wird auch deutlich, dass auf der einen Seite eine Vielfalt an Aussagen vorhanden ist, aber durch die verbindende gestalterische Klammer eine Verstärkung ein und derselben Botschaft erreicht wird.

Die große Gefahr für die Verbindungen im assoziativen Netzwerk besteht natürlich darin, dass sie vergessen und von anderen Botschaften verdrängt werden. Hier stolpert man fast automatisch über die Vergessenskurve von Ebbinghaus. Diese besagt, dass nach circa einem Monat bereits 90 Prozent des gelernten Inhaltes wieder vergessen sind, wenn nicht Maßnahmen ergriffen werden, um den Vorgang des Vergessens zu stoppen oder zu mildern. Was hilft dagegen? Die bereits genannten Maßnahmen dienen der Verstärkung der Werbebotschaften (Differenzierung gegenüber der Konkurrenz, starke und interessante Botschaften) und wirken ganz einfach durch ständige Wiederholung, Schaltung einer Werbung über einen längeren Zeitraum hinweg und die konsistente Bedienung vieler Kanäle. Während eine Strategie (Beispiel AXE) versucht, über eine richtig starke Grundbotschaft sich nachhaltig über einen langen Zeitraum hinweg zu verankern, diese aber immer wieder in der Umsetzung ändert, zielt eine zweite Strategie eher auf die permanente Penetration der Zielgruppe mit ein und derselben Aussage ab. Ein Beispiel für die zweite Vorgehensweise findet sich in der Bierindustrie: der Schöfferhofer-Weizen-Spot. Durch die Tatsache, dass er bis zu seiner Einstellung im März 2010[18] fast den Status eines alten Bekannten bekommen hat, waren viele in der Lage, die zentralen Sätze problemlos zu zitieren: „Lieber (H)arald, kannst du mir nicht etwas von dir schicken? Vielleicht die kleine Silberauto und eine Flasche von die Bier, die so schön hat geprickelt in meine Bauchnabel."[19]

Malcolm Gladwell hat in seinem Buch „The Tipping Point" auch auf eine weitere wesentliche Eigenschaft einer Botschaft für soziale Epidemien hingewiesen:[20] die Stickiness. Frei übersetzt versteht der Autor darunter die Eigenschaft einer Botschaft, im Gedächtnis zu bleiben, man bekommt sie nicht mehr aus dem Kopf. Voraussetzungen dafür sind genannte Eigenschaften von Botschaften (leicht zu lernen, Integration in semantische Domänen etc.). Im Klartext heißt das: Wenn sie die Zielgruppe nicht mehr aus dem Kopf bekommt, dann ist dies schon die halbe Miete.

Noch eine Idee, wie Lernen leichter oder schwerer gemacht werden kann: Bleiben wir bei dem Schöfferhofer-Spot. Ein schön gemachter Spot ohne wirklich mitreißende Elemente. Aber die Story, die bei jedem Betrachter im eigenen Hirnkino ablaufen kann, macht ihn zu einem seltenen Juwel. Viele verschiedene Storys sind vorstellbar:

- Man versetzt sich in die Hauptperson hinein: So etwas möchte ich auch einmal erleben ...
- Man fragt sich, wie dämlich die Hauptperson sein kann: Wie kann er nur das silberne Modellauto weggeben? So ein Idiot, aber wenigstens hat er das Bier getrunken ...
- Oder man fragt sich schlichtweg, was sonst noch passiert sein kann. Die Kommentare auf den YouTube-Seiten[21] sprechen teilweise für sich und decken die gesamte Bandbreite von dämlich, pervers bis vollkommen gestört ab und sollen daher keineswegs zitiert oder zusammengefasst werden. Pitab4321 hat das in seinem Kommentar treffend zusammengefasst: „seid ihr versaut".[22]

Zwischenfazit:

Ein Verarbeitungs- und Lernprozess ist optimal verlaufen, wenn die Zielgruppe die richtige Botschaft mit der richtigen Marke und dem richtigen Produkt/der richtigen Leistung gespeichert hat. Mit diesem Ergebnis ist eine der wichtigsten Voraussetzung geschaffen, damit der aktuelle wie potenzielle Kunde zum Kaufzeitpunkt mehr oder weniger unbewusst die Botschaft aus den Tiefen des Langzeitgedächtnisses hervorholt und in eine Kaufhandlung umwandelt. Zusätzlich werden im Sinne der Firma kognitive Ressourcen aufgebaut, belegt und damit gewissermaßen abgezweigt. Allerdings muss es der Zielgruppe leicht gemacht werden, die drei wichtigen Elemente (Botschaft, Marke, Produkt) mit all ihren Konnotationen richtig zu lernen und zu merken.

An dieser Stelle kann sich der Marketer schon getrost auf die Schulter klopfen, was könnte jetzt noch eine Steigerung sein? Oder was kann man tun, damit der Effekt der Kommunikationsmaßnahmen durch die Zielgruppe nochmals verstärkt bzw. optimiert wird? Hiermit sind wir bei der letzten Herausforderung angelangt, der Distributionsschwelle.

2.3 Die Distributionsschwelle, der Booster im Internetzeitalter

Im Zeitalter des Web 2.0 sind die Stichworte Guerilla-Marketing oder Viral-Marketing fester Bestandteil des Wortschatzes jedes Marketers geworden. Und jeder Kampagnenverantwortliche wünscht sich sicher, dass seine Werbung bzw. deren Botschaft so gut wie kostenlos von vielen Mitgliedern der Adressatengruppe im Internet aktiv verteilt wird. Die Vorteile liegen auf der Hand: Während man für jede Schaltung in Zeitungen, im Fernsehen, in Zeitschriften, auf Portalen etc. zahlen muss, übernehmen die begeisterten Zielgruppenmitglieder die Verteilung der Botschaften. Egal ob sie in Facebook organisiert sind, die Videos auf YouTube hochladen oder über eigene Blogs verbreiten, es passiert ohne eigenes Zutun und ohne Kosten für den Urheber. Der Traum eines jeden Marketers ist, in jeder Kampagne mindestens einen Knüller zu produzieren, der im Internet Kultcharakter bekommt.

Trotz aller Begeisterung über die Möglichkeiten des Internets erleben wir doch nichts anderes als den guten Tratsch am Dorfbrunnen, allerdings mit dem Unterschied, dass dieser jetzt nicht mehr körperlich mitten im Dorf steht und man sich mühsam zu Fuß dorthin bewegen muss. Er steht jetzt in Form eines Computers am Schreibtisch oder steckt in Form eines Handys in der Hosentasche der Zielgruppenmitglieder. Der wesentliche Unterschied ist aber die Größe des Zielpublikums und deren leichte Erreichbarkeit. Während am Dorfbrunnen sich vielleicht 5 bis 10 Dorfbewohner versammelten, können es im Internet schnell mehr als einige Tausend sein, die tratschen und Hunderttausende, die dem Tratsch lauschen.

Durch die technischen Möglichkeiten des Internets können sich Gleichgesinnte überhaupt erst treffen und austauschen. Beispielsweise konnte ein Fan der Fernsehserie Star Trek, der sich selbst als Klingonenkrieger sieht, aber in einem kleinen Dorf fern ab von großen Ballungszentren wohnt, vor 20 Jahren höchstens einen Fanclub mit sich selbst gründen. Durch das Internet hat er die Möglichkeit, mit einem einzigen Mausklick Tausende von Gleichgesinnten virtuell zu treffen und sich mit ihnen auszutauschen. Darüber hinaus hat er im Internet die hervorragende Möglichkeit, vollkommen verschiedene Identitäten in vollkommen verschiedenen Foren anzunehmen. In einem könnte er das Bild eines versierten Fachmannes darstellen, im anderen den harten Klingonenkrieger mimen und in einem dritten den hingebungsvollen Romeo. Nachdem sich in den Internet-Plattformen im Regelfall Gleichgesinnte tummeln, bilden diese gewissermaßen eine Subkultur, die sich über den Austausch gemeinsamer Interessen definiert und verfestigt. Nachdem die Kommunikation zwischen Menschen eine der wesentlichsten Treiber für den sozialen Zusammenhalt und das Funktionieren von Gesellschaften ist, verbergen sich hinter dem Tratsch einige ganz handfeste Motivationen:

1. Vermeiden von Fehlentscheidungen und Einholen von Erfahrungen, mehr Informationen zu seinem sozialen Umfeld erhalten,

auf dem Laufenden bleiben, zu wissen „wer mit wem", Bestätigung, Gleichgesinnte finden etc. Wer kommuniziert, bestätigt gleichzeitig auch die Zugehörigkeit zu einer bestimmten sozialen Gruppe. Die Klingonenkrieger beispielsweise bestätigen ihre Zugehörigkeit zu einer ganz bestimmten Gruppe durch markige Sprüche und einschlägige Slogans.

2. Einen Gefallen tun bzw. sich einen „Gutschein" für einen zukünftigen Gefallen erwerben. Viele Mitglieder in Blogs und Portalen posten offensichtlich eigene Beiträge in der Hoffnung auf die Lösung zukünftiger eigener Fragen. Gerade fachliche und themenbezogene Foren leben sehr stark davon, dass deren Mitglieder in die Vorleistung gehen.

3. Zugehörigkeit zur sozialen Gruppe bestätigen und festigen, denn durch die Kommunikation der Mitglieder untereinander werden die Werte und Normen bestätigt und reproduziert. Beispielsweise werden sich erklärte Feministinnen durch die Bom-Chicka-Wah-Wah-Kampagne von Unilever bestätigt finden, wohingegen Machos auf das ihrer Meinung nach „richtige Frauenbild" hinweisen.

4. Anerkennung im sozialen Umfeld erwerben. Gerade in fachlich orientierten Diskussionsforen findet man immer wieder sehr fundierte Beiträge von Experten, die dann fast schon den Nimbus eines Gurus bekommen. In Portalen wie beispielsweise YouTube, MyVideo etc. scheinen dagegen manche Diskussionsbeiträge nur dazu zu dienen, dass sich der Verfasser durch möglichst ordinäre und zotige Kommentare den Status als (post-) pubertärer Knallkopf des Monats erwirkt und darüber die Anerkennung in einem ebenso pubertären Umfeld erhält.

5. Sich wichtigmachen bzw. die Machtposition in der sozialen Gruppe aufbauen/festigen (Expertenmacht, Meinungsführer etc.), hängt sehr stark mit Punkt 4 zusammen, denn nur, wer bereits Anerkennung erworben hat, kann seine Machtposition ausbauen. Dies korrespondiert auch mit der Erkenntnis von Malcolm Gladwell, der postulierte, dass nur wenige Personen Multiplikatoren im sozialen Netzwerk (Law of the few) sind.[23] Dies bedeutet im Klartext, dass klar differenziert werden muss zwischen denjenigen, die wirklich einen Einfluss auf eine soziale Gemeinschaft haben und denjenigen, die sich nur wichtigmachen. Im Grunde genommen spricht der Autor in diesem Fall von ganz klaren, ganz bestimmten Machtpositionen im sozialen Netzwerk.

Anhand eines ganz konkreten Threads sollen einige dieser Aspekte kurz erläutert werden. Hierbei handelt es sich um eine Diskussion über den

Sinn hinter einer Mumm-Werbung, die Anfang der 2000er Jahre häufig im Fernsehen gelaufen ist.[24] Die Groß- und Kleinschreibung wurde genauso wenig wie die Interpunktion verändert:

„mumm (sekt) werbung!! kann mir diese werbung mal wer erklären.
2 typen stehen in diesem turm und lehen an der scheibe, der eine meint zu dem anderen „haben wir eine chance?" der andere: „nein." und dann lachen beide?? jedesmal überlege ich was diese werbung aussagen soll?! ?

gefragt von mia-marlene am 24.11.2004 um 16:31

antwortet am 24.11.2004 um 16:42

… ich bring deshalb auch schon nächtelang kein Auge mehr zu …!

ichbintoll antwortet am 24.11.2004 um 17:29

Der sagt nicht „Nein.", der sagt „Warum nicht?!".

mia-marlene antwortet am 24.11.2004 um 18:01

@ichbintoll: ahja genau „warum nicht?" sagt der andere aber eine erklärung hast du auch nicht, oder???

Plato antwortet am 24.11.2004 um 18:03

Das sind eben risikofreudige, junge Menschen die eben auch dann feiern, wenn es vielleicht gar nix zu feiern gibt!

ichbintoll antwortet am 24.11.2004 um 18:07

Danach sagen sie doch „Manchmal muss man eben Mumm haben." (Ja, ich bin fernsehverdorben …). Ich nehme einfach mal an, dass die da auf irgendeinen Geschäfts-ja wie nennt man das-treffen sind und über irgendein Projekt von sich reden. Und um das Projekt anzugehen braucht man eben Mumm bzw. Mut, weil es gar nicht sicher ist, ob das was wird.

mia-marlene antwortet am 24.11.2004 um 18:17

und ich dachte das hat damit zu tun, weil beide gegen diese schräge scheibe gelehnt stehen und es da ziemlich weit runter geht …, weiß auch nicht bzgl. runterfallen eine chance haben. ja, weiß auch nicht, deswegen diese verwirrung!?§$/%(!"

ichbintoll antwortet am 24.11.2004 um 18:19

Das soll die Situation wahrscheinlich noch verdeutlichen …

Salsalinchen antwortet am 24.11.2004 um 18:20

… Werbung soll nicht logisch sein, sondern die Aufmerksamkeit auf das beworbene Produkt lenken und die angepeilte Käuferschaft ansprechen indem sich der Kunde mit den in der Werbung dargestellten Per-sonen zu identifizieren versucht … – Dass die Mumm-Werbung wirkt beweist Deine Frage … – **G**

Gralkor antwortet am 24.11.2004 um 18:43

ich habe gerade aus diesem Thread erfahren, dass es neben Rotkaeppchen offensichtlich noch anderne Sekt gibt ...

Jochen#16 antwortet am 25.11.2004 um 09:32

Ich werde immer genötigt dieses Asti-Zeugs zu trinken. Also, dafür braucht man auch Mumm ... *g*

antwortet am 25.11.2004 um 22:30

Soweit ich diese Werbung in Erinnerung habe stehen die da schon mit den Gläsern in der Hand auf einer Art Feier. Ich denke die haben die Gläser in die Hand grdrückt bekommen.
Ich dachte immer sie bereden den Mumm.
Können sie dem wiederstehen?
Sollen sie es wagen?----Warum nicht!--

LaLiLex antwortet am 24.02.2009 um 18:54

Meiner Meinung nach soll die Szene nichts in sich geschlossenes sein, sondern eher wie der Schluss von einem Film wirken.

Das ist halt sowas verwegenes, geheimnisvolles ...

Die beiden sind in irgendeiner ausweglosen Situation. Welche, liegt ganz in der Fantasie der Zuschauer und vielleicht hängt die davon ab, zu was für einem Film die Werbepause gehört.

Der Turm, aus dem man eben nur durch die Tür kommt, durch die man reinkam, man könnte also nicht „fliehen", soll denk ich mal nur diese Auswegslosigkeit verdeutlichen.

Aber, das ist glaube ich die Botschaft, Leute, die Mumm Sekt trinken haben eben auch den „MUMM", solchen Situationen ins Auge zu sehen und dabei nicht die Spur von Angst zu zeigen.

Eben die Risikofreude, von der PLATO auch gesprochen hat (Also, der hier etw. weiter oben)"

Sieht man sich die verschiedenen Diskussionsbeiträge an, so findet man eine sehr illustre Bandbreite von Persönlichkeiten, angefangen von eher besserwisserisch/korrigierenden bis hin zu einer nahezu vollständigen Gedichtinterpretation. Alleine schon die Aussage, dass „mia-marlene" nicht mehr schlafen kann, lässt tief blicken. „Salsalinchen" hat gerade ihr BWL-Studium mit Marketingschwerpunkt abgeschlossen und kann daher dem Rest der Welt die tiefere Bedeutung der Werbung an sich mitteilen (Experte?). Aber der beste Kandidat ist nach wie vor „ichbintoll" (sic!), der allen zeigt, dass er ja sowieso Recht hat. „LaLiLex" dagegen liefert eine sehr schöne Interpretation der Beweggründe bis hin zur tiefenpsychologischen Deutung der gesamten Werbung (Expertin!).

Über die Tatsache, dass eine Werbung so intensiv in einem Thread diskutiert wird, kann sich jeder Marketer freuen. Vor allem, da zu dieser Zeit
die modernen Communities noch nicht erfunden waren, ist es eine beachtliche Leistung. Vor allem, wenn man daran denkt, wie viel kostenlose Publicity damit erzeugt wird. Allerdings sollte er nicht zu früh die
Sektkorken knallen lassen, denn noch besser wäre es gewesen, wenn die
„offenen Punkte" des Spots auch beantwortet worden wären, z. B. in einem Folgespot. Alle Diskussionsteilnehmer hätten sich gefreut. Aber die
Fortsetzung kam nie. Schade, der Effekt (kostenloser Werbedruck) wäre
wahrscheinlich auch beachtlich größer gewesen.

Ein weiteres gutes Beispiel lieferte die Outdoor-Bekleidungsfirma Mam-
mut ab, die eine 85-jährige Frau, Mary Woodbridge, auf den Mount Eve-
rest schicken wollte.[25] Dies führte zu vielen verwunderten Kommentaren
in entsprechenden Foren. Etwas umstrittener war dagegen eine Guerilla-
Kampagne der Firma O_2, die einigen Unfug im Hörsaal veranstaltete.[26]
Hätte man beide Kampagnen nur mit klassischen Medien bedient, der
Gegenwert der erzielten Aufmerksamkeit wäre nur mit erheblich größe-
rem, finanziellem Aufwand erreichbar gewesen.

Zusammenfassung:

Wenn man es schafft, in einer Werbung soziale Aspekte dergestalt zu integrieren, dass ein Anreiz geschaffen wird, die Botschaft an die Mitglieder der
sozialen Gruppe (virtuell/real) zu verteilen, ist die Wahrscheinlichkeit einer
mehrstufigen Kommunikation relativ groß. Wenn auch noch die richtige Zuordnung zu Marke, Botschaft, Produkt innerhalb der verteilten Nachrichten
erfolgt, umso besser.

Mit der Distributionsschwelle wurde einer der wichtigsten Aspekte der
Marketingkommunikation im 21. Jahrhundert beleuchtet. Bislang allerdings nur aus der Perspektive der Verteilung von Botschaften. Selbstverständlich gibt es aber vollkommen verschiedene Kanäle, über die eine
Adressatengruppe ihre Informationen bzw. Stimuli erhalten kann. Damit
bin ich beim letzten Kapitel der Informationsverarbeitung angelangt, der
Betrachtung aller möglichen Kanäle, über die Botschaften gesendet werden können. Gleichzeitig sollen im folgenden Abschnitt auch die wesentlichen Unterschiede und Aspekte im Informationsverhalten von
BtB-Zielgruppen beleuchtet werden.

2.4 Verkaufen auf allen Kanälen? Wo sich die Zielgruppe ihre Informationen holt

Betrachtet man alle Kanäle,[27] aus denen sich die Zielgruppe die Informationen abholt bzw. mit denen die Zielgruppe abgeholt werden kann, so muss man zwischen zwei verschiedenen Kategorien unterscheiden:

- Kanäle, die den Anstoß zu Informationsverarbeitung liefern: Hierunter fallen einerseits die klassischen Informationskanäle wie zum Beispiel Print, TV, Internet-Shops etc., aber auch interaktive Kanäle wie soziale Netzwerke (virtuelle wie reale), Blogs etc.
- Kanäle, die von der Zielgruppe benutzt werden, um Informationen zu validieren, zu ergänzen etc.: Hier stößt man wieder auf Internet-Shops wie Amazon, aber auch auf fach- und themenspezifische Diskussionsforen, Testberichte etc.

Warum sollte man diese Unterscheidung genauer betrachten? Die meisten Unternehmen haben im Regelfall immer nur die erste Kategorie im Hinterkopf, das heißt sie versuchen, eine kommunikative Einbahnstraße zu bedienen. Für eine gelungene Kampagne ist es aber genauso wichtig, wenn man das gesamte Spektrum der Informationsverarbeitung der Zielgruppe kennt und daher auch alle Quellen in eine Kampagne integriert. Zusätzlich kann man durch die Kenntnis dieser beiden verschiedenen Kommunikationskanäle auch eine in sich abgerundete Kampagne entwickeln, die ganzheitlich das Kaufverhalten der Zielgruppe beeinflussen kann. Zur gezielten Lenkung der Informationsakquisition der Zielgruppe richten beispielsweise viele IT-Hersteller eigene Blogs zu den jeweiligen Produkten ein, um mögliche Fragen auf die eigene Homepage zu lenken und nicht in weniger kontrollierbare, freie Foren abdriften zu lassen. Eine in sich abgerundete Kampagne würde in diesem Fall bedeuten, dass man sowohl die klassischen Medien als auch die Bannerwerbung im Internet bedient, aber zusätzlich auch noch entsprechende Informationen im eigenen Blog anstößt.

2.4.1 Wo Konsumenten ihre Informationen holen

Die Hersteller von Konsumgütern haben es nun auf den ersten Blick relativ leicht, das Informationsverhalten ihrer Kunden zu ermitteln. Wenn sie etwas Geld investieren, bekommen sie diese Informationen von den etablierten Marktforschungsinstituten, strukturiert nach Standard-Zielgruppen, z.B. den Sinus- und Sigma-Milieus, geliefert. Aber man sollte sich vor voreiligen Schlüssen hüten, denn die Marktforschungsinstitute liefern standardmäßig nicht unbedingt die Differenzierung, welche

Quellen zum Anstoß und zur weiteren Entscheidungsfindung während eines Kaufprozesses verwendet werden, genauso wenig wie die Informationen darüber, welche Inhalte erwartet werden.

Dazu ein kurzes Beispiel: In einem Projekt mit einem Sportartikel-Internet-Shop sollte ermittelt werden, welches Kaufverhalten Kunden an den Tag legen.[28] Insgesamt wurden 660 Personen befragt, davon 300 klassisch auf der Straße und 360 über Plattformen wie Facebook, YouTube, Twitter etc. kontaktiert. Der wesentliche Unterschied zwischen den beiden Gruppen war, dass erstere hauptsächlich über Suchmaschinen wie Google, Bing etc. in die Suche nach Online-Sporthändlern einsteigen, letztere dagegen direkt in spezialisierte Webshops. Hier macht sich deutlich der Einfluss von Facebook bemerkbar, denn hier sind potenzielle Kunden direkt mit den Shops verlinkt und gehen ohne Umwege direkt auf die Seiten. Darüber hinaus haben diese Kunden deutlich weniger Ressentiments gegenüber dem Kauf im Internet.

Kombiniert man die gerade eben genannten Aspekte, so ergeben sich ganz deutliche Konsequenzen für das Kaufverhalten und auch den Kommunikationsmix. Konzentriert man sich auf die Zielgruppe, die sich sowieso im Internet tummelt, dann braucht man kaum mehr über klassische Fernseh- oder Anzeigenwerbung nachzudenken. Man konzentriert sich stattdessen viel deutlicher auf die intensivere Bindung der Facebook-Freunde und platziert dort die richtigen Informationen, d.h. solche, die Kunden brauchen, um eine Kaufentscheidung zu treffen. Vielleicht ändert sich auch die Rolle themenspezifischer Diskussionsforen und die von Portalen wie Ciao, Amazon, Qype, die momentan noch eine sehr große Rolle spielen.[29] Daher ist es durchaus sinnvoll, in regelmäßigen Abständen das Informationsverhalten, vor allem die relevanten Quellen, genauer unter die Lupe zu nehmen, um nicht von den wichtigen Informationsquellen ausgeschlossen zu werden. Dies ist aber nur ein wichtiger Aspekt, weitere sollen nun genauer dargestellt werden, anhand eines Beispiels aus der Investitionsgüterindustrie.

2.4.2 Wo BtB-Zielgruppen ihre Informationen holen – Unterschiede zu und Gemeinsamkeiten mit Konsumenten

Der Prozess der Informationsverarbeitung läuft prinzipiell ähnlich ab wie bei den Konsumenten. Es unterscheiden sich die Informationskanäle, über die Werbebotschaften an die Kunden übermittelt werden. Es gibt nur wenig TV-Werbung, abgesehen von Informationskanälen wie zum Beispiel n-tv oder CNN etc. Dies bedeutet natürlich, dass gerade die unterbewussten Prozesse bei Konsumenten, die beispielsweise in den

Werbepausen von Spielfilmen ablaufen, nahezu vollständig wegfallen. Dafür gibt es andererseits branchenspezifische Messen, auch Roadshows und produktspezifische Veranstaltungen der Hersteller, auf denen sich Entscheider über die aktuellsten Produkte informieren können. Zudem existieren branchenspezifische Medien, die die Mitglieder eines Buying Centers auf dem Laufenden halten, wie zum Beispiel Kundenzeitschriften, Web Summits etc.

Ein weiterer wesentlicher Unterschied ist die Beschaffung von Informationen nur bei Bedarf und nicht eine dauerhafte Berieselung mit Informationen durch die verschiedenen Kommunikationsmedien und Zeitschriften. Im Rahmen eines meiner Projekte führte ich insgesamt 40 verschiedene Interviews mit Entscheidungsträgern aus dem Kundenkreis eines IT-Konzerns, um die Werbewirkung bei BtB-Kunden zu bewerten. Ein erstaunliches Ergebnis dieser Interviews war die Tatsache, dass fast alle Entscheider sagten, dass Werbung, die beispielsweise per Post (Direct Mailing) oder per E-Mail (Newsletter etc.) vom Unternehmen und den Konkurrenten geschickt wurde, ohne Weiteres sofort in den elektronischen bzw. physischen Mülleimer befördert wurde. Dagegen sagten viele IT-Entscheider, dass sie im Vorfeld einer Kaufentscheidung ihre Fragestellungen in fachspezifische Foren posten und dann nach einiger Zeit durch den Input von anderen Fachleuten wertvolle Zusatzinformationen und Anwendungserfahrungen bekommen, die durch keinen Vertriebsbeauftragten oder keine Broschüre so vermittelt werden können. Ein interessanter Aspekt war auch die Äußerung der meisten Einkäufer, dass sie grundsätzlich keine Werbung interessiere, da sie nicht die Fachkenntnis für die Auswahl des Produktes hätten und auch nicht die Initiatoren einer Entscheidung seien. *Daher lief der größte Teil der Werbung, die von dem Unternehmen versandt wurde, ins Leere!*

2.4.3 Quellen für die Bedürfnisgenerierung – ein konkretes Beispiel aus der Investitionsgüterindustrie

Welche Möglichkeiten haben Investitionsgüterhersteller, die im Regelfall nicht auf fertige Marktforschungsergebnisse zurückgreifen können? In diesem Fall bleibt oft nur eine eigene Erhebung, beispielsweise in Verbindung mit der Werbewirksamkeitsanalyse. Wilhelm/Zich[30] zeigen auf, wie eine solche Analyse in der IT-Industrie aussehen kann. Untersucht wurden die Quellen, aus denen die verschiedenen Zielgruppen ihre Informationen in der Phase der Bedürfnisgenerierung bekommen. Insgesamt konnten bei den Produkten für die professionellen Anwender drei verschiedene Adressatengruppen unterschieden werden, Developer, Technical Decision Maker (TDM), Business Decision Maker (BDM):

- Developer: Alle Kunden/Anwender, die sich technisch sehr tief auf der Arbeits-/Anwendungsebene und sehr entwicklungsnah mit den Produkten beschäftigen. Dazu gehören die klassischen Softwareentwickler, aber auch technisch versierte Experten.

- Technical Decision Maker: Alle Kundengruppen, die strategische wie operative Entscheidungen über den Einsatz der Produkte treffen. Dazu gehören Gruppen-, Abteilungs- und Funktionsverantwortliche der IT-Abteilungen. Bei dieser Zielgruppe kann technisches Know-how vorausgesetzt werden und sie kennen sich in den spezifischen Begrifflichkeiten der Software- und Hardwareindustrie aus.

- Business Decision Maker: Kundengruppen, die im Regelfall nicht IT-affin sind, sondern in verschiedenen Funktionen und auf verschiedenen Hierarchiestufen die Vorgesetzten der Anwender der Produkte sind. Dazu gehören neben der Geschäftsführung vor allem Führungskräfte aus Fertigung, Logistik, Vertrieb etc. Nachdem diese Zielgruppe im Regelfall nicht sehr mit Software- und Hardwaretechnologien vertraut ist, kann auch nicht davon ausgegangen werden, dass deren Mitglieder das IT-Fachchinesisch verstehen.

In Bild 4 sind die Ergebnisse dieser internen Studie dargestellt. Auffallend hierbei ist, dass Internet-Banner bei den Entwicklern die höchste Resonanz erzeugen. Dies wird aber klar, wenn man deren Arbeitsweise ansieht: Sie sitzen vor dem Rechner, da ist die Werbung nur einen Mausklick entfernt. Andererseits begeben sie sich für die Suche nach Antworten auf fachliche Probleme oft in einschlägige Fachportale, und dort fällt dann natürlich eine Bannerwerbung am ehesten auf. Als Konsequenz für die Planung einer Kampagne bedeutet dies, dass dieser Informationskanal auf jeden Fall in den Kommunikationsmix integriert werden muss. Was kann man nun mit diesen Informationen anfangen? Sie sind gewissermaßen die unverzichtbare Grundlage für die gesamte Planung und Realisierung aller Werbemaßnahmen. Ohne das Wissen, über welche Kanäle die Zielgruppe Informationen bezieht bzw. beziehen möchte, ist die Gefahr relativ groß, dass die Botschaften ins Leere laufen und nicht bei den Kunden ankommen.

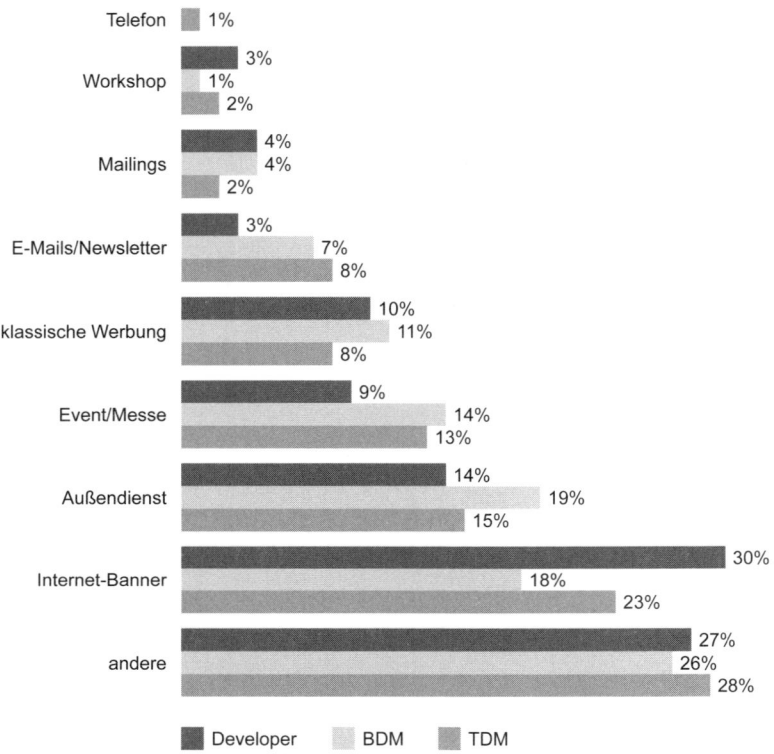

Bild 4 Informationsverhalten in der Awarenessphase,
Beispiel Softwareindustrie

2.4.4 Einfluss verschiedener Kommunikationsmedien bei der Entscheidungsfindung

Grundsätzlich sollte jeder Marketer das Informationsverhalten und die -kanäle seiner Zielgruppen kennen. Hier sind die Marketingabteilungen von Investitionsgüterherstellern etwas benachteiligt, denn es finden sich kaum Marktforschungsinstitute, die aus eigenem Antrieb heraus derartige Analysen durchführen. Um den Wert einer solchen Auswertung darzustellen, soll im Folgenden meine Untersuchung zur Rolle von Kommunikationsmedien in der Druckindustrie vorgestellt werden.[31] Insgesamt wurden 250 Eigentümerunternehmer und Geschäftsführer von Druckereien befragt, welche Kommunikationsmedien welche Rolle in verschiedenen Entscheidungsphasen spielen: zwischen den Entscheidungen (Zielsetzung: auf dem Laufenden zu bleiben) und unmittelbar vor der Entscheidung (Zielsetzung: die richtigen Entscheidungskriterien finden). Die Ergebnisse finden sich in Bild 5.

2 Am Anfang des Erfolgs steht der Stimulus

Zwischen zwei Entscheidungen

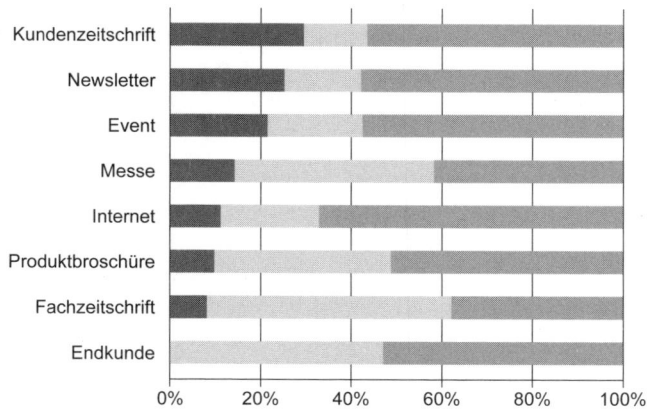

Bei der Entscheidungsfindung

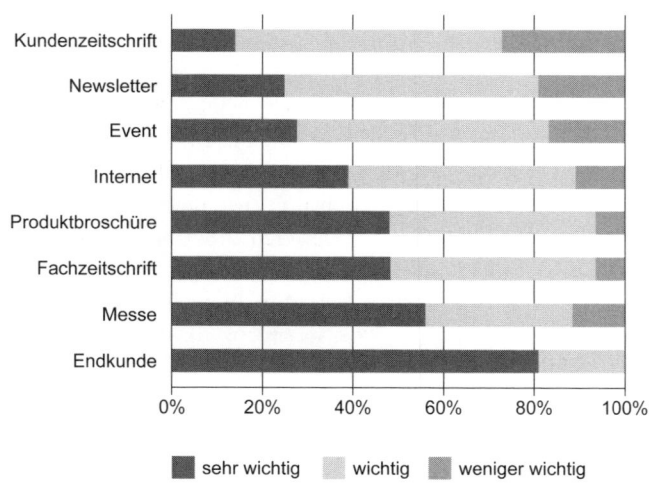

■ sehr wichtig   ■ wichtig   ■ weniger wichtig

Bild 5   Priorität von Informationsquellen in der Druckindustrie

Hier ist deutlich zu sehen, dass gerade andere Kunden (zum Beispiel in Form von Berichterstattungen über Referenzinstallationen) einen sehr hohen Einfluss auf die Entscheidungsfindung der Zielgruppe haben, dicht gefolgt von dem Besuch einer Messe. Die Motivationen der Zielgruppe sind klar: In beiden Fällen wird ein werbefreier, weitgehend neutraler Vergleich verschiedener Hersteller angestrebt. Bei den Empfehlungen von anderen Kunden kommt zusätzlich noch die Erfahrung aus erster Hand dazu. Die Schlusslichter bilden Kundenzeitschriften und Newsletter. Anders dagegen die Reihenfolge der Kommunikationsmedien in der Phase zwischen zwei Entscheidungen. Hier spielen die Endkunden eine untergeordnete Rolle, wohingegen der Newsletter und die Kundenzeitschrift sehr wohl einen gezielten Anstoß für eine neue Entscheidung bilden können.

Was kann man nun mit diesen Informationen anfangen? Ein solches Profil gibt wertvolle Hinweise darauf, wie sich die verschiedenen Medien in das Informationsbeschaffungskonzept der Kunden integrieren und welchen inhaltlichen Schwerpunkt sie haben können und sollen. Beispielsweise sollte sich die Kundenzeitschrift nicht zu sehr mit technischen Details in der Tiefe aufhalten, dies ist eher die Domäne von technischen Spezifikationen und wird sinnvollerweise direkt vor der Entscheidungsfindung eingesetzt. Eine Kundenzeitschrift sollte eher gezielt auf die richtige Versorgung mit Informationen zwischen zwei verschiedenen Entscheidungen und damit auf die Bedürfnisgenerierung hinarbeiten.

Allerdings bleibt an dieser Stelle immer noch die Frage offen, wie denn die Inhalte genau aussehen können, die Ergebnisse dieser Analyse finden sich in Tabelle 1. In dieser Studie wurde gefragt, welche Themenstellungen die Adressaten am liebsten in einer Kundenzeitschrift lesen würden. In erster Linie interessieren die Kunden Berichte über erfolgreich gelöste, tagtägliche Probleme und keine Unterhaltung. In einem Telefonat formulierte dies ein Befragter so treffend: „Wenn ich Unterhaltung möchte, dann nehme ich einen Roman auf eine Geschäftsreise mit, wenn ich eine Kundenzeitschrift lese, dann erwarte ich nur berufliche Informationen." Damit ist aber auch gleichzeitig die Positionierung des Mediums ganz klar umrissen.

Warum ist dies so besonders wichtig? Um bei dem Beispiel der Kundenzeitschrift zu bleiben, kann man diese hervorragend in ein integriertes Kommunikationskonzept einbetten. Zwischen zwei Kaufentscheidungen will der Kunde auf dem Laufenden bleiben und daher, auf den Punkt gebracht, die wichtigsten Informationen erhalten. Daher muss die Vorgabe an die redaktionelle Bearbeitung der Artikel sein: kurz, knapp, den oben genannten Anforderungen an die Inhalte entsprechend. Gleichzeitig kann eine solche kurze Darstellung auch gewissermaßen als Appetizer für eine detailliertere Beschäftigung dienen, beispielsweise durch eine Verknüpfung mit der Homepage oder durch einen Hinweis auf einen Vertriebskontakt. Interessanterweise sind beispielsweise kaufmännische Hilfestellungen in den untersuchten Kundenzeitschriften so gut wie überhaupt nicht thematisiert worden, eine inhaltliche Lücke und gleichzeitig eine Chance, sich von den Konkurrenten abzusetzen. Auf der anderen Seite fanden sich in den beiden Kundenzeitschriften der Marktführer *Heidelberger Druckmaschinen* und *MAN Roland* zum Zeitpunkt der Untersuchung sehr viele unterhaltsame Beiträge, die nicht den Erwartungen der Befragten entsprachen, daher wurde die Konkurrenzzeitschrift der *KBA* deutlich positiver gewertet.

Tabelle 1 Inhalte von Kundenzeitschriften, Beispiel Druckindustrie

Inhaltskategorie	Wert
Technische Hilfestellungen	74,5 %
Vorstellungen von Innovationen des Herstellers	72,5 %
Kunden und ihre Erfahrungen mit Produkten	72,5 %
Tipps zum Verwalten der digitalen Welt	70,6 %
Analyse und Bewertung von Branchenentwicklungen	60,8 %
Infos zum Digitaldruck	49,0 %
Kaufmännische Hilfestellungen	43,1 %
Tipps und Tricks zur Reinigung, Wartung etc.	43,1 %
Infos und Zusammenfassung von Messen	41,2 %
Häufig gestellte Fragen/Leserbriefe	41,2 %
Infos zur Papiernachverarbeitung	29,4 %
Infos zu Publikationen über die Druckbranche	27,5 %
Artikel zum Thema Umweltschutz	17,6 %
Artikel zum Thema Multimedia	17,6 %
Infos zur Papiervorverarbeitung	15,7 %
Infos zur Homepage des Herstellers	15,7 %
Juristische Hilfestellungen	13,7 %
Internationale Aktivitäten des Unternehmens	7,8 %
Unterhaltung (Interviews von Prominenten, …)	2,0 %
Vorstellung des Vertriebspersonals	2,0 %
Sonstiges	2,0 %

Kurz zusammengefasst:

Jeder Marketer muss in regelmäßigen Abständen herausfinden, welche Informationskanäle und -quellen von den Zielgruppen als Input vor und während der Kaufentscheidung benutzt werden, damit der Kommunikationsmix optimal darauf abgestimmt werden kann. Ansonsten besteht die Gefahr, an den Informationsbedürfnissen der Kunden vorbeizuschlittern. Darüber hinaus ist es sinnvoll, auch die Inhalte der jeweiligen Medien zu überprüfen, die Adressaten in den jeweiligen Phasen der Entscheidungsfindung benötigen und gegebenenfalls zu optimieren. Jeder Marketer bekommt mit einer solchen Auswertung ein wertvolles Profil für den Soll-Ist Vergleich. Das heißt, man hat die Möglichkeit, eine sinnvolle Positionierung aus Kundensicht mit den aktuellen Inhalten kritisch zu vergleichen.

Um die Analyse der Informationskanäle zu erleichtern, sind in Form des Templates 1 die wichtigsten Erkenntnisse der vorangegangenen Seiten dargestellt: Anteil des Kanals am Anstoß des Entscheidungsprozesses, an der eigentlichen Entscheidung und die aus Kundensicht erwarteten Inhalte.

	Anstoß	Entschei-dung	Erwartete Inhalte
Anzeigen	... %	... %	
Außenwerbung	... %	... %	
Flyer/Broschüre	... %	... %	
Verpackung, POS o.Ä.	... %	... %	
Fachartikel, red. Beiträge o.Ä.	... %	... %	
...	... %	... %	
SEO, Google Adwords o.ä.	... %	... %	
Shops	... %	... %	
Verkaufsplattformen	... %	... %	
Facebook, Xing, o.ä.	... %	... %	
Fachportale	... %	... %	
YouTube, MyVideo etc.	... %	... %	
Bannerwerbung	... %	... %	
Homepages	... %	... %	
...	... %	... %	
Fernsehen	... %	... %	
Messen, Events	... %	... %	

Roadshows	... %	... %	
Radiowerbung	... %	... %	
...	... %	... %	
Sponsoring	... %	... %	
Product Placement	... %	... %	
Public Relations, Twitter	... %	... %	
Promotions	... %	... %	
...	... %	... %	
	100%	100%	

Template 1 Informationskanäle der Zielgruppe

2.5 Was funktioniert und was schiefgehen kann: Kontexte und Störungen

Eine Analyse des Informationsverhaltens ist nicht vollständig, wenn nicht der Einfluss des Kontextes genauer untersucht wurde. Was ist darunter zu verstehen? Vereinfacht gesagt sind dies alle Umweltkomponenten, in die eine Kommunikationsmaßnahme eingebettet ist. Nachdem Licht und Schatten immer sehr eng beieinander liegen, kann sich aus dem Kontextbezug nicht nur eine Verstärkung und Chance ergeben, sondern auch eine erhebliche Störung bis hin zur fehlenden Platzierung der Botschaft bei der Zielgruppe. Insgesamt gibt es drei verschiedene Kontextfaktoren, die im Folgenden etwas näher beleuchtet werden sollen: ein sachlich-wirtschaftlicher, ein zeitlicher sowie ein räumlicher Kontext.

2.5.1 Sachlich-wirtschaftlicher Kontext

Darunter fallen vor allem die Werbung der Konkurrenz bzw. auch gestalterisch ähnliche Werbungen. Jedem Leser ist es sicher nicht nur einmal in seinem Leben passiert, dass man beispielsweise einen Spot im Fernsehen ansieht und diesen nach den ersten Sekunden einer bestimmten Firma/einem bestimmten Produkt zuordnet, um dann am Ende festzustellen, dass diese Zuordnung falsch war. Ist dies keine bewusste Absicht des Urhebers, so können alle Anstrengungen bei der Gestaltung der Werbung ins Leere laufen, da die Botschaft nicht dem richtigen Produkt bzw. die richtigen Marke zugeordnet wird. Damit wurde dann eventuell der Erfolg einer kompletten Kampagne in Bezug auf ihre Wirkung auf die Zielgruppe deutlich geschmälert. Ein sehr gutes Beispiel für die positive

Ausnutzung eines Mee-too-Effektes findet sich auf YouTube: Wenn man nach den iPhone-Videos der Firma Apple sucht, wird man nach relativ kurzer Zeit auch auf die der Firma Blendtec[32] stoßen. Diese Firma ist Hersteller von Mixern und versucht die Qualität der eigenen Produkte dadurch unter Beweis zu stellen, indem Gegenstände, die normalerweise nicht in Mixern verarbeitet werden, klein gehexelt werden, dokumentiert in einem Video. Unter anderem auch ein iPhone, sowohl das 3G als auch das 4G.[33] In beiden Videos zeigt der Darsteller die Produkte und stellt die Frage: „Will it blend?" Daraufhin steckt er genüsslich das iPhone in den Mixer, drückt die Starttaste und stellt nach einigen Sekunden fest, dass aus dem teuren Mobiltelefon nur noch ein Haufen schwarzer Staub geworden ist. Nachdem diese Situation so kurios ist, konnte davon ausgegangen werden, dass sich die Betrachter diese Videos mit großer Wahrscheinlichkeit merken und zu einem gewissen Teil auch an Freunde und Bekannte verteilen. *Positv: kostenlose Publizität für Blendtec, die Firma wird in der Weite des Internet gefunden, auch ohne Search Engine Optimization. Darüber hinaus ergab sich eine Kostenersparnis für Werbung.*

Im Zeitalter des Web 2.0 sind diese Plattformen aber auch ein Gradmesser dafür, wie erfolgreich ein Produkt bzw. eine Werbung wirklich ist. Oder in anderen Worten formuliert: Wenn sich niemand findet, der die Werbung verteilt, dann war sie uninteressant. Wenn sich niemand findet, der die Werbung „auf den Arm nimmt", kopiert oder verändert, dann war sie vielleicht in ihrer ursprünglichen Form nicht wert, gespeichert zu werden, aber nicht so herausfordernd und/oder polarisierend und/oder interessant, dass sie in den altbekannten Plattformen zahlreich verändert und adaptiert wurde. Dies spricht – im angeführten Beispiel – wieder für Apple, der Konkurrent Microsoft kann nicht auf solche „positiven" Rückkopplungen bauen.

2.5.2 Zeitlicher Kontext

An erster Stelle steht dabei die Positionierung im Sales Cycle. Die Aufmerksamkeit für eine Kommunikationsmaßnahme wird generell höher sein, wenn sich das Mitglied der Zielgruppe kurz vor einer Entscheidung befindet, und wird eventuell geringer sein, wenn diese bereits vor langer Zeit getroffen wurde. Betrachtet man aber den kompletten Sales Cycle, so fällt eine weitere Einsatzmöglichkeit für Kommunikationsmaßnahmen auf: die Bestätigung der Kaufentscheidung.

Gerade bei Gütern, die eine erhebliche Investition darstellen, spielt bei dem einen oder anderen Käufer eventuell noch ein undefinierbares Bauchgefühl mit, ob dies auch die richtige Entscheidung war. Eine ganz menschliche Eigenschaft ist die Suche nach der Bestätigung der Kaufentscheidung. Wesentliche Quellen sind hier sicher der Freundeskreis und das soziale Umfeld der Zielgruppe. Als hervorragendes Beispiel eignet sich ein Autokauf. Wenn alle Bekannten und Freunde ganz begeistert auf das neue Auto reagieren, so fällt dem Käufer doch sicher ein sehr großer Stein vom Herzen, es war die richtige Entscheidung. Und wenn darüber hinaus auch noch die Werbung dies unterstreicht, dann fühlt sich der Konsument richtig wohl. Als Firma verkauft man im ersten Anlauf nicht mehr, aber die Kundenbindung ist von Anfang an sichergestellt. Ganz anders dagegen der Eindruck eines Käufers, der sich mit einer Preisänderung konfrontiert sieht, nachdem er kurz zuvor das Produkt zum regulären Preis gekauft hat. Er ist schlicht und einfach verärgert und fühlt sich übervorteilt. Dies ist beispielsweise auch schon Apple passiert. Nachdem schon 69 Tage nach Einführung der Preis für das iPhone um 200 $ gesenkt wurde,[34] verklagte die Amerikanerin Dongmei Li aus New York den Konzern auf 1.000.000 $ Schadensersatz. Deutlicher kann man seinem Ärger nicht Luft machen.

Weitere Chancen und Risiken, die mit diesem Kontextbezug verbunden sind, lassen sich am ehesten anhand der Herausforderung in der Werbepause erklären. Viele Mitglieder der Zielgruppe schalten wahrscheinlich in der Werbepause den Ton aus, daher ist es vermessen, alleine auf die verbale Botschaft zu setzen. Vielmehr müssen Schlüsselbilder und geschriebene Texte die Aufmerksamkeit der Adressaten so weit binden, dass diese den Ton wieder einschalten. Eine interessante Lösung fand sich in Form der Maybelline-Jade-Schminktipps von Boris Entrup, die jeweils am Ende der Werbepausen vor dem nächsten „Germanys Next Top Model"-Slot liefen. So kurz vor der Sendung hatten diese Tipps relativ gute Chancen wahrgenommen zu werden, da sie mit bekannten Gesichtern besetzt waren und hervorragend zum Thema der Sendung passten. Aber auch der Zeitpunkt der Schaltung einer Kampagne ist ein wichtiger Kontextfaktor. Beispielsweise sind die Monate Juli, August bis Mitte September eher unglücklich für Werbemaßnahmen im Investitionsgüterbereich, da die Wahrscheinlichkeit relativ groß ist, dass die Adressaten entweder kurz vor dem Urlaub stehen und damit keine Zeit haben, sich auf etwas anderes als die Erledigung der dringenden, offenen Aufgaben zu konzentrieren. Oder sie sind im Urlaub und damit nicht erreichbar. Oder sie sind gerade aus diesem zurückgekommen und müssen sich durch einen riesigen Berg an E-Mails und liegengebliebenen Aufträgen arbeiten und werfen daher jegliche Werbemaßnahmen sofort weg. Wenn man beispielsweise als Konsumgüteranbieter die untere soziale Schicht erreichen möchte, dann sitzt ein Teil der Zielgruppe mit großer Wahrscheinlichkeit schon tagsüber vor dem Fernseher und sieht sich Soap Operas an.

2.5.3 Räumlicher Kontext

Die Herausforderung besteht darin, sich positiv und wahrnehmbar vom Umfeld abzusetzen und damit die Botschaft bei der Zielgruppe zu verankern. Ein paar besonders schöne Negativbeispiele finden sich in der Outdoor-Werbung, die oft längs zur Fahrtrichtung an Straßen angebracht wird. Für die meisten Fußgänger ist das Plakat zu groß und wird nur von der gegenüberliegenden Straßenseite wahrgenommen, für die meisten Autofahrer ist es dagegen nicht wahrnehmbar, weil sie aufhören müssten, sich auf den Verkehr zu konzentrieren, um die Kommunikationsmaßnahme bewusst wahrzunehmen. Aber wie immer gibt es auch hier eine Ausnahme von der Regel. Wenn der Urheber der Werbung es schafft, die zentrale Aussage bzw. ein zentrales Bild zu aktivieren und so zu gestalten, dass die Aufmerksamkeit der Zielgruppe unwillkürlich auf die Botschaft fokussiert wird, dann werden eventuell auch ungünstig platzierte Medien wahrgenommen. Aber auch das Ausschalten des Tons in Werbepausen ist ein Einflussfaktor, der gerne vergessen wird. Ebenso beim weit verbreiteten Internet-Surfen parallel zum Fernsehen, hier muss der visuelle/akustische Reiz stark genug sein, damit der Blick wieder vom Computerbildschirm auf die Fernsehwerbung gelenkt wird. In diesen beiden Fällen ist es wichtig, zumindest die Aufmerksamkeit der Adressaten zu erhalten, damit vielleicht der Werbespots in der nächsten Werbepause mit Ton oder mit einer höheren Aufmerksamkeit betrachtet wird.

In der Investitionsgüterindustrie spielt der Kontext der Informationsverarbeitung im Vergleich zur Konsumgüterindustrie eine gleich bedeutende Rolle. Man stelle sich nur den Berg an Hauspost vor, den viele Adressaten jeden Morgen vorfinden. Anstatt sich durch den Stapel durchzuarbeiten, wird eine sehr effiziente Methode gewählt: Der ganze Stapel fliegt nach oberflächlicher Durchsicht in den Papierkorb. Aufgrund dieser Tatsache ist es natürlich extrem wichtig, dass jede Werbeform im ersten Anlauf die Aufmerksamkeit der Zielgruppe auf sich zieht und Lust auf die Beschäftigung mit dem Inhalt machen muss. Auch hier gelten wieder die oben bekannten Mechanismen der Informationsverarbeitung und -verteilung.

Ein sehr schönes Beispiel für die nicht optimal geglückte Überwindung der Verständnisschwelle hat die Microsoft Deutschland GmbH mit der *Broschüre zu Office 2003* geliefert.[35] Auf dem Deckblatt der Broschüre war ein junger Mann abgebildet, der in einen Computerbildschirm schaut (nicht den Betrachter ansieht!) und darunter war zu lesen: „Die erste Software, die alle Prozesse, Informationen und Systeme über Grenzen hinweg nahtlos integriert und so für Sie arbeiten lässt." Abgesehen davon, dass das Titelbild einen wenig aktivierenden Charakter hatte, war

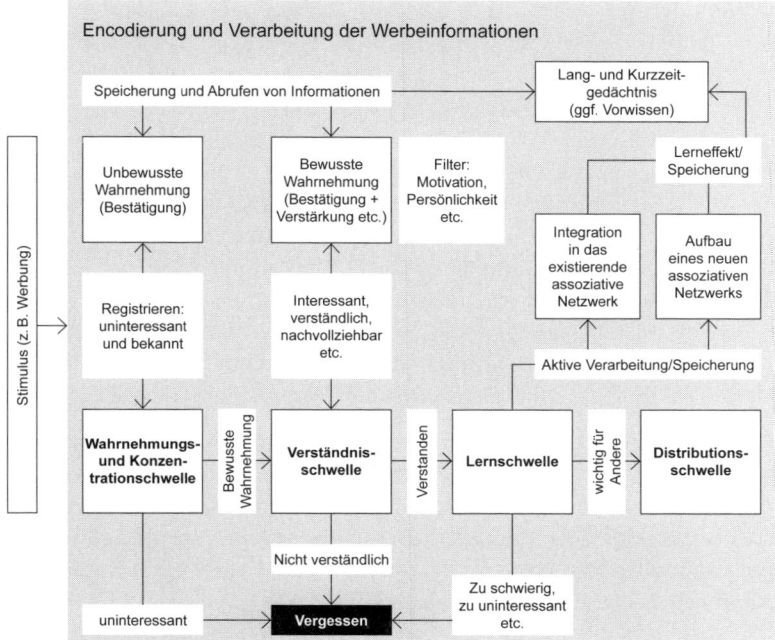

Bild 6 Verarbeitung von Stimuli

auch dieser Satz auf dem Titelbild nicht dazu geeignet, schnell das Interesse des Betrachters zu wecken, da viel zu kompliziert geschrieben und kein Wunsch oder Bedürfnis adressiert wurde. Diese Broschüre wäre ein typischer Kandidat für den Papierkorb, es sei denn, der Entscheider ist auf die Information angewiesen und muss sie lesen.

Mit diesem abschließenden Punkt wurden alle Aspekte des Informationsverhaltens ausreichend analysiert. In Bild 6 sind die beschriebenen Erkenntnisse grafisch dargestellt.

2.6 Target Audience Profile 1: Was jeder Marketer über das Informationsverhalten der Zielgruppe wissen sollte

Was stellt man nun mit all diesen Erkenntnissen an? So überraschend banal es vielleicht auch klingen mag, aber es ist die wesentliche Voraussetzung dafür, nicht nur eine operative Kampagne in die richtige Richtung zu lenken, sondern damit auch die Marke und das Kommunikationsprogramm. Gleichzeitig helfen diese Analysen dabei, alle tollen Bilder, Werbesprüche und -texte kritisch zu hinterfragen, ob sie auch so einfach sind, dass sie von der Zielgruppe wahrgenommen, verstanden, verarbeitet und gespeichert werden können und so interessant sind, dass sie an alle FreundInnen verteilt werden. Dies braucht jeder Marketer in Form von *TAP*s (Target Audience Profiles), den Zielgruppenprofilen, zielorientiert und aktuell aufbereitet. Gleichzeitig müssen die TAPs auch in das Reifegradmodell eingebaut werden, um jedem Marketingverantwortlichen die Möglichkeit zu geben, seine eigene Informationsversorgung kritisch zu hinterfragen, kontinuierlich weiterzuentwickeln und so die Lücken für eine optimale Gestaltung der Werbung zu schließen.

Tabelle 2 fasst die wesentlichen Informationen, die bei den unterschiedlichen Reifegraden vorliegen sollen, zusammen. Analog zur Definition der Stufe Basic sollten – gewissermaßen als unverzichtbare Grundausstattung – Informationen über die Nutzung der Informationskanäle vorliegen. Dies gilt genauso für Analysen von vorangegangenen Kampagnen, damit Fehler nicht ein zweites Mal gemacht werden und der Mix an verschiedenen Medien an das Informationsverhalten der Zielgruppe angepasst wird. Entsprechend können die beiden folgenden Reifegradstufen

Tabelle 2 TAP 1: Informationsverhalten der Zielgruppen

Kategorien	Basic	Managed	Advanced
Informationskanäle der Zielgruppe	Welche Informationskanäle werden von der Zielgruppe genutzt? In welcher Intensität? Liefert Informationen zum Verhalten der Zielgruppen.	Welche Informationskanäle werden vor Entscheidungen genutzt (Entscheidungsfindung)? Welche Info-Kanäle zwischen Entscheidungen (Bedürfnisgenerierung)?	Welche Inhalte erwartet die Zielgruppe von den (wichtigsten) Medien in Abhängigkeit der Entscheidungsphasen (vor, nach, zwischen)?
Botschaften und Inhalte der aktuellen bzw. der vorangegangenen Kampagne	Awareness: Welche Botschaften, Bilder etc. werden erinnert? Welche Botschaften, Bilder etc. der Konkurrenzwerbung werden erinnert? Bekanntheitsgrad vor und nach der Kampagne (Recall/Recognition)	Wie oft wurde die richtige Botschaft zur richtigen Marke und zum richtigen Produkt zugeordnet? Wie oft passiert dies bei Konkurrenzprodukten?	Distributionsverhalten der Zielgruppe (Kanäle, Portale, Inhalte, Aussagen etc.): Welche Aussagen wurden bevorzugt verteilt? Warum?

(Managed und Advanced) interpretiert werden. Sie stellen eine Verfeinerung der Informationsversorgung der Marketingverantwortlichen dar und ermöglichen diesen, ihre Werbungen noch zielgerichteter und noch verkaufsorientierter aufzubauen.

2.7 Schlecht zu lernen, schlechte Verkaufschancen! Wie sieht Werbung aus, die verkauft?

Was hat Informationsverarbeitung mit verkaufen zu tun? Ganz einfach, wenn die Aufforderung zum Kauf nicht wahrgenommen wird, dann kann der Kunde nicht in die Arena der Bedürfnisgenerierung einsteigen. Versteht er nicht, warum er etwas wollen und begehren soll, steigt er wieder aus der Arena aus. Eine Werbung, die verkauft, berücksichtigt all diese Kriterien. In anderen Worten formuliert: Der Adressat lässt sich vom Gesamteindruck fesseln, verinnerlicht sofort, dass er den beworben Gegenstand haben will, verankert die Erkenntnis in seinem Gedächtnis und erzählt es begeistert dem ganzen Freundeskreis. Ein Lernprozess, der nicht nur leicht und flockig, sondern vor allem in Höchstgeschwindigkeit abläuft. Nun die unangenehme Seite: Irgendwo müssen die Informationen über die Zielgruppe herkommen – was interessant ist, welche Stimuli passen, welche Kanäle die Zielgruppe zur Wissensakquisition nutzt etc.

Liegen aber die gerade genannten Informationen in der richtigen Detaillierung und Aktualität vor, so können diese hervorragend als Checkliste für die Bewertung einer Kreatividee bzw. für die endgültige Freigabe verschiedener Medien verwendet werden.

Kurz zusammengefasst:

Eine Werbung hat ein höheres Verkaufspotenzial, wenn sie es schafft, …

- nicht nur von der Zielgruppe bemerkt zu werden, sondern auch interessant genug ist, dass sich die Zielgruppe aktiv mit der Werbung beschäftigt.
- die Beschäftigung mit der Werbung zu intensivieren, indem sie leicht verständlich ist, nicht nur den avisierten Wunschzustand der Zielgruppe, sondern auch gleichzeitig alle offensichtlichen und auch die unterschwelligen Botschaften abbildet (leicht zu verstehen).
- die richtige Botschaft (auch unter allen widrigen Umfeldbedingungen) bei der Zielgruppe zu verankern (leicht zu lernen).

- sich eindeutig von der Konkurrenz in positiver Art und Weise abzuheben und keine Kopie der Konkurrenzwerbung ist.

- die richtige(n) Botschaft(n) in Kombination mit der richtigen Marke und der richtigen Leistung bei der Zielgruppe zu verankern.

- so interessant zu sein, dass die gelernten Inhalte auch freiwillig im Sinne einer mehrstufigen Kommunikation an den Bekannten- und Freundeskreis weitergegeben werden.

3 Kaufintention und Kaufen: Warum manche Wünsche zum Kauf führen und manche nicht

Der erste große Schritt auf dem Weg zur Kaufhandlung des Kunden ist getan: Die Werbung wurde wahrgenommen, verstanden, eventuell gespeichert und im virtuellen wie realen Bekanntenkreis verteilt. Aber es müssen noch viele bewusste oder unbewusste Entscheidungen von der Zielgruppe getroffen werden, damit die Erkenntnis bzw. der Lerneffekt in einen Kauf umgewandelt wird.

3.1 Wunsch, Wirklichkeit und die wahrgenommene Diskrepanz zwischen beiden

So banal es auch klingt, aber vor einem Kauf muss immer eine Handlungsintention in Form einer Kaufabsicht vorliegen. Dies bedeutet nichts anderes, als dass die verarbeiteten Informationen aus einer Werbung auf fruchtbaren Boden fallen müssen. Nur scheinbar ausgenommen davon sind spontane Käufe, die ohne zu überlegen getätigt werden, doch auch sie haben oft eine längere Historie, zum Beispiel eine Werbung, die lange zurückliegt und nicht mehr bewusst erinnert wird oder ein Gespräch mit einem Freund, in dem es um das begehrte Produkt ging. Diese längerfristigen Wirkungen der Werbung wurden im vorangegangenen Kapitel betrachtet. Doch jetzt erstmal wieder zurück zur eigentlichen Entstehung einer Handlungsintention.

Um diese gesamten Sachverhalte pragmatisch und praktisch zu erläutern, setzen wir uns wieder gedanklich vor den Fernseher und sehen uns eine Werbung der Firma Procter & Gamble aus dem Produktbereich Pampers an.[36] Dieser Spot ist ein hervorragendes Beispiel für die geschickte Adressierung unterschwelliger Bedürfnisse. Die Storyline: Eine Mutter legt ihr Baby am Abend in das Bett, die erklärende Stimme führt gewissermaßen einen Dialog mit dem Baby. In der Werbung wird die Funktion des Koala-Verschlusses vorgestellt: ein neuartiger Verschluss einer Baby-Windel, der das Baby trockener halten soll.

Wir sitzen also vor dem Fernseher und versetzen uns in die Gedanken-welt der Zielgruppe. Hier gibt es zwei verschiedene Ausgangspunkte, vor deren Hintergrund die Werbung betrachtet wird: Das Individuum ist entweder mit der aktuellen Situation (Anwendung der aktuell benutzten Windel, deren Leistungsfähigkeit etc.) zufrieden oder unzufrieden. Im letzteren Fall ist die Wahrscheinlichkeit relativ groß, dass eine Werbung auf fruchtbaren Boden fallen wird, denn je nach dem Grad der Unzufrie-denheit wird das Individuum eventuell nach Alternativen suchen und offen für neue Ideen seien. Im ersten Fall sieht die Ausgangssituation deutlich schlechter aus, denn tendenziell sucht man nur dann, wenn die Motivation für das Wunsch-Objekt relativ hoch ist.

In der Pampers-Werbung wird gleich durch die ersten Schlüsselbilder eine Situation aus dem Alltagsleben junger Eltern dargestellt, die abend-liche Prozedur des „Zu-Bett-bringens". Ein langer und interessanter, viel-leicht auch anstrengender Tag mit einem Baby geht zu Ende, die Eltern freuen sich darauf, dass sie wieder ein paar Minuten für sich haben, vor-ausgesetzt, der Nachwuchs schläft. Das erste Schlüsselbild (Bild 7) zeigt zusätzlich eine sehr fürsorgliche und zärtliche Beziehung zum Baby; es wird jeder Mutter leicht gemacht, sich genau mit dieser Situation zu iden-tifizieren, weil hier auch gewissermaßen ein Wunschbild gezeigt wird. Die Wirklichkeit verläuft vielleicht oft nicht so harmonisch, sondern mit viel Geschrei und Protest des Babys. *Resümee der Werbung: Die Zielgruppe*

Bild 7 Schlüsselbild aus der Pampers-Werbung:
Mutter bringt das Baby zu Bett

3 Kaufintention und Kaufen

identifiziert sich mit der Ausgangsituation, ist von Anfang an aufmerksam und wartet mit Spannung, was kommt. Vielleicht erklärt sich die Aufmerksamkeit der Zielgruppe dadurch, dass sich gerade in den ersten Lebensjahren doch das gesamte Leben der Eltern um das Baby dreht und man alles versucht, um den Nachwuchs optimal zu betreuen.

Um einen bewussten oder unbewussten Prozess des Nachdenkens über ein Bedürfnis, einen Wunsch, ein Verlangen auszulösen, bedarf es der Erzeugung einer wünschenswerten Situation. Es gibt viele verschiedene Möglichkeiten, diese in der Werbung entstehen zu lassen, beispielsweise durch das Erzeugen von bestimmten Sehnsüchten (soziale, materielle, physische, ideelle etc.) oder von Lebensgefühlen (Geborgenheit, Sicherheit, Überlegenheit, Neugierde etc.), durch die Identifikation mit dem idealen, realen Selbstbild und viele mehr. In der Pampers-Werbung sind sowohl die visuelle als auch die verbale Umsetzung der Erzeugung einer gewünschten Situation hervorragend umgesetzt. Bild 8 zeigt eines der wesentlichsten Schlüsselbilder der gesamten Werbung: das zufrieden schlafende Baby.

Welche Konnotationen verbinden Eltern genau mit diesem Bild? Ruhe, Frieden und einen Abend zu zweit ohne Störungen – einfach ein Traum für gestresste Eltern. Oder vielleicht auch das letzte Bild, bevor man selbst ins Bett geht, die letzte Möglichkeit, am Ende des Tages noch einmal stolz einen Blick auf das eigene Kind zu werfen. Und was gibt es Schöneres, als ein schlafendes Baby? Unterschwellig ist mit dieser Situation natürlich auch der Wunsch verbunden, es möge eine ruhige Nacht werden. Im Text der Werbung wird genau diese Botschaft vermittelt:

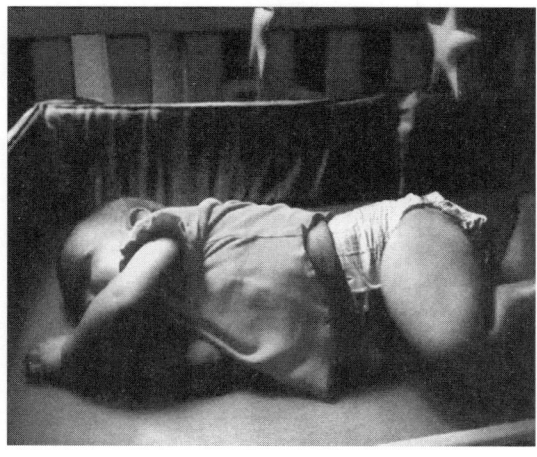

Bild 8 Schlüsselbild aus der Pampers-Werbung: schlafendes Baby

„Du bist sieben Monate alt. Nachts verarbeitest du alles, was du tagsüber so erlebt hast. Deswegen bewegst du dich fast doppel so viel wie ein Erwachsener. Das ist ganz schön anstrengend für deine Windel. Deshalb haben Pampers Baby Dry jetzt den Koala-Verschluss. Der passt sich sogar noch besser deinem Körper an und hilft, Auslaufen zu verhindern. Wer die Welt mit Babys Augen sieht, der weiß wie man sie besser machen kann. Der neue Koala-Verschluss. Von Babys inspiriert, von Pampers kreiert."[37]

Zwischenfazit:
Die Pampers-Werbung schafft es in beispielhafter Art und Weise, sehr verdichtet in wenigen Bildern und Worten in den Köpfen der Zielgruppe eine emotional aufgeladene Geschichte entstehen zu lassen, sodass die wünschenswerte Situation von selbst entsteht und sich nachhaltig im Gedächtnis verankert.

Ein kurzer Ausflug in andere Werbungen zeigt, dass die Darstellung einer wünschenswerten Situation zum Standardrepertoire in der Werbung gehört. Den Versuch, die Sehnsucht nach (finanziell) unbeschwerter Freiheit mit einem tollen Urlaubsgefühl zu kombinieren und mit dem (latenten) Bedürfnis „endlich mal wieder Urlaub haben" zu verstärken, unternimmt die Raffaello-Werbung. Die Adressierung sexuell motivierter Wünsche und Begierden führt folgerichtig zum wesentlichsten Stilelement der AXE-Werbungen. Wichtig ist vor allem, dass das Individuum mehr oder weniger bewusst feststellt, dass es jetzt einen Wunsch bzw. ein Verlangen hat, denn ohne diese Entscheidung endet der gesamte Prozess der Entwicklung einer Kaufintention bereits hier. Einfach ausgedrückt: Wenn mir das egal ist, was ich gerade sehe und ich nicht mal erkenne, warum ich mir das wünschen soll, warum soll ich es dann kaufen? Nichts Besonderes? Ja und Nein. Ein Blick auf wirklich erfolgreiche Werbungen zeigt, dass bei diesen Bedürfnisse/Sehnsüchte klar, deutlich, einfach dargestellt werden und somit eine ideale Verbindung von Bedürfnisgenerierung und Informationsverarbeitung sind.

Die nächste Entscheidung, die jeder Adressat trifft, ist eine *Bewertung des Unterschiedes zwischen der gewünschten und der aktuellen Situation.* Selbst wenn ein Wunsch oder ein Verlangen vorliegt, diese aber nicht eine erhebliche Verbesserung oder Veränderung der wahrgenommenen aktuellen Situation versprechen, bricht der Prozess an dieser Stelle ab. Ist die Werbung dagegen so geschickt gemacht, so kann die aktive Beschäftigung mit dem Wunsch bzw. dem Verlangen dazu führen, dass die aktuelle Situation auf einmal nicht mehr als positiv, sondern sogar als negativ empfunden wird.

Die Pampers-Werbung kann bei dem Betrachter mit großer Wahrscheinlichkeit eine relativ starke Diskrepanz zwischen der aktuellen Situation und dem Wunschzustand auslösen. Wer möchte schon gerne, dass sein eigenes Baby in der Nacht aufwacht (und damit die Mutter bzw. der Vater auch!) und nass im Bett liegt. Die Nacht ist dann schon relativ schnell zu Ende oder auf jeden Fall unterbrochen. In diesem Fall werden sowohl die subjektiven, durchaus egoistischen Motive der Eltern adressiert als auch deren soziale Verantwortung. Sigmund Freud hätte in diesem Fall seine wahre Freude an der Interpretation dieser Werbung gehabt. Das egoistische „Es" strebt nach Bequemlichkeit, und Erfüllung rein individueller egoistischer Wünsche (durchschlafen), das „Über-Ich" repräsentiert die soziale Verantwortung (Sorge um den Nachwuchs).

In dieser Werbung ist sehr schön noch eine weitere Erkenntnis der Psychologie umgesetzt, dass sowohl kognitive als auch emotionale Argumente die Zielgruppe erreichen sollen. Die emotionalen Komponenten dieser Werbung bestehen auf der einen Seite in dem schönen Gefühl, ein schlafendes Baby zu haben und auch etwas für das Baby getan zu haben – vor allem realisiert durch die ruhige, schöne Visualisierung; die kognitiven Elemente verstecken sich im Text in Form eines Aha-Effektes („Nachts verarbeitest du alles was du tagsüber so erlebt hast. Deswegen bewegst du dich fast doppelt so viel wie ein Erwachsener. Das ist ganz schön anstrengend für deine Windel." Reaktion: ... wusste ich noch nicht!). Zusätzlich vermittelt die Werbung auch noch ein Absenken des Zufriedenheitsniveaus mit dem aktuellen Produkt, wenn das Individuum vielleicht anfängt, darüber nachzudenken, wie oft in der letzten Zeit das Baby wach (nass?) im Bett gelegen hat. Ein nachvollziehbarer Gedankengang: Daran liegt es, an den heftigen Bewegungen in der Nacht. Hat meine aktuelle Windel die versprochenen Eigenschaften? ... Im Spot konkretisiert sich der thematische Fixpunkt in Form der Vorstellung des Koala-Verschlusses. In Bild 9 ist dieses Schlüsselbild dargestellt.

Zwischenfazit 2:
Auch hier schafft es die Pampers-Werbung, in geschickter Art und Weise die Zielgruppe kurz zum Nachdenken zu bewegen, mit wenig bis moderater geistiger Anstrengung diesen Teil der Botschaft aufzunehmen und eine ganz konkrete Wahrnehmung des Unterschiedes zwischen dem Wunsch und der aktuellen Situation klar und prägnant (nasses Baby – unglückliches Baby – unglückliche Eltern – Koalaverschluss als Lösung) entstehen zu lassen. Jetzt ist der Kunde so weit, dass er kurz vor einer Handlung steht, weil er sowohl auf kognitiver als auch auf sozialer Ebene abgeholt und adressiert wurde.

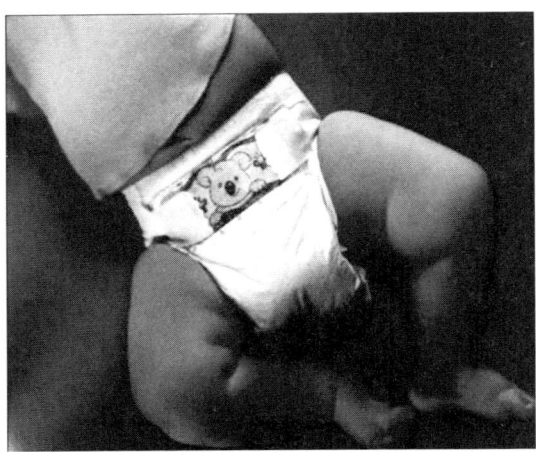

Bild 9 Schlüsselbild aus der Pampers Werbung:
Windel mit Koala-Verschluss

Doch Vorsicht! So einfach sich die Analyse dieser Pampers-Werbung anhört, so komplex sind doch die kognitiven Prozesse, die zu einer wahrgenommenen Diskrepanz zwischen gewünschtem und aktuellem Zustand
führen. In Bild 10 sind vier verschiedene, mögliche Ergebnisse nach der
Betrachtung einer Werbung dargestellt. Im ungünstigsten Fall (für die
Firma, nicht für den Geldbeutel des Betrachters) wird die dargestellte Situation nicht als gewünschter Zustand empfunden und die aktuelle Situation auch nicht als negativ bewertet. In diesem Fall bleibt der Adressat
zufrieden. Eine schwache Diskrepanz entsteht dann, wenn eine Unzufriedenheit mit der aktuellen Situation besteht. Der Kunde ist definitiv
unzufrieden und will dieses Problem beheben.

Eine weitere Situation ist gegeben, wenn der Kunde zwar mit seinen momentan benutzten Windeln zufrieden ist, aber der Argumentation (Bewegung in der Nacht, Koala-Verschluss, sitzt gut etc.) folgt und damit der
Wunsch entsteht, das Beste für das eigene Kind zu tun. Im Werbespot
selbst werden diese Überlegungen sowohl durch die rationalen Argumente als auch durch die emotionale Darstellung des gesamten Rituals
des „Zu-Bett-bringens" erreicht. Es entsteht das unterschwellige Gefühl,
man könnte vielleicht für sein Kind noch etwas mehr tun. Auch hier
entsteht eine schwache bis mittlere Diskrepanz, die aber mehr durch den
positiven Charakter eines unerfüllten Bedürfnisses geprägt ist. Das beste
Ergebnis aus Sicht eines Werbetreibenden ist dann erreicht, wenn beispielsweise nach dem 30-Sekunden-Werbespot sowohl eine Unzufrie-
denheit mit der aktuellen Situation als auch ein Wunsch/ein Bedürfnis

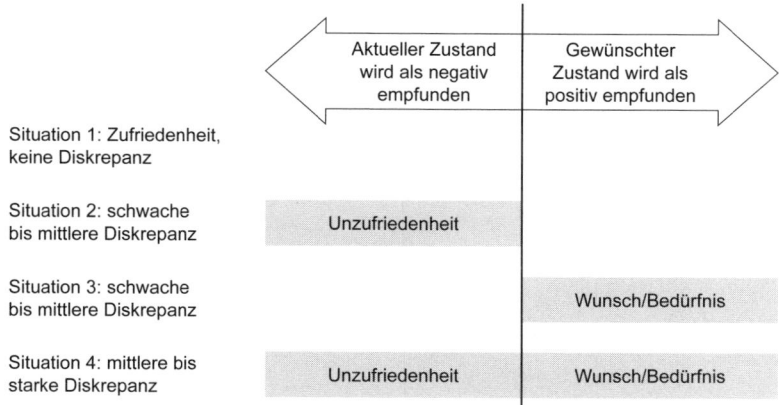

	Aktueller Zustand wird als negativ empfunden	Gewünschter Zustand wird als positiv empfunden
Situation 1: Zufriedenheit, keine Diskrepanz		
Situation 2: schwache bis mittlere Diskrepanz	Unzufriedenheit	
Situation 3: schwache bis mittlere Diskrepanz		Wunsch/Bedürfnis
Situation 4: mittlere bis starke Diskrepanz	Unzufriedenheit	Wunsch/Bedürfnis

Bild 10 Von der Zufriedenheit bis zur subjektiven Wahrnehmung einer starken Diskrepanz; vier verschiedene Ergebnisse der Verarbeitung einer Werbung

bei der Zielgruppe entsteht. Hört sich alles recht einfach und logisch an, und daher liegt die Schlussfolgerung nahe, dass der Kunde jetzt einkaufen geht, oder doch nicht?

3.2 Wenn alles so toll ist, warum wird dann doch nicht alles gekauft, was in der Werbung angepriesen wird?

Die nächste Hürde auf dem Weg zur Kaufentscheidung ist die Handlungsschwelle. Darunter kann jedes mentale Hindernis verstanden werden, welches ein Individuum davon abhält, eine Kaufentscheidung zu treffen. Beispiele sind der Kaufpreis (eventuell zu hoch), moralische Bedenken (so etwas kauft man nicht!), kulturelle Schranken (amerikanische Produkte im Nahen Osten) oder der Druck aus dem sozialen Umfeld (Kosmetik ist nichts für harte Männer). Warum ist die Handlungsschwelle ein wichtiger Punkt? Die Wahrnehmung bzw. die Beschäftigung mit ihr kann dazu führen, dass eine Leistung oder ein Produkt entweder vollkommen aus der „mentalen Wunschliste" des Individuums verschwindet oder hinsichtlich des Entscheidungszeitpunktes in die Zukunft verschoben wird. Dieser Glücksfall für den Marketer tritt dann ein, wenn die wahrgenommene Diskrepanz zwischen aktueller und gewünschter Situation so hoch ist, dass der Wunsch/das Bedürfnis sich so nachhaltig im Gedächtnis des Betrachters verankert, dass es fortan das Handeln bestimmt.

Es gibt aber noch weitere Einflussfaktoren, die dazu führen, dass die Entscheidung, die Handlungsschwelle zu überwinden, getroffen wird. Gerade die individuelle Einschätzung der Erreichbarkeit einer gewünschten Situation sollte nicht unterschätzt werden. Wird diese – nach dem Motto „die Trauben wären ja eh zu sauer gewesen" – als schwer erreichbar oder unerreichbar eingeschätzt, so stockt hier der ganze Entscheidungsprozess. Wird dagegen eine leichte Erreichbarkeit entweder vom Individuum festgestellt oder von der Werbung vorgegaukelt, so neigt der Betrachter vielleicht dazu, die Handlungsschwelle relativ schnell zu überwinden. Aber Vorsicht! Man sollte die Kraft der Motivationen nicht unterschätzen. Vielleicht wird gerade durch die Adressierung bestimmter Ideale (etwas Außergewöhnliches erreichen, etwas zu schaffen, auf das alle anderen neidisch sind etc.) die schwere Erreichbarkeit kompensiert. Dies ist sicher auch ein Teil der Faszination von Marathon-Wettkämpfen, denn es gehört schon einige Willenskraft dazu, die 42 Kilometer zu laufen.

Man findet sehr wenige Werbungen, die eine vorliegende oder entstehende Handlungsschwelle thematisieren und zu senken versuchen. Die schwächste Möglichkeit, sie zu überwinden, ist über den Preis einen Kaufanreiz zu schaffen, nach dem Motto „wenn die Marke ein schlechtes Image hat, dann soll wenigstens der Preis stimmen". Eine der wenigen Werbungen, die in humoristischer Art und Weise existierende Schwellen zu senken versucht, ist die der Bausparkasse Schwäbisch Hall. Hier werden Rocker in Lederkluft gezeigt, die ganz begeistert vor und in ihrem eigenen („spießigen") Haus sitzen und sich sichtlich wohl in ihrer Rolle fühlen. Hinter dieser Werbung steckt die Zielsetzung, auch Zielgruppen anzusprechen, die eigentlich einen Bausparvertrag nicht im Hauptfokus ihrer Handlungsalternativen haben.

Wieder einmal zurück zur Pampers-Werbung. Sie hat mit relativ wenigen Handlungsschwellen zu kämpfen. Der Preis für ein Produkt dieser Art ist zwar im Vergleich zur Konkurrenz um ca. 30 % höher, aber in Relation zum Kauf eines LCD-Flachbildfernsehers relativ niedrig, das finanzielle Risiko also deutlich geringer. Einstellungen bezüglich der Art des Produktes (z. B. ökologische Herstellung, Nachhaltigkeit etc.) können dagegen sehr wohl eine Rolle spielen.

Man darf aber nicht außer Acht lassen, dass eventuell durch Werbung Handlungshemmnisse erst aufgebaut werden können. Eine wesentliche Erkenntnis der Psychologen bei der Analyse der Voraussetzungen für die Akzeptanz bestimmter Aussagen war, dass sehr marktschreierisch formulierte Statements eher abgelehnt werden. Die Erklärung ist relativ einfach, denn viele Menschen werden vorsichtig, wenn Produkte und Leistungen allzu überschwänglich angepriesen werden.

Die letzte Hürde auf dem Weg zu einer konkreten Kaufentscheidung sind die subjektiv wahrgenommenen Handlungsalternativen. Parallel zur bzw. sequenziell nach der Bewertung der Handlungsschwelle überlegt sich das Individuum zwei verschiedene Dimensionen: Einerseits werden die verschiedenen alternativen Marken bzw. Hersteller verglichen, andererseits die Erfüllung der persönlichen Bewertungskriterien und Anforderungen. In der Pampers-Werbung werden keine Handlungsalternativen thematisiert. Sieht man sich die Werbungen des Konkurrenten Kimberley-Clark an, so wird man feststellen, dass hier sehr wohl direkte Vergleiche hinsichtlich der Beschaffenheit der Windeln vorgenommen werden.[38] In einem Spot werden direkt zwei verschiedene Windeln nebeneinandergelegt und verglichen, verbunden mit der Aussage, dass die eigenen Produkte Babys deutlich trockener halten.

In der Pampers-Werbung werden dagegen einige wenige, entscheidungsrelevante Kriterien thematisiert, die Kundinnen beeinflussen sollen:

- dicht, trotz Bewegungsfreiheit
- extra dry
- spezielle „Verschlusstechnologie"
- Kundenorientierung („von Babys inspiriert").

Es sind nur die wesentlichen, wirklich wichtigen Informationen, die ein Kunde mitnimmt und eventuell als Entscheidungsbasis im Geschäft heranzieht.

Resümee:

Die Pampers-Werbung schafft es, auch in diesem Punkt die Zielgruppe bei ihrem Alternativenvergleich zu „unterstützen" und im Sinne des eigenen Produktes zu lenken.

Allerdings muss man, genauso wie bei der Informationsverarbeitung, zwischen High- und Low-Involvement-Produkten unterscheiden. Bei letzteren läuft die Bewertung von Alternativen in der Regel schneller und eher unbewusster ab und ist oftmals nach außen nicht sichtbar. Außerdem werden in der Regel bei der Auswahl von Handlungsalternativen nicht viele verschiedene Bewertungskriterien herangezogen. Im Gegenteil, es werden meist einfache Heuristiken angewendet. Dies ist beispielsweise dann der Fall, wenn man seinen ersten Haushalt einrichtet und aufgrund fehlender Involvements einfach seine eigene Mutter fragt, zu welcher Waschmaschine sie raten würde.

Ganz anders sieht es bei sogenannten High-Involvement-Produkten aus. Hier ist der Bewertungsprozess viel umfangreicher, läuft viel bewusster ab und ist daher eher von außen sichtbar. Ein wesentlicher Unterschied zu den oben genannten Low-Involvement-Produkten ist die Anzahl der verschiedenen Alternativen und Bewertungskriterien. Beim Kauf des ersten neuen Autos hat sich sicher jeder genau überlegt, welche Marke es sein soll, welche Ausstattung das Auto haben sollte und hat vielleicht ganz intensiv die Unterhalts- und Servicekosten genauso wie den Wiederverkaufswert berechnet, um auch ja die richtige Entscheidung zu treffen. Auch hier ergibt sich eine große Vielzahl an konkreten Werbespots, die in geschickter Art und Weise einen Alternativenvergleich integrieren, ohne dass auf platte Vergleiche ausgewichen wird. Ein erfrischendes Beispiel für den geschickten Einsatz vergleichender Werbung ist der Spot der Automobilmarke Renault, in der verschiedene Nahrungsmittel (Weißwurst, Sushi etc.) in einem Crashtest gegen eine Wand knallen und selbstverständlich eine schlechtere Figur abgeben als ein Baguette, das die gleiche Prozedur über sich ergehen lassen muss. Jeder weiß, welche Konkurrenten gemeint sind, aber es ist ja nicht böse gemeint. Obendrein kommt der Nutzen auch sehr gut zur Geltung. Glücklich können sich die Marketer schätzen, die mittels Werbung aus einem Low-Involvement- ein High-Involvement-Produkt machen können. Steve Jobs hat es mit seinen legendären Key-Note Speeches vorgeführt. Die Produkte wurden zelebriert, praktisch schon von Beginn an zum Kult emporgehoben.

Um sich für eine Alternative zu entscheiden, werden verschiedene Techniken und Taktiken angewendet. Orientiert man sich beispielsweise nur rein an den Kriterien, die die höchste Priorität haben und lässt den Rest außer Acht, so spricht man von einer „nicht kompensierenden Entscheidungsregel". Berücksichtigt man dagegen alle Bewertungskriterien, so spricht man von einer „kompensierenden Entscheidungsregel". Auch diese Kniffe und Tricks kann man hervorragend in einer Werbung verwenden. So ist es beispielsweise der Firma Apple gelungen, die intuitive, ergonomische Bedienung von Mobiltelefonen nicht nur bei der gesamten Zielgruppe zu verankern, sondern auch in der Priorität ganz weit nach oben zu schieben. Man rufe sich nur die ersten Werbungen zum iPhone ins Gedächtnis, mit denen Apple genau dies schaffte: einfache Spots, die nur die neuen Funktionen in den Vordergrund stellten.[39] Ein Kunde, für den in erster Linie dieser Wow!-Effekt zählt, wird das Produkt wohl wegen dieser Eigenschaften kaufen. Dagegen wird ein Interessent, der alle Aspekte berücksichtigt, die für und gegen ein iPhone sprechen, auch die Akkulaufzeit, die fehlende Offenheit gegenüber anderen Standards, die Tatsache, dass der Akku nur von Apple selbst gewechselt werden kann (Kosten) etc. in die Betrachtung einbeziehen. In diesem Fall würde er sich eventuell für ein Produkt einer anderen Marke entscheiden.

Kurz zusammengefasst:

Durch die Fokussierung auf bestimmte Highlights kann es eine Werbung schaffen, das Entscheidungsverhalten des Kunden zu beeinflussen. Dabei müssen nicht immer objektive Vorteile der Produkte vorliegen, man kann auch durch eine geschickte Positionierung des Produktes Entscheidungsregeln der Zielgruppe lenken und leiten.

3.3 Lenken von Investitionsgüterentscheidungen – Herausforderungen in der BtB-Werbung

Verlassen wir nun die Welt der Konsumentenentscheidungen. Der wichtigste Unterschied, der die gesamten Handlungen von Unternehmern bzw. Entscheidern in Unternehmen beeinflusst, ist der Zweck eines Investitionsgutes: die mittelbare bzw. unmittelbare Generierung von Profit mithilfe des Produktes oder der Leistung. Beispielsweise ist die Entscheidung, ob eine neue Maschine für die Fertigung angeschafft werden soll, stark davon bestimmt, welche Produktivitätssteigerung mit der Investition erreicht werden kann. Sie kann sich entweder in einer Kostensenkung niederschlagen und/oder auch in Form zusätzlicher Umsätze und Gewinne, in beiden Fällen führt die Entscheidung zu höherer Profitabilität. Sie als Leser werden nun zustimmend nicken und sich gleichzeitig denken: Ist doch offensichtlich! Aber sieht man sich auf der anderen Seite Werbungen zu technischen Produkten an, so stellt man fest, dass diese oft in erster Linie eine Aufzählung technologischer Features sind und in den wenigsten Fällen auf genau diese Motivationsfaktoren abzielen. Oder anders formuliert: Wenn ein Entscheider angesprochen werden soll, dann muss die oben genannte Beziehung zwischen dem geschäftlichen Erfolg und der technischen Eigenschaft des Produktes hergestellt werden.

Die gleichen Überlegungen können natürlich auch für einzelne Produktkomponenten angestellt werden. Beispielsweise muss auch das Gehäuse eines Computers gewisse Anforderungen erfüllen. Es soll stabil sein, im Rahmen der Lebenszeit des Produktes etwas aushalten etc. Nun kann eventuell eine höhere Qualität (damit höherer Preis) für ein Gehäuse damit begründet werden, dass das Risiko von Rückrufaktionen und Reklamationen nachhaltig gesenkt werden kann. Für den Marketer heißt dies, *dass man den Nutzen im Regelfall bei Investitionsgütern rechnen kann.* Egal ob dies die Erhöhung der Produktivität durch die Investitionen, die Verringerung der Lebenszykluskosten durch eine höhere Qualität einer Komponente oder die Erschließung neuer Geschäftsfelder durch neue Technologien ist, es ist in Euro und Cent darstellbar. Ganz im Gegensatz zu Konsumentenentscheidungen: Hier zählt im wahrsten Sinne des Wortes manchmal nur der subjektive Geschmack des Adressaten. Auf Basis dieser Gedanken ist es nun etwas einfacher, die Investitionsgüterentscheidungen zu beschreiben bzw. zu charakterisieren und darauf aufbauend eine Grundlage für die BtB-Werbung zu entwickeln.

Theoretiker führen gerne als wesentliches Unterscheidungskriterium die Existenz sogenannter „Buying Center" an mit kollektiven Entscheidungsprozessen als herausragendes Merkmal von BtB-Märkten. Aber rekapituliert man ganz kurz die Entscheidungswege innerhalb von Familien, so stellt man auch bei Konsumenten ein differenziertes Rollenverhalten bei der Entscheidungsfindung fest. Hier gibt es auch Beeinflusser, Entscheider, Ressourcenverantwortliche etc. Man denke nur an die typische Situation, wenn an der Kasse ein Kleinkind Süßigkeiten will (Beeinflusser) und die Mutter (Entscheider) nicht einverstanden ist.

Auch das Argument, dass Entscheidungen bei Investitionsgütern eher rational und nicht emotional getroffen werden, greift nicht zu 100 Prozent. Man vergegenwärtige sich nur die Situation eines Start-up-Unternehmens, das zwar eventuell das bessere Produkt oder die bessere Leistung hat, aber trotzdem nicht zum Zuge kommt, weil die meisten Unternehmer nicht glauben, dass der Anbieter eventuell lange am Markt überleben wird. Ist diese Entscheidung nun rational begründet oder eher eine Entscheidung aus dem Bauch heraus? Oder ein anderes Beispiel: Warum tätigen viele Einkäufer immer wieder Geschäfte mit den gleichen Verkäufern? Man kennt sich, man vertraut einander; auch eher eine Emotion, die zwar auf positiven Erlebnissen in der Vergangenheit beruht, aber doch nur zu einem Teil rational erklärt werden kann.

3.3.1 Entscheidungsprozesse und -Strukturen

Um Entscheidungsprozesse in Unternehmen zu charakterisieren, wird sehr gerne das Denkmodell von Sheth herangezogen.[40] Leider ist dieses Konstrukt viel zu komplex und von seiner Ausrichtung her eher auf die möglichst genaue Erklärung von Entscheidungsprozessen ausgerichtet, nicht so sehr auf die pragmatische Identifikation von werberelevanten Aspekten. Was ist wichtig? Vor allem die Kenntnis der Bedeutung einer Entscheidung für das Unternehmen. Im Regelfall spielt hier neben technischen und finanziellen Auswirkungen des Kaufes eines Produktes oder einer Leistung auch der Einfluss des Gegenstandes/der Dienstleistung auf die Produktivität, die Gewinn- und Kostensituation eine sehr große Rolle. Dabei kann zwischen drei verschiedenen Ausprägungen unterschieden werden:

1. *Die Bedeutung ist gering für das Unternehmen.*
   Schrauben, Muttern und Beilagscheiben sind typische Beispiele für Komponenten, die im Regelfall nicht im Vordergrund stehen, genauso wie der Ersatz eines Laptops für einen Mitarbeiter. Die Konsequenz für die Werbung: In erster Linie wird der Einkäufer adressiert und nicht ein Entscheidungsträger in der Entwicklung.

2. *Die Bedeutung ist hoch, allerdings funktionsbezogen.*
   Darunter fallen Investitions- und auch Komponenten-Entscheidungen, die erheblichen Einfluss auf die Arbeit eines Funktionsbereiches eines Unternehmens haben und daher eine fachlich kompetente Vorbereitung der Entscheidung benötigen. Beispiele hierfür sind die Entscheidungen über Leistungen oder Komponenten, die in die Entwicklung von Produkten einfließen (verantwortlich ist die Entwicklungsabteilung), Entscheidungen darüber, welche IT-Systeme zum Einsatz kommen (verantwortlich ist die IT-Abteilung) oder über die Anschaffung einer neuen Maschine für die Produktion (verantwortlich ist die Fertigungsabteilung). Der Anstoß erfolgt durch die Entscheidungsträger in der jeweiligen Funktion. Hier hat man es in erster Linie mit sehr gut ausgebildeten Experten zu tun, die im Regelfall ein entsprechendes Know-how mitbringen. Nachdem sie aber zusätzlich auch Führungskräfte sind, muss eine geschickte Balance zwischen technischer Detaillierung und unternehmerischem Nutzen erfolgen.

3. *Die Bedeutung ist hoch, für das gesamte Unternehmen.*
   Darunter fallen Investitions- und auch Komponenten-Entschei-
   dungen, die erheblichen Einfluss auf die Leistungsfähigkeit des
   gesamten Unternehmens haben. Darunter fallen sowohl die
   Anschaffung von Baggern für Bauunternehmen als auch der Kauf
   einer CRM-/ERP-Software. Diese Kategorie birgt die größten
   Herausforderungen, denn hier sind sowohl Top-Manager betei-
   ligt, als auch fachliche Experten und Funktionsverantwortliche.
   Die Bandbreite der Argumente reicht also von der fachlichen
   Detaillierung bis hin zu unternehmerischen Konsequenzen auf
   Top-Managementlevel. Eine solche Vielfalt an spezifischen
   Informationen ist schwer in einer einzigen Werbung unterzubrin-
   gen. Man sollte darüber nachdenken, die Adressaten getrennt mit
   Informationen zu versorgen.

Selbstverständlich ist auch die Professionalität der gesamten Abwicklung
des Beschaffungsprozesses von Bedeutung, aber dies ist von außen
schwer erkennbar. Hier gibt es im Wesentlichen nur zwei verschiedene
Ausprägungen: hohe und geringe Professionalität des gesamten Beschaffungsprozesses. Die Auswirkungen für die Werbung liegen auf der Hand:
Hohe Professionalität zieht hohe Detailtiefe und tendenziell kann man
eher davon ausgehen, dass die Professionalität der Entscheidungsfindung
mit der Größe des Unternehmens ansteigt, da die meisten Großunter-
nehmen in den letzten Jahrzehnten versuchten, ihre Einkaufsmacht zu
zentralisieren, um größtmögliche Kostenpotenziale zu realisieren. Viele
kleine und mittelständische Unternehmen zeichnen sich dagegen durch
eine sehr konzentrierte Entscheidungsfindung an der Unternehmens-
spitze aus, gerade bei großen Investitionen. In diesem Fall ist es eventuell
angebracht, allein aufgrund dieser Überlegungen die Werbung für mittelständische Kunden anders auszurichten als die Werbung an Großun-
ternehmen.

Ein weiterer entscheidender Unterschied besteht in den verschiedenen
Denkansätzen von Angestellten und Eigentümerunternehmern. Während Eigentümer über ihr eigenes Geld entscheiden und damit in direkter Art und Weise ihr eigenes Einkommen beeinflussen, entscheiden Angestellte nur über das Budget, das ihrer Abteilung zugewiesen wurde. Eigentümerunternehmer treffen daher ihre Entscheidungen frei von Restriktionen (meist sind sie niemandem Rechenschaft schuldig, außer den
Banken) und oftmals längerfristiger als angestellte Geschäftsführer und
Vorstände, die eventuell nur ihren Aktienbonus im Blick haben. Dieser
sehr wichtige Unterschied ist gerade bei der Adressierung von Werbungen zu berücksichtigen und ist ein erster entscheidender Motivationsfak-

tor, der die Aufmerksamkeit auf ein bestimmtes Thema zu lenken vermag.

Aus den oben beschriebenen Entscheidungsprozessen ergeben sich gewissermaßen automatisch rollenspezifische Differenzierungen und daraus abgeleitete Motivationen: Ein Einkäufer wird eine andere Motivationsstruktur besitzen als ein Entscheider in der Fertigung oder in der Logistik. Natürlich werden diese Rollen durch die Art und Weise der Ausbildung beeinflusst. Ein Physik- oder Ingenieurstudium führt zu anderen Denkschemata als ein Betriebswirtschaftsstudium. Der wesentliche Vorteil dieser rollenspezifischen Differenzierungen ist, dass sie international ähnlich sind. Dies bedeutet, dass Konstrukteure und Entwickler in China, in den USA in Deutschland oder anderswo auf der Welt sich hinsichtlich ihrer Denkschemata ähnlicher sind als die Vertriebsbeauftragten in der jeweiligen Kultur.

3.3.2 Investitionsgüterentscheidungen unter die Lupe genommen

Genauso wie ein Konsument hat ein Unternehmer oder ein angestellter Entscheider bzw. Initiator eines Entscheidungsprozesses eine wünschenswerte Situation für sein Unternehmen im Hintergrund und vergleicht diese mit der wahrgenommenen aktuellen Situation, in der sich ein Unternehmen bzw. ein Bereich befindet. Dazu ein Beispiel:

Die aktuelle Situation, in der sich beispielsweise der IT-Verantwortliche einer Firma vor dem Kauf einer Unternehmenssoftware befindet, ist schnell beschrieben: Er hat eine existierende Softwarelandschaft laufen und diese funktioniert ganz gut. Den Einsatz der neuen Software (mit entsprechend langer Bindung an den Hersteller) überlegen sich alle Beteiligen sehr genau. Die Angebote von Sage, Microsoft, Oracle, SAP etc. versprechen alle eine höhere Produktivität. Sie bombardieren den Kunden mit White Papers, Broschüren, Case Studies und Informationen auf der Homepage, wobei Oracle davon ausgeht, dass fast alle Kunden englisch sprechen, da kaum deutsche Materialen vorhanden sind. Absicht?

Jetzt starten ähnliche, mehr oder weniger bewusste Prozesse wie bei Konsumenten, allerdings mit einfacher fassbaren Kriterien. Der IT-Verantwortliche, der Unternehmer und die kaufmännischen Abteilungen werden sich sehr genau anhand der bereitgestellten Informationen überlegen, wie deutlich der Produktivitätssprung ausfällt. Welche Kosten kommen auf sie zu? Steigern sich die Leistungsfähigkeit und damit die Outputs aller betroffenen Abteilungen dramatisch oder nur etwas?

Auch hier entscheidet dann die wahrgenommene Diskrepanz zwischen dem gewünschten und dem aktuellen Zustand über die weitere Beschäftigung mit der Kaufentscheidung. Beim nächsten Schritt, der Überwindung der Handlungsschwelle, wird es interessant: Hier werden alle Entscheider darüber nachdenken, welche Stolpersteine die Software denn sonst noch beinhaltet und ab wann sich die zusätzliche Investition rechnet. Dazu muss man aber überhaupt erst wissen, welche Entscheidungskriterien die Kunden haben. Wie dies aussehen kann, zeigt eine meiner Studien mit 200 IT-Entscheidern, deren Ergebnis in Bild 11 dargestellt ist.

Wie man in Bild 11 sieht, spielen Stabilität, Sicherheit und Service eine sehr große Rolle. Ein Blick in die Materialien der Hersteller wie Sage, Microsoft, Oracle, SAP etc. offenbart eine große Informationslücke, denn es ist nur von dem herstellerspezifischen Wunder der Produktivitätssteigerung die Rede. Mit Absicht? Vielleicht hätten die Marketer der Softwarekonzerne sich intensiver mit den Bedenken der Zielgruppen beschäftigen sollen und nicht nur mit deren Wünschen. Oder sollen Stabilitätsprobleme unter den Tisch gekehrt werden? Mit diesen Materialien wird der Kunde allein gelassen, denn diese, seine wichtigsten Fragen, werden weder adressiert noch beantwortet. Dabei wäre es doch so ein-

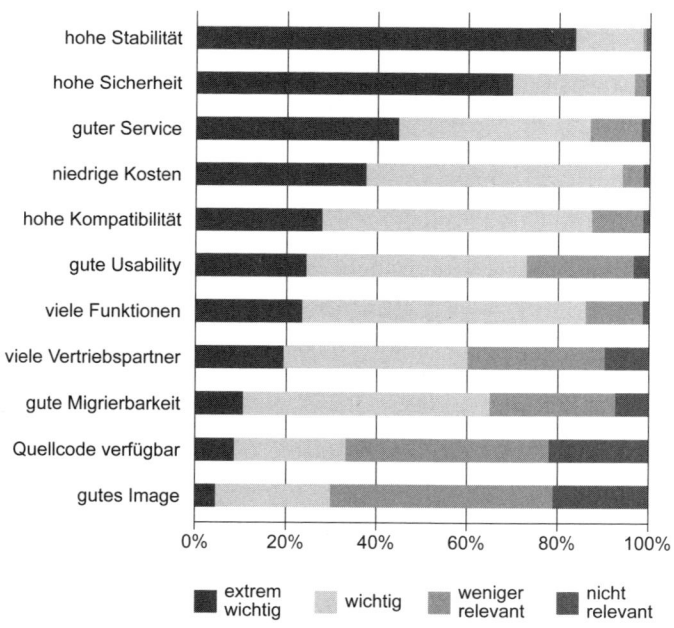

Bild 11 Entscheidungsraster bei Investitionsgütern
(Beispiel Unternehmenssoftware)

3 Kaufintention und Kaufen

fach, aber leider sind diese Informationen nicht so leicht verfügbar. Daher kommen Produktmanager und Marketer nicht umhin, eine unternehmensspezifische Erhebung durchzuführen.

Um die Entscheidung auch abzusichern, werden wahrscheinlich im nächsten Schritt die Handlungsalternativen (Entscheidung für Konkurrenzprodukte oder Unterlassen der Entscheidung) kritisch bewertet, so dass erst dann eine Kaufintention entsteht. Wahrscheinlich wird jetzt der Vertriebsbeauftragte des Herstellerunternehmens kontaktiert. Dieser hat nun den undankbaren Job, die Kunden zu überzeugen und alle Bedenken auszuräumen. Wie einfach wäre seine Aufgabe, wenn – gesteuert durch den Hersteller – die richtigen Informationen zur Adressierung der Entscheidungskriterien Stabilität, Sicherheit und Service über die PR-Kanäle, über Blogs etc. gestreut würden und damit dem Vertriebsbeauftragten das Leben deutlich einfacher machten.

Die Prinzipien sind ähnlich zu Konsumenten-Entscheidungen, allerdings unterscheidet sich die grundlegende Motivation deutlich durch den Hauptzweck des Investitionsgutes, mittelbar oder unmittelbar Geld zu verdienen.

3.4 Target Audience Profile 2: Was jeder Marketer über offene und geheime Wünsche der Zielgruppe wissen sollte

Was stellt man nun mit all diesen Erkenntnissen an? Unabdingbare Voraussetzung für die Gestaltung einer jeden Werbung ist das Bereitstellen von Informationen über das Entscheidungsverhalten der Zielgruppen. Auch hier gibt es verschiedene Stufen der Professionalität, wie in der Tabelle 3 aufgezeigt.

Tabelle 3 TAP 2: Bedürfnisse, Nutzen und Entscheidungsverhalten der Zielgruppen

Kategorien	Basic	Managed	Advanced
Bedürfnisse	• Welche Bedürfnisstrukturen haben die Zielgruppen? • Evoked Set, Relevant Set etc. der Zielgruppen bzw. Entscheider • BtB: Quantifizierte Bedürfnisse, quantifizierte Erfolgsbeiträge der Produkte.	• Produktspezifisch erfasste Entscheidungskriterien der Zielgruppen (differenziert nach verschiedenen Produkten bzw. Produktlinien) • Welche Bedürfnisse haben welche Relevanz für die Zielgruppen? • Welche Bedürfnisse haben welche Priorität?	
Kaufverhalten	• Wo, was, wann, wie, in welchen Mengen etc. kaufen die Zielgruppen?	• Genaue Kenntnis des Kaufprozesses mit allen seinen Entscheidungen, Entscheidungskriterien, Hemmschwellen, Alternativen etc., basierend auf produktspezifischen, externen Daten und Erhebungen (BtC/BtB)	• Kundenzufriedenheit, Kundenloyalität, Cross Selling (BtC/BtB)
Entscheider	• Identifikation der relevanten Entscheider • Strukturen von individuellen und kollektiven Entscheidungen: Familie, Buying Center etc. • Rollenspezifisches Entscheidungsverhalten von Familienmitgliedern (BtC) bzw. Buying Center (BtB)	• Entscheidungsverhalten (kompensierende und nicht kompensierende Entscheidungsregeln), basierend auf produktspezifischen, externen Daten und Erhebungen (BtC/BtB)	• Heuristiken, Entscheidungsgrundlagen der Zielgruppen, entscheidungsrelevante Niveaus der Diskrepanz zwischen Wunsch und wahrgenommener, aktueller Situation

3.5 Eine Werbung, die nicht nur Bedürfnisse anstößt, sondern alle (Kauf-)Hindernisse geschickt beseitigt

Es ist durchaus ein schwerer und langer Weg vom ersten Stimulus bis hin zur Kaufhandlung. Und es gibt sehr viele Stolpersteine in Form bewusster und unbewusster Entscheidungen, die selbst die kreativste Werbeidee dadurch zerbröseln lassen, dass sie genau diese unberücksichtigt lassen. Die ersten, wichtigen Schritte auf dem Weg zur Entwicklung einer Handlungsintention/Kaufabsicht sind beschrieben, daher fasse ich die Ergebnisse kurz zusammen:

> Eine Werbung hat ein höheres Verkaufspotenzial, wenn sie es schafft, …
> - die Zielgruppe insofern „abzuholen", als dass sie deren aktuelle Situation abbildet. Dies fördert die Identifikation und Glaubwürdigkeit der Werbung.
> - eine starke emotional und kognitiv untermauerte Wunschsituation zu erzeugen.
> - eine hohe subjektiv wahrgenommene Diskrepanz zwischen Wunsch und Realität zu erzeugen und damit ein starkes Kaufbedürfnis aufzubauen.
> - Handlungsbarrieren abzubauen und Hemmschwellen gegen den Kauf zu senken.
> - Entscheidungskriterien aufzubauen, zu verankern und hinsichtlich ihrer Priorität zu beeinflussen.
> - die Alternativenbewertung der Zielgruppe in die Richtung des eigenen Produktes zu lenken.

Sehr interessante Optionen für die Gestaltung einer Werbung ergeben sich aus der Verbindung der Informationsverarbeitung mit den Erkenntnissen zum Entscheidungsverhalten. Der zentrale Punkt in jeder Werbung ist die leicht zu verstehende, leicht zu lernende und somit interessante Präsentation des zentralen, relevanten Nutzens eines Produktes oder einer Leistung. Man kann es auch in anderen Worten formulieren: Wenn in einer Werbung die Adressaten nicht ohne Probleme verstehen, warum sie mit dem Produkt glücklicher sind als ohne (für Investitionsgüterhersteller: warum sie mit dem Produkt weniger Probleme haben und/oder produktiver sind), dann ist das ganze schöne, kreative Pulver verschossen und die gesamte Maßnahme läuft ins Leere. Kombiniert man die gesammelten Erkenntnisse über die Art und Weise, wie Bedürfnisse in Werbungen generiert werden und alle weiteren unbewussten

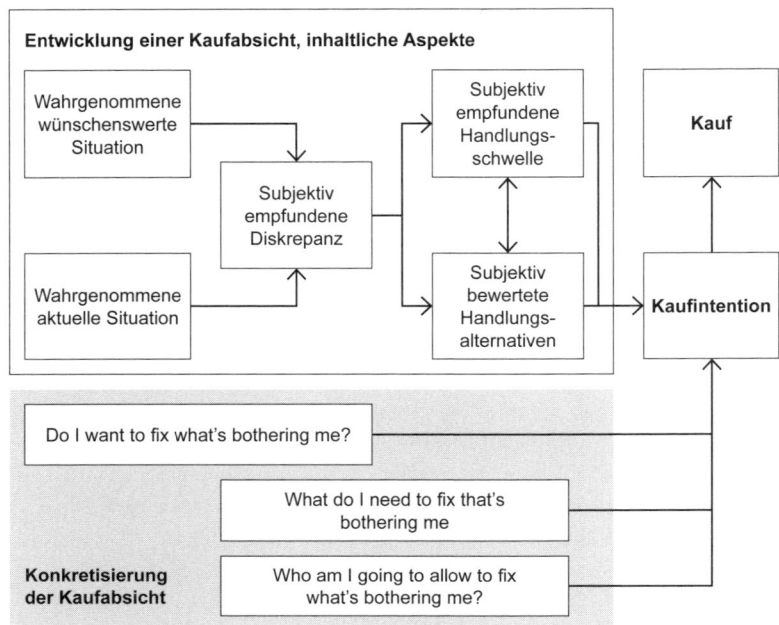

Bild 12 Wichtige Entscheidungen bis zum Kauf

Entscheidungsprozesse in die richtige Richtung gelenkt werden mit den drei wichtigsten Fragen, die aus Kundensicht beantwortet werden müssen, so erhält man die Ergebnisse in Bild 12:

• Die Antwort auf die Frage „Do I want to fix what's bothering me?" in Kombination mit der Erkenntnis des Kunden, dass ein Problem/Bedürfnis existiert, ergibt sich aus der geschickten Manipulation der wünschenswerten Situation und der wahrgenommenen Situation. In einer perfekten Werbung sind nicht nur die wünschenswerte und die aktuelle Situation, die subjektiv empfundene Diskrepanz visuell, textlich etc. umgesetzt, sondern es wird auch noch geschickt und kreativ die eingangs genannte Frage im Klartext beantwortet: Das Bedürfnis ist verankert!

• Die Antworten auf die zwei weiteren Fragen liegt in der geschickten und kreativen Umsetzung der Handlungsalternativen (inkl. Beeinflussung der Prioritätenreihenfolge) in Verbindung mit der intelligenten Senkung der Handlungsschwelle in Form von Bildern, Texten, Handlungen etc. In einer perfekten Werbung kann der Kunde aufgrund dieser Vorarbeit ganz genau die Frage beantworten, warum er es kaufen soll!

4 Umgarnen und becircen: Entscheidende Charakteristika der Zielgruppen richtig identifizieren und eingrenzen

Selbst wenn man die ersten beiden Hürden mit Bravour gemeistert und eine tolle Nutzen- und Bedürfnisargumentation auf das Parkett gelegt hat, verknüpft mit einem Auftritt, der alle Konkurrenten vor Neid erblassen lässt, so ist immer noch nicht sichergestellt, dass die Werbung auch so ankommt wie man es geplant hat. Warum? Der Schlüssel liegt im Bezugspunkt und dieser besteht nur aus der Zielgruppe. Eine banale Erkenntnis? Sicherlich ist diese Einsicht jedem Marketer, jedem Creative Director, jedem Grafiker etc. bekannt. Und doch gibt es immer wieder Werbungen, die – mit David Ogilvy gesprochen – den Kunden zu Tode langweilen bzw. am Kundeninteresse vorbeigehen. Darunter sind nicht diejenigen Werbungen zu verstehen, die eine bewusste Provokation und ein Ausloten der Grenzen des guten Geschmacks beinhalten,[41] sondern vielmehr diejenigen, die einfach unbewusst und ohne nachzudenken am Kunden vorbeirauschen.

Aber wer oder was ist eigentlich die Zielgruppe? Man kann es sich einfach machen und sich einen Riesenberg von demografischen Daten beschaffen, anschließend festlegen, dass die Adressaten einer Werbung einen Altersbereich von X Jahren haben, ein Einkommen von Y und die Ausbildung Z. Besser als gar nichts! Aber: Prince Charles und Ozzi Osbourne sind beide 1948 geboren, haben zwei Kinder, sind wohlhabend und in Großbritannien aufgewachsen. Kein Marketer käme auf die Idee, beiden die gleichen Produkte zu verkaufen. Also weit von dem entfernt, was ein Experte braucht, um eine vernünftige Werbung auf die Beine zu stellen, denn er sollte wissen, ab wann der Kunde schwach wird.

4.1 Individuelle Unterschiede richtig nutzen

Es gibt immer wieder Ansätze, die versuchen, mit einfachen Konstrukten die Welt und im Speziellen das Kundenverhalten zu erklären, nach dem Motto, dass es eigentlich nur drei wirkliche Antriebskräfte des Menschen gibt: Balance, Dominanz, Stimulanz.[42] Dies ist natürlich völlig richtig, genau wie Freuds Erkenntnis, dass ein großer Teil des menschlichen Verhaltens auf den Sexualtrieb zurückzuführen ist. Solche einfachen Prinzipien eignen sich zwar hervorragend dazu, eine einfache Weltformel zu entwerfen, aber leider sind sie als Handwerkszeug für Werbeprofis vollkommen ungeeignet, da sie schlicht und einfach zu grob sind. Sonst würden in jeder Werbung nackte Männer und nackte Frauen oder eindeutige Hinweise auf den weiblichen bzw. männlichen Sexualtrieb erfolgen. Schade, es wäre so einfach gewesen. Also müssen wir doch weiter in die Tiefe gehen, verbunden mit einem beherzten Griff in den Werkzeugkasten der Psychologie.

Diesen „Werkzeugkasten" kann man vereinfacht in zwei verschiedene Schubladen aufteilen: die individuelle, innere Welt und die sozio-kulturelle, äußere Welt. Jeder Mensch ist in beiden Welten zu Hause und sie sind nur schwer voneinander zu trennen. Warum? Das sozio-kulturelle Umfeld, in dem jeder Mensch aufwächst, prägt ihn und seine Persönlichkeit sein Leben lang. Allein schon die Definition, was unter einer Familie zu verstehen ist, sieht in Deutschland ganz anders aus als im arabischen oder asiatischen Kulturraum. Alle Werte, alle Beurteilungskriterien, viele Motivationen und Einstellungen werden entscheidend durch das Umfeld geprägt. Wenn man daher von einem Individuum und seinem psychologischen Profil redet, so redet man immer zum großen Teil auch vom sozio-kulturellen Hintergrund. Wir werden uns im Rest dieses Abschnitts die einzelnen Komponenten der individuellen, inneren Welt genauso wie die sozio-kulturelle, äußere Welt ansehen. In Bild 13 sind die verschiedenen Charakteristika einer Zielgruppe dargestellt, die helfen werden, jeder Werbung den letzten Schliff zu geben und alle Argumente so zu verstärken, dass die Kaufentscheidung des Kunden ganz nahe rückt.

4.1.1 Persönlichkeit – Selbstbild – Identität

Seit Sigmund Freud versuchen die Psychoanalytiker ein mehr oder weniger eindeutiges und praktikables Modell für die Beschreibung der Persönlichkeit des Menschen zu entwickeln.[43] Doch leider ist dies bis jetzt noch nicht gelungen. Im Gegenteil, es gibt unterschiedliche Theorien, die verschiedene Aspekte einer Persönlichkeitsstruktur betonen. Während zu Beginn der Persönlichkeitsforschung eher stabile Strukturen postuliert

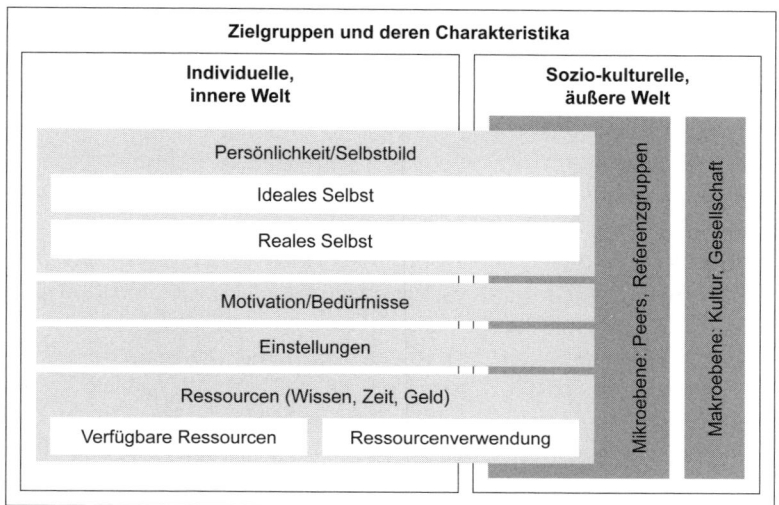

Bild 13 Zielgruppen und deren Charakteristika:
Komponenten der individuellen, inneren Welt und
der sozio-kulturellen, äußeren Welt

wurden, favorisieren modernere Forscher die Kontext- und Situationsabhängigkeit der Persönlichkeit. Für einen Außenstehenden sind diese Diskussionen insofern interessant, da jede Forschungsrichtung einen Beitrag liefert und den Absolutheitsanspruch aller anderen Theorien in Frage stellt, aber keineswegs eine in sich geschlossene und vollständige Erklärung der Verhaltensweisen des Menschen liefern kann (und/oder will). Tatsächlich reichen aber für den Marketing-Hausgebrauch ein paar wesentliche Erkenntnisse, die im Folgenden näher beschrieben werden sollen.

Eine der pragmatischeren Persönlichkeitstheorien mit gleichzeitig hohem Anwendungspotenzial für das Marketing ist die sogenannte *Trait-Factor-Theory*. Sie postuliert, dass jeder Mensch auf bestimmte Stimuli immer wieder konsistent reagiert, diese Reaktionsmuster sind die sogenannten Traits. Die bekannteste Ausprägung sind die sogenannten Big 5:

1. Extroversion/Aufgeschlossenheit im Gegensatz zu Introversion/
   Schüchternheit: beschreibt das zwischenmenschliche Verhalten.

2. Hohe/geringe soziale Verträglichkeit: beschreibt die Eigenschaft
   einer Persönlichkeit, sich in soziale Gruppen zu integrieren, ganz
   im Gegensatz zu den Persönlichkeiten, die egoistisch, streitsüchtig und unfreundlich sind.

3. Hohe/geringe Gewissenhaftigkeit: Während gewissenhafte Menschen eher vorsichtig, gut strukturiert und zuverlässig sind, neigen impulsive Menschen eher zur spontanen Reaktionen und chaotischen Verhaltensweisen.

4. Neurotizismus: gibt den Grad der emotionalen Stabilität wieder. Neurotische Naturen sind eher angespannt, unruhig und tragen viele Sorgen mit sich herum, im Gegensatz zu den in sich ruhenden und zufriedenen Persönlichkeiten.

5. Offenheit: gibt den Grad wieder, wie fantasievoll, originell und kreativ Persönlichkeiten sind, eben offen für Neues, ganz im Gegensatz zu den einfachen und eher schlichten Naturen.

Die Big 5 werden in erster Linie in der Persönlichkeitsdiagnose angewendet, zum Beispiel bei der Auswahl von Mitarbeitern und Führungskräften. Was helfen diese Erkenntnisse aber bei der Gestaltung einer Werbung? Sie beantworten die Frage nach der Art und Weise, wie man Argumente verpackt. Wenn man beispielsweise ein neues Produkt auf den Markt bringen und dies entsprechend bewerben will, so sieht man sich im Regelfall innovativen Kunden gegenüber, die gerne etwas ausprobieren und auch eher risikobereit sind im Gegensatz zur abwartenden Masse, die erst einmal beobachtet, ob sich die Innovation bewährt. Wen möchte man nun zum Kauf bewegen? In der Startphase selbstverständlich die Innovatoren. Und die bekommt man, indem man Offenheit adressiert („Wollen Sie mit bei den allerersten sein, die von den neuen Funktionen etc. profitieren?" „Reizt Sie das nicht?"), idealerweise kombiniert mit dem Hinweis auf die Verlässlichkeit des Anbieters („In der Vergangenheit haben wir gezeigt, dass unsere Innovationen funktionieren").

Kurz zusammengefasst:
Traits sind Persönlichkeitseigenschaften, mit denen man die adressierte Zielgruppe besser greifen kann und auf Basis dieser Definition die Argumente für das Produkt/die Leistung zielgerichteter auf den Punkt bringen und damit verstärken kann.

Nachdem diese fünf Traits zwar einen guten Anhaltspunkt für die genannten Aufgaben geben, ist es aber dennoch angebracht, in manchen Fällen etwas mehr in die Tiefe zu gehen. Tabelle 4 zeigt die Auflistung von Cattell, der insgesamt 16 verschiedene Persönlichkeitsmerkmale identifizierte. Es gibt auch noch weitere Theorien, die weitaus mehr Traits identifiziert haben, aber in diesem Fall ist der eben genannte Ansatz ein guter Mittelweg zwischen Übersichtlichkeit und Detailtiefe.

Tabelle 4 Die 16 Persönlichkeitsfaktoren nach Cattell[44]

#	Persönlichkeitsfaktor	Ausprägungen
A	Wärme	Sachorientierung vs. Kontaktorientierung
B	Logisches Schlussfolgern	Konkretes Denken vs. abstraktes Denken
C	Emotionale Stabilität	Emotionale Störbarkeit vs. emotionale Widerstandsfähigkeit
E	Dominanz	Soziale Anpassung vs. Selbstbehauptung
F	Lebhaftigkeit	Besonnenheit vs. Begeisterungsfähigkeit
G	Regelbewusstsein	Flexibilität vs. Pflichtbewusstsein
H	Soziale Kompetenz	Zurückhaltung vs. Selbstsicherheit
I	Empfindsamkeit	Robustheit vs. Sensibilität
L	Wachsamkeit	Vertrauensbereitschaft vs. skeptische Haltung
M	Abgehobenheit	Pragmatismus vs. Unkonventionalität
N	Privatheit	Unbefangenheit vs. Überlegenheit
O	Besorgtheit	Selbstvertrauen vs. Besorgtheit
Q1	Offenheit für Veränderung	Sicherheitsinteresse vs. Veränderungsbereitschaft
Q2	Selbstgenügsamkeit	Gruppenverbundenheit vs. Eigenständigkeit
Q3	Perfektionismus	Spontanität vs. Selbstkontrolle
Q4	Anspannung	Innere Ruhe vs. innere Gespanntheit

Was kann man noch damit anfangen? In der ersten Runde sind diese Persönlichkeitsmerkmale selbstverständlich Segmentierungskriterien. In den verschiedenen bekannten Lifestyle-Segmentierungsmodellen (VALS, Sigma-, Sinus-Milieus) spielen diese psychografischen Variablen eine sehr große Rolle. In einer zweiten Runde bieten sie aber auch eine Erklärung für die Entstehung von Kaufintentionen. Geht man von dem Grundsatz aus, dass solche Menschen eher von Persönlichkeiten angezogen werden, die sie gerne sein wollen oder auch sind, so hat man mit den Traits ein hervorragendes Werkzeug, um die alles entscheidende Frage „Who am I going to allow to fix what's bothering me?" zu beantworten. In anderen Worten formuliert: Wenn im Unterbewusstsein der Zielgruppe die Überzeugung verankert wird, dass die Marke genau die richtige ist (Warum? Sie hat die richtigen Persönlichkeitseigenschaften) und die vorangegangenen Hürden (Informationsverarbeitung, Bedürfnisgenerierung) bravourös gemeistert wurden, ist man der Kaufintention schon ziemlich nahe.

Jennifer Aaker hat 1997 auf Basis von 114 Traits viele verschiedene Marken untersucht und dabei festgestellt, dass sich Markenpersönlichkeiten mit fünf verschiedenen Eigenschaften beschreiben lassen: Sincerity, Excitement, Competence, Sophistication, Ruggedness.[45] Interessant in dieser Untersuchung ist vor allem, dass die ersten drei hervorragend mit den Big 5 korrespondieren, die letzten zwei dagegen sich nicht mit den diesen zur Deckung bringen lassen. Daraus schließt die Autorin, dass das Management einer Markenpersönlichkeit anderen Gesetzmäßigkeiten folgen müsse. Dies liegt aber auf der Hand, da man eher von einer Verkäufer-Kunden-Beziehung ausgehen muss und nicht von einer Verbindung zwischen zwei Freunden. Ausnahmen bestätigen selbstverständlich die Regel. In manchen Fällen identifiziert sich ein Kunde sicher so mit einer Marke, dass fast schon eine Freundschaft, im Extremfall eine Abhängigkeit angenommen werden kann, z. B. ein Kunde, der alle Apple-Produkte sein Eigen nennt.

Im Umkehrschluss heißt dies aber auch, dass die falsche Wahl der Markenpersönlichkeit auch eine gegenteilige, eventuell abstoßende Wirkung auf die Zielgruppe hat. Ein Beispiel dafür findet sich in der Werbehistorie der Firma Toyota. In der Vergangenheit warb die Marke mit lustigen Tieren. Gerade in Deutschland vertragen es Autokunden nicht, mit ihrem Lieblingsobjekt auf den Arm genommen zu werden. Und gerade die Traits, die mit dem Affen (unbefangen, lustig, dumm, spontan) verbunden werden, eignen sich sicher nicht dazu, ein positives, konkurrenzfähiges und starkes Markenimage aufzubauen. Hand aufs Herz, wer ist schon scharf darauf, eine Automarke zu kaufen, die zwar lustig, aber mit der Konnotation dumm verbunden wird.

Ähnlich war auch der Wechsel in der Markenpersönlichkeit bei der Zigarettenmarke Camel zu sehen. Im Jahre 1990 hatte die Marke noch 5,6 Prozent Marktanteil und bis zu diesem Zeitpunkt wurde konsequent an einer maskulinen Markenpersönlichkeit festgehalten. Nach diesem Jahr wurden verschiedene, teilweise sehr witzige Spots geschaltet, für die die Agentur sehr viele Preise bekam. Diesen Wechsel honorierten die Kunden aber nicht, denn der Marktanteil sank bis zum Jahre 1998 auf 2,7 Prozent.[46] Zieht man die Persönlichkeitstheorien zur Erklärung heran, so wandelten sich die Traits von robust, selbstbewusst, kontrolliert zur Persönlichkeit eines Pausenclowns. Und wer raucht schon gerne die Marke eines Pausenclowns?

Eng in Verbindung mit den Persönlichkeitstheorien wird das Konzept des Selbstbildes diskutiert. Wie der Name schon sagt, ist dies eine mehr oder weniger konkrete Vorstellung eines jeden Individuums nicht nur über die eigene Stellung in der Gesellschaft, sondern auch, wie sich jeder gerne selbst sehen möchte oder wo man gerne hin möchte. *Während das Idealbild in erster Linie ein Konstrukt des menschlichen Geistes ist, stellen der Blick in den Spiegel und die Reflexion der eigenen Stellung im sozialen Kontext doch wieder den Bezug zur Realität her (reales Selbstbild).*

Aufgrund dieser Beschreibung wird klar, dass die wahrgenommene Abweichung des idealen vom realen, aktuellen Selbstbild eine wesentliche Triebfeder für Wünsche und Bedürfnisse werden kann. In Kombination mit der Persönlichkeit eines jeden Individuums ergeben sich dadurch die Motivationen, bestimmte Dinge zu tun oder bestimmte Produkte zu kaufen bzw. Leistungen in Anspruch zu nehmen, die ein Mittel zur Erreichung des idealen Selbst sind. Im Grunde genommen wird in den meisten Kosmetik- und Parfümwerbungen genau dieser Effekt intensiv genutzt: mit berühmten Persönlichkeiten, oder mit sehr schönen, nahezu perfekten Frauen. Immer verbunden mit der Hoffnung, der weibliche Adressatenkreis will genauso schön werden wie die dargestellten Testimonials. Interessant ist aber auch in diesem Zusammenhang, dass viele Frauen sich sehr wohl der zweifelhaften Glaubwürdigkeit dieser Werbeaussagen bewusst sind. Ein interessanter Versuch, diesen Widerspruch aufzulösen, stellen die Werbekampagnen der Marke Dove dar. Hier stehen bewusst „normale" Frauen mit durchaus sichtbaren „Schönheitsfehlern" im Mittelpunkt. Es werden bewusst nicht die Zielgruppen angesprochen, die sich mit den unnahbaren Hollywood-Schönheiten identifizieren wollen, sondern eher mit dem realen Selbstbild, wie es in der Werbung gezeigt wird. Der Erfolg gab den Marketiers von Unilever Recht, die Verkaufszahlen stiegen beeindruckend an. Nichtsdestotrotz folgt dagegen der überwiegende Teil der Zielgruppe eher dem unnahbaren Schönheitsideal der anderen Marken.

Online-Computer-Rollenspiele, wie zum Beispiel World of Warcraft, ermöglichen den Spielern eine Flucht in ein starkes, ideales, wenn auch wenig reales Selbstbild. In der virtuellen Realität können sie Abenteuer erleben, Machtfantasien ausleben, soziale Akzeptanz und Anerkennung erreichen etc. Dies kann bei einigen Spielern eine solche Faszination auslösen, dass darüber die richtige Welt vollkommen vergessen wird.

Ein hohes Potenzial zur Erklärung der Akzeptanz und des Erfolgs von Werbungen bietet die Kombination der letzten Ausführungen mit den Ergebnissen aus den vorangegangenen Kapiteln. Einerseits sind Persönlichkeitsmerkmale wie Konzentrationsfähigkeit, Auffassungsgabe, Intelligenz etc. dafür verantwortlich, ob die Werbung und wie die Werbung wahrgenommen wird, andererseits kann durchaus davon ausgegangen werden, dass die Werbebotschaften dann besser aufgenommen werden, wenn sich die Adressaten unter der Verwendung bestimmter Idealbilder und Persönlichkeitseigenschaften sowohl besser wiedererkennen und damit besser identifizieren als auch die gezeigten, gewünschten Zustände als ihre eigenen akzeptieren. In den beiden dargestellten Werbungen der Marken Pampers und AXE wird dies in vorbildlicher Art und Weise umgesetzt:

- Pampers: das Idealbild der treu sorgenden Mutter, die in perfekter Harmonie und sehr liebevoll am Abend ihr Baby zu Bett bringt, in Kombination mit dem sozial positiv belegten Streben nach der optimalen Versorgung des eigenen Kindes. Hier wird der gestalterische Trick der Identifikation der anvisierten Zielgruppe mit der dargestellten Person angewandt.

- AXE: das aktuelle, reale Bild eines Durchschnittsmenschen, der nicht besonders gut aussehend und auch nicht besonders groß gewachsen ist, dem sich jedes Mitglied der Zielgruppe in der entsprechenden Altersgruppe sogar überlegen fühlen kann (ganz im Gegensatz zu den meisten Kosmetikwerbungen!). Der Trick bei dieser Werbung ist genau dieses Überlegenheitsgefühl, nach dem Motto: „Der ist ja so klein und unbedeutend, das bringe ich doch spielend auch hin". Thematisiert wird dann die soziale Norm des gepflegten Erscheinungsbildes, die dann wiederum – sehr einfach zu verstehen – zu einem Idealbild für jeden Betrachter wird.

Obwohl die Mechanismen des Einsatzes von Persönlichkeitsstrukturen bzw. Selbstbildern in zwei vollkommen verschiedene Richtungen zeigen, konzentrieren sich beide Werbungen auf einige wenige Eigenschaften, so dass es den Adressaten relativ leicht gemacht wird, „abgeholt" zu werden.

Zwischenfazit:
Die Verwendung des idealen Selbstbildes bietet in jeder Werbung einen hervorragenden Verstärker für die Nutzenargumentation. Allerdings muss die Bedürfnisgenerierung mit den Motivationen, die aus dem Selbstbild der Zielgruppe resultieren, zu 100 Prozent korrespondieren. Basis der Verwendung dieser Mechanismen ist eine hervorragende Kenntnis der idealen Selbstbilder und Motivationsstrukturen der Adressaten.

Bei dieser Forderung werden viele Marketiers aufschrecken und entgegnen, dass die Zielgruppe viel zu heterogen ist, um alle Selbstbilder vernünftig zu verarbeiten. Denn jeder Mensch hat andere Vorstellungen darüber, was für ihn selbst ideal ist. Hier gibt es einen pragmatischen Kniff, wie man mit weniger Aufwand das gleiche Ergebnis bekommt: Man sieht sich in jeder Zielgruppe die Peers, Helden, Lichtgestalten etc.

genauer an und beschreibt deren Persönlichkeit mithilfe der Traits. Jetzt ist man dem idealen Schwerpunkt-Selbstbild der Zielgruppe ziemlich nahe. Die Idole der jeweiligen Generationen geben auch hervorragend eine Veränderung oder Wandlung im Denken wieder. Während beispielsweise 1999 der Dalai Lama und Mutter Teresa ganz oben in der Gunst der Jugend standen, so waren es 2007 Michael Ballack, Heidi Klum, Stefan Raab und Tokio Hotel.[47] Wenn man im Umkehrschluss diese Persönlichkeitseigenschaften heranzieht und in der eigenen Werbung verwendet, kann die Schlagkraft der eigenen Argumentation durchaus steigen.

4.1.2 Motivation/Bedürfnisse

Seit Maslow seine Bedürfnispyramide entwickelte, wissen wir, dass es eine Hierarchie von verschiedenen Bedürfnissen gibt. Auf den untersten Ebenen dieser Pyramide finden sich viele Bedürfnisse, die quasi autonom, ohne Zutun des menschlichen Geistes entstehen: etwas zu essen, ein Dach über dem Kopf zu haben, sich fortzupflanzen, nach sozialer Integration streben etc. Vereinfacht gesprochen verbergen sich auf diesen Ebenen viele automatische Routinen, die in Form eines unbewussten Feuerwerks viele bewusste Denkprozesse außer Kraft setzen. Der Grundsatz „Sex sells" folgt genau diesem Prinzip. Da die Zielgruppe von Werbungen mit diesem Fokus meist Männer sind, wird davon ausgegangen, dass bestimmte Reize nahezu hundertprozentig die Aufmerksamkeit der Adressaten auf sich lenken. Aber auch die Thematisierung des Sicherheitsbedürfnisses folgt diesem Grundgedanken. Gerade Versicherungen werben sehr gerne mit diesem Gestaltungsmittel. Der unbestreitbare Vorteil der Verwendung bzw. Thematisierung dieser starken Grundbedürfnisse liegt darin, dass die Werbebotschaft sich quasi von selbst ergibt.

Die bereits analysierte Werbung von AXE folgt im Grunde genommen diesem Schema. Gewissermaßen als Träger der Produktvorteile eines Deodorants dient die mehr oder weniger unverhohlene Thematisierung des Fortpflanzungstriebes über den sogenannten AXE-Effekt (auf der Seite von Unilever auch wissenschaftlich untermauert[48]). Dieser verspricht bessere Chancen im Konkurrenzkampf mit anderen Männern in zwei Richtungen: Mann schwitzt, verscheucht die Frauen, vermindert die eigenen Chancen und unterstreicht gleichzeitig eine fehlende soziale Kompatibilität; die Tatsache, dass Mann gut riecht und nicht mehr schwitzt, zeigt wiederum die soziale Kompatibilität des Anwenders und verbessert gleichzeitig die Chancen im Wettbewerb um die Gunst der Frauen. Die Darstellung mag etwas vereinfacht sein, aber im Grunde genommen versucht das Unternehmen, mit dieser einfachen, polarisierenden und überzeichneten Art genau jene starken Grundbedürfnisse als Vehikel für die Durchsetzung der eigenen Produkteigenschaften heranzuziehen.

Allerdings sind sowohl die Bedürfnispyramide von Maslow als auch die genannten Vereinfachungen zwar pragmatisch und knapp, aber auch leider manchmal zu wenig aussagefähig, um ein echtes Handwerkszeug bereitzustellen. Auch hier gibt es einen wissenschaftlich anerkannten und gleichzeitig pragmatischen Ansatz: die 16 Lebensmotive des Psychologen Steven Reiss,[49] wie in Tabelle 5 dargestellt. Im Gegensatz zu der Bedürfnispyramide von Maslow bieten diese Lebensmotive ein schönes, differenziertes Werkzeug nicht nur für die Analyse, sondern auch für die zukünftige Gestaltung einer Werbung und einer Markenidentität. Ein kur-

Tabelle 5 Die 16 Lebensmotive nach Reiss und deren Anwendung auf die Werbungen Pampers und AXE

Lebensmotiv	Genauere Erläuterung	AXE	Pampers
Macht	Erfolg, Leistung, Führung und Einfluss	••	
Unabhängigkeit	Freiheit und Autonomie		
Neugier	Wissen, Erkenntnis, Neues		
Anerkennung	Soziale Akzeptanz, Aufbau des Selbstbildes durch Anerkennung anderer	••	•••
Ordnung	Stabilität, Klarheit		••
Sparen/Sammeln	Anhäufen von Vorräten		
Ehre	Erfüllen anerkannter Prinzipien, Prinzipientreue		
Idealismus	Soziale Gerechtigkeit und Fairness		•
Beziehungen	Soziale Kontakte aufbauen und pflegen	••	••
Familie	Fürsorglichkeit		•••
Status	Prestige, öffentliche Aufmerksamkeit	•••	•
Wettkampf/Rache	Konkurrenz, Kampf, Vergleich	••	
Eros	Sinnlichkeit, Sexualität und Schönheit	•••	
Essen	Nahrung und der Genuss beim Essen		
Körperliche Aktivität	Fitness und Bewegung		
Ruhe	Emotionale Stabilität, Ausgeglichenheit		•••

zer Rückgriff auf die beiden Beispiele Pampers und AXE zeigt, welche Lebensmotive in diesen beiden Werbungen jeweils adressiert wurden.

Neben den rein automatischen Mechanismen der Bedürfnisgenerierung gibt es aber auch noch die Bedürfnisse, die aus dem subjektiv wahrgenommenen Unterschied zwischen dem idealen Selbstbild und dem realen Selbstbild erwachsen: Bedürfnis nach Selbstverwirklichung, künstlerische Bedürfnisse, Bedürfnis nach Anerkennung, Bedürfnis nach Liebe etc. In enger Kombination mit der Persönlichkeit eines jeden Individuums entstehen nun mehr oder weniger bewusste Motivationen, diese Ziele zu erreichen. In der Pampers-Werbung ist einerseits das starke Grundbedürfnis der Fürsorge für den eigenen Nachwuchs integriert, andererseits wird aber auch ein starker gesellschaftlicher Wert angesprochen, seinen eigenen Kindern möglichst optimale Bedingungen zu geben und damit von der Gesellschaft als gute Mutter bzw. guter Vater angesehen zu werden. Böse formuliert steigert man den eigenen Status, indem man sich in dieser Art und Weise um den Nachwuchs kümmert. Darüber hinaus ist es ein Zeichen von Ordnung und Stabilität, wenn die Kinder durchschlafen und man selbst ausgeruht in den Tag starten kann.

Die Verbindung zur Bedürfnisgenerierung liegt auf der Hand. Der gewünschte Zustand leitet sich in mehr oder weniger direkter Art und Weise aus den Bedürfnissen ab, die sich aus der Erreichung des idealen Selbstbilds ergeben. Dies kann beispielsweise ein Smartphone sein, das seinem Träger das Gefühl gibt, wichtig zu sein (wer unterwegs seine E-Mails abrufen muss und nicht warten kann, bis er/sie wieder im Büro ist, der muss wichtig sein). Und während früher das Schwert eine der wichtigsten Waffen des Samurai war, ist es jetzt das Smartphone für den Manager. Die subjektiv wahrgenommene Schwelle, eine Handlung zu tätigen, wird durch die Intensität des Bedürfnisses maßgeblich beeinflusst. In anderen Worten: Wenn ich wirklich und dringend einen Gegenstand haben möchte, dann fällt mir schon etwas ein, damit ich dieses Produkt kaufen kann. Um bei dem Beispiel Smartphones zu bleiben, die Hemmschwelle, dies zu kaufen und zu benutzen sinkt rapide, wenn man diese Produktkategorie als Türöffner für eine bestimmte soziale Gruppe sieht, nach dem Motto: hast du keins, bist du kein Manager.

Man sollte aber bei all diesen Überlegungen nicht vergessen, dass jedes Individuum bewusst oder unbewusst abwägt, welcher Aufwand einerseits hinter der Erfüllung eines Bedürfnisses steht, andererseits welche persönliche Priorität die Erreichung eines bestimmten Ziels hat. Neben den üblichen, größtenteils austauschbaren Darstellungen von schönen, mehr oder weniger berühmten Frauen in der Kosmetikwerbung gibt es aber auch eine sehr interessante Werbeform in Kombination mit dem deutschen TV-Format „Germanys Next Top Model". Unmittelbar nach den Folgen strahlte die Firma Jade immer Kosmetiktipps mit dem hauseigenen Kosmetikexperten Boris Entrup aus.[50] Die interessanten Aspekte dieses Formates waren die Kombination von (vermeintlich neutraler) Informationsvermittlung mit dem Einsatz der Models aus den vorangegangenen Folgen. Es fällt sicher der Zielgruppe leichter, sich mit einem Mädchen zu identifizieren, das quasi aus den eigenen Reihen kommt und gerade dabei ist, von der grauen Durchschnittsmaus zum schönen Schwan zu werden, als mit einem Top-Model wie Heidi Klum. Abstrakt gesprochen ist die persönliche Distanz zu den Teilnehmerinnen dieser Casting-Show deutlich geringer (wenn sie das schafft, dann kann ich das vielleicht auch!), damit ist der ganze Plot deutlich glaubwürdiger und eventuell die Wahrscheinlichkeit größer, die Aufmerksamkeit der Zielgruppe zu erhalten.

> **Zwischenfazit:**
> Erst ein geschickter Einsatz der Motivatoren, zusammen mit einer Verknüpfung des idealen Selbstbildes der Zielgruppen, verschafft einer Nutzenargumentation die Grundlage für die Bedürfnisgenerierung. Werden keine Motivationen direkt adressiert, so ist die Wahrscheinlichkeit relativ groß, dass die Kommunikationsmaßnahme nicht die erhofften Wirkungen zeigt.

4.1.3 Einstellungen

Unter Einstellungen kann man eine ganzheitliche Bewertung von Objekten, Ideen und Menschen verstehen. In der Regel haben Einstellungen sowohl eine intellektuelle, kognitive Komponente – basierend auf einem mehr oder weniger objektiven Wissen der Adressaten – und eine affektive, emotionale Komponente. Da die Einstellungen eines jeden Individuums erheblich die Handlungen beeinflussen, sind sie nicht nur zu einem prominenten Gegenstand der psychologischen Forschung geworden, sondern finden sich auch in den meisten Marketingbüchern wieder. Aufgrund dieser Bedeutung sei an dieser Stelle ein kurzer Ausflug in deren Entstehung erlaubt:

- Einstellungen basieren auf der Beobachtung und der Reflexion des eigenen Verhaltens.
- Einstellungen basieren auf dem eigenen Wertesystem, der eigenen Kultur und der eigenen Persönlichkeit.
- Einstellungen basieren auf den verschiedenen Arten der Konditionierung.

Während die erste Entstehungsursache eher für die Psychologen interessant ist, spielen die anderen beiden eine sehr bedeutende Rolle in der Marketingkommunikation und zwar in zweierlei Hinsicht:

1. Sie dienen als Verstärker für eine Handlungsintentionen, wenn die Argumente einer Werbung in die gleiche Richtung gehen wie die Einstellungen der Zielgruppe. Ein sehr gutes Beispiel liefert die Firma Apple. Auf der amerikanischen Homepage finden sich sehr viele Werbungen, die in humoristischer Art und Weise die Gegensätze und Vorurteile eines Windows-basierten PCs auf der einen und der Apple-PCs auf der anderen Seite überzeichnen. Das Gestaltungsmittel, das angewandt wird, ist die Personifizierung der zwei verschiedenen Marken, wobei Windows durch einen eher dicklichen Herren in einem konservativen Anzug repräsentiert wird, Apple dagegen durch einen jungen, sympathischen, dynamischen Herrn; es werden die Sympathien der Betrachter in eine bestimmte Richtung fokussiert. Welcher Mechanismus steckt hier dahinter? Die Einstellungen gegenüber der Marke Microsoft sind geprägt durch Wissen (Probleme mit Vista) und auch durch Emotionen (Status als Monopolist). In diesen Spots findet man daher diese sehr gut bestätigt und außerdem schadet es ja nichts, wenn man sich über den Großkonzern lustig macht. Die Einstellungen gegenüber Apple wurden in der Vergangenheit geprägt durch die Historie als kleines, aber feines Unternehmen, das durch die hervorragende Benutzerfreundlichkeit der Produkte (Wissen!) punktet, zusätzlich noch die Sympathien des Kampfes eines Davids gegen einen Goliath mitbringt (Emotionen!) und die jugendlich freche Smartheit gegenüber der Unbeholfenheit des etablierten Software-Riesen. Auch wenn man kein Apple-Käufer ist, so ertappen sich viele insgeheim dabei, Sympathien für diese Marke zu entwickeln, denn jung und flexibel ist immer besser als konservativ und langweilig. Bemerkenswert ist durchaus die Art und Weise, in der nicht nur die Einstellungen der Zielgruppe bestätigt, sondern diese auch geschickt in die richtige Richtung gelenkt und verstärkt werden. Dass inzwischen auch die Firma Apple auf dem besten Wege ist, die üblichen Allüren eines Monopolisten offen auszuleben, scheint dagegen die Kunden wenig zu stören.

2. Wenn die Einstellungen gegenüber der Marke, dem Produkt oder der Produktkategorie negativ sind, stellen sie eine starke Bremse für alle Argumente dar. Eine derartig schlechte Ausgangssituation erfordert eine sehr umfangreiche Grundlagenarbeit zur Änderung der Einstellungen der Zielgruppe. Die Notwendigkeit ergab sich

für Toyota nach der weltweiten Rückrufaktion aufgrund von Problemen mit den Brems- und Gaspedalen in den Jahren 2009 und 2010. Anstatt mit den Produktwerbungen weiterzumachen als sei nichts geschehen, schaltete Toyota eine sehr aufwändige Werbekampagne („Ihr Toyota ist auch mein Toyota"), die in erster Linie das Ziel verfolgte, ein grundlegendes Vertrauen wieder herzustellen und damit auch wieder die Einstellungen bei der Zielgruppe in die richtige Richtung zu lenken.

Kurz zusammengefasst:
Die Zielsetzung eines jeden Marketers besteht darin, die Einstellungen der Zielgruppe entweder zu pflegen und zu verstärken oder mit den richtigen Mitteln in die richtige Richtung zu lenken. Dies setzt selbstverständlich voraus, dass in der Organisation auch das Wissen vorhanden ist, welche Einstellungen gegenüber Marke, Produkt, Produktkategorie sich bei den Adressaten verankert haben, wie stark diese sind und welche emotionalen wie kognitiven Grundlagen sie haben.

In diesem Zusammenhang findet sich in der psychologischen Grundlagenliteratur immer wieder der Hinweis darauf, dass Produkte oder Produktkategorien ohne großes emotionales Potenzial in erster Linie über die kognitive Komponente der Einstellungen beworben werden sollten, emotional belegte Produkte oder Produktkategorien dagegen über die affektive Komponente. Allerdings sollten die Ergebnisse dieser Forschungsarbeit nicht als harte Tatsache herangezogen werden, denn in der realen Welt außerhalb des Labors finden sich viele verschiedene Ausnahmen, die in erster Linie darauf beruhen, dass durch geschickte Werbung Produkte oder Produktkategorien emotional aufgeladen werden, die eigentlich eher einen utilitaristischen Charakter haben.

Diese Aussage führt uns unmittelbar zurück zur mehrfach herangezogenen Pampers-Werbung. Im Grunde genommen stellt P&G nur eine Papierwindel her, aber in dem oben beschriebenen Spot wird das Produkt emotional so aufgeladen, dass es in gewisser Weise ein papier-gewordenes Zeugnis mütterlicher Fürsorge wird. Es wird einerseits mit Vermittlung von sachlichen Informationen gearbeitet und damit der kognitive Teil der Einstellungen adressiert, andererseits zielt die Darstellung des idealen, sehr harmonischen Ablaufes in Kombination mit dem idealen Bild der treu sorgenden Mutter exakt auf die emotionale, affektive Komponente ab. Vor dem Hintergrund der Zielgruppe, in erster Linie Mütter, erscheint die Kombination dieser beiden Vorgehensweisen sehr effektiv.

In der AXE-Werbung werden auch sachliche Informationen transferiert, wenn auch nur sehr allgemein und kurz gehalten, der Schwerpunkt liegt eindeutig auf den emotionalen Aspekten in Kombination mit der Adressierung der oben genannten Persönlichkeitsmerkmale. In diesem Fall kann angenommen werden, dass die Urheber dieser Werbung zu Recht annehmen, dass die jungen Männer weniger sachlichen Argumenten zugänglich sind, sondern eher über einfache, rudimentäre Botschaften erreicht werden. Weitere Möglichkeiten, über eine geschickte Gestaltung der Botschaften eine Einstellungsänderung bei den Kunden zu erreichen, finden sich im sogenannten YALE-Ansatz:[51]

- Attraktive Sprecher (sowohl die physische Attraktivität als auch die Attraktivität der Persönlichkeit) haben eine deutlich bessere Wirkung als unattraktive Sprecher.

- Glaubwürdige Sprecher (Fachkenntnis, Authentizität, Reputation etc.) wirken auf Menschen überzeugender als wenig sachkundige Sprecher.

- Zielgruppen lassen sich leichter von solchen Botschaften überzeugen, die so aussehen, als wären sie gar nicht dazu gedacht, ein Produkt bzw. eine Leistung zu bewerben. Diese Tatsache spricht eindeutig gegen typische stark werbliche Aussagen.

- Eine konstruierte Neutralität (zweiseitige Argumentation, Pro und Contra) wirkt besser als nur eine einseitige Argumentation.

- Eine Zuhörerschaft, die während der Präsentation der Werbung abgelenkt wird, wird oft eher überzeugt werden als eine Zuhörerschaft, die sich zu 100 Prozent konzentriert.

Ein Aspekt, der bislang noch nicht angesprochen wurde, ist die Stärke, mit der Einstellungen bei der Zielgruppe verankert sind. Darunter sind sowohl die Intensität (stark negativ bis stark positiv) als auch die Resistenz gegenüber Veränderungen (schwer zu verändern bis leicht zu verändern) zu verstehen. Der zweite Aspekt wird vor allem durch die persönliche Bedeutung und die Überzeugung bestimmt, dass eine vorhandene Einstellung richtig ist. Gerade in der Investitionsgüterindustrie ist es von erheblicher Bedeutung, möglichst schnell bei einer neuen Technologie einen stabilen Kundenkreis zu bekommen. Dem stehen aber in erster Linie die Ressentiments und die Kaufzurückhaltung der Zielgruppe entgegen. Wie kann nun eine ideale Werbung aussehen, um die potenziellen Kunden zur Änderung ihrer Einstellungen zu bewegen? Im Folgenden soll ein Beispiel aus dem Investitionsgüterbereich zeigen, wie dies funktionieren kann:

Um eine neue Lösung aus dem Bereich des digitalen Zeitungsdrucks einer breiten Zielgruppe vorzustellen, wurde von der Firma OCÉ (im Jahr

2009 von Kennern aufgekauft) ein Video mit verschiedenen Referenz-kunden gedreht und auf einer Multimedia-CD an die Zielgruppe verteilt. Im zentralen Spot befindet sich die einzige mir bekannte Sequenz einer BtB-Werbung, in der sich ein Kunde wirklich authentisch über die Funktionsweise der neuen Technologie freut. Der Kunde, ein Schweizer Verleger, beschreibt in sehr blumigen und begeisterten Worten, dass der erste Probelauf wie eine Konzertpremiere ist, er fühle sich dabei großartig. Dabei lachte der Verleger sehr authentisch und herzlich und jeder Betrachter kann sich hervorragend genau in diese Situation hineinversetzen: eine wirklich bahnbrechende Weichenstellung im Geschäft, die neue Märkte und Umsatzmöglichkeiten erschließt, darüber kann man sich wirklich freuen! Die Vorstellung der Referenzkunden ist so natürlich, so überzeugend und authentisch, dass sie als hervorragendes Beispiel dienen kann, das auch in der Investitionsgüterindustrie die Adressierung der affektiven Komponente von Einstellungen nicht nur möglich ist, sondern auch authentisch und verhalten werblich realisiert werden kann.

Zwischenfazit:

Einstellungen können in hervorragender Weise die Nutzenargumentation in einer Kommunikationsmaßnahme verstärken. Sie können aber auch ins Leere laufen, wenn versucht wird, nur das Produkt zu bewerben, ohne die negative Einstellung zur Marke/Firma zu beachten oder zu thematisieren. Wesentliche Voraussetzung ist eine exakte Kenntnis der Einstellungen der Zielgruppe zu Produktkategorie, Produkt/Leistung, Marke und Firma.

4.1.4 Ressourcen

Die letzte wichtige Variable zur Charakterisierung eines Individuums ist die Bestimmung der Ressourcen, die es zur Verfügung hat bzw. mobilisieren kann, und wie sie verwendet werden. Eine der beliebtesten demografischen Variablen, die zur Charakterisierung von Zielgruppen verwendet werden, sind finanzielle Ressourcen. Einfach formuliert: Wie viel Geld hat die Zielgruppe und wofür gibt sie es aus? Zusätzlich schadet es nicht, zu wissen, welche Preisvorstellungen (nach oben wie nach unten) die Zielgruppe hat und wie diese überwunden werden können. Darüber hinaus gibt es aber auch noch weitere Ressourcenbestandteile, die leicht übersehen werden: die zeitlichen und die kognitiven Ressourcen. Letztere haben mit der Intelligenz der Zielgruppe und mit deren Fähigkeit zu tun, die Aufmerksamkeit auf bestimmte Sachverhalte zu lenken. Ein Teilaspekt des Aufbaus der kognitiven Ressourcen, der Verankerung im Langzeitgedächtnis, wurde bereits im Kapitel über Informationsverarbeitung beschrieben: Je leichter diese Ressourcen aufgebaut werden und je besser und einfacher sie generell im Vorfeld einer Kaufentscheidung abrufbar sind, desto eher können diese in wirkliche Käufe umgewandelt werden.

Sehr bedeutend in diesem Zusammenhang ist die Fähigkeit der Zielgruppe, auf bereits bestehendes Wissen aufzubauen, um die genannten Prozesse der Informationsverarbeitung zu erleichtern. Das heißt, wenn keine existierenden, assoziativen Netzwerke bei der Zielgruppe vorhanden sind, besteht eine große Wahrscheinlichkeit, dass die Werbebotschaft im selbstgestrickten Fachchinesisch untergeht. Sehr gute Beispiele findet man immer wieder auf den Seiten der Hersteller von Consumer-Elektronikprodukten. Die Beschreibungen lesen sich eher wie ein Telefonbuch (viele Namen, wenig Handlung) und nicht wie eine Produktbeschreibung, die richtig Appetit auf den Kauf dieser Produkte machen soll. In dem Fall liegt die Vermutung nahe, dass der Produktmanager die lästige Aufgabe des Füllens der Homepage nicht als Möglichkeit gesehen hat, den Kunden zu gewinnen und zu überzeugen.

Die Ressource Zeit gibt wieder, wie die Zielgruppe die 24 Stunden ihres Tages verwendet. Selbstverständlich benötigen die kognitiven Ressourcen wie Aufmerksamkeit und Konzentration auch einen bestimmten Zeitbedarf, aber lediglich dahingehend, dass man sich mit etwas sehr Interessantem beschäftigt oder dass man sich gezwungenermaßen, wie zum Beispiel in der Arbeit, mit etwas beschäftigen muss. Beispielsweise wurde festgestellt, dass im Jahre 2010 ein durchschnittlicher Internetnutzer circa 4,6 Stunden in sozialen Netzwerken verbrachte, gefolgt von E-Mails schreiben (4,4 Std.) und Internet-Surfen (3,9 Std.).[52] Diese Zahlen sprechen für sich und legen eine adäquate Auswahl der Werbemittel und -kanäle nahe.

Nimmt man alle drei Variablen zusammen, so stellt man fest, dass deren Kombination einen geschärften Blick auf den Terminus Involvement verschafft: Demnach sind sogenannte High-Involvement-Güter nicht nur Güter, die im hohen Maße die finanziellen Ressourcen der Zielgruppe belasten; es können auch „künftige" Güter sein, die sowohl eine große Aufmerksamkeit erfordern als auch einen hohen Zeitbedarf nach sich ziehen. Beispielsweise stellt das Computerspiel „World of Warcraft" keine Investition dar, die unerschwinglich ist, aber sieht man sich die Berichte über Spieler an, die Nacht für Nacht und Tag für Tag vor dem Computer sitzen und darüber die reale Welt vergessen und sich nur noch mit Gleichgesinnten über Portale und Blogs austauschen, dann ist selbstverständlich der Begriff High-Involvement-Gut gerechtfertigt. Ein weiteres Beispiel ist die Begeisterung vieler Menschen für Single-Malts. Eine Flasche dieser Sorte Whisky ist durchaus erschwinglich, aber wenn man sich die Regeln für den Genuss des Produktes (zimmerwarm, kein Eis, spezielle Gläser), die Literatur (einige Bücher, ähnlich wie zu guten Weinen) und letztendlich auch den Aufwand für den Genuss ansieht (jeder Schluck sollte so viele Sekunden im Munde bleiben, wie der Whisky an Jahren im Fass reifen durfte), so kann man feststellen dass es sich hier um ein High-Involvement-Gut handelt.

> **Zwischenfazit:**
> Die Kenntnis über die Ressourcenverteilung und -verwendung gehört zum Basiswerkzeug eines jeden Marketiers. Ohne sie hat man Schwierigkeiten, die richtigen Kommunikationskanäle zu finden und eventuelle Handlungsbarrieren zu identifizieren. Man sollte sich aber nicht von rein demografischen Daten leiten lassen, denn wenn die Zielgruppe etwas wirklich will, dann werden auch die entsprechenden Ressourcen gefunden, um das Produkt zu erstehen. Fernerhin kann es nie schaden, aus einem Low-Involvement-Gut ein High-Involvement-Gut zu machen.

4.2 Der Mensch als soziales Wesen – der Einfluss von Kultur, Gesellschaft, Peers und Referenzgruppen

Wie wir wissen, ist jedes Individuum von seiner Geburt an in ein soziales Umfeld eingebettet. Dieses Umfeld ist, wie Habermas schon lange richtig erkannt hat, eine unerschöpliche Quelle und ein unerschöpflicher Interpretationsvorrat für alle möglichen Handlungssituationen, denen sich ein Individuum im Verlaufe seines Lebens gegenübersieht.[53] Ebenso lenkt diese Lebenswelt auch die Handlungen aller Individuen, die ihr angehören. Wie diese Erkenntnisse zu griffigeren Werbungen führen, werden die folgenden Abschnitte zeigen.

4.2.1 Kultur/Gesellschaft

In den vergangenen Jahrzehnten wurden sehr viele Forschungsaktivitäten gestartet, um den Begriff der Kultur wissenschaftlich zu erfassen und basierend auf diesen Erkenntnissen für die tagtäglichen Aufgaben im Management greifbar und umsetzbar zu machen. Die einfachste Möglichkeit, Kulturen unterscheidbar zu machen, ist die Auflistung von Symbolen, Farben und kulturspezifischen Artefakten. Hier kann man bei der Nationalflagge beginnen, bei typischen Landesfarben weitermachen und bei Bauwerken oder Kunstobjekten aufhören. Für die tagtägliche Marketingarbeit sind in erster Linie die Aspekte entscheidend, die man in einem bestimmten Kulturkreis tunlichst unterlassen sollte und natürlich auch diejenigen, die bei richtiger Verwendung einen bestimmten positiven Effekt bei der Zielgruppe in der Werbung hervorrufen können. Beispielsweise liegt die Vermutung nahe, dass die Firma Intel ihr erstes Centrino-Logo (bewusst?) an die Farben der amerikanischen Flagge (weiß, blau, rot) angelehnt hat. In Ländern außerhalb der USA hat diese Kombination wenig Bedeutung, im Land selbst löst sie aber mit großer Wahrscheinlichkeit einen gewissen Nationalstolz aus.

Würde man dagegen in manchen Ländern ein Bild der amerikanischen Freiheitsstatue in einer Werbung verwenden, so würde dies bei den Adressaten große Aversionen gegen das beworbene Objekt auslösen. Nachdem aber über das Thema der Symbole, Farben und Artefakte schon relativ viel geschrieben wurde, soll an dieser Stelle der Hinweis genügen, dass jeder Marketer diese Elemente zur Bewertung seiner Werbungen hinzufügen sollte, sowohl unter dem Aspekt des positiven Hebels als auch dem der Vermeidung eines potenziellen Fauxpas.

Neben den genannten Möglichkeiten der Beschreibung einer Kultur gibt es selbstverständlich auch die Möglichkeit, diese über ihre charakteristischen Eigenheiten, Normen und Werte zu definieren. Auf der einen Seite versuchen beispielsweise Hofstede, Hall und Trompenaars Kultur anhand von verschiedenen Variablen zu beschreiben, zum Beispiel Machtdistanz, Unsicherheitsvermeidung etc.[54] Auf der anderen Seite gibt es aber auch Autoren, wie zum Beispiel Richard Lewis, der mit einem erklärenden Ansatz versucht, die Beweggründe und Ursachen kultureller Unterschiede zu erforschen.[55] Leider sind diese Ansätze mehr auf betriebliche Belange und Organisation bzw. auf das Verhalten von Mitarbeitern und Führungskräften ausgerichtet und weniger auf die Verwendung der kulturellen Unterschiede in der Werbung. Die einzigen Erkenntnisse, die aus diesen Werken gewonnen werden können, sind Gestaltungsvariablen, die bereits vielfach in der Werbung verwendet werden. Dazu einige Beispiele:

- In den unterschiedlichen Kulturkreisen werden die Größe der Familie und die Art der Interaktion der Familienmitglieder untereinander vollkommen unterschiedlich dargestellt.

- Die Bedeutung von Zahlen, Daten und Fakten ist beispielsweise in Amerika, Zentral- und Nordeuropa deutlich höher als in südeuropäischen oder lateinamerikanischen Ländern.

- Der Begriff Understatement ist in Amerika eher ein Fremdwort, dagegen in Großbritannien und Deutschland durchaus ein sozial positiv belegter Wert.

- Der individualistische Erfolg, gepaart mit einem guten Schuss Unternehmertum, ist in den USA anders belegt als in kollektivistischen oder auch feministischen Kulturen wie zum Beispiel Schweden.

- Religiöse Werte werden in Zentral-und Nordeuropa anders gelebt als beispielsweise in arabischen Ländern.

Aber auch hinsichtlich derjenigen Werte, die für das alltägliche Leben sehr wichtig sind, unterscheiden sich die verschiedenen Kulturen doch sehr stark. In Tabelle 6 sind Forschungsergebnisse dargestellt, die verschiedene Kulturen miteinander vergleichen. Hier lässt sich beispielsweise feststellen, dass das Sicherheitsbedürfnis in Deutschland sehr stark ausgeprägt ist, in Russland dagegen sehr gering. Gute Beziehungen mit anderen sind dagegen den Russen und den Japanern sehr wichtig, den Deutschen dagegen nicht.

Diese Liste könnte man noch weiter fortsetzen, aber an dieser Stelle soll festgehalten werden, dass jeder Marketer gerade bei global orientierten Werbekampagnen die Werte und Normen einer jeden Gesellschaft und Kultur sowohl in Form eines positiven Hebels als auch in Form eines Negativeffektes verwenden kann. Dagegen ist es immer wieder erstaunlich, dass viele mittelständische Firmen über diesen Grundsatz in geradezu fahrlässiger Weise hinweggehen. Beispielsweise hat ein Bushersteller aus Süddeutschland als Key Visual eine sehr leicht bekleidete Dame

Tabelle 6 Unterschiedliche Werte in verschiedenen Kulturen[56]

Werte / Länder	Deutschland	USA	Norwegen	Frankreich	Dänemark	Russland	Japan
Selbsterfüllung	4,8	9,6	7,7	**30,9**	7,1	8,8	**36,7**
Sicherheit	**24,1**	**20,6**	10,0	6,3	6,3	5,7	10,9
Selbstachtung	12,9	**21,1**	16,6	7,4	**29,7**	10,1	4,7
Gute Beziehungen mit anderen	7,9	16,2	13,4	17,7	11,3	**23,3**	**27,6**
Spaß am Leben	10,1	4,5	3,6	**16,6**	**16,8**	9,7	7,5

4 Umgarnen und becircen

für den alljährlichen Kalender verwendet und diesen Kalender auch in die arabischen Staaten geschickt!

Zwischenfazit:

Aus den Normen und Werten einer jeden Kultur und Gesellschaft lassen sich direkt Key Visuals, Claims, Botschaften und Argumente für den Textteil einer Werbung ableiten. Idealerweise sollten in jeder Werbeabteilung genau diese Informationen vorliegen, denn die kulturellen Variablen ändern sich nicht kurzfristig, sondern nur in sehr langen Zeiträumen.

Eine weitere Möglichkeit, eine Kultur bzw. Gesellschaft konkreter zu fassen, besteht über deren Sprache. Im deutschen Sprachraum finden sich zum Beispiel Philosophen wie Jürgen Habermas und Ludwig Wittgenstein, die sich intensiv mit den gesellschaftlichen Implikationen theoretisch auseinandergesetzt haben.[57] So interessant diese Ansätze auch sind, die Autoren hatten weniger die Verwendung in der Marketingkommunikation im Hinterkopf, sondern die Erklärung gesellschaftlicher Vorgänge. Wittgenstein prägte in seinem Werk „Tractatus logico-philosophicus" den Begriff der Sprachspiele.[58] Wie der Name schon sagt, versteht der Autor darunter den spielerischen Umgang mit den Möglichkeiten, die eine Sprache bietet. Nun ist es keine Schwierigkeit, mit deutschen Sprachspielen auch in der Werbung umzugehen, aber gerade im internationalen Kontext ergeben sich tagtäglich doch große Herausforderungen. Ein viel zitiertes Beispiel ist der Fauxpas, den sich der Autohersteller Mitsubishi leistete, der eine Produktlinie Pajero nannte, was in spanischsprachigen Ländern ein derbes Schimpfwort ist. Aber auch Chevrolet sorgte mit dem Chevy Nova für Belustigung im gleichen Kulturkreis, denn „no va" heißt frei übersetzt so viel wie „geht nicht". Bei der Übersetzung des Markennamens von Coca-Cola in das Chinesische ging man jedoch vorsichtiger vor, denn bei einer reinen lautmalerischen Übertragung ergaben sich sinngemäß Übersetzungen wie „beiß in die Wachs-Kaulquappe" oder „weibliches Pferd befestigt mit Wachs", so dass die mit Bedacht ausgewählten Schriftzeichen den folgenden Sinn ergaben: „etwas Angenehmes, bei dem man Genuss empfindet".[59] Ein weiteres Sprachspiel bietet sich beispielsweise auch in der russischen Sprache an, denn die Begriffe rot (красный (krasnyj)) und schön (красивый (krasivyj)) sind miteinander verwandt und die Aussprache ist relativ ähnlich. Gerade in den Produktbereichen Mode, Parfüm und Kosmetik bieten sich daher sehr viele Möglichkeiten an, sowohl mit der Visualisierung als auch mit den Worten zu spielen und damit kulturspezifische, positive Konnotationen bei der Zielgruppe hervorzurufen.

4.2.2 Referenzgruppen und Peers

In der Sozialpsychologie spielen Gruppenprozesse eine sehr große Rolle, denn eine Gruppe gibt dem Menschen Sicherheit, Bestätigung, Antrieb und ein Bezugssystem für die meisten Handlungen. Viele Psychologen glauben, dass der Drang des Menschen, sich anderen Menschen anzuschließen, ein angeborenes Bedürfnis ist. Diese Behauptung wird teilweise von Anthropologen gestützt, die die Entwicklung des Gehirns und damit der kognitiven Fähigkeiten des Menschen in Verbindung mit der Entstehung starker, sozialer Verbindungen zwischen den Mitgliedern einer menschlichen Gruppe sehen.[60] Eine gut funktionierende Gruppe mit einem starken Zusammenhalt hatte nicht nur eine größere Wahrscheinlichkeit zu überleben, sondern auch, sich besser durchzusetzen.

Betrachtet man die Entwicklung eines jeden Menschen, so stößt man immer wieder auf den Einfluss von sogenannten Referenzgruppen. Unter diesem Begriff wird eine Gruppe von Individuen verstanden, die einen signifikanten Einfluss auf ihre Mitglieder hat. Ihr Einfluss kann sich zum einen in Form einer Anziehungskraft äußern, das heißt, der einzelne Mensch möchte dieser Gruppe angehören. Zum anderen wird er, je nach Stärke der Anziehungskraft, sehr viel tun, um nicht nur aufgenommen bzw. akzeptiert zu werden, sondern auch, um die Mitgliedschaft weiterhin zu behalten. Eine Referenzgruppe kann aber auch eine Abstoßungskraft entwickeln. In diesem Fall versucht das Individuum, wieder in Abhängigkeit der Stärke der Abstoßungskraft, eine Integration in diese Gruppe möglichst zu vermeiden. Genauso wie eine Gesellschaft oder Kultur basiert eine Referenzgruppe auf bestimmten, von den Mitgliedern geteilten Normen und Werten. Damit übt diese auch einen normativen Druck bzw. einen Zwang zur Konformität auf aktuelle bzw. potenzielle Mitglieder aus. Oft finden sich in den meisten Gruppen sogenannte Peers, das heißt Personen, die entweder einen Referenzstatus oder auch eine Führungsfunktion übernehmen. Im Verlauf seines Lebens wird jeder Mensch in unterschiedlicher Intensität von verschiedenen Referenzgruppen beeinflusst, die im Folgenden kurz skizziert werden sollen:

- *Familie:* In den ersten Lebensjahren hat diese Referenzgruppe unbestritten den größten Einfluss auf alle Aspekte des Individuums. Es werden nicht nur gesellschaftliche und soziale Werte vermittelt, sondern in starker Weise auch direkt die Persönlichkeit/das Selbstbild, die Einstellungen Motivationen etc. nicht nur beeinflusst, sondern auch geformt. Zusätzlich ist die Ressourcenverwendung in den ersten Lebensjahren sehr stark eingeschränkt, da naturgemäß das Taschengeld nicht zur Deckung aller Bedürfnisse ausreicht. Eine wichtige Bedeutung hat daher diese Referenzgruppe als Entscheider für die Kinder, da gerade in den ersten

Lebensjahren die Autonomie noch ziemlich eingeschränkt ist. Auch in dieser Referenzgruppe gibt es Peers, in Form der Vorbildfunktion des Vaters bzw. der Mutter.

- *Soziale Referenzgruppen,* zum Beispiel soziale Klasse: Die Familie ist im Regelfall in diese Referenzgruppe eingebettet und übernimmt zum größten Teil deren Normen und Werte. Genauso wie das übergeordnete soziale Konstrukt der Kultur und Gesellschaft zeichnet sich diese auch durch konkrete Artefakte („das musst Du haben"), Aktivitäten („das muss man tun") und selbstverständlich auch Meinungen aus, die Normen und Werte widerspiegeln. Größtenteils hängt auch der Lebensstil mit der sozialen Klasse zusammen, daher erklärt sich auch der Fokus der Marktforscher auf sogenannte Lifestyle-Segmentierungen. Eine bekannte Anwendung sind für den deutschsprachigen Raum beispielsweise die sogenannten Sinus- bzw. Sigma-Milieus. Es gibt relativ viele Werbungen, in denen durch die Verwendung bestimmter Visualisierungen soziale Wunsch- bzw. Idealvorstellungen hervorgerufen werden sollen. Ein Beispiel dafür sind die Raffaello-Werbungen, in denen offensichtlich wohlhabende Personen in einem karibischen Umfeld gezeigt werden. In diesem Fall werden in idealer Weise Urlaubsgefühle (Strand, Palmen, blaues Wasser etc.) mit einem mondänen Ambiente verbunden. Hier soll die Darstellung einer bestimmten sozialen Klasse bzw. eines bestimmten Lebensstils eine Anziehungskraft auf die potenziellen Kunden ausüben.

- *Freizeit- und interessensbasierte Referenzgruppen:* Darunter können alle Referenzgruppen summiert werden, die sich aufgrund des Freizeitverhaltens bzw. bestimmter Interessen eines Individuums ergeben. Dies beginnt bei der Mitgliedschaft im Fußballverein oder Karateverein, geht weiter bei der Vorliebe für bestimmte Musikrichtungen oder Filme und schlägt sich auch im Engagement für den Kleingärtnerverein nieder. Teilweise kann die Identifikation mit den Normen, Werten oder bestimmten Idealen dieser Referenzgruppen skurrile Formen annehmen. Man denke nur an die Begeisterung für die Rocky Horror Picture Show, die sich in München in dem Kino „Museum Lichtspiele" immer noch in Form regelmäßiger Vorstellungen niederschlägt und nach wie vor – trotz des hohen Alters des Konzeptes – eine stabile Fangemeinde hat. Teilweise bilden sich sogar ausdifferenzierte Untergruppen innerhalb einer existierenden, fiktiven Realität. Beispielsweise finden sich im Internet relativ viele Klingonen-Homepages, die sich nur mit der Kriegerrasse aus den Serien (Star Trek, Star Trek Next Generation, Deep Space Nine, Star Trek Voyager) und den

Filmen dazu befassen: www.kriegerimperium.de, www.khemorex-klinzhai.de, www.klingons.info etc. Die interessanteste Stilblüte im Kontext dieses eigenen virtuellen Imperiums ist das klingonische Sprachinstitut „The Klingon Language Institute".[61] Die Firma Lego vermarktet Peers bekannter Hollywood-Filme, wie zum Beispiel Star Wars, Indiana Jones etc. in Verbindung mit ihren Baukästen. Die Person des Luke Skywalker beispielsweise verkörperte einerseits die Sehnsucht vieler junger Männer nach Abenteuer, dem Ausbrechen aus einem verhassten, stark reglementierten bürokratischen Alltag in Verbindung mit der Persönlichkeit (ideales Selbstbild, Identifikationspotential!) des guten, sauberen Helden. Daher wurde der Erfolg von „Star Wars – A New Hope" damit erklärt, dass bei den Zielgruppen eine unerfüllte Sehnsucht nach diesem idealen Selbstbild existierte, die mit dem Konzept erfüllt wurde.[62] Die komplizierten Peers aus Filmen wie „2001 Odyssee im Weltraum" wurden von der damaligen Generation nicht mehr akzeptiert. Mit der Übernahme der Helden aus den Star-Wars-Filmen adressiert Lego direkt diejenigen Väter und Mütter, die als Jugendliche die Filme im Kino gesehen haben und sich die Begeisterung über die Jahre hinweg bewahrt haben, sich damit in gewisser Weise selbst ein Geschenk machen, wenn sie ihren Kindern eine Packung Lego Star Wars schenken. Und die Kinder wurden dann vom Star-Wars-Grundprinzip (Schießen, Abenteuer, Helden etc.) angesteckt, was wiederum zu Zusatzkäufen führt etc.

- *Politische/religiöse Referenzgruppen:* Darunter können alle Referenzgruppen verstanden werden, die eine gemeinsame politische Richtung bzw. ein gemeinsamer Glauben vereint. In den verschiedenen Regionen dieser Erde haben diese vollkommen unterschiedliche Einflüsse, im Marketing spielen sie eher eine untergeordnete Rolle. Vorrangig sind die Normen und Werte der politischen bzw. religiösen Referenzgruppen eher als limitierende Faktoren zu sehen. Zum Beispiel ist in arabischen Ländern die Farbe Grün die Farbe des Propheten und damit für bestimmte Produkte nicht oder nur eingeschränkt einsetzbar. Ähnliches gilt für den Einsatz bestimmter Symbole, Aussagen oder Farbkombinationen.

In der Marketingkommunikation kann man Referenzgruppen einsetzen, um durch den subjektiv empfundenen Gruppendruck Bedürfnisse zu generieren. Denn genauso, wie im Mittelalter die Standarte, das Banner oder das Wappen eine Gruppe von Menschen vereinigte und auf ein gemeinsames Ziel einschwörte, so dienen jetzt geteilte Vorlieben für die gleiche Kleidungs marke, das Benutzen ähnlicher Produkte etc. als Vehikel für den Zusammenhalt bestimmter Referenzgruppen. Gerade das Beispiel der interessens- und freizeitorientierten Referenzgruppen zeigte das erhebliche Potenzial für die gezielte Generierung von zusätzlichen Umsätzen.

Auch in der AXE-Werbung („Sprinkler") findet sich in Form des Hauptdarstellers ein Repräsentant der Referenzgruppe der jungen, durchschnittlichen Männer. Wie bereits in diesem Kapitel über das Selbstbild ausgeführt, können sich die Vertreter der Zielgruppe ohne Probleme diesem Testimonial überlegen fühlen. Selbstverständlich können neben unbekannten Testimonials auch berühmte Schauspieler, Musiker etc. als Träger eines bestimmten Image und damit als Referenzpersonen bzw. Peers dienen. Die wesentlichen Stolpersteine und Vorteile des Einsatzes von Berühmtheiten wurden in der Literatur schon relativ intensiv diskutiert und sollen an dieser Stelle nur zusammenfassend wiedergegeben werden:

Die ausgewählte Person sollte idealerweise das Produkt bzw. die Leistung glaubwürdig vertreten, das Image der Marke entweder ideal ergänzen und/oder ideal wiedergeben und von der Zielgruppe in positiver Weise akzeptiert sein. Interessant ist auch die Feststellung von Lempert, dass Werbungen mit Berühmtheiten nur von 3 Prozent der Befragten als sehr glaubwürdig, von 49 Prozent der Befragten als teilweise glaubwürdig und von 47 Prozent als nicht glaubwürdig erachtet wurden.[63] Dieser Sachverhalt kann aber auch wiederum mit den oben genannten Ausführungen zum Selbstbild erläutert werden: Der Status einer berühmten Persönlichkeit ist für den „Durchschnittsmenschen" so unerreichbar im Sinne eines Idealbildes, dass sich einige Mitglieder der Zielgruppe nicht auf den Weg machen, dies zu erreichen bzw. anzustreben.

Sie als aufmerksamer Marketer haben vielleicht bis jetzt den Begriff Lifestyle vermisst. Backwell, Engel und Miniard ordnen ihn den persönlichen Charakteristika zu. Genauer betrachtet bedeutet Lifestyle nichts anderes als die Zugehörigkeit zu einer bestimmten Referenzgruppe, die sich durch bestimmte Aktivitäten, Interessen und Meinungen von anderen abgrenzt. Gerade die allgemein bekannten Lifestyle-Segmentierungen Sigma-/Sinusmilieus bieten für die Hersteller von Konsumgütern ein sehr aussagefähiges Instrumentarium, um nicht nur die richtigen Produkte für eine Zielgruppe zu identifizieren, sondern auch die richtige Werbung in deren Lebenswelt zu integrieren. Eine unabdingbare Voraussetzung ist allerdings, dass neben den eben genannten Werten, Normen, Meinungen, Interessen und Aktivitäten auch ein visuell-emotionaler Eindruck von der ganz konkreten Lebenswelt des Lifestyle-Segments be-

Bild 14 Erlebniswelt des konsum-materialistischen Milieus der Firma Sigma

kannt ist. Wie so etwas aussehen kann, findet man auf der Homepage der Firma Sigma. In Bild 14 ist die Erlebniswelt des konsum-materialistischen Milieus dargestellt.[64] Ein solches Puzzle von ganz typischen Gegenständen, Menschen, charakteristischen Zeitungen und Lifestyle-Schlaglichtern kann u. U. viel schneller die Frage beantworten, ob die Botschaften und deren visuelle, textliche und akustische Umsetzung wirklich in die Lebenswelt der Zielgruppe eingepasst werden können. Gleichzeitig kann es jedem Marketer als verdichtete Gedächtnisstütze für die Erlebniswelt der Kunden dienen. Selbstverständlich ist dies auch für Investitionsgüterkunden möglich, eine durchaus sinnvolle Übung für jeden Kampagnenverantwortlichen. Will man beispielsweise einen Käufer oder Entwickler adressieren, dann sollte man sich in gleicher Weise überlegen, wie das Arbeitsumfeld aussieht, was die Zielsetzungen eines Einkäufers sind etc.

4.3 Persönlichkeiten, Selbstbilder, Motivationen und Referenzgruppen im BtB-Umfeld

Auf den ersten Blick erscheinen alle bisherigen Ergebnisse sehr konsumgüter-lastig, aber vom Prinzip her unterscheiden sich die Welten BtC und

BtB nicht so stark, wie man anfangs annehmen könnte. Gerade im beruflichen Umfeld wird man sehr oft schöne Beispiele für die kontextspezifische Ausprägung von Persönlichkeitsstrukturen finden. Zuhause der treu sorgende, leutselige Familienvater, der gerne mit Freunden Kicker spielt, – in der Firma der harte, unnachgiebige und zielorientierte Manager. Und ebenso können die Ausführungen zum idealen und realen Selbstbild auch bei professionellen Entscheidern angewandt werden. In gleicher Weise bestimmt auch das Umfeld erstrebenswerte Eigenschaften. So gehören zu einem Unternehmer der berufliche Erfolg, die Achtung der Kollegen, der Konkurrenten und eventuell auch der Mitarbeiter (bin ein guter Vorgesetzter und eine gute Führungskraft) zu den Komponenten eines idealen Selbstbildes. Addiert man noch die rein fachlichen Komponenten (Ansehen als Experte, z. B. exzellenter Konstrukteur), die Visionen von der optimalen Karriere innerhalb der eigenen Funktion oder auch als funktionsübergreifendem Karrierepfad, so hat man die wichtigsten Erklärungen für die Handlungen im BtB-Umfeld abgedeckt. Persönlichkeitseigenschaften wie Dominanz und Durchsetzungsvermögen, Sicherheitsbedürfnis, Innovationsfähigkeit und Lust an Experimenten, soziale Akzeptanz etc. lenken dann die Motivationen und in letzter Konsequenz die Handlungen eines Unternehmers oder eines Angestellten in einem Unternehmen in eine entsprechende Richtung. Nun besteht die Kunst eines Marketers darin, sich bei der Definition einer Werbung diese verstärkenden Faktoren zu Nutze zu machen. Es ist sehr interessant, dass der größte Teil der Kommunikationsmaßnahmen aus dem Investitionsgüterbereich eher eine langweilige Auflistung der Features von Produkten und/oder Leistungen ist und weniger das tolle Gefühl eines Entscheiders ansprechen, nicht nur die richtige Entscheidung getroffen zu haben, sondern mit dieser auch richtig Erfolg zu haben. Fachbücher werden dagegen in erster Linie mit dieser Argumentation beworben.

Allerdings sind die genannten Motivatoren nur dann anwendbar, wenn auch die (positive) Einstellung zur Arbeit eine erhebliche Rolle spielt. Ein Arbeitnehmer, der beispielsweise nicht die rechte Lust zum Arbeiten hat, wird sich nicht in dem Maße für berufliche Belange engagieren wie ein Manager, der seiner Meinung nach noch nennenswerte Karriereschritte vor sich hat und eventuell bis in die höchsten Führungsebenen kommen möchte. Aus den genannten Sachverhalten erklären sich auch sehr schön die Ursachen für bestimmte Handlungsschwellen. Ein sicherheitsorientierter, eher vorsichtiger Einkäufer, der obendrein ein hohes Pflichtbewusstsein hinsichtlich seiner Arbeit besitzt, wird sich beispielsweise eine Entscheidung für einen Lieferanten intensiver überlegen und mehr Zahlen, Daten und Fakten fordern als eine Draufgängernatur, die eher in der Freizeit die Erfüllung findet und das Berufsleben eher als notwendiges

Übel ansieht. Für Werbung und Kommunikationsmaßnahmen bedeutet dies eine große Herausforderung, da genauso wie bei Konsumentenpersönlichkeiten die sehr hohe Heterogenität der Charaktere ein einheitliches „Über-den-Kamm-scheren" der Adressaten schwierig macht. Vereinfacht wird die Kommunikation aber dadurch, dass bestimmte funktionsspezifische Motivationsfaktoren immer vorliegen, die obendrein auch noch international ähnlich sind. Ein Einkäufer aus China wird ähnliche Verhaltensweisen an den Tag legen wie sein Kollege aus den USA oder aus Deutschland, z. B. die Fokussierung auf Materialkostenersparnisse oder die Berücksichtigung der Versorgungssicherheit. Gleichzeitig werden sie sich ganz deutlich von der Verhaltensweise eines Entwicklungsingenieurs bzw. eines IT-Experten oder eines Logistikexperten unterscheiden.

In gleicher Weise wie bei Konsumenten wirken sich auch die Einstellungen bezüglich bestimmter Firmen und/oder Produkte auf die Entscheidungsfindung und damit auch auf die Wahrnehmung von Kommunikationsmaßnahmen aus. Ein viel zitierter Spruch aus der Frühzeit der IT charakterisiert den Sachverhalt recht deutlich: „Wenn Du dich für IBM entscheidest, dann hat bei Produktproblemen die IBM Schuld, solltest du dich für einen unbekannten Lieferanten entscheiden, so ist es deine Schuld". In einem Marktforschungsprojekt des Verfassers stellte sich heraus, dass viele IT-Mitarbeiter dazu neigen, Open-Source-Software, zum Beispiel Linux-Betriebssysteme, zu bevorzugen, aber nur solange sie auf Sachbearbeiterebene sind. Der Grund ist relativ einfach: Das fachliche Know-how, das notwendig ist, um Linux-Systeme am Laufen zu halten ist ein Garant dafür, eine interessante Arbeitsstelle mit vielen Herausforderungen zu haben und sich gleichzeitig für das Unternehmen unverzichtbar zu machen. Darüber hinaus ergibt sich, dass Open-Source-Organisationen tendenziell eher ein Robin-Hood-Image haben, ganz im Gegensatz zum Goliath Microsoft. In der Vergangenheit hatte die Open-Source-Initiative dies hervorragend auf der Homepage zusammengefasst: „Our main goal is to inform the public about every company, project and group that uses the Linux operating system and to report on the hard work of countless developers, programmers and individuals who strive everyday to improve on the Linux offerings in the marketplace."[65] Das Gefühl, ein Teil dieser tollen Bewegung zu sein, prägt selbstverständlich die Einstellungen eines jeden Mitarbeiters nachhaltig und wirkt sich dementsprechend auf die Wahrnehmung und Interpretation von Kommunikationsbotschaften aus. Alles was von Microsoft kommt, ist sowieso schlecht; alles was aus der Open-Source-Initiative kommt, ist von vornherein gut.

Macht allerdings der Mitarbeiter Karriere und wird zum Gruppenleiter, so sind auf einmal andere Entscheidungskriterien für die Auswahl einer

Software wichtig. Nicht mehr die Herausforderung beim Basteln und Optimieren steht an erster Stelle, sondern ein reibungsloser Betrieb. In diesem Fall wird es beispielsweise ausschlaggebend, wie schnell ein Update/Patch zur Verfügung steht. Dies kann bei Open-Source-Betriebssystemen teilweise bis zu 28 Tage dauern im Vergleich zu Microsoft-Produkten, die sich in der Größenordnung von 4–5 Tagen bewegen. Auf einmal ändern sich durch die Verantwortung und die Karriere die Einstellungen bezüglich einer Firma und einem Produkt drastisch. Selbst wenn die emotionale Komponente (der Mitarbeiter wird Microsoft vielleicht immer noch nicht mögen) nach wie vor gleich bleibt, so überwiegen doch die berufliche Verantwortung und die daraus resultierenden Anforderungen an Produkte.

Einen wesentlichen Beitrag zur Generierung von Einstellungen haben alle Institutionen bzw. Firmen, die Fachthemen aufgreifen, verarbeiten und gewissermaßen mit ihren Aktivitäten Trends identifizieren und bewerten, Technologieführer oder Vordenker vorstellen und aktuelle Entwicklungen publizieren und damit die Scientific Community mit ihrer Sichtweise beeinflussen. Gerade Verbände wie beispielsweise der ZVEI, der VDMA, die DGQ haben durch die Möglichkeit der Bündelung von Interessen hervorragende Möglichkeiten, in einer Art positiver Rückkopplungsschleife nicht nur die Einstellungen zusammenzufassen, sondern auch zu verstärken und nachhaltig für eine gesamte Branche zu Papier zu bringen. Zusammenfassend zum Thema Einstellungen kann man sehr wohl emotionale wie rationale Komponenten feststellen, daher wird nicht jede Investitionsgüterentscheidung zu 100 Prozent sachlich getroffen, sondern sie schließen immer auch Gefühle mit ein. Gerade diese hierarchie- und fachspezifischen Emotionen sind ideale Verstärker für die entsprechenden Botschaften, werden jedoch im Regelfall nur ganz wenig genutzt.

Ein wiederum deutlicher Unterschied zu Konsumenten ergibt sich bei der Betrachtung der verfügbaren Ressourcen. Ein Konsument ist im Regelfall immer Herr seiner eigenen Ressourcen, dies hat er mit einem Eigentümerunternehmer gemeinsam. Ein Angestellter unterliegt im Regelfall hierarchie- und funktionsspezifischen Budgetrestriktionen. Gerade bei Großkonzernen ergeben sich unfreiwillig komische Konstellationen: Selbst wenn man in einer Abteilung oder in einer Gruppe die disziplinarische Verantwortung für viele Mitarbeiter hat, so bedeutet dies nicht automatisch, dass die Unterschriftsvollmacht über die Bestellung von Bleistiften hinausgeht. Daher ist in diesem Fall eine Differenzierung zwischen der Budgetvollmacht bzw. dem Entscheidungsrahmen und dem fachlichen Einfluss auf eine Entscheidung notwendig. Für den Marketer heißt dies nichts anderes, als er sich die Informationen einholen muss, wie die typische Rollenverteilung im Buying Center bei seiner Zielgruppe aussieht.

Welche Rolle spielt der Kontextbezug im Investitionsgütermarketing? Wie bereits geschildert, gehen viele Kommunikationsmaßnahmen im Poststapel oder im Tagesgeschäft unter. Daher ist es einerseits von großer Bedeutung, in diesem Umfeld auf den ersten Blick aufzufallen, andererseits, den Adressaten in den Situationen mit Informationen zu versorgen, in denen die Konzentration kontextbedingt höher ist, z.B. bei einer Messe.

Genauso wie bei Konsumenten gibt es aber auch den Einfluss des Sales Cycle. Manche Funktionen in einem Unternehmen, zum Beispiel Einkauf und Kalkulation, werden nur dann aktiv, wenn die spezifische Vorlaufzeit für die Vorbereitung der Entscheidung erreicht ist. Die fachlich orientierten Funktionen bleiben dagegen auch zwischen den Entscheidungen auf dem Laufenden.

Zwischenfazit:
Für tägliche Marketingarbeit heißt dies, dass bestimmte Botschaften, Informationen etc. nicht wahrgenommen werden, weil sie entweder nicht in das Raster der entsprechenden Rolle hineinpassen, im Kontext untergehen oder in der augenblicklichen Situation nicht relevant für den Adressaten sind. Daher ist es von ganz besonderer Bedeutung, dass fach- und hierarchiespezifische Verstärker aktiv eingesetzt werden, um Aufmerksamkeit zu erzeugen und die Kraft der Botschaften zu untermauern.

Die Einflussfaktoren Kultur und Gesellschaft sind bei Konsumenten und im BtB-Bereich identisch. Es gibt die gleichen kulturellen Stolpersteine sowie gesellschaftlichen Restriktionen zu beachten. In gleicher Weise wie bei Konsumenten gibt es auch Referenzgruppen und Peers in Form von Scientific Communities, Industrie- und Fachverbänden etc. Der Einfluss gerade auf die Einstellungen und damit auch auf das Interesse für Kommunikationsmaßnahmen wurde ebenfalls zuvor genau beschrieben. Die gleiche Rolle, die beispielsweise Popstars und Spitzensportler für die Konsumenten einnehmen, haben die Peers innerhalb jeder Berufsgruppe. Allerdings sind es hier entweder fachlich außerordentlich kompetente Spezialisten oder erfolgreiche Unternehmer. Gerade Erfolgsstorys oder Berichte von Referenzinstallationen werden oft in Kombination mit den genannten Personengruppen veröffentlicht. Beispielsweise finden sich in vielen Kommunikationsmaßnahmen der Firma SAP zur Eroberung des mittelständischen Segments Interviews und Statements von erfolgreichen mittelständischen Unternehmern, die ihre Beweggründe, abgeleitet aus der unternehmerischen Notwendigkeit, für die Entscheidung darlegen.[66] Mit der Verwendung dieser Peers ist die (berechtigte!) Hoffnung verbunden, dass Unternehmen aus der gleichen Branche mit ähnlichen Herausforderungen und Fragestellungen sich an deren Aussagen orientieren und sich mit den Lösungen der Firma näher beschäftigen.

4.4 Target Audience Profile 3: Verhaltensprofile der Zielgruppen als Verstärker für Botschaften

Es sind ziemlich viele Informationen, die in einer Marketingabteilung vorhanden sein sollten. Aber die vorangegangenen Ausführungen zeigten, dass die richtigen Informationen über die psychografischen Profile der Zielgruppe, richtig angewendet, als Verstärker für jede Werbemaßnahme herangezogen werden können. Daher lohnt es sich durchaus, einigen Aufwand mit der Erhebung dieser Daten zu betreiben.

Der wesentliche Vorteil aller Konsumgüterhersteller liegt darin, dass fast alle Informationen von Marktforschungsinstituten beschafft werden können. Dies verleitet aber auch dazu, dass man sich als Marketingverantwortlicher auf eine gefährlich komfortable Ruheposition zurückziehen kann. Denn oftmals sind gerade die entscheidenden Informationen nur auf Basis eigener Recherchen zu ermitteln. Der Ausgangspunkt von Investitionsgüterherstellern ist dagegen deutlich unkomfortabler. Da die meisten Marktforschungsinstitute kaum Interesse haben, für einen relativ kleinen, überschaubaren Markt in Vorleistung Marktforschung zu betreiben, muss ein großer Teil der wirklich interessanten Informationen über externe Partner erhoben oder eventuell die eine oder andere Bachelor-Arbeit vergeben werden.

In Tabelle 7 sind auf Basis der drei altbekannten Reifegradstufen Basic, Managed, Advanced die verschiedenen segment- und kulturspezifischen Variablen aufgelistet, die für einen bestimmten Reifegrad notwendig sind.

Tabelle 7 TAP 3: Psychografische Profile der Zielgruppen

Kunden-verhalten	Basic	Managed	Advanced
Segment-spezifische Charakte-ristika	*BtC:* Einstellungen, Interessen, Werte, Meinungen, Ressour-cenverwendung (Geld, Zeit, kognitiv), Lifestyle (Aktivitäten, Interessen, Meinun-gen), Sales Cycle etc. Low-/High-Involve-mentgüter, akzeptierte und glaubwürdige Peers, Idole, Helden, Testimonials, Persön-lichkeiten etc. *BtB:* Buying Center, Hierarchie- und fach-spezifische Einstellun-gen, Interessen, Werte, Normen, Ressourcen-verfügbarkeit, Sales Cycle, akzeptierte und glaubwürdige Referenzen, Peers, Idole, Testimonials, Persönlichkeiten etc., Preisvorstellungen bzw. -untergrenzen.	Einstellungen der Ziel-gruppen gegenüber Produkt, Leistung, Marke, Firma, getrennt nach kognitiven und affektiven Kompo-nenten. *BtC/BtB:* Motivationen, Archetypen, Traits, Lebens- und Karriere-motive, Erlebnisland-karte (z. B. Sigma-Milieus) der Ziel-gruppen. *Kundensicht:* (präfe-rierte) Selbstbilder, gewünschte Arche-typen bzw. Charakter-eigenschaften (Traits), Einstellungen der Kunden (affektive und kognitive Komponen-ten), Markenidentitä-ten der Konkurrenten.	Extrapolation der Ent-wicklung von Normen, Werten, Einstellungen etc. innerhalb der Ziel-gruppen. Zielgruppenspezifische visuelle, textliche und akustische Vorlieben und Animositäten, pro-dukt- und leistungs-spezifisch ermittelt. *BtB:* funktions- und hierarchiespezifische Motivationen, Ressour-cenverfügbarkeit.
Kulturelle Unter-schiede	Kulturspezifische Werte, Normen, Farben, Symbole, Artefakte etc. Religiöse Do's und Don'ts. Kulturspezifische Referenzen, Peers etc.	Kulturspezifische Sprachspiele, spezielle Produkt- und leis-tungsspezifische Aus-prägungen für die jeweilige Kultur.	Kulturspezifische visuelle, textliche und akustische Vorlieben und Animositäten, produkt- und leis-tungsspezifisch für die wichtigsten Märkte ermittelt.

4.5 Zusammenfassung: Von der Entdeckung innerer Verstärker

Mit den in Tabelle 7 genannten Informationen ist eine hervorragende Basis für den gesamten Gestaltungsprozess geschaffen worden. Mit die-sen Erkenntnissen kann man die Zielgruppe deutlich genauer erfassen und der „Blindflug im Zielgruppennebel" wurde gestrichen. Zusätzlich besteht nun die Möglichkeit, anhand ganz konkreter Auswertungen, Zahlen, Daten und Fakten zielstrebig die nächste Kampagne anzupacken.

Man hat als Kampagnenverantwortlicher deutlich bessere Chancen, eine erfolgreiche Werbung auf das Zielgruppenparkett zu legen, wenn klar ist, dass aufgrund der Werte, Normen und Meinungen der Zielgruppe ganz bestimmte Argumente auf ein offenes Ohr stoßen. Wenn man zusätzlich auch noch alle Informationen über bestimmte Bilder und Schlüsselwörter hat, dann ergibt sich die Werbung von alleine. Zusammengefasst noch einmal die wichtigsten Erfolgsfaktoren für die Gestaltung von verkaufsoptimierten BtC- und BtB-Werbungen:

- Wird in der Werbung ein stimulierendes, glaubwürdiges und für die Zielgruppe relevantes Selbstbild dargestellt, das entweder eine Identifikation oder ein Gefühl der Überlegenheit erzeugt?

- Wird in der Werbung eine stimulierende, glaubwürdige und für die Zielgruppe relevante Abweichung zwischen dem idealen und dem realen Selbstbild dargestellt, die die Argumentation des Nutzens (Distanz zwischen aktueller und gewünschter Situation) nachhaltig unterstreicht?

- Kann aus dem dargestellten Selbstbild direkt und ohne große geistige Anstrengung ein Wunsch, eine Vision oder ein Bedürfnis abgeleitet werden?

- Laufen die Einstellungen der adressierten Zielgruppe parallel oder quer zu den beabsichtigten Botschaften in der Werbung? Was muss getan werden, um die Einstellungen parallel zu den beabsichtigten Botschaften auszurichten?

- Wie stark sind die Einstellungen bei der adressierten Zielgruppe verankert bzw. wie leicht können sie geändert werden? Oder negativ formuliert: Gibt es eventuell in der Zielgruppe Einstellungen, die Argumentation und Botschaften der Werbung zunichte machen? Diese sollten zuerst verändert werden.

- Werden beide Komponenten (affektive und kognitive) von Einstellungen durch die entsprechende Gestaltung der Werbung adressiert?

- Welche wichtigen und starken Grundbedürfnisse/Grundmotivationen der Zielgruppe werden adressiert und verstärken die Nutzenargumentation, ohne dass diese stark über die Interpretation der Botschaften nachdenken muss? Werden diese starken und wichtigen Grundbedürfnisse direkt und ohne Umwege in Form von Sehnsüchten und Wünschen umgesetzt?

- Sind alle politischen, kulturellen, religiösen Stolpersteine/Verstärker (visuelle, verbale, geschriebene, gesprochene Elemente) für die globalen Zielgruppen identifiziert?

- Sind die relevanten Referenzgruppen und deren Peers für die globalen/lokalen Zielgruppen identifiziert und hinsichtlich ihrer Breitenwirkung, Stabilität und Attraktivität bewertet? Werden diese aktiv als Verstärker für die Argumentation eingesetzt?
- Sind die relevanten Referenzgruppen und ihre Peers trennscharf abgegrenzt und wurden sie hinsichtlich ihrer Imagewirkung auf die Marke und das Produkt für die globale Zielgruppe bewertet?
- Sind die Mechanismen der mehrstufigen Kommunikation (Lernen, Verstehen, soziale Relevanz) für die globale Zielgruppe klar identifiziert und in der Werbung verarbeitet?

4.6 Was man immer über die Zielgruppen wissen sollte: die klassischen Segmentierungsvariablen

Sie werden nun bei den gesamten Ausführungen eventuell die Daten vermisst haben, die gerne von Marketern zur Segmentierung ihrer Zielgruppen bzw. Adressaten verwendet werden. Damit die Darstellung aller Informationen vollständig ist, soll in Tabelle 8 eine kurze Auflistung derjenigen Informationen vorgestellt werden, die unabdingbare Voraussetzung für die tägliche Arbeit sind. Folgerichtig werden alle diese Informationen nur dem Status Basic zugeordnet.

Tabelle 8 TAP 0: Standarddaten der Zielgruppen

Informationen	Basic
BtC	Demografische/soziodemografische Daten (Alter, Geschlecht, Familienstand, Berufstätigkeit, Bildung, Haushaltsgröße, Kaufkraft etc.), geografische Daten (Adresse, Verteilung des Einkommens etc.)
BtB	Demografische Daten, geografische Daten, Unternehmensgrößen, Ansprechpartner in Unternehmen, Besonderheiten bei Kunden und Nichtkunden, Potenzial etc.

Teil II

Von der Marke bis zum Werbespruch – der Werkzeugkasten für den Marketingerfolg

"Every advertisement should be thought of as a contribution to the complex symbol which is the brand image."

David Ogilvy

Das einleitende Zitat des Altmeisters der Werbung, David Ogilvy, kann als Leitlinie für die gesamten Ausführungen in diesem Teil herangezogen werden. Was vielleicht auf den allerersten Blick wie ein Leitspruch für eine Präsentation aussieht, entpuppt sich auf den zweiten Blick als wichtigste Leitline für das Tagesgeschäft. In einem einzigen Satz werden die operativen und konkreten Tiefen der Werbung mit den geistigen Höhenflügen der Markenführung verknüpft. Jeder wird vielleicht jetzt nicken und feststellen, dies sei ja nichts Neues. Und doch geht diese Maxime ganz gerne in der Diskussion um eine Abbildung oder beim Feilen an Headlines, Texten oder Strukturen unter. Warum? Es fehlt an zwei Eckpunkten:

Eckpunkt 1: „Complex symbol which ist the brand." Hier widersprechen wir ausnahmsweise dem Altmeister. Eine Marke darf nicht komplex sein, sie sollte einfach und intuitiv von der Zielgruppe erfasst werden können. An dieser Ecke wird gerade in der Literatur, aber auch von allen Experten viel zu viel Komplexität erzeugt. Auf den folgenden Seiten steht daher die Stringenz und Einfachheit im Vordergrund.

Eckpunkt 2: Es fehlen ganz konkrete Vorgehensweisen zur Überleitung der Marke in ein verkaufsorientiertes und gleichzeitig effizientes Kommunikationsmanagement. Anders ausgedrückt: der „Rückenwind" einer starken Marke soll sich in jeder Kampagne, in jedem Medium ungebremst wiederfinden. Die wichtigsten Tools des Werkzeugkastens helfen dabei, ...

- ... eine Marke aufzubauen, die eine hohe Relevanz für die Zielgruppe hat und gleichzeitig von Anfang an verkaufsorientiert konstruiert wird.
- ... die Planung des Kommunikationsprogramms nicht nur als Instrumentarium zur Verteilung des Budgets zu nutzen, sondern auch zur zielgerichteten Umsetzung der verkaufsoptimierten Markenidentität heranzuziehen.
- ... die Früchte der Markenführung und des Programmmanagements in einem deutlich vereinfachten, verkaufsorientierten und hocheffizienten Kampagnenmanagement zu ernten.

5 Die Suche nach den richtigen Bausteinen für erfolgreiche Werbung oder die Schwierigkeit, das Wesentliche im Werbedschungel zu entdecken

Lassen Sie den ersten Teil Revue passieren, so werden Sie feststellen, dass gute, verkaufsoptimierte Werbung, die geschickt den Adressaten in die richtige Richtung lenkt, kein Hexenwerk ist. Man berücksichtigt das Informationsverhalten und gestaltet daher die Werbung einfach, prägnant und klar, würzt diese Rohkost mit den Zutaten Selbstbild und Motivationen, gibt noch einige starke, motivierende Faktoren hinzu und rundet das Ergebnis mit einem gehörigen Schuss Wunsch, Vision und starkem Bedürfnis ab. Alles irgendwie bekannt? Gewiss. Aber wenn es so einfach wäre, dann könnte man sich vor perfekter Werbung definitiv nicht mehr retten, und das Leben für alle Werbeagenturen bzw. Marketingverantwortlichen wäre deutlich härter. Die Realität sieht jedoch leider anders aus, wie viele Beispiele in diesem Teil zeigen werden. Damit stellt sich eine sehr wichtige Frage: Wo sind die Ursachen für dieses Dilemma zu suchen?

Sehen wir uns kurz die verschiedenen Bereiche der Marketingkommunikation an: Im Elfenbeinturm der Dichter und Denker werden begeistert die Erlebniswelten der Zielgruppen erforscht, im Schloss der Magier die Marke gezaubert und in der Weite der operativen Kampagnengestaltung werden Missing Links gesucht, Werbetexte optimiert, visuell kommuniziert und der eine oder andere Guerilla in den Web-Wald geschickt. Lauter verschiedene thematische Inseln, auf denen sich die jeweiligen Vertreter richtig wohl fühlen, eine komfortable, in sich abgeschlossene Landschaft, die keine Verbindungen oder Brücken aufweist.

Wenn man die Verknüpfungen zwischen der Kundenpsychologie und der Umsetzung in ganz konkrete Werbungen sucht, so stößt man auf die erste große Lücke: Auf einer Insel tummelt sich die Erkenntnis, wie Konsumenten funktionieren, und nicht die ganz konkrete Umsetzung der Erkenntnisse in die operative Werbung. Die Literatur über Werbung dagegen beschäftigt sich meist losgelöst von diesen psychologischen Grundlagen. Schnittmengen sucht man vergeblich. Die zweite große Lücke klafft zwischen der Markenführung und der operativen Kampagnengestaltung. Während sich sowohl die Theoretiker als auch die Praktiker darüber einig sind, dass eine Marke wichtig ist und sie sehr viel Zeit darauf verwenden, verschiedene Markenarchitekturen, identitätsbasierte Gestaltungsansätze und noch einiges mehr zu entwickeln, so findet sich doch kaum ein Hinweis auf die Umsetzung in konkrete Kampagnen. Die dritte Lücke klafft zwischen Markenführung und Kundenpsychologie. Hier gelten analog die Ausführungen zur ersten Lücke.

Je mehr man sich mit diesen Lücken beschäftigt, desto klarer wird das Dilemma des fehlenden Werkzeugkastens: Anstatt mit konkreten und strukturierten Vorgehensweisen Schritt für Schritt die Gestaltung, Planung und Realisierung von Werbemaßnahmen effizient zu erschließen, beherrschen isolierte Ansätze und gelegentlich auch Ratlosigkeit die Werbung. Das Ziel des zweiten Teils wird es sein, eine übersichtliche Anzahl von Tools, basierend auf den Erkenntnissen aus dem ersten Teil, bereitzustellen, mit denen das Tagesgeschäft nicht komplizierter wird, sondern einfacher.

Beginnen wir mit den vier wichtigsten Ergebnissen, die jede Werbung erzielen soll, konsequent formuliert aus der Perspektive der Zielgruppen:

- Die Werbung und alles, was die Marke tut, verstehe ich sehr leicht, merke ich mir ganz einfach und sende es an den Freundeskreis, weil ich es so toll finde *(Informationsverhalten!)*.
- Die Marke und das Produkt finde ich gut! Das Produkt/die Marke mag ich richtig gern. Für alle Investitionsgüterhersteller: Das Produkt/die Marke ist eine ideale Ergänzung zu meinem Geschäft *(Zielgruppencharakteristika!)*.
- Die Marke und das Produkt passen zu mir! Das Produkt/die Marke verkörpert genau das, was ich bin oder vielleicht auch sein möchte *(Zielgruppencharakteristika!)*.
- Genau das will ich haben! Das Produkt erfüllt meine Bedürfnisse, löst meine Probleme und ist genau das, was ich schon immer gesucht habe *(Kaufprozess!)*.

So weit so gut. Lässt man die Ergebnisse aus dem allerersten Teil Revue passieren, so werden diese vier Ergebnisse einerseits durch die Bereitstellung der Zielgruppen-Informationen (TAPs 0 bis 3) ermöglicht, andererseits durch deren Verwendung in der Werbung realisiert. In Form von vier Aufgabenstellungen zusammengefasst liest sich das wie folgt:

1. **Kaufintention geschickt aufbauen und im Sinne des eigenen Produktes bzw. der Leistung lenken:** Herstellen einer bewusst empfundenen und starken Unzufriedenheit mit einer aktuellen Situation durch Aufbau, Entwicklung, Verstärkung eines gewünschten Zustandes und/oder durch die Entwicklung eines Problembewusstseins; Senken der Handlungsschwelle und Abschwächen von Handlungsalternativen, Priorisierung des eigenen Angebots.

2. **Zielgruppenspezifische Verstärkung der Argumente:** Einbau und Verwendung der zielgruppenspezifischen Verstärker wie Persönlichkeit, Selbstbild, Motivation, Einstellungen, Ressourcen etc., die für die Entwicklung einer starken Handlungsintention/ Kaufabsicht dienen. Selbstverständlich sollen hier nicht alle individuellen Unterschiede verarbeitet werden, sondern nur die in Kapitel 4 beschriebenen Schwerpunkte der jeweiligen Adressatengruppe, zum Beispiel die Sehnsucht nach Reichtum beim konsum-materialistischen Milieu.

3. **Lenkung der Encodierung, Verarbeitung und Speicherung von Werbeinformationen:** Herstellen der Konzentration und Aufmerksamkeit, leicht verständliche Aussagen, einfach zu merken und so interessant, dass die Botschaften der Umwelt weitergegeben werden. Wesentliches Ziel ist einerseits der Anstoß von bewussten und unbewussten Entscheidungsprozessen bei der Zielgruppe, andererseits die Vorbereitung von zukünftigen Entscheidungsprozessen bzw. Kaufverhandlungen.

4. **Lenkung der langfristigen Wahrnehmung und Bewertung:** Jede Werbemaßnahme kann weder zeitlich noch inhaltlich für sich isoliert gesehen werden, sondern ist immer in einen sozialen, kulturellen, situationsspezifischen Kontext eingebunden. Daher sind der Aufbau und die Pflege eines assoziativen Netzwerkes sehr wichtig. Wichtigstes Ziel muss es sein, eine nachhaltige, trennscharfe und von der Konkurrenz und dem Umfeld deutlich unterscheidbare subjektive Wahrnehmung des Objektes zu schaffen. Ziel ist neben der Vereinfachung der Informationsverarbeitung in der aktuellen Situation auch die bewusste und gezielte Lenkung der Wahrnehmung des Images einer Marke/eines Produktes.

Der nächste logische Schritt ist die Zuordnung dieser vier Hauptaufgaben zu Funktionen im eigenen Unternehmen, dann ist man der Umsetzung schon einen großen Schritt näher. Beginnt man mit der letzten Aufgabe, so liegt es nahe, eine Funktion zu etablieren, die – langfristig orientiert – deutlich über die klassische Aufgabe der Definition eines Corporate

Layouts oder einer Corporate Identity/eines Corporate Designs hinausgeht. Denn nur durch die Tatsache, dass ein einheitlicher Auftritt entwickelt wurde, ändert sich definitiv weder die Einstellung der Zielgruppe zur Marke noch zum Unternehmen. Mit dieser Vorgabefunktion ist man mitten in der Diskussion zum Thema Markenführung. Damit wird auch die dritte Aufgabe, die Lenkung der Encodierung, Verarbeitung und Speicherung von Werbeinformationen, gleich mit beeinflusst. Welche Aufgaben könnten unter diesem Themenbereich subsumiert werden? Der Part dieser Funktion besteht darin, langfristig in die Zukunft (Informationsbasis) zu sehen und die geeigneten Rahmenbedingungen zu schaffen (gestalterisch-kreative Aktivitäten), damit jeder Kampagnenmanager eine ideale Basis hat, auf die er aufsetzen kann. Dies kann man auch als Identität einer Firma oder einer Marke bezeichnen. Ich werde im nächsten Abschnitt näher darauf eingehen. Zieht man einen Vergleich mit einer natürlichen Person heran, so ist das, was diese sagt und behauptet, in gewisser Weise immer ein Aspekt ihrer Persönlichkeit. Diese unverkennbare Identität zu entwickeln und in Form von Vorgaben, Leitlinien und Rahmenkonzepten umzusetzen, ist Aufgabe der Markenführung. Damit hat man gleichzeitig die langfristigen Aspekte des Einsatzes von Verstärkern integriert.

Springt man nun zu den anderen Aufgaben zurück und betrachtet diese aus einer etwas operativeren Perspektive, so kann man die Generierung und Lenkung von Kaufintentionen, den konkreten Einsatz von Verstärkern in der Werbung und der eher kurzfristigen Lenkung der Informationsverarbeitung eindeutig der eigentlichen Kampagnenarbeit zuordnen. Hier stehen die geschickte Formulierung der Eigenschaften einer Leistung im Vordergrund, erreicht durch eine kreativ-gestalterische Intelligenz und auch durch eine geschickte Kombination von Medien. Alles dies auf Basis aller Informationen, die dem Kampagnenmanager zur Verfügung stehen.

Als letzter wichtiger Aufgabenbereich bleibt nun die Verbindung zwischen den langfristigen und den kurzfristigen Aktivitäten übrig. In diesem Fall bietet sich auch wieder etwas Altbekanntes an, die Programmplanung. Die Aufgabenbereiche bestehen einerseits ganz klassisch in der Planung der Budgets und Zeiträume, aber auch in der Überleitung der Markenführung in ganz konkrete Kampagnen. Das beinhaltet im Wesentlichen die Koordination, den Abgleich und die Integration sowohl der langfristigen Perspektive der Markenführung als auch der kurzfristigen Aspekte der Kampagnenrealisierung. In Bild 15 ist dieser Zusammenhang noch einmal schematisch dargestellt.

Was hat aber dies alles mit der Effizienzsteigerung der Werbung zu tun? Bislang war nur die Rede von rein inhaltlichen Bausteinen, die sowohl die Qualität der Kommunikationsmaßnahme deutlich verbessern können, als auch mit großer Wahrscheinlichkeit mehr verkaufen werden. Kann man durch eine geschickte Gestaltung der Werbung wirklich deren Effizienz erhöhen? Diese Frage kann eindeutig mit Ja beantwortet werden, allerdings bekommt die Markenführung als Vorgabefunktion eine deutlich gewichtigere Rolle.

Um dies genauer zu erläutern, sei ein kurzer Ausflug in die Arbeitsweise eines eher unprofessionellen Unternehmens erlaubt. Dieses hat, genauso wie viele andere, ein Corporate-Design-Handbuch mit über 200 Seiten, das jedem Kampagnenmanager erleichtern soll, seine Aufgaben zu erfüllen. Darüber hinaus gibt es selbstverständlich auch eine diffuse Definition des Markenkerns. Mehr nicht! Bei jeder neuen Kampagne und bei jeder neuen Werbemaßnahme müssen sich die Verantwortlichen nun immer wieder zusammenraufen, um ein brauchbares Ergebnis zu erreichen. Dies hat mehrere Gründe. Wenn die Markenführung nicht konkrete, umsetzungsrelevante Vorgaben bereitstellt, so muss die Umsetzung des Markenkerns, wenn sie überhaupt in Betracht gezogen wird, mühsam immer wieder neu definiert und adaptiert werden. Gibt es keine

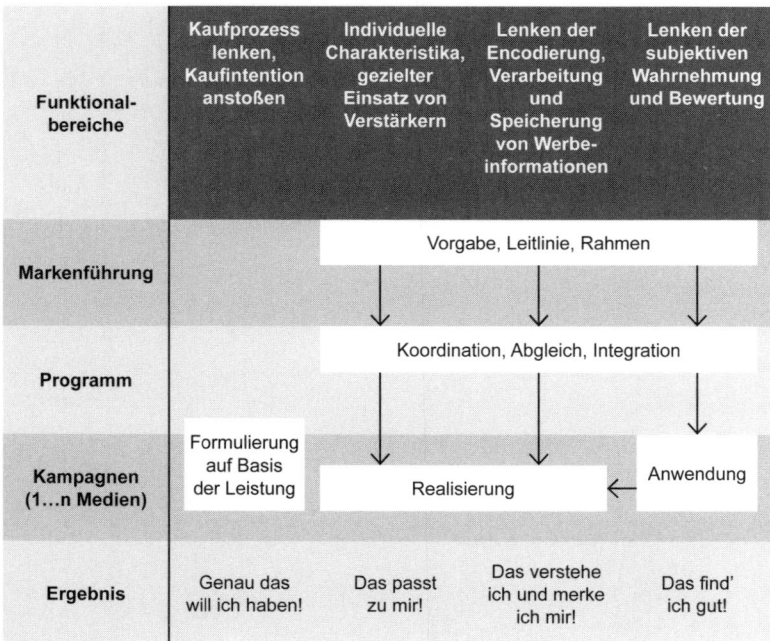

Bild 15 Zuordnung der verschiedenen Aufgabenbereiche einer Werbung zu den inhaltlichen Funktionen in jedem Marketingbereich

Vorgaben, welche Grundaussagen eingebaut werden sollen, welche Tonalität alle Werbemaßnahmen der Firma haben sollen etc., so ergeben sich viele Diskussionen, viele Meetings und unter dem Strich auch viel verschwendete Zeit. Obendrein ist das Ergebnis meist ein fauler Kompromiss, der keinem so richtig gefällt.

Dann wird es Zeit, sich ein anderes Szenario zu überlegen. Eines, das die erfolgreichen, starken Marken schon lange vorleben. Ein Best-Practice-Ansatz also. Hier gibt es rigide, strenge Vorgaben, wie alle Kommunikationsmaßnahmen auszusehen haben. Was sich auf den ersten Blick wie eine Einschränkung der Kreativität anhört, ist jedoch eine immens wichtige Maßnahme, um sich auf das Wesentliche zu konzentrieren. Eine ideale Ausgangssituation für die Werbeagentur, denn sie kann sich darauf verlassen, dass die neue Werbung aus Sicht der Gestaltung genauso ausschaut wie die anderen davor. Genauso optimal für die Kampagnenmanager, denn sie sollen sich nicht damit beschäftigen, welche Bilder verwendet oder wie der Markenkern umgesetzt werden soll. Sie sollen sich idealerweise darauf konzentrieren, welche Argumente den Kunden nachhaltig überzeugen. Das Grundprinzip, das hinter diesen beiden Beispielen steckt: Man steckt einmalig einigen Aufwand in die Definition der Marke (inklusive Vorgaben zu deren Umsetzung) und ist dann in der Lage, Kampagnen schnell und effizient durchzuziehen.

Und wie funktioniert das? Die Kunst liegt darin, die richtigen Vorgaben zu entwickeln, diese richtig zu pflegen und bei Veränderungen der Zielgruppen zu adaptieren. Erst dann kann man ein immenses Produktivitätspotenzial realisieren, gleichzeitig besser verkaufen und eine starke Marke aufbauen. Welche Aufgaben genau dahinter stecken, wie genau die einzelnen Schritte zur Realisierung dieses Effizienzpotenzials aussehen, steht im Fokus der nächsten drei großen Kapitel.

6 Markenführung – die Antwort auf die Frage: „Warum soll ich bei dir kaufen?"

Die Marke: Jedes Unternehmen sollte mindestens eine haben oder vielleicht sogar eine sein. Wenn man sie entsprechend hegt und pflegt, ist sie ein immerwährender Quell von Profit und Wohlstand. In der Vergangenheit erfreuten sich Theorien und praktische Leitfäden über Markenführung einer ständig wachsenden Beliebtheit. Aber zu Beginn der gesamten Diskussion sei eine Gretchenfrage erlaubt: Was ist nun eigentlich eine Marke? Oder noch besser: Wenn man es richtig macht, was kann eine Marke alles leisten?

6.1 Was ist eigentlich eine Marke? Jenseits der CI – Überlegungen zu versteckten und offenen Schätzen

Vertieft man sich in die einschlägige Literatur, so profiliert sich jeder Autor mit einer etwas anderen Definition.[67] Die Spannweite reicht einerseits von der reinen Markierungsfunktion in Verbindung mit einem einheitlichen Design über die Verankerung einer Identität in den Köpfen der Zielgruppen bis hin zur Differenzierung gegenüber dem Wettbewerb. Ohne in einen theoretischen Grabenkrieg einzusteigen, soll der Begriff der Marke kurz von verschiedenen Seiten beleuchtet werden mit der eindeutigen Zielsetzung, die richtigen und wichtigen Einflussfaktoren bei der Markengestaltung herauszufinden.

6.1.1 Die Marke als Schema zur Informationsverarbeitung

Auf der Webseite der Automobilzeitschrift „Auto Motor und Sport" findet sich eine interessante Auswertung einer Online-Umfrage des Magazins zu Automarken: „Neben der Bekanntheit und der korrekten Zuordnung gaben die Teilnehmer der Online-Befragung auch Auskunft über die inhaltliche Bedeutung bzw. Verständlichkeit der Automarken-Claims.

Die beiden Usergruppen konnten aus 15 verschiedenen Merkmalen diejenigen auswählen und zuordnen, die sie mit dem jeweiligen Marken-Claim in Verbindung bringen. So wird beispielsweise der Marken-Claim von Audi („Vorsprung durch Technik") bei den Usern von auto-motor-und-sport.de zuallererst mit „(wegweisende) Technik" (91 Prozent), „Kraft/Leistung" (56 Prozent) und „Qualität" (53 Prozent) assoziiert. Mit „Freude am Fahren" von BMW verbinden die User von auto-motor-sport. de am häufigsten „Sportlichkeit" (77 Prozent), dicht gefolgt von „Kraft/Leistung" (76 Prozent) und „(wegweisende) Technik" (64 Prozent). Toyota's Marken-Claim „Nichts ist unmöglich" verbinden die beiden Vergleichszielgruppen am häufigsten mit „(wegweisende) Technik" (auto-motor-und-sport.de: 49 Prozent, dat.de: 54 Prozent). 36 Prozent der User von auto-motor-und-sport.de und 30 Prozent der User von dat.de verbinden mit dem Claim „ein attraktives Preis-Leistungsverhältnis".[68]

Sehr interessant bei dieser Auswertung der Zeitschrift ist die Tatsache, dass Kraft/Leistung deutlich eher der Marke BMW zugeschrieben wird und weniger der Marke Audi. Übertragen auf die Relevanz der Marke und die Motivation, die hinter der Kaufentscheidung steht, liegt die Vermutung nahe, dass immer noch relativ viele Kunden – trotz der Bemühungen von Audi über die letzten 30 Jahre hinweg – BMW als relevanter hinsichtlich der Erfüllung ihrer Vorstellungen von einem sportlichen Auto erachten.

Dieses Beispiel zeigt sehr gut, welche Informationen und Assoziationen sich langfristig im Gedächtnis der Zielgruppen festsetzen und wie schwer diese zu ändern sind. Vor dem Hintergrund der Informationsverarbeitung könnte man daher eine Marke profan als ein subjektives Schema einer Zielgruppe bezeichnen,[69] gewissermaßen als Leuchtturm und Orientierungshilfe in der heutigen Informationsflut. Demnach ist sie nichts anderes als ein Bündel von Assoziationen, Bildern und Informationen, die mit bestimmten Bedeutungen für das einzelne Individuum versehen werden, ein definierter Satz von Verbindungen und Knoten im assoziativen Netzwerk der Zielgruppe. Oder in einfachen Worten: eine Marke ist, was die Adressaten aus den Botschaften machen, die sowohl vom Unternehmen gesendet als auch vom sozialen Umfeld produziert, verändert oder transportiert werden.

Somit kann das Markenimage, das sich im Zeitverlauf manifestiert, in beeinflussbare und nicht beeinflussbare Komponenten aufgeteilt werden. Unfreiwillig lieferte P&G im Sommer 2010 ein Beispiel für die Wirkung von gewollten und ungewollten Einflussfaktoren auf die Marke, die zum Gesamtbild von Pampers beitragen. In diesem Zeitraum hatte die Firma ein großes Problem mit einer internetbasierten Community, deren Mitglieder behaupteten, dass eine neue Pampers-Windel mit der „Dry

Max"-Funktionalität Hautausschläge verursachen würde.[70] Nachdem diese Community mehr als 10.000 Mitglieder zählte, war sie in der Lage, so konzentriert negative Publicity zu produzieren, dass die Auswirkungen sogar in deutschen Tageszeitungen zu lesen waren.[71] Nach dem Sommer 2010 stimmte also garantiert das gewollte Eigenbild der Marke Pampers nicht mit dem Fremdbild überein. Halten wir also kurz fest:

- Aus der Sicht des Urhebers oder Senders ist eine Marke eine Menge von visuellen, akustischen, gesprochenen und textlichen Informationen, die in einer bestimmten Struktur angeordnet sind und bei den Adressaten zu einer bestimmten, (positiven) Einstellung gegenüber einer Leistung oder eine Menge von Leistungen führen sollen.

- Aus der Sicht des Empfängers ist es eine Menge von visuellen, akustischen, gesprochenen und textlichen Informationen, die in einer bestimmten Struktur angeordnet sind und mehr oder weniger vollständig verarbeitet werden und zu einer subjektiven Verdichtung in Form von Einstellungen gegenüber der Leistung führen können. Unzählige Störeinflüsse können die Verarbeitung beeinträchtigen, verzerren oder gar vollständig unmöglich machen.

- Aus der Sicht einer Zielgruppe als soziale Gesamtheit sind es die gemeinsam verarbeiteten und innerhalb der Zielgruppe bestätigten, weitergeleiteten (oder auch nicht) visuellen, akustischen, gesprochenen und textlichen Informationen, die unter Umständen mit einer vollkommen neuen Struktur versehen werden, eine subjektive Bewertung bekommen und damit auch eine gewisse soziale Relevanz erhalten.

> Was bedeutet dies nun für die Konstruktion von Marken? Je leichter man es der Zielgruppe macht, bestimmte Assoziationen aufzubauen, zu pflegen und zu verstärken, desto eher wird sich auch in einer Gemeinschaft ein Image aufbauen, das der Absicht des Unternehmens entgegenkommt. Idealerweise konkretisieren sich daher die Überlegungen zur Konzeption der Markenidentität in Form von beabsichtigten Schemata. Diese können aus Bildern, Tönen, geschriebenen oder gesprochenen Texten und Gegenständen bestehen. Je stärker dieses Image ist, desto eher beeinflusst es das Kaufverhalten der Zielgruppe.

Einfaches Beispiel: Mit der Marke Media Markt sind fast untrennbar der Claim „Ich bin doch nicht blöd", die Farbe Rot und die charakteristische Struktur der Prospekte, die typischen Pfeilformen etc. verbunden. Ein eigenes, stabiles, assoziatives Netzwerk ist im Laufe der Jahre entstanden, und wer in einer Filiale etwas kauft, ist nicht blöd.

6.1.2 Die Marke als Mischung aus Identität, Leistungen und Produkten

Nachdem Informationen, Botschaften etc. nicht aus dem leeren Raum heraus entstehen, und es auch keinen Marken-Urknall bei jedem Unternehmen in der Marketingabteilung gibt, steckt dahinter immer eine lenkende oder leitende Struktur. Im Verlaufe der letzten Jahre rückte immer mehr der Begriff der Identität als sinnstiftendes Element in den Vordergrund der theoretischen und praktischen Diskussion. Dabei unterscheidet David Aaker zwischen der Kernidentität und der erweiterten Markenidentität: „The core Identity represents the timeless essence of the brand. It is the center that remains after you peel away the layers of an onion or the leaves of an artichoke."[72] „The extended identity includes elements that provide texture and completeness. It fills in the picture, adding details that help portray what the brand stands for. Important elements of the brand's marketing program that have become or should become visible associations can be included."[73]

Aaker hebt trotz dieser ganzheitlichen Definition hervor, dass die Produkteigenschaften nicht mit den Markeneigenschaften gleichgesetzt werden sollen (Product-Attribute Fixation Trap).

Würde man diese Grundgedanken auf Menschen übertragen, so würde das bedeuten, dass man die rein körperlichen Merkmale eines Individuums zur Beschreibung von dessen Identität heranziehen würde, zum Beispiel „großer Mensch mit langen Haaren und heller Hautfarbe". Dies ist aber deutlich zu kurz gegriffen. Die Identität ist deutlich mehr als die rein körperlichen Eigenschaften, sie ist die Summe aus persönlichen Charaktereigenschaften, äußeren wie inneren Werten etc. Genauso wie in einem realen sozialen Umfeld verbindet jeder Mensch mit anderen Mitmenschen bestimmte Assoziationen. In diesem Fall gibt es auch ein Eigenbild (Marken-Identität) und ein Fremdbild (Marken-Image). Und auch wie bei natürlichen Personen kann teilweise die Wahrnehmung vom sozialen Umfeld durch ein konsistentes Verhalten und einen persönlichen Kommunikationsstil beeinflusst werden. Darüber hinaus gibt es selbstverständlich auch Eigenschaften, die sich der persönlichen Beeinflussung entziehen. In diesem Fall bildet sich das soziale Umfeld selbst eine Meinung von der jeweiligen Persönlichkeit. Ein Beispiel haben wir schon kennengelernt, die negativen Auswirkungen der Facebook-Pampers-Communitys.

Die Gemeinsamkeiten gehen sogar so weit, dass von einer Corporate Identity oder einem Corporate Design gesprochen werden kann. Jeder Mensch versucht, durch die Art und Weise wie er sich kleidet, welche Gegenstände er besitzt, welches Auto er fährt etc., einen mehr oder weniger beabsichtigten Eindruck in seiner Umwelt zu hinterlassen. Bei vielen Unternehmen bewegt sich die Umsetzung der Markenidentität selbstverständlich in einem anderen Rahmen, aber im Grunde genommen ist das Resultat dasselbe. Beispielsweise führte der Designwechsel bei der BMW AG (Baureihe E65) bei vielen Kunden zur Verwunderung, da die etwas kantige Heckpartie nicht so gut zu dem vorher gepflegten sportlichen Charakter der Marke passen wollte. Im übertragenen Sinne hat sich der Automobilhersteller ein anderes äußeres Erscheinungsbild gegeben und hat damit natürlich auch seine Identität geändert.

Die Persönlichkeit oder die Identität eines Menschen hat aber noch eine weitere wichtige Komponente: Was kann die Person? In diesem Fall sind eher die kognitiven Fähigkeiten gemeint, zum Beispiel grobmotorische Fertigkeiten, Intelligenz, Wissen etc. Auch hier gibt es wieder eine Entsprechung zur Markenidentität eines Unternehmens. Die oben angesprochene Basis einer Marke, das Leistungsspektrum, deckt genau diesen Aspekt ab. Jedes Unternehmen sieht sich mit Fragen nach der Leistungsfähigkeit, des unmittelbaren Vorteils für den Kunden etc. konfrontiert. Und in ähnlicher Weise, wie eine Person beurteilt wird, wird auch das Leistungsspektrum eines Unternehmens als Basis für eine Kaufentscheidung beurteilt.

Aber Vorsicht, beide Komponenten einer Identität gehören zusammen, man kann sie nicht losgelöst voneinander gestalten und entwickeln. Ohne eine leistungsfähige Basis sind alle Überlegungen hinsichtlich einer Emotionalisierung einer Marke eine sinnlose Fingerübung. Überträgt man diese Fragestellung wiederum auf eine ganz alltägliche Situation, so lässt sich diese Beziehung in einfachen Worten formulieren: Was nützt der netteste Charakter, wenn ein Kollege, Partner, Bekannter nichts kann, einen vollkommen chaotischen Arbeitsstil hat und ungeplant durch die Welt stolpert?

Kurz zusammengefasst:

Wenn man aus Sicht der Zielgruppe die Marke so aufbaut, dass sie die Fragen „was kannst du, das ich will?" und auch „mag ich dich?" im Sinne deren Erlebnis- und Wahrnehmungswelten beantwortet, so hat man einen sehr wichtigen Schritt zur Beeinflussung des Kaufverhaltens getan.

6.1.3 Die Marke als Träger eines erstrebenswerten Selbstbildes

Mit den Überlegungen zur Identität taucht relativ schnell der Begriff des Identifikationspotenzials auf. Wie kann eine Marke als Projektionsfläche für eine bestimmte Zielgruppe dienen bzw. welche Voraussetzungen müssen erfüllt sein? Einen interessanten Einblick in das Kundenverhalten erlauben die Hersteller von Kosmetika. Sieht man sich die Werbung der Marke Dove genauer an, so wird man feststellen, dass diese nicht auf das unerreichbare, divenhafte Schönheitsideal anderer Marken abhebt, deren makellose Perfektion nahezu einen Affront für die Durchschnittsfrau darstellt. Nein, vielmehr werden ganz gewöhnliche Frauen gezeigt, die das eine oder andere Fettpölsterchen, die nicht so perfekt schlanken Beine haben und vielleicht auch den einen oder anderen Hinweis auf einen deutlich sichtbaren Alterungsprozess zeigen. Der ideale Nährboden für Glaubwürdigkeit, überragenden Erfolg und hohe Umsatzzahlen? Ja, denn Unilever konnte beachtliche Marktanteile für die Kosmetikmarke erreichen. Dagegen sind Marken wie beispielsweise Vichy, L'Oréal, Maybelline Jade etc. eher als Projektionsflächen für die Frauen gedacht, die dem makellosen Schönheitsideal nacheifern. Die Ausführungen weisen auf zwei vollkommen verschiedene Konstruktionsmöglichkeiten einer Markenidentität hin:

> Eine Marke ist sehr erfolgreich, wenn sie die gefühlte Distanz zwischen dem realen Selbstbild der Zielgruppe und dem idealen Selbstbild (repräsentiert durch die Markenidentität!) richtig dimensioniert.

Je nach Produkt/Leistung und Zielgruppe kann man die gefühlte Distanz als Herausforderung gestalten (gerade in der Sportindustrie bietet sich dies an), es funktioniert aber auch durch die Ausrichtung auf Augenhöhe (geringe Distanz zwischen dem realen Selbstbild der Zielgruppe und dem idealen Selbstbild, repräsentiert durch die Markenidentität). In letzterem Fall hängt es stark davon ab, welches Segment der Zielgruppe adressiert werden soll. Überspitzt formuliert wird im einen Fall der Adressatenkreis adressiert, der mit dem zufrieden ist, was er hat, im anderen Fall sind es Individuen, die offen oder insgeheim davon träumen, etwas Besseres zu werden oder zu sein, es vielleicht auch schon sind.

Auf den ersten Blick erscheint diese Betrachtungsweise sehr stark konsumgüter-lastig, aber bei näherem Hinsehen finden sich auch einige Grundzüge im BtB-Umfeld wieder. Auch bei Investitionsgüterentscheidungen spielen erreichbare und unerreichbare Wünsche eine große Rolle, z. B. eine Optimierung der eigenen Fertigung, eine Erhöhung des globalen Marktanteils etc., ein treibender Faktor für die eigene Karriere oder die Entwicklung des Unternehmens. Allerdings werden diese Aspekte eher selten thematisiert, vielmehr konzentrieren sich die Hersteller in erster Linie auf die Aufbereitung ihrer Produktfeatures. Vor allem Personalberatungen, Übersetzungsbüros und Anbieter interkultureller Trainings adressieren mehr oder weniger direkt den Beitrag zum persönlichen Erfolg des Unternehmers in ihrem Markenkern. Es scheint fast so, dass es in den verschiedenen Investitionsgütermärkten nahezu unanständig ist, Entscheidungsträger persönlich zu adressieren. Ein hohes Potenzial, das unangetastet schlummert.

6.1.4 Die Marke als Träger für Mehrwert und Profitabilität

Es ist klar, dass sich die Markenidentität einer Firma von der Identität eines Menschen auch insofern unterscheidet, da sie ihren Zweck und ihre Daseinsberechtigung vor allem in der Generierung von Mehrwert aus Sicht der Zielgruppen hat. Aus Unternehmenssicht bedeutet dies nichts anderes, als dass eine Marke mit einem höheren Wert auch profitabler sein kann. Der bekannte Managementautor Michael Porter[74] postuliert, dass eine Kaufentscheidung dann gefällt wird, wenn der Kunde darin einen höher wahrgenommenen, subjektiven Wert (Percieved Value) im Vergleich zu anderen Alternative sieht. Dies kann auf der einen Seite ein eindeutig messbarer Vorteil sein, zum Beispiel eine höhere Qualität (gemessen in Ausfallhäufigkeit, Lebensdauer in Jahren etc.) oder auch in Form eines Imagegewinns, mit dem der Käufer sein eigenes Image aufpoliert.

Gerade in technisch orientierten Unternehmen wird man sehr oft die Einstellung finden, dass sich ein (technisch) tolles Produkt garantiert von alleine verkauft und das „bisschen Werbung" nur ein kosmetisches Add-on für den Verkaufserfolg ist. Den besten Gegenbeweis hat in den letzten Jahren (unabsichtlich?) die Firma Opel angetreten: Die aktuelle Produktpalette ist hinsichtlich des Designs und der Technik auf aktuellem Stand, aber durch das kraftlose Markenimage schafft es die Marke nicht, ihre Autos profitabel zu verkaufen.

Nun könnte man einwenden, dass solche Mechanismen nur bei den Herstellern von Konsumgütern funktionieren, da diese deutlich mehr Möglichkeiten haben, mit den Emotionen der Kunden zu spielen. Aber wie bereits im Teil I dieses Buches angesprochen, gibt es auch emotionale Komponenten bei Investitionsgüterentscheidungen. Warum traut man einem Konzern wie Microsoft mehr zu als einer Start-up-Firma um die Ecke, die ihren Geschäftsbetrieb vor einem halben Jahr aufgebaut hat?

Um mit Aaker zu sprechen: Die „Timeless Essence" ist in diesem Fall das Vertrauen in die Innovationsfähigkeit und die langfristig orientierte Produktprogrammplanung des Softwarekonzerns mit dem deutlichen Vorteil der Investitionssicherheit.

Oder warum ist man bereit, z. B. bei Bohrhämmern für eine Hilti mehr zu zahlen als für eine Makita? Beide könnten ja das gleiche technische Innenleben haben? Auch hier besteht die „Timeless Essence" aus der Qualitätswahrnehmung, dem Nimbus der Marke und damit auch aus dem unnachahmlich tollen Gefühl, ein Produkt der Firma Hilti in der Hand zu halten. Diese Überlegungen bestärken die bereits oben angesprochene Logik der Markenführung: Das Produkt bzw. die Leistung ist eine unverzichtbare Basis einer Marke, darf aber auf keinen Fall im Mittelpunkt der Definition einer Identität stehen.

Wo ordnen sich aber nun Marken wie Aldi, Lidl etc. ein? Für Porter ist die Strategie der Kostenführerschaft der logische Kontrapunkt zur Differenzierungsstrategie. Sie versuchen definitiv nicht wie die Premiummarken, eine hohe Relevanz und Bedeutung für den Kunden über den Mehrwert zu erreichen, sondern eher eine durchaus typisch deutsche Mentalität zu adressieren: das Gefühl, intelligent und mit einem guten Preis-Leistungs-Verhältnis eingekauft zu haben. Der typische Schnäppchenjäger erfährt damit eine Bestätigung seines Handelns und ist gleichzeitig zufrieden mit seiner Entscheidung.

Kurz zusammengefasst:
Jede Marke sollte aktuellen wie potenziellen Kunden einen hohen Mehrwert bieten. Dieser kann sowohl konkret durch Produkte und Leistungen, als auch durch eher abstrakte Werte, Imagegewinne etc. erworben werden.

6.1.5 Die Marke als Träger einer Kundenbeziehung

Es ergibt sich fast zwingend, dass sich zwischen einer Marke und einem Käufer auch eine Beziehung etabliert (Aakers Brand-Customer-Relationships[75]). Der darin liegende entscheidende Aspekt der Markenführung fußt auf einem ganz konkreten Hintergedanken: Wenn eine Marke es schafft, diese Beziehung langfristig aufzubauen und somit eine große Anzahl Stammkunden zu generieren, dann kann sie auch profitabler operieren. Gleichzeitig besteht bei einer hohen Loyalität der Zielgruppe auch die Bereitschaft, den einen oder anderen Fehler zu verzeihen oder galant über einige nicht so schöne Angelegenheiten hinwegzusehen. Ein schönes Beispiel zur Verdeutlichung ist wieder die Firma Apple. Bei dieser Firma stört es kaum einen Konsumenten, dass sie mit der Plattform iTunes circa 70 Prozent aller weltweiten legalen Musik-Downloads abdeckt und damit ein Monopolist ist, in ähnlicher Weise wie Microsoft. Dieser Softwarekonzern wird dagegen regelmäßig geprügelt und sehr argwöhnisch begutachtet. Gibt es eine Erklärung dafür? Viele Kunden haben vielleicht das Gefühl, keine andere Wahl bei der Verwendung von Betriebssystemen und Officeprogrammen zu haben (ist auf den meisten Rechnern bereits vorinstalliert und außerdem muss ich als Nutzer alles von Microsoft benutzen, da der Rest der Welt Microsoft Office benutzt) und sie fühlen sich damit in gewisser Weise ausgeliefert. Dagegen wird die Entscheidung für ein iPad, iPhone oder einen iPod vermeintlich ganz aus eigenen Stücken und freiwillig getroffen, die Kunden drängen sich förmlich danach, in der Schlange zu stehen und mit hunderten anderen Menschen die neuesten Produkte zu erwerben.

Kurz zusammengefasst:
Besitzt eine Marke ein hohes Basispotenzial (Träger eines idealen Selbstbildes, hoher Mehrwert), so besteht die Möglichkeit einer langfristigen, stabilen Loyalität der Kunden durch den Aufbau einer echten Beziehung.

6.1.6 Die Marke als Träger einer Verkäufer-Käufer-Beziehung

So weit, so gut. Aber wir wollen uns mit Verkauf und Verkaufsorientierung in der Werbung beschäftigen. Daher darf auf keinen Fall ein wirklich wichtiger Aspekt fehlen: die Rolle der Marke als Träger einer Verkäufer-Käufer-Beziehung. Fernab jeglicher Gefühlsduselei und emotionaler Sackgassen ist dies die knallharte Beantwortung der eingangs gestellten Frage, die jeder Kunde irgendwann im Verlaufe seiner Kaufentscheidungen trifft: „Who am I going to allow to fix what's bothering me?"

Wie hängt diese Rolle einer Marke mit den schon diskutierten Aspekten zusammen? Beginnen wir mit der Art der Beziehung. Während bei Investitionsgüterherstellern eher ein geschäftliches Miteinander in verschiedenen Facetten vorherrscht, so sind bei Konsumgütern alle Spielarten von Abhängigkeiten bis zur Obsession (World of Warcraft, iPad etc.) denkbar. In jedem dieser Fälle wird die Frage „Who am I going to allow to fix what's bothering me?" anders beantwortet. Während im Fall der Obsession das Verhältnis zwischen Käufer und Verkäufer eher mit der eines Junkies zum Dealer bezeichnet werden kann, so ist bei vielen Geschäftsbeziehungen doch ein sehr starker geschäftlicher Aspekt (Seriosität, Professionalität etc.) der treibende Faktor. Womit man automatisch bei der Identität der beteiligten Parteien angelangt ist. In dem Fall kann man verkürzt und pragmatisch schließen, dass die Persönlichkeit (Selbstbild!) nachhaltig die Beziehung prägt. Wie diese Verkäufer-Käufer-Beziehung mit allen anderen Facetten aufgebaut wird, steht im Mittelpunkt der folgenden Ausführungen.

Kurz zusammengefasst:
Basierend auf Mehrwert, Identifikationspotenzial und Kundenbeziehung muss die Marke in der Lage sein, ganz konkret die Antwort darauf zu geben, warum der Kunde eine Verkäufer-Käufer Beziehung mit ihr eingehen soll.

6.2 Wie man eine starke Markenidentität konstruiert

Die interessanteste Frage für jeden Marketingverantwortlichen lautet nun: Mit welchen Mitteln, Tools, Vorgehensweisen lässt sich eine Marke mit hoher Relevanz und Bedeutung für die Zielgruppe aufbauen? Lässt man die Ergebnisse aus Teil I des Buches noch einmal Revue passieren, so wird man selbstverständlich als Allererstes auf die Wiedererkennungsfunktion einer Marke stoßen. Um diesen ersten Schritt der Informationsverarbeitung bei den Adressaten richtig zu lenken und zu leiten, bedarf es nur einiger weniger Maßnahmen. Ein einheitliches Layout, ein Firmenlogo, der Marken-Claim etc. sichern die Wiedererkennbarkeit. Jedoch birgt die Beschränkung auf die rein technische Seite der Markenführung das Risiko eines Abrutschens in eine technische „Checklistenmentalität" in sich. In jeder Kampagne, in jedem Medium werden in bürokratischer Manier die entsprechenden Stilelemente eingearbeitet und bei Vorliegen abgehakt. Das Ergebnis sind dann seelenlose Spots, Anzeigen etc., die von den Verantwortlichen mit dem guten Gewissen abgehakt werden, doch alles Wichtige getan zu haben.

Man ist mit dieser Vorgehensweise auch meilenweit von Aaker's „Timless Essence" entfernt, vor allem in Hinsicht auf die emotionale Komponente der Markenidentität. Selbst wenn man sich die Arbeit macht und die Vision im Jahresbericht und auf der Homepage wiedergibt, sind eine hohe Relevanz und hohe Bedeutung für die Zielgruppe noch lange nicht erreicht. Denn durch die Wiedererkennung bestimmter Muster und das Lesen von Produkteigenschaften wird noch lange nicht sichergestellt, dass die Marke ein tolles Image bekommt. Firmen, die dem beschriebenen Weg folgen, verschenken das erhebliche Potenzial, das in einer verkaufsorientierten Markenführung liegen kann.

Schade, es wäre so einfach gewesen, wenn man eine Werbeagentur mit der Entwicklung eines Logos, eines Corporate Designs beauftragte und dann wäre das Thema Markenführung abgehakt gewesen. Aber beginnen wir mit einem Beispiel wie man die Markenidentität für einen Hersteller für Schmiermittel entwickeln könnte. Wie bereits ausgeführt, besteht eine Markenidentität aus der Markenbasis (Angebots- und Leistungsspektrum) und dem Markencharakter. Geht man von einem idealen Ausgangszustand aus, so hat die Firma alle Informationen über ihre Ansprechpartner beim Kunden: Einkäufer, Entwickler und Fertigungsmitarbeiter. Im Gegensatz zu anderen Komponenten fristen die Schmiermittel ein Schattendasein. Dies würde der Marketingleiter gerne ändern. Dazu möchte er langfristig eine starke Markenidentität entwickeln und vermarkten.

Da der Marketingleiter des Schmiermittelherstellers ein sehr strukturierter Mensch ist, beginnt er den gesamten Prozess mit der Beantwortung der Frage: Was gibt das Produktspektrum her? Nachdem der Hersteller ein überschaubares Angebots- und Leistungsspektrum hat, kann er sich auf die Eigenschaften der Produkte konzentrieren. Sie dienen der Verringerung von Reibung und Verschleiß. Konnotationen, die mit den Eigenschaften verbunden sind, ergeben sich von selbst: Sicherstellung der Leistungsfähigkeit von Maschinen, Werterhalt durch verringerten Verschleiß, höhere Produktivität aufgrund geringerer Verlustleistung etc. – in Summe sehr viele positive Eigenschaften, die einem solch unscheinbaren Produkt zu einer durchaus interessanten Markenidentität verhelfen können. Der Marketingleiter hat den ersten Schritt geschafft und direkt eine glaubwürdige Basis für den Markencharakter entdeckt.

Aufbauend auf diesen Ergebnissen begibt er sich auf die Suche nach der richtigen Persönlichkeit. Mit etwas Nachdenken kommt er auf die Idee, dass sich eventuell eine helfende Hand oder ein guter Geist am besten als Charakter eignen würden. Dies ging deswegen so schnell, weil er einen pragmatischen Kniff angewandt hat, indem er in die Schatztruhe der Psychologie gegriffen hatte und einen sogenannten Archetypus verwendet hat. Anschließend füllt der Marketingleiter diese Ideen mit mehr Leben, indem er sich überlegt, welche Motivationen den Charakter antreiben könnten, wie man ihn visuell zum Leben erweckt etc.

Ganz zum Schluss prüft er kritisch, inwieweit die frisch definierte Markenidentität den wichtigsten Qualitätskriterien genügt, indem er nicht nur hausintern die Geschäftsführung, die Marketingkollegen und den Vertrieb befragt, sondern mit einigen aufgeschlossenen, aber kritischen Kunden einige Diskussionsrunden führt.

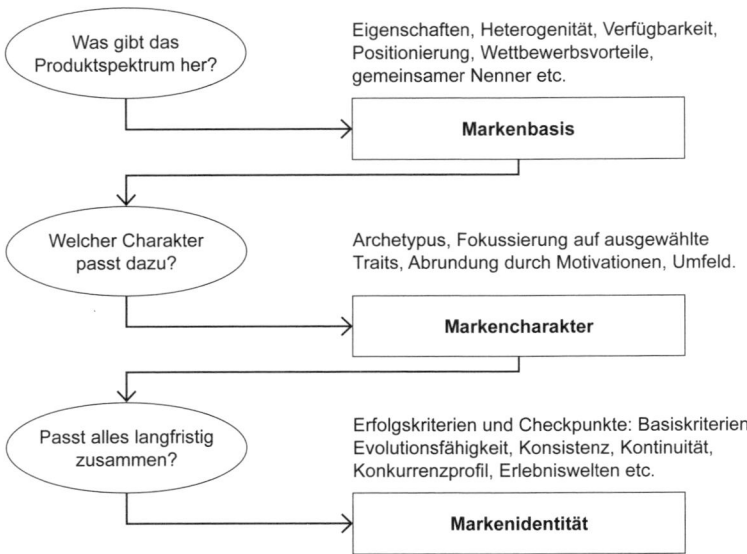

Bild 16 Die drei Schritte zur Markenidentität

Der eben beschriebene Prozess hört sich nur deswegen so einfach an, weil der Marketingleiter auf einen erprobten und praxisorientierten Werkzeugkasten zurückgreifen kann, der ihm dabei hilft, zielstrebig und schnell zum avisierten Ergebnis zu kommen. Im Folgenden soll hier eine dreistufige Vorgehensweise vorgestellt werden, die alle Tools und Werkzeuge beinhaltet, die zu einer Entwicklung einer starken, verkaufsorientierten Markenidentität notwendig sind. In Bild 16 sind die wesentlichen Schritte und Ergebnisse grafisch dargestellt. Die Beantwortung der ersten zwei Fragen erfolgt in den Abschnitten 6.2.1 bis 6.2.3, die Überprüfung der Erfolgskriterien dann in Kapitel 6.3.

6.2.1 Am Anfang stehen Leistungs- und Angebotsspektrum – Überlegungen zu einem starken Fundament der Markenführung

Wer würde ein Haus bauen ohne ein stabiles Fundament? Niemand. Die gleiche Rolle spielt – wie bereits genauer ausgeführt – das Leistungs- und Angebotsspektrum für den Aufbau einer Markenidentität, sie ist die Markenbasis. Aber Vorsicht, eine zu 100 Prozent produktzentrierte Markenidentität ist nur sehr schwer zu verändern. Wenn zukünftig unter einem Markendach noch zusätzliche Produkte vermarktet werden sollen, so hat die Zielgruppe mit großer Wahrscheinlichkeit eine ganz bestimmte Wahrnehmung und eventuell passt die Erweiterung des Leistungs- und

Angebotsspektrums nicht mehr zu dieser Wahrnehmung. Dieser Aspekt sollte von Anfang an berücksichtigt werden. Darüber hinaus macht es Sinn, die fachliche Verantwortung unterschiedlichen Verantwortungsbereichen zuzuordnen: Um das Produkt- und Leistungsspektrum kümmert sich das Produktmanagement, um die darauf aufbauende Vermarktung die Marketingabteilung. Damit kann man gezielt fachliche Kompetenzen zuordnen, fordern und fördern, die Erfolgsmessung aufspalten und leistungsorientierte Gehaltsstrukturen entwickeln.

Die große Herausforderung liegt nun darin, die Markenbasis mit dem Leistungs- und Angebotsspektrum abzustimmen, so dass sich eine stimmige Markenidentität ergibt. Ein kurzer Blick in die Literatur zeigt, dass es viele verschiedene Möglichkeiten der Zuordnung gibt. Die bekanntesten sind House of Brands und Branded House.[76] Im ersten Fall ordnet eine Firma ihr gesamtes Leistungs- und Angebotsspektrum verschiedenen, vollkommen unterschiedlichen Marken zu, im zweiten Fall wird eine Marke für das gesamte Spektrum definiert. Beispiele wurden im Rahmen dieses Buches bereits schon einige genannt. Typische Vertreter des House of Brands sind Unternehmen wie Unilever und Procter & Gamble, während Siemens, Philips oder GE der Philosophie des Branded House folgen.

Wann macht welche Variante Sinn? Wenn ein gemeinsamer Nenner für ein zugrunde liegendes Leistungs- und Angebotsspektrum gefunden wird, dann kann man getrost ein einziges Markendach wählen. Je schwieriger und generischer jedoch die Suche nach Gemeinsamkeiten ausfällt, desto eher sollte man darüber nachdenken, Teilbereiche extra Markenidentitäten zuzuordnen. Dies hat folgende Gründe, die sich aus den verschiedenen Facetten einer Marke ergeben (siehe Kapitel 6.1):[77]

1. Grundlegende Eigenschaften des Angebots- und Leistungsspektrums: Die einfachste Weichenstellung für den gesamten folgenden Prozess besteht in der Beantwortung der Frage, welche Konnotationen automatisch mit dem zu Grunde liegenden Produktspektrum verbunden sind. Das einleitende Beispiel des Schmiermittelherstellers zeigte, dass bei einem eng abgegrenzten Produktspektrum relativ schnell glaubwürdige und authentische Charaktereigenschaften gefunden werden können. Im Regelfall wird diese Aufgabe umso schwieriger, je breiter und tiefer das Spektrum wird. Vorsicht ist allerdings geboten, wenn zukünftige Erweiterungen des Angebots- und Leistungsspektrums nicht einbezogen werden. Wenn beispielsweise der Schmiermittelhersteller zusätzlich noch Beratungsleistungen für seine Kunden für den richtigen Einsatz der Produkte anbieten würde, so käme ein ganz anderes Ergebnis heraus.

2. Fokus der Marke (Heterogenität der Markenbasis: Breite, Tiefe, Unterschiedlichkeit): Je konkreter, abgegrenzter und klarer dieser ist, desto einfacher ist es für die Zielgruppen, sich zu merken, für was die Marke eigentlich steht (die Marke als Mischung aus Identität, Leistungen und Produkten), welche Assoziationen mit ihr verbunden sein sollen (die Marke als Schema zur Informationsverarbeitung). Je größer also der „Bauchladen", desto problematischer der Überblick. Man stelle sich nur vor, welcher undefinierbare Mischmasch herauskommen würde, wenn Procter & Gamble all seine Produkte unter einem einzigen Dach vermarkten würde.

3. Existenz eines gemeinsamen Nenners: Wenn er existiert, ist es umso einfacher, die Marke mit einem erstrebenswerten Selbstbild zu verbinden (die Marke als Träger eines erstrebenswerten Selbstbildes). Einfach formuliert: Es ist leichter, sich mit etwas Spezifischem zu identifizieren als mit einem Bauchladen. Je klarer die gemeinsame Nenner, desto einfacher ist es, den Kunden beizubringen, warum die Marke der ideale Partner ist (die Marke als Träger einer Kundenbeziehung, die Marke als Träger einer Verkäufer-Käufer-Beziehung). D.h., wenn jemand behauptet, er hätte alles und könne alles, wer würde da nicht vorsichtig werden?

Nachdem diese ersten und bedeutenden offenen Punkte geklärt wurden, können wir nun etwas tiefer in das inhaltliche Entwicklungspotenzial der Markenbasis einsteigen. Welche zusätzlichen Fragen müssen nun gestellt werden, um festzustellen, ob die Basis zum Markencharakter passt?

1. Verfügbarkeit: Wo und wie kann die Zielgruppe die Leistung erwerben? Eine Marke, die überall erhältlich ist, wird es schwer haben, ein exklusives Image aufzubauen.

2. Preiswahrnehmung: Eine Marke, die sowohl billige als auch teure Leistungen anbietet, wird anders von der Zielgruppe wahrgenommen, als eine, die sich einem hohen Preissegment tummelt. Die Zielgruppe hat im Regelfall ein mehr oder weniger ausgeprägtes Preisbewusstsein und Preisgefühl und in der Regel wird Objekten mit hohen Preisen mehr zugetraut als solchen, die billig zu haben sind.

3. Leistungsfähigkeit: Wird die objektive (und/oder durch die Zielgruppe subjektiv wahrgenommene) Leistungsfähigkeit des gesamten Leistungs- und Angebotsspektrums homogen oder heterogen wahrgenommen? Eine Marke, die bei jedem Produkt Höchstleistungen vollbringt, wird anders wahrgenommen als eine, die viele Sorgenkinder im Programm hat.

4. Positionierung:

   a. Gibt es einen objektiv feststellbaren Schwerpunkt des Leistungs- und Angebotsspektrums, z. B. hohe technische Leistungsfähigkeit, Preisniveau, Innovationsfähigkeit etc.?

   b. Kann ein glaubwürdiger Schwerpunkt des Leistungs- und Angebotsspektrums erfunden werden? Z. B. bei Schokoriegelherstellern: Da gibt es Mobilmacher, den Snack zwischendurch oder ganz lange Pralinen.

Wie sich diese Eigenschaften auf das Potenzial der Marke auswirken, soll ein kleiner Ausflug in die Welt der Schreibgerätehersteller zeigen, der die Markenpositionierung verschiedener Hersteller kritisch beleuchtet. Hierzu sollen die Leistungsspektren der Firmen Pelikan (www.pelikan. de), Mont Blanc (www.montblanc.de) und Sailor (www.sailorpen.com) genauer unter die Lupe genommen werden. In Tabelle 9 sind alle Bewertungspunkte für die drei Marken aufgelistet.

Tabelle 9 Leistungsspektrum und Markenpersönlichkeit

	Pelikan	Mont Blanc	Sailor
Verfügbarkeit	Überall, auch bei Filialisten etc.	Spezialgeschäfte, eigene Läden und Fachhändler	Nur Fachgeschäfte und spezielle Händler im Internet
Preisspanne*	10 € bis 1300 €	270 € bis 12.000 €	50 € bis 4000 €
Heterogenität des Angebots-/ Leistungsspektrums	Sehr hoch: Schreibgeräte, Malen, Basteln, Druckerzubehör	Mittel: Schreibgeräte, Uhren, Lederwaren, Brillen	Sehr niedrig: nur Füllfederhalter
Positionierung	Generalist	Luxusgüter	Elegante Schreibgeräte
Markenpersönlichkeit	„… den Menschen im Fokus, bieten Produkte, die Kreativität und Fantasie anregen, die begeistern."[78]	„… Hersteller exklusiver Produkte, die die heutigen hohen Ansprüche in Bezug auf Qualität, Design, Tradition und meisterliche Handwerkskunst erfüllen."[79]	„Sailor Pen of Japan is dedicated to producing the most elegant and desirable writing instruments obtainable. […] We are very proud of our heritage and our reputation for the best quality nibs and we hope that we can satisfy your requirements and enhance your writing experience."[80]

*ohne limitierte Serien

Anhand dieser einfachen Übersicht wird deutlich, dass beispielsweise die Marke Pelikan, selbst wenn sie hochwertige Füller anbietet, ein Riesenproblem mit einer Positionierung als Premiummarke hat, da sie einfach ein wenig fokussiertes Leistungsspektrum hat und den Markennamen auch für Allerweltsdinge wie Patronen, Schulfüller, Tintenkiller etc. verwendet. Die Firma Sailor dagegen hätte eine größere Chance, sich als Premiummarke zu etablieren. Allerdings steht die preisliche Positionierung dem entgegen. Sie bieten zwar, dies ist in vielen einschlägigen Foren zu lesen, ein exzellentes Preis-Leistungs-Verhältnis und eine sehr hohe Qualität, aber eine Premiummarke in diesem Segment fängt im Regelfall nicht bei Preisen um 50 € an. Daher wird die Marke – bei Weiterführung der aktuellen Produktpolitik – in der Zukunft mit großer Wahrscheinlichkeit nur den Rang einer Spezialisten- oder Expertenmarke haben. Ein hervorragendes Beispiel für die Abstimmung des Angebots- und Leistungsspektrums mit dem Markencharakter ist Mont Blanc. Konsequent ist sie nur in ausgewählten Fachgeschäften bzw. eigenen Shops zu haben, der Preis für das günstigste Schreibgerät beginnt bei 270 € (mehr als das Fünffache im Vergleich zu Sailor, das 27-fache im Vergleich zu Pelikan) und die obere Grenze liegt bei 12.000 € für einen diamantbesetzten Füller. Die Heterogenität des Produktspektrums ist zwar höher als bei Sailor, aber konsequent auf Luxus getrimmt, ein starker gemeinsamer Nenner.

Kurz zusammengefasst:

Es ist von sehr hoher Bedeutung für die Stärke einer Marke, sich frühzeitig die richtigen Fragen zu stellen, welcher Markencharakter auf einem existierenden Angebots- und Leistungsspektrum aufgebaut werden kann. Falsche Entscheidungen in dieser sehr frühen Phase führen dazu, dass den Endkunden nicht mal das Bezugssystem der Marke klar ist.

Wenn wir diese Gedanken weiterführen, wird klar, dass zum Beispiel eine Firma Pelikan, sollte sie den Weg in das Luxussegment einschlagen wollen, die Premium-Produkte einerseits und die Schulfüller, Tintenkiller, Druckerzubehör etc. andererseits in unterschiedliche Marken einbringen sollte, um den existierenden Widerspruch in der Markenpositionierung aufzulösen.

Doch selbst bei einem heterogenen Produktspektrum gibt es eventuell die Möglichkeit, einen gemeinsamen Nenner zu finden. Dazu müssen folgende Punkte geklärt werden:

- Kann ein gemeinsamer Nenner gefunden werden, der auf bestimmten, vom Kunden akzeptierten Kernkompetenzen beruht?

So verfügt Microsoft z. B. über ein sehr heterogenes Produktspektrum mit verschiedensten Anwendungen und vollkommen unterschiedlichen Zielgruppen. Wo ist der gemeinsame Nenner? Das sind u. a. verlässliche Roadmaps (vor allem, was den Support für die Produkte anbelangt, dies ist sehr wichtig für die IT-Entscheider in den Unternehmen), einheitliche Benutzeroberfläche, dichtes Netz an kompetenten Servicepartnern.

- Kann ein gemeinsamer, zielgruppen- oder kundenorientierter Nenner für das gesamte Angebots- und Leistungsspektrum gefunden werden, z. B. orientiert am Nutzen, auf der Basis von Motivatoren etc.?
  Bei Cisco z. B. sind dies die heterogene Produktpalette, die aber durch die Firma durch eine einheitliche Klammer zusammengefasst wird, die Netzwerke, denn „Netzwerke sind heute ein wichtiger technologischer Bestandteil des Geschäfts- und Alltagslebens. Von Cisco Systems, Inc. entwickelte Produkte auf Basis des Internet-Protokolls (IP) sind die Grundlage dieser Netzwerke und machen das Unternehmen zum weltweit führenden Anbieter von Netzwerk-Lösungen für das Internet. [...] Unternehmen steigern mit den Lösungen von Cisco ihre Produktivität, verbessern die Kundenzufriedenheit und schaffen Wettbewerbsvorteile; Privatanwender vernetzen sich mit den vielfältigen Möglichkeiten des World Wide Web. So ist die Vision von Cisco, die Art und Weise zu verändern, wie Menschen arbeiten, leben, spielen und lernen, an vielen Stellen Realität geworden – und die Veränderungen gehen weiter."[81] In ihrer Markenidentität kombiniert Cisco sowohl die Nutzenorientierung als auch die starke, einheitliche technologische Klammer Netzwerk.

Die größte Herausforderung ist die Kombination eines heterogenen Markenfokus bzw. Leistungsspektrums mit heterogenen Zielgruppen. Hier lauert die große Gefahr, eine verwaschene, generische und aussagelose Markenidentität zu entwickeln, weil man versucht, „alles unter einen Hut zu bringen". In diesem Fall kann man getrost der Aussage folgen, dass man es keinem recht macht, wenn man versucht, es allen recht zu machen. Die einfachste Möglichkeit, der Herausforderung zu begegnen, ist, sich ihr von vornherein nicht zu stellen. Ein Beispiel findet sich in der deutschen Industrielandschaft in Form der Siemens AG. Auf der Homepage der Firma ist unter der Rubrik „Über Uns" Folgendes zu lesen:

„Über uns. Seit mehr als 160 Jahren steht Siemens für herausragende technische Leistungsfähigkeit, Innovation, Qualität, Zuverlässigkeit und Internationalität. Innovative Technik und umfassendes Know-how:

Weltweit entwickeln und fertigen rund 400.000 Mitarbeiter Systeme und Anlagen und bieten so maßgeschneiderte Lösungen an. Siemens ist mit seinen Aktivitäten auf den Gebieten Industrie, Energie und Gesundheit ein weltweit führendes Unternehmen [...]"[82] Diese Behauptungen sind doch recht generisch und wenig griffig.

Auch bei den verschiedenen Geschäftsbereichen (Medizintechnik, Industrie, Energie) sucht man vergeblich nach einer starken und trennscharfen Markenidentität:

„Integrierte Technologien für mehr Produktivität, Energieeffizienz und Flexibilität. Der Industry Sector ist der weltweit führende Anbieter von Produktions-, Transport-, Gebäude- und Lichttechnik. Mit durchgängigen Automatisierungstechnologien und umfassenden Branchenlösungen steigern wir die Produktivität, Effizienz und Flexibilität unserer Kunden aus Industrie und Infrastruktur."[83]

„Wir bieten Produkte, Lösungen und Dienstleistungen für die gesamte Energieumwandlungskette – von der Energieerzeugung, -übertragung bis zur -verteilung. Der Energy Sector ist der weltweit führende Anbieter eines weiten Spektrums an Produkten, Lösungen und Dienstleistungen für die Energieerzeugung, -übertragung und -verteilung sowie für die Gewinnung, die Umwandlung und den Transport der Primärenergieträger Öl und Gas. Als weltweit einziger Hersteller verfügt der Sector über das komplette Know-how entlang der gesamten Energieumwandlungskette, insbesondere im Bereich der Schnittstellen, zum Beispiel zwischen Kraftwerk und Netzanbindung. Er deckt den Bedarf vor allem von Energieversorgungsunternehmen, darüber hinaus von Industrieunternehmen, insbesondere der Öl- und Gasindustrie."[84]

„Über uns. Der Sektor Healthcare steht für innovative Produkte und Komplettlösungen sowie Dienst- und Beratungsleistungen im Gesundheitswesen."[85]

Welches Bild vermittelt uns das? Die Siemens AG macht sehr viel, ist weltweit selbstverständlich auf allen Arbeitsgebieten führend und definiert sich über Technik und Innovationsfähigkeit. Aber warum ist Siemens toller, besser als die Konkurrenten? Warum und in welcher Art und Weise ist Siemens einmalig und einzigartig? Welche Emotionen stecken hinter der sachlichen Fassade? Hat der Siemens-Mitarbeiter Spaß beim Arbeiten, kann er sich verwirklichen etc.? Anhand dieser Fragen wird deutlich, dass die Siemens AG anscheinend davon ausgeht, dass die Markenidentität bei den Kunden richtig verankert ist, so dass über eine generische Beschreibung der Tätigkeitsfelder des Konzerns hinaus nichts weiter unternommen werden muss. Der kritische Leser mag nun bemerken, dass es nicht gerade einfach ist, bei so vielen Zielgruppen und so unterschiedlichen Leistungen einen gemeinsamen Nenner zu finden. Dass dies trotzdem möglich ist, zeigen zwei Konkurrenten:

1. Philips mit seinem Marken-Claim „sense and simplicity".
Im Oktober 2010 war auf der Einstiegsseite von Philips (Bild 17) ein älterer Mann zu sehen, der sich sichtlich von Herzen über etwas freut. Darunter war zu lesen: „Unsere Vision. Die Lebensqualität von Menschen einfach verbessern."[86] Wiederum darunter finden sich Beispiele aus den verschiedenen Produktbereichen, wie diese Vision umgesetzt wird. In diesem Key Visual stecken so viele positive Elemente und Konnotationen, dass viele verschiedene heterogene Zielgruppen mit dieser einen Botschaft abgedeckt werden können. Lachende Menschen sind sicher attraktiver als traurige und in Kombination mit der Vision, die Lebensqualität von Menschen zu verbessern, bleibt genügend Raum für den Betrachter, sich eine eigene Story zurechtzulegen. Befindet man sich im Lebensabschnitt des Testimonials, so freut man sich vielleicht über die Vorstellung, den Ruhestand zu genießen. Ist man deutlich jünger, dann freut man sich mit dem eigenen Vater oder Großvater. In Verbindung mit der Reihe der Bilder, die sich am unteren Ende der Homepage befinden, werden einerseits Produkte visualisiert (Medizintechnik), andererseits mit der Darstellung jüngerer Personen darauf hingewiesen, dass auch andere Zielgruppen von dieser Vision mit erfasst werden.

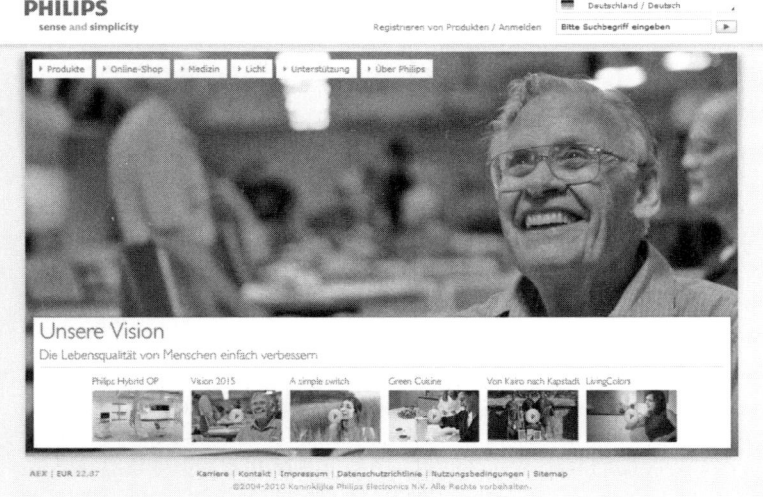

Bild 17 Screenshot der Philips-Homepage[87]

2. Auch General Electric gibt sich etwas mehr Mühe, ein einheitliches und klares Markenbild zu generieren, wobei die amerikanische Seite deutlich knapper, klarer und knackiger als die deutsche Seite ist: „GE IS IMAGINATION AT WORK From Jet engines to power generation, financial services to water processing, and medical imaging to media content, GE people worldwide are dedicated to turning imaginative ideas into leading products and services that help solve some of the world's toughest problems."[88] Dieses Statement spricht für sich. Im Vergleich zur Homepage der Firma Philips wird hier eine deutlich härtere und weniger emotionale Ansprache der Zielgruppen gewählt.

Interessant ist auch, dass sich auf der Homepage von GE Deutschland nahezu der gleiche Wortlaut wie auf der genannten Seite von Philips findet: „General Electric erleichtert und verbessert das Leben von Menschen auf der ganzen Welt."[89] Man fragt sich, wer hier wen inspiriert hat? Interessant ist auch die Umsetzung der GE-Ecomagination-Kampagne. Während Philips das Key Visual des netten, lächelnden, älteren Herrn benutzt, setzt der amerikanische Konzern mehr auf einen flotteren Auftritt, der das grüne Image mit dem Markenkern verbinden soll.[90]

Man sollte sich durchaus aber auch vergegenwärtigen, dass es nicht immer gelingt, einen gemeinsamen, zielgruppen- oder kompetenzorientierten Nenner zu finden, der all den genannten Kriterien einer hoch relevanten Marke genügt. In diesem Fall bleibt leider nur die Möglichkeit der Einschränkung des Geltungsbereiches und die Definition einer neuen Marke. Dies wäre beispielsweise der Fall, wenn Philips auf die Idee käme, alle Fernseher nur unter der Marke Ambilight zu verkaufen, den Firmennamen aus der Markenidentität zu entfernen oder nur den Zusatz „… by Philips" o. Ä. hinzuzufügen. Damit könnte diese spezielle Markenidentität losgelöst von der Medizintechnik, den Glühlampen etc. entwickelt werden.

Kurz zusammengefasst:

Unreflektiert einen Markencharakter auf einem existierenden Angebots- und Leistungsspektrum aufzubauen, ist eine gefährliche Angelegenheit. Wenn man eine Marke entwickeln will, die ein hohes Identifikationspotenzial hat, Mehrwert vermittelt, Träger einer Kundenbeziehung ist und darüber hinaus eine gute Verkäuferpersönlichkeit darstellt, muss sie ein starkes Fundament haben. Um dies zu gewährleisten, muss sich jeder Marketer fragen, ob ein gemeinsamer Nenner gefunden werden kann, wie glaubwürdig die Positionierung ist und welche Risikofaktoren in der Festlegung der Markenbasis verborgen sind.

Tabelle 10 iBase: Markenbasis, Geltungsbereich und Bezugspunkte für den Markencharakter

Kategorien	Basic	Managed	Advanced
Input	Kernkompetenzen, Wettbewerbsvorteile, interne Sichtweise	Externe Sicht: Bewertung der Leistungsfähigkeit und des Leistungsspektrums durch die Zielgruppen	Externe Sicht: Szenarios bzw. zukünftige Veränderungen in der Bewertung der Leistungsfähigkeit und des Leistungsspektrums durch die Zielgruppen
Ergebnis	Konnotationen mit den Eigenschaften des Angebots- und Leistungsspektrums, gemeinsamer Nenner, Festlegung der Produkte, Produktlinien, Leistungen für die ein Markencharakter entwickelt werden soll	Level Basic und Szenarios, wie sich die Markenbasis ändern könnte	Level Managed und Szenario-spezifische Strategiealternativen auf der Basis von Zielgruppeninformationen

Alle vorangegangenen Überlegungen fokussierten sich auf die richtige Festlegung der Markenbasis, in Tabelle 10 sind diese Überlegungen entsprechend der Reifegrade zusammengefasst. Jetzt wird es Zeit, den nächsten Schritt zu gehen und endlich den Markencharakter zu definieren.

6.2.2 Ein Baukasten für die Konstruktion einer Markenidentität: Archetypen

Wie einfach hatte es doch der Hersteller von Schmiermitteln, allein aufgrund der Konnotationen, die mit dem Produkt verbunden sind. Er konnte schon in groben Umrissen einen Markencharakter ableiten. Jetzt könnte man, basierend auf den 16 Traits von Cattell, nach dem Baukastenprinzip einen Markencharakter zusammenbauen. Dies wäre aber sehr umständlich und wenig effizient. Ein kurzer Griff in die Trickkiste der Psychologie liefert aber eine interessante Vorgehensweise, basierend auf den Erkenntnissen des Psychologen Carl Gustav Jung, der herausfand, dass es gewisse Urbilder menschlicher Vorstellungsmuster gibt, sogenannte Archetypen.[91] Dies sind psychologische Strukturen, die im Unterbewusstsein verankert sind. Beispiele dafür sind der Held, der Vater, die Mutter etc. Bedeutungen und Assoziationen, die mit diesen Archetypen verbunden werden, sind nicht individuell verschieden und auch über verschiedene Kulturen ähnlich bis identisch. Daher sind diese Grundstrukturen ideal geeignet, um sie auch international für die Konstruktion einer Markenidentität einzusetzen, gewissermaßen als interkulturelle Plug-and-Play-Lösung.

Eine zentrale Rolle in den Theorien von Jung spielen Animus und Anima. Erstere ist eine Sammlung von unbewussten maskulinen Eigenschaften und Attributen im Unbewussten der Frau, letztere eine Sammlung von unbewussten femininen Eigenschaften und Attributen im Unbewussten des Mannes. Die Werbung macht sich dies (unbewusst?) zu Nutze, indem sie versucht, die perfekte Frau respektive den perfekten Mann in Form von Testimonials darzustellen. Jung stellte fest, dass die unbewussten Strukturen in verschiedenen Gestalten auftauchen: Liebhaber/Liebhaberin, der Bösewicht, der Erlöser etc.

Die häufigste und charakteristischste Verwendung erfahren die Archetypen in Geschichten, seien es Märchen oder Filme. Lässt man bekannte Hollywood-Blockbuster Revue passieren, so stolpert man immer wieder über altbekannte Charaktere, die dazu benutzt werden, den Kampf zwischen Gut und Böse zu illustrieren: der Held, der Schurke, der Magier, der Mentor oder Lehrer etc. Bei manchen Archetypen aus den Märchen gelingt sogar eine direkte Übertragung auf existierende Marken. Beispielsweise wurde in den sechziger Jahren die Marke „Meister Proper" wie ein guter Flaschengeist beworben, der verzweifelten Hausfrauen hilft, die Wohnung wie durch Zauberei blitzend sauber zu machen. Durch einige Anpassungen erhält man relativ schnell einige Schablonen mit bestimmten Charaktereigenschaften zur Konstruktion von Markenidentitäten:

1. *Der Inbegriff des Maskulinen/des Femininen* (Animus/Anima). Die Spielart dieses Charakters muss nicht weiter erläutert werden, denn man findet sie in vielen verschiedenen Markenidentitäten wieder. In der männlichen Variante ist der Charakter sehr stark, einsam, wortkarg etc. in der weiblichen Variante verführerisch, schön und hingebungsvoll zugleich. Die Marke Marlboro ist das beste Beispiel für eine Umsetzung dieses Archetypus, die Marke Gilette Venus das feminine Pendant („Reveal the Goddess in You"[92]). Aber auch der bekannte Spot der Biermarke Veltins mit Rudi Assauer und Simone Thomalla persifliert nicht nur den Macho, der jedem Rock hinterherschaut, sondern auch eine typische Reaktion der Frau („Nur gucken, nicht anfassen"), die mit diesem Archetypus leben muss. Bei diesem Beispiel sei durchaus die Frage erlaubt, ob die Marke sich durch den Spot definiert, oder umgekehrt.

2. *Das Idol* (auch in den Spielarten Held, Göttin, Gott, Prinz, die unnahbare Schönheit, die Prinzessin etc.). Dieser Charakter hat bestimmte persönliche Eigenschaften, mit denen sich die Zielgruppe identifizieren möchte; hat die Aura des Besonderen,

teilweise sogar des Unerreichbaren. Vielleicht gerade deswegen ist dieser Archetypus so beliebt. Er ist das, was Mann/Frau schon immer gerne sein möchte. Beliebt ist die Anwendung in der Kosmetikwerbung, beispielsweise durch die Verwendung von klassischen Schönheiten, teilweise auch berühmter Testimonials wie z. B. Nicole Kidman (Chanel) oder Charlize Theron (Dior), Laetitia Casta (L'Oréal). Man kann sich aber unter diesem Archetypus auch erfolgreiche Manager, z. B. Jack Welch oder Steve Jobs, herausragende Wissenschaftler einer Branche, Sportler wie Franz Beckenbauer, Filmhelden wie James Bond oder Batman etc. vorstellen. Für Männer gibt es auch eine weitere interessante Spielart, den Frauenheld (auch als Kombination mit dem Idol oder in Form eines Menschen wie du und ich). Dieser bietet auch eine typische Markenidentität für maskuline Zielgruppen, erotische Ausstrahlung, unwiderstehlich für Frauen. Ein hervorragendes Beispiel für die Anwendung dieser Markenidentität ist die in diesem Buch schon oft zitierte Marke AXE. Eventuell kann diese Persönlichkeit mit einer schurkischen Komponente ergänzt werden, auf diese Art und Weise erhält man den Touch des Verwegenen und vielleicht auch Begehrlichen. Man kann sich den Frauenhelden auch in einer femininen Variante vorstellen, übertrieben formuliert: der männermordende Vamp.

3. *Der Freund/die Freundin.* Diesen Typus gibt es in vollkommen verschiedenen Varianten, von echt und aufrichtig bis zu lose und kumpelhaft: Ein echter, aufrichtiger Freund bzw. die echte, aufrichtige Freundin ist sehr verlässlich, vertrauensvoll, gibt immer den richtigen und ehrlichen Rat, ist immer für einen da. Hervorragendes Beispiel für dieses Verhältnis ist die Marke Hilti. Aber auch in der Kosmetikindustrie findet man in Form der Marke Dove eine hervorragende Vertreterin für die Frauen. Der wesentliche Unterschied zum Vorbild oder zum Idol ist derjenige, dass man zu diesem aufblickt, wohingegen eine Freundschaft etwas ist, das auf Augenhöhe passiert. Auf die lose, kumpelhafte Freundschaft kann man sich nur dann verlassen, wenn man Spaß haben will.

4. *Der Liebhaber/die Liebhaberin.* Im Gegensatz zu Freund/Freundin fühlt sich der Betrachter zu dieser Identität stark emotional bzw. sexuell hingezogen. In der Werbung findet sich ein zwar nicht mehr aktuelles, aber doch archetypisches Beispiel, die Mini-Kampagne, die 2001 startete:[93] Der zentrale Claim der ganzen Kampagne lautete „Is it love?" Ziel war eindeutig die Generie-

rung von Emotionen, genauer gesagt Begeisterung, Faszination und hohe Sympathiewerte für die Marke. Der Erfolg der Kampagne gab BMW Recht, innerhalb eines Jahres wurde ein Marktanteil von 0,7 Prozent erreicht, auf Anhieb mehr als derjenige etablierter Marken.[94]

5. *Mutter/Vater.* Der Charakter ist aufopferungsvoll, fürsorglich und eher auf mütterliche bzw. väterliche Anlehnung, Güte und Wärme ausgelegt, gleichzeitig auch auf eine klare hierarchische Unterschiedlichkeit. Die Marke Pampers kommt relativ nahe an diese Markenidentität, hier werden die mütterlichen Aspekte adressiert. Teilweise fanden sich in der Vergangenheit aber auch in der Werbung der Marke Fielmann (Dialog zwischen Vater und Sohn[95]) Elemente dieser Identität.

6. *Der Diener* (Spielarten: Knappe, Gehilfe, Zofe, Haushälterin u. ä.). Dieser Charakter hält sich dezent im Hintergrund, ist unauffällig, aber immer hilfsbereit und zur Stelle wenn man ihn braucht. Er steht im Regelfall hierarchisch unterhalb seines Herrn, ist zu 100 Prozent loyal und ihm bedingungslos ergeben. Eine interessante Anwendung dieses Konzeptes findet man in der Werbung für die Servicedienstleistungen des Maschinenbaukonzerns Trumpf.[96] Dort ist als Key Visual ein typischer englischer Butler abgebildet, der einen Silberteller, abgedeckt mit einer silbernen Cloche in der Hand hält, als ob er ein besonderes Gericht servieren würde. Interessanterweise wurde dieses Stilmittel nur in der Werbung zu den Servicedienstleistungen verwendet, in der restlichen Konzernwerbung werden andere Gestaltungsmittel eingesetzt.

7. *Der aus der Provinz.* Je nachdem, wie dieser Charakter angelegt wird, kann er entweder jung, ungestüm, unerfahren, aber hoch motiviert ausgestaltet werden oder eher etwas älter, ruhiger, gemütlicher. Wird er in der Spielart Lehrling kreiert, so ist er meist ein junger, heranwachsender Mensch, der von einem Mentor oder Lehrer in die Geheimnisse des Alltäglichen oder Spirituellen eingeweiht wird. Er geht mit großen Augen und offenen Ohren in die große weite Welt, und es fällt relativ leicht, sich in diesen Archetypus hineinzuversetzen. Dieser Zauber, jeden Tag etwas Neues zu entdecken, hat einen Reiz, dem sich nicht viele entziehen können. Wenn man sich das Strickmuster vieler Hollywood-Filme anschaut, so entdeckt man genau diesen Charakter beispielsweise in Star Wars, dem Sternenwanderer etc.[97] Legt man diesen Charakter eher etwas älter an, so kann dieser Archetypus noch einen herrlichen, zusätzlichen Charak-

terzug mitbringen: die Ruhe des Landlebens, die Konzentration auf die einfachen Dinge, eine positiv naive Einstellung zum Leben usw. Die Ruhe in sich selbst und eine lange Erfahrung sind Traits, die diesen Archetypus zu einer sehr interessanten Markenidentität werden lassen. Grundelemente findet man beispielsweise in der Whiskeywerbung von Jack Daniels wieder:[98] Vielen Lesern werden die schwarz-weiß gehaltenen Kampagnen bekannt sein. Es werden meist Mitarbeiter dargestellt, die in der Destillerie arbeiten, und es wird deren Beitrag zum hervorragenden Geschmack des Whiskeys im Werbetext hervorgehoben. Obwohl die meisten Zielkunden wahrscheinlich nicht auf dem Land leben möchten, so haben doch viele eine gewisse Sehnsucht nach einem einfachen, ruhigen (Land-)leben – ein Ideal, das eine hervorragende Anziehungskraft besitzt. Eine sehr gelungene Umsetzung findet sich in Bild 18.

8. *Der Mentor/der Lehrer/der Moderator.* Dieser Archetypus kommt manchmal in Verbindung mit dem Lehrling oder dem Jungen aus der Provinz vor. Er ist meist gütig, geduldig und zeigt sich

Bild 18   Jack-Daniels-Werbung – Umsetzung der Markenidentität

immer nachsichtig, hat vor allem im Regelfall ein sehr großes Wissen und steht, ohne oberlehrerhaft zu wirken, immer mit Rat und Tat zur Seite. In aktuellen Werbungen ist dieser Archetypus einer Markenidentität fast nicht mehr zu finden. Aber in relativ alten Werbungen aus den Fünfziger- und Sechzigerjahren, zum Beispiel bei Palmoliv (Tilly), finden sich noch Anzeichen für dessen Verwendung. Auch der bekannte Herr Kaiser von der Versicherung Hamburg-Mannheimer fällt in das Raster des Mentors.

9. *Der gute Geist* (auch in den Spielarten Magier, Hexe). Er löst aussichtslose Situationen mit spielerischer Leichtigkeit; ist in ähnlicher Weise wie der Diener zu 100 Prozent seinem Herrn ergeben, steht hierarchisch auch unterhalb, hat aber immer etwas Zauberhaftes in petto. Das Beispiel des „Flaschengeistes" Meisters Proper wurde bereits genannt.

10. *Der Sportler.* Wenn es um Höchstleistungen, Ausdauer, Zielstrebigkeit und Orientierung geht, ergänzt um sportliche Fairness, dann ist dies genau der richtige Archetypus. Die Marke Nike drückt dies in einem Satz aus: „If you have a body, you are an athlete".[99]

11. *Die helfende Hand/der Unterstützer.* Charakterliche Überschneidungen zum guten Geist und zum Mentor sind nicht zu übersehen. Man kann diese Markenidentität so aufbauen, dass darunter eine positive Persönlichkeitsstruktur verstanden wird, die ohne Bevormundung der Zielpersonen/der Zielgruppe den Weg zu einem beruflichen oder privaten Ziel ebnet, der hilft, Widerstände aus dem Weg zu räumen, selbstlos Alternativvorschläge anbietet etc. Beispiele finden sich im zentralen Claim einer alten Imagekampagne der Volksbanken und Raiffeisenbanken („Wir machen den Weg frei") und in der Markenidentität von Microsoft („At Microsoft, our Mission and Values are to help people and businesses throughout the World realize their full potential."[100]).

12. *Der (ideale) Geschäftspartner.* Gerade für Investitionsgüterhersteller eignet sich dieser Charakter hervorragend. Er zeichnet sich durch (hohe) Leistungsfähigkeit, Ehrlichkeit, geringe Emotionalität und eine gewisse Distanz zum Gegenüber aus. Salopp formuliert: Mit dieser Persönlichkeit geht man nicht am Abend in die Diskothek oder in die Kneipe, man trifft sich zu einem Geschäftsessen in gepflegter Atmosphäre und kommt schnell auf den Punkt. Man kann ihn bewusst eher in Form einer geschäftlichen Beziehung anlegen und ihm damit eine neutrale Professio-

nalität geben. Ein Beispiel dafür findet sich in der Selbstdarstellung der Firma Business Partner: „Wir sind seit über 15 Jahren Experten bei der Ausrichtung mittelständischer Industrie-, Dienstleistungs-, Handels- und Gesundheitsunternehmen auf eine erfolgreiche Zukunft. Aufgrund unseres beruflichen Hintergrundes sprechen wir exakt Ihre Sprache – von Unternehmer zu Unternehmer. Auf der Basis dieser Erfahrungen bieten wir Ihnen ein spezialisiertes Beratungsangebot in den Bereichen der Restrukturierung und Finanzierung von Unternehmen sowie ein umfassendes Strategie- und Organisations-Management zur Wiederherstellung, Absicherung und Steigerung Ihres Unternehmenserfolges."[101]

13. *Der (Arbeits-)Kollege.* Ein Charakter, der sich ebenfalls für Investitionsgüterhersteller anbietet, vor allem für Hersteller von Komponenten, die eng mit Konstruktionsabteilungen zusammenarbeiten. Im Gegensatz zum Geschäftspartner arbeitet man intensiv mit ihm zusammen, kommt mit ihm gut aus und geht mit ihm nach der Arbeit gern ein Bier trinken, wahrscheinlich fachsimpelt man dann weiterhin über irgendwelche beruflichen Themen. Darüber hinaus hat der ideale Arbeitskollege keine Allüren, dafür aber den einen oder anderen beruflichen Rat parat und man kann sich immer auf ihn verlassen. Studiert man etwas genauer die Positionierung der Deutschen Post/DHL so findet man Grundzüge dieses Archetypus wieder: global, kompetent, findet sich immer um die Ecke, serviceorientiert und immer darauf bedacht, für jeden Kunden die richtige Lösung zu finden.[102]

14. *Der Techniker.* Ihn gibt es in jeder Branche, er hat ein perfektes technisches Know-how, redet nur über seine Technik, vergisst über einer Aufgabe durchaus mal, zum Mittagessen zu gehen und kann jede technologische Herausforderung ohne Probleme und mit Bravour lösen. Je nachdem, wie man den Charakter auslegt, kann er positive Eigenschaften des „Arbeitskollegen" mitbringen, und so eine gewisse soziale Kompetenz entwickeln. Als Beispiele gibt es relativ viele Spielarten dieses Archetypus: der Spezialist, der Forscher/Wissenschaftler, eine extreme Form ist der Nerd schlechthin. Anlehnungen an diesen Archetypus mit vielen positiven Konnotationen finden sich in der Kernidentität von Intel: „We believe that technology makes life more exciting and can help improve the lives of people around the world. Therein lies the endless opportunity."[103] Na, wenn hier das Herz des Technikers nicht schneller schlägt.

15. Der Ratgeber. Dieser Charakter kann auf jeder Hierarchieebene angesetzt werden, aber auch in verschiedenen privaten Beziehungen. Er hat eine größere Distanz als der Kollege, wird aufgrund seiner Expertise in allen Lebenslagen vorbehaltlos respektiert und sein Rat ist immer willkommen. Er bewahrt den Hilfesuchenden vor Fehlern. Ein schönes Beispiel findet sich in der Welt der Beratungsfirmen: „McKinsey & Company is a global management consulting firm. We are the trusted advisor to the world's leading businesses, governments, and institutions."[104]

16. Der perfekte Handwerker/der Handwerksmeister. Mit technischer Perfektion, Erfahrung, Liebe und Hingabe stellt er handwerkliche Meisterleistungen her. Er bringt einen positiven, anachronistischen Touch in eine hochtechnisierte Welt. Zu finden ist er beispielsweise in Form der Markenidentität von Mont Blanc: „… Hersteller exklusiver Produkte, die die heutigen hohen Ansprüche in Bezug auf Qualität, Design, Tradition und meisterliche Handwerkskunst erfüllen."[105]

Darüber hinaus können noch viele weitere Archetypen identifiziert werden, zum Beispiel der Richter, der Clown/der Harlekin etc., mit denen man sich an eine Markenidentität herantasten kann. Es besteht die Möglichkeit, entweder verschiedene charakterliche Abstufungen vorzunehmen oder bestimmte Charaktereigenschaften mehr herauszuarbeiten, auf jeden Fall ist es ratsam, sich auf ganz wenige Charakterzüge zu konzentrieren.

Man kann aber auch in der Werbung ganz konsequent bestimmte Archetypen als Kontrapunkte zur eigenen Markenidentität einsetzen. Nehmen wir als Beispiel den Archetypus Vorbild/Idol. Als Varianten kann man sich aber auch den Prinz oder die Prinzessin vorstellen. Diese Persönlichkeiten können herrlich blasiert, geziert, weltfremd, hochnäsig etc. aufgebaut werden, damit die positive eigene Markenidentität deutlich besser zum Tragen kommt. Ein Beispiel dafür findet sich in der Werbung für die „wahrscheinlich längste Praline der Welt". Hier wurden 2010 zwei verschiedene Werbespots (Romeo & Julia & Klaus; Sissi & Franz & Jochen)[106] geschaltet, die auf der einen Seite das etwas unglückliche Werben von Romeo/Franz deutlich in Kontrast zu der lässig-legeren Art des Klaus/Jochen setzen. Selbstverständlich verführen die jugendlichen, modernen und lässigen Charaktere mithilfe von Duplo die Julia/Sissi und stechen die verstaubten, alten Persönlichkeiten aus. Dabei bleibt sich Ferrero in der Werbung selbst treu, denn in den vorangegangenen Jahren (Jana,[107] Desiree[108]) wurde zwar der Archetyp der Prinzessin nicht ganz so klar herausgearbeitet, doch erkennbare Grundzüge des Charakters waren sowohl bei Jana als auch bei Desiree festzustellen. Template 2 gibt eine

Liegen alle Informationen über die avisierten Zielgruppen vor?	TAP 0 ☐, TAP 1 ☐, TAP 2 ☐, TAP 3 ☐
Welcher Archetypus soll gewählt werden? Animus/Anima, Idol, der Freund/die Freundin, der Liebhaber/die Liebhaberin, Mutter/Vater, Diener, der aus der Provinz, Mentor/der Lehrer/der Moderator, der gute Geist, der Sportler, die helfende Hand/der Unterstützer, der (ideale) Geschäftspartner, der (Arbeits-)Kollege, der Techniker, …	Passt er zur Zielgruppe? Warum? Welche Charaktereigenschaften sollen besonders hervorgehoben werden?
Wärme, logisches Schlussfolgern, emotionale Stabilität, Dominanz, Lebhaftigkeit, Regelbewusstsein, soziale Kompetenz, Empfindsamkeit, Wachsamkeit, Abgehobenheit, Privatheit, Besorgtheit, Offenheit für Veränderung, Selbstgenügsamkeit, Perfektionismus, Anspannung	Welche Traits sollen geschärft werden? Warum?
Konkretisierung des Markencharakters	

Template 2   Markencharakter

Hilfestellung für die Auswahl eines Archetypus und der anschließenden Schärfung des Markencharakters.

Kurz zusammengefasst:

Archetypen sind die Basis eines einfachen und doch sehr wirkungsvollen Baukastens zur Entwicklung eines Markencharakters auf Basis des Angebots- und Leistungsspektrums. Man sollte sich auf jeden Fall überlegen, welche Charaktereigenschaften (16 Traits nach Cattell) besonders hervorgehoben werden sollen, dann gelingt die Umsetzung in konkrete Vorgaben für die operative Werbung ohne Schwierigkeiten. Der Archetypus soll sowohl die Einstellungen der Zielgruppen reflektieren als auch fokussiert Einstellungs-änderungen lenken und leiten.

6.2.3 Abrunden und zum Leben erwecken, der letzte Schliff für die Markenidentität

Was fehlt noch zu einem authentischen, in sich abgeschlossenen, stimmigen und glaubwürdigen Charakter? Einfach und salopp formuliert, das was ihn antreibt, welchen Herausforderungen, welchen Zielen er sich gegenüber sieht. Dieser notwendige Schritt dient vor allem dazu, den direkten Übergang zur Umsetzung der Marke in Form von Bildern, Worten, Tönen und Strukturen zu erleichtern. Es handelt sich im Grunde genommen um eine Markenführung-Kreativitätstechnik, die helfen soll, die Marke griffiger und konkreter zu machen. Denn die Definition des Archetypus ist doch noch etwas abstrakt, eine Sammlung von Traits, die zwar im Einzelnen einen Markencharakter sehr gut beschreiben können, aber immer noch darauf warten, zum Leben erweckt zu werden. Bild 19 zeigt grafisch die zwei großen Themenbereiche, die im Folgenden kurz skizziert werden: Was treibt den Archetypus an und was bremst ihn?

Was treibt den Archetypus an?

1. *Motivationen* (Methodik: 16 Lebensmotive nach Steven Reiss) runden einen Charakter ab, indem sie direkte Hinweise auf das Verhalten der Persönlichkeit geben. Im Pampers-Beispiel aus Teil I kann man beispielsweise feststellen, dass Fürsorglichkeit und Beziehungen (soziale Kontakte aufbauen und pflegen) zentrale Motivationen der Marke als Person sein können und direkte Hinweise auf eine mögliche Umsetzung in sich bergen. Ein kurzes Brainstorming auf Basis dieser Grundlage führt direkt zu den Schlüsselbildern aus dem Teil I. Diese Methodik ist aber auch für Investitionsgüterhersteller anwendbar. Der Schmiermittelhersteller, dessen Case am Anfang dieses Abschnitts stand, könnte zum Beispiel die Motivationen Ordnung (Stabilität, Klarheit) und Ehre (Erfüllen anerkannter Prinzipien) zur Konkretisierung der Markenidentität heranziehen. Ordnung und Ehre stehen in dem Fall für Verlässlichkeit in der Zulieferung, kontinuierliche Qualität, Halten von Zusagen etc. Auch hier würde ein kurzes Brainstorming zu ganz konkreten Schlüsselwörtern, Claims, Testimonals

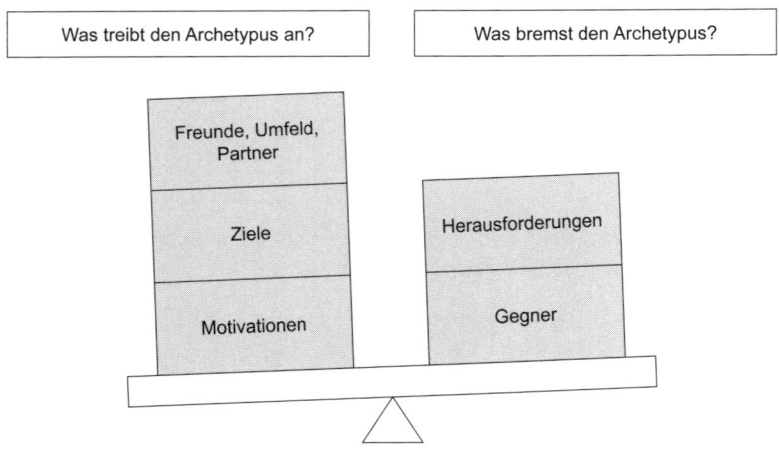

Bild 19   Den Archetypus zum Leben erwecken – wichtige Bausteine

und Schlüsselbildern führen, z. B. dass der Geschäftsführer in den Broschüren ganz klar als Träger dieser Versprechen auftaucht.

2. *Ziele:* Aus den Motivationen ergeben sich fast automatisch die Ziele, die eine Markenpersönlichkeit verfolgt. Ideal sind Formulierungen, die den Kunden in den Mittelpunkt stellen und ihm einen Benefit versprechen. Ein Beispiel haben wir schon kennen gelernt, nämlich Microsoft ("At Microsoft, our Mission and Values are to help people and businesses throughout the World realize their full potential."[109]).

3. *Freunde, Umfeld, Partner:* Hier stehen die Fragen im Vordergrund, mit wem sich die Markenpersönlichkeit umgibt, in welchem Umfeld sie sich bewegt, wer ihre Unterstützer sind, wem sie etwas verkauft und wer die Nutznießer der Beziehung sind. Die Beschäftigung mit den Freunden hat zweierlei Zielsetzung: Einerseits dient sie dazu, das (virtuelle) soziale Umfeld (den „Stallgeruch") und damit die Visualisierung der Markenpersönlichkeit zu konkretisieren, andererseits aber auch die Käufer-Verkäufer-Beziehungen zu untermauern. Ein Brainstorming auf Basis der eingangs genannten Fragen, bringt relativ schnell ganz konkrete Hinweise für die Umsetzung. Der Archetypus des Geschäftspartners bewegt sich beispielsweise in erster Linie in Büros, ist korrekt gekleidet, verkauft auf Augenhöhe an andere Geschäftspartner, sein Umgang mit ihnen ist fair, ehrlich, aber hart. Genauso sollte dann auch die Werbung aussehen: keine Schnörkel, keine überflüssigen Bilder, hell, klar strukturiert etc. Geht man die gleichen Fragen anhand der Archetypen „die helfende Hand" oder „der Kollege" durch, so ergibt sich ein vollkommen anderes Umfeld, andere Freunde, andere Verkaufspartner. Wenn man die Übung konsequent bis zur Umsetzung in Bildern, Texten, Tönen und Strukturen durchführt, sollten inkonsistente Bildwelten und seelenlose Werbungen nicht mehr vorkommen.

4. *Was bremst den Archetypus?* Warum sollte man sich mit einer solch negativen Fragestellung beschäftigen? Ganz einfach, mit den Gegnern und den Herausforderungen ergeben sich hervorragende Storyelemente, die eine Markenidentität erst richtig lebendig machen. Ein ganz einfaches Beispiel findet sich in der Werbung für Schokoriegel. Positioniert man die Marke als Energieträger, so ist der Gegner immer der Energieverlust oder die fehlende Energie. Daraus ergeben sich endlose Möglichkeiten für Werbespots. Dies funktioniert aber auch hervorragend bei Investitionsgütern: Der Techniker sieht sich beispielsweise einer technischen Herausforderung gegenüber, die er meistern muss,

der Geschäftspartner einer schwierigen geschäftlichen Situation. Auch hier führt ein kurzes Brainstorming zu vielen Ideen.

Template 3 gibt eine Hilfestellung für die Konkretisierung eines Archetypus und der anschließenden Schärfung des Markencharakters.

Konkretisierung des Markencharakters	
Welche *Motivationen* treiben den Charakter an? Warum? (Macht, Unabhängigkeit, Neugier, Anerkennung, Ordnung, Sparen/ Sammeln, Ehre, Idealismus, Beziehungen, Familie, Status, Wettkampf/Rache, Eros, Essen, Körperliche Aktivität, Ruhe)	
Freunde, Umfeld, Partner Beschreiben Sie das Umfeld, um den Markencharakter lebendiger zu machen und schon jetzt Bildwelten zu entwerfen. Ist der Markencharakter ein glaubwürdiger Verkäufer? Welche Beziehungen zum Umfeld und zu den Kunden soll er haben?	
Ziele (max. 3: z. B. einfach, hart, klar etc.) Beschreiben Sie die Ziele, um den Markencharakter lebendiger zu machen.	
Herausforderungen, Gegner Idealerweise kämpft der Markencharakter für den Kunden, d. h. die Gegner des Kunden sind auch die Gegner der Marke. Gemeinsame Herausforderungen und gemeinsame Gegner schweißen zwei Parteien oft besser zusammen als ein gemeinsames Ziel.	
Konkrete Beschreibung des Markencharakters	

Template 3 Markencharakter zum Leben erwecken

Tabelle 11 iChar: Markencharakter, Komponenten und Bestandteile

Komponenten	Basic	Managed	Advanced
Inputs	TAPs 0 bis 3	TAPs 0 bis 3	TAPs 0 bis 3
Output	Charaktereigenschaften (auf Basis von Archetypen, Traits und Motivationen, Freunde, Umfeld)	Level Basic und Abgleich mit Zielgruppen und Konkurrenz auf Basis externer Marktforschungsdaten	Level Managed und Zukunftsszenarios auf Basis externer Marktforschungsdaten

6 Markenführung

Kurz zusammengefasst:

Eine Markenidentität erwacht erst dann richtig zum Leben, wenn man sie in einen authentischen und glaubwürdigen Kontext einbettet. Dieser ist eine unerschöpfliche Quelle für eine lebhafte, glaubwürdige und langfristig angelegte Umsetzung der Markenidentität. Daher sollte man auf keinen Fall die Entwicklung des Markencharakters mit dem Archetypus abschließen, sondern sich konkret damit beschäftigen, was ihn antreibt, in welches Umfeld er eingebettet ist und welchen Herausforderungen/Gegnern er sich gegenüber sieht. Gleichzeitig führt die Beschäftigung mit diesen Aspekten direkt zur Umsetzung der Markenidentität in Form von Bildern, Texten, Tönen und Strukturen.

Haben wir es jetzt geschafft? Der Markencharakter steht, aber die logische inhaltliche Überprüfung, ob die Markenidentität auch grundlegenden Qualitätskriterien genügt, steht noch aus. Worum geht es? Ganz einfach, um die Prüfung, ob sie den Voraussetzungen für eine einfache Informationsverarbeitung genügt, ob sie genügend Vertrauenspotenzial generieren kann, um als Geschäftspartner, Freund etc. zu dienen. Dies ist der zentrale Punkt des nächsten Kapitels.

6.3 Erfolgskriterien und Checkpunkte für eine Marke: Was man bei der Konstruktion von Markenidentitäten auf jeden Fall beachten sollte

Der erste Entwurf für die Markenidentität steht. Jetzt geht es darum, aus den ersten Ideen ein erfolgversprechendes und langfristiges Konzept mit Bestandsgarantie zu machen. Denn nichts, was heute definiert wird, gilt ewig. Daher muss die Marke so angelegt sein, dass sie bei einer Veränderung der Zielgruppe so viel Flexibilität in sich trägt, dass sie darauf reagieren kann. Im Folgenden werden einige Qualitätskriterien vorgestellt, die in einfacher und pragmatischer Art und Weise helfen, sich an die Umsetzungen heranzutasten.[110]

6.3.1 Die Basiskriterien: Was jede Markenidentität erfüllen sollte

Ein kurzer Rückgriff auf die Informationsverarbeitung fördert die wichtigsten Kriterien schnell zu Tage. Im Grunde genommen gelten die gleichen Anforderungen wie an eine operative Werbung. Beginnen wir mit der Klarheit und Eindeutigkeit. Es gibt nur sehr wenige Marken, die ein sehr klares und eindeutiges Bild im Gedächtnis hinterlassen. Dazu gehört die Marke Marlboro. Wenn man an sie denkt, so wird mit großer Wahrscheinlichkeit als allererstes Bild im Kopf der Cowboy erscheinen. Er steht als Inbegriff einer harten Lebensweise und ist vielleicht für viele das konkreteste Symbol für die Männlichkeit. Der Psychologe Jung würde in diesem Fall vom Inbegriff des Animus sprechen. Diese konkrete, einzigartige Menge von Assoziationen ist untrennbar mit dem Markennamen verbunden.

Vor allem die Klarheit und Einzigartigkeit spielen beim Aufbau eines Differenzierungsvorteils im Vergleich zur Konkurrenz eine sehr große Rolle, denn je klarer und einfacher die Marke beschrieben werden kann, desto weniger Zeit braucht man, um den wirklichen Kern in Worte zu fassen. In anderen Worten formuliert: Wenn die Marketingverantwortlichen einer Firma mehr als einen Satz brauchen um zu formulieren, wofür die Marke steht, dann ist sie definitiv zu komplex.

Im Umkehrschluss heißt dies, dass es sehr gefährlich ist, eine klare, einfache und einzigartige Definition der Markenidentität durch zusätzliche Komponenten zu erweitern, zu dehnen und zu verwässern. Dazu ein Beispiel: Sieht man sich die Kommunikationsstrategie der BMW AG seit 2007 etwas genauer an,[111] so wird man feststellen, dass der Konzern in den letzten Jahren den eng definierten Markenkern erweitert hat. Seit dem Jahre 2007 wurde der Begriff „EfficientDynamics" konsequent in seiner Bedeutung auf die gleiche Ebene wie der ursprüngliche Markenkern und sein Claim „Freude am Fahren" gehoben. Im Jahr 2009 wurde dann durch eine große Kampagne auf einmal wieder das Prinzip Freude in den Vordergrund gerückt und mit verschiedenen Motiven sehr stark beworben. Dazu der Originaltext aus der BMW-Pressemeldung:

> „FREUDE IST BMW. Die Marke BMW erhält nicht nur die Freude am Fahren, sie garantiert auch Freude über das Fahren hinaus. Der Markenkern „Freude" bildet das emotionale Fundament für die Umsetzung und Tonalität der gesamten BMW-Kommunikation. „JOY IS BMW": Die Emotion wird in den Vordergrund gestellt. Beispiele für Claims in der deutschen Adaption der weltweiten Kampagne sind: „FREUDE IST JUNG", „FREUDE NIMMT WENIG UND GIBT VIEL", „FREUDE LIEGT IN DER LUFT", „FREUDE IST NICHT BEWEGUNG. SONDERN BEWEGEND", „FREUDE IST UND. NICHT ODER", „FREUDE IST BMW". Effektiver und effizienter. Mit der Fokussierung der Markenkommunikation trägt BMW der Medienexplosion, dem geänderten Medienverhalten und der zunehmenden Heterogenität der Lebenswelten der BMW-Zielgruppen Rechnung. Die weltweit

einheitliche und auf die Schwerpunkte EfficientDynamics und Design fokussierte Kommunikation verstärkt die langjährige erfolgreiche Positionierung der Marke und erhöht die Nachhaltigkeit der Kernbotschaften."[112]

Was ist denn nun der eigentliche Schwerpunkt des Markenkerns? Ist es Freude, ist es Freude am Fahren, ist es Effizienz und Dynamik? Oder alles zusammen? Sicherlich ist es ein Anliegen der Automobilindustrie, das schlechte Gewissen dadurch zu beruhigen, dass auf den grünen Kern der Firma hingewiesen wird, aber dies klingt für einen unbedarften Außenstehenden eher wie ein Zickzackkurs. Warum wurde EfficientDynamics in die Claims von 2009 nicht integriert? Z. B. Freude ist effizient? Funktioniert auch nicht. Vielleicht wäre es an der Zeit, den Kern evolutionär anzupassen und wieder mehr zu fokussieren? Wer es versucht, allen recht zu machen …

Betrachten wir ein anderes Kriterium: Eine harte Markenidentität soll es werden, wobei dies nicht im Sinne von brutal zu verstehen ist, sondern als apodiktische Aussage (eine Aussage, deren Gegenteil unmöglich wahr sein kann, Apodiktik: Lehre vom Beweis). Sehen wir uns doch zur Verdeutlichung ein paar Claims an: Die Firma Ford wählte beispielsweise „Feel the difference"[113] und Opel „Wir leben Autos".[114] Sicher, jeder Mensch möchte einen Unterschied fühlen oder möchte für etwas leben, aber welches attraktive Elemente einer Markenidentität ist mit dieser Aussage verbunden? Hart formuliert, gar keins. Im Gegensatz zu der Freude am Fahren, oder den Vorsprung, den man durch Technik haben könnte, ist die gefühlte Unterschiedlichkeit oder „Autos leben" eine richtig schwache Geschichte. Denn jeder Mensch und jeder Gegenstand ist auf seine eigene Art und Weise unterschiedlich, in positiver wie negativer Art und Weise. Der Markenclaim der Firma Ford ist somit eine reine Feststellung, ohne den Charakter eines anziehenden Versprechens zu haben oder eine positive Eigenschaft der Marke zu verdeutlichen. Eine Steigerung gelingt sogar noch Opel. Abgesehen von der umständlichen Formulierung ist die Aussage im Wesentlichen nicht sehr sinnvoll. Autos leben, was heißt denn das?

Das nächste Kriterium lautet: Einmaligkeit. Seitdem sich Camel mit ihrer maskulinen Version einer Zigarettenmarke verabschiedet hat, ist die Marke Marlboro mit ihrem maskulinen Image alleine. Eine einmalige Marke hat eine ganz andere Relevanz als ein Me-Too-Gebilde. Auch der Härtegrad des Markenkerns wird den Anforderungen gerecht, denn der harte, maskuline Cowboy schließt jede andere Deutung aus.

Greift man wiederum das BMW-Beispiel auf, so wird man auch hier feststellen, dass Freude am Fahren eine harte, klare und eindeutige Aussage ist, die in ihrer genialen Einfachheit die Essenz einer sportlichen, dynamischen Marke ist. Auch die Definition von EfficientDynamics ist klar (weniger Emissionen, mehr Fahrfreude) und das Versprechen, aus jedem Tropfen Treibstoff mehr Fahrspaß herauszuholen, ist, für sich gesehen, treffend formuliert.[115] Allerdings sind Effizienz und Dynamik austauschbare Begriffe. Beide zusammen ergeben zwei verschiedene Pole, zwischen denen die Wahrnehmung des Kunden leicht zerrissen werden kann.

Kurz zusammengefasst:

Einmalig, klar, einfach: Die ganze Darstellung des Informationsverarbeitungsprozesses zeigte, dass eine Marke, die sich auf wenige Eigenschaften konzentriert – über einen längeren Zeitraum hinweg konsistent wiederholt – eine größere Chance hat, verarbeitet und gespeichert zu werden und darüber hinaus ein klareres Bild der Markenidentität gibt.

6.3.2 Die Konsistenz und Kontinuität der Kernidentität

Verlassen wir nun die Basisanforderungen und beschäftigen uns mit der „Timeless Essence" von Aaker, der Kontinuität und Konsistenz einer Marke. Man könnte diese beiden Aspekte einer Identität auch unter dem Begriff der Verlässlichkeit subsumieren. Was kann man darunter verstehen? Im Grunde genommen sind es die Kontinuität und Konsistenz des Archetypus mit all seinen persönlichen Eigenschaften, dem Grundgerüst der Motivationen und den Traits über einen bestimmten Zeitablauf hinweg. Paradebeispiel ist die Marke Marlboro, die seit dem Jahre 1952 ihren maskulinen Markenkern ohne Einschränkungen beibehalten hat. Es gibt aber auch genügend Gegenbeispiele in der Werbung. Dazu ein kurzer Ausflug in die Werbestrategie der Firma Rotkäppchen-Mumm Sektkellerei GmbH von 2003 bis 2010,[116] dargestellt in Tabelle 12.

Die Gegenüberstellung der drei verschiedenen Zeiträume in Tabelle 12 zeigt deutlich, dass zwar eine entfernte Ähnlichkeit über die Jahre hinweg besteht, aber doch sehr wichtige Gestaltungselemente nachhaltig geändert wurden. Angefangen beim Markenclaim bis hin zur unterschiedlichen Tonalität. Dabei wäre es durchaus möglich gewesen, die Grundidee des Spots von 2003 aufzugreifen und diese über die Jahre hinweg evolutionär weiterzuentwickeln und damit eine kontinuierliche Story um den Markenkern herum zu weben. Man hätte hervorragend die offenen Fragen, mit denen sich anscheinend einige Adressaten sogar im Internet beschäftigt haben (siehe Kapitel 2.3), auflösen können und zu einer schönen, langfristigen Geschichte um Erfolge herum ausbauen können. Der kritische Betrachter mag man einwenden, dass die Ände-

Tabelle 12   Veränderung der Markenführung am Beispiel Mumm

Charakteris-tika der Spots	Zeitraum 2003	Zeitraum 2007	Zeitraum 2010
Story	Zwei Männer lehnen an einer schiefen Glasscheibe und führen einen kurzen Dialog. Das Setting ist unklar, ist es eine Party? Ist es ein besonderer Anlass? Feiern die beiden den Abschluss eines Projektes?	Variante 1: Taufe eines Schiffes, sehr festlich gekleidete Personen; Variante 2: Party mit sehr festlich geklei-deten Personen	Ein Paar geht die Treppe hinauf und trifft in der (neuen?) Wohnung auf eine Partygesellschaft. Die Wohnung ist hochwertig einge-richtet, aber nicht luxuriös; Party, Feiern
Atmosphäre	Eher geschäftliche Atmosphäre?	Mondäne Atmosphäre	Eher Alltagssituation
Markenclaim	Manchmal muss es eben Mumm sein	Mumm ist, wenn Man's macht	Manchmal muss es eben Mumm sein
Tonalität	Leger und unge-zwungen; warme Töne	Feierlich, förmlich, festlich; helle Töne	Leger und unge-zwungen; Durch-schnittspersonen
(Mögliche) Kern-botschaften	Keine klare Botschaft erkennbar	Mumm ist etwas Besonderes, zu besonderen Anlässen gehört Mumm. High Society.	Wenn es etwas zu feiern gibt, dann mit Mumm; auch für jedermann.

rungen nicht so gravierend waren, dass sie der Zielgruppe aufgefallen wären. Dies mag durchaus zutreffen, aber man hätte ein deutlich stärkeres Markenimage erzeugen können, wenn die Werbung konsistenter gewesen wäre. Außerdem zeigten die Zahlen der Rotkäppchen-Mumm Sektkellereien GmbH einen durchaus positiven Verlauf.[117] Auch dies stimmt, allerdings muss man dazu sagen, dass der Sektmarkt in den letzten Jahren insgesamt gewachsen ist und es keine große Leistung ist, in einem wachsenden Markt auch mitzuwachsen. Im Jahre 2009 ist der gesamte Markt beispielsweise um circa 5 Prozent gewachsen, die Marke Mumm dagegen nur um 4,1 Prozent.[118] Eine wirklich starke Marke wäre deutlich über dem Trend gewachsen! Wenn die Zielgruppe, wie im Beispiel gezeigt, genötigt war, sich alle paar Jahre ein neues Bild von der Marke zu machen, dann ist die Wahrscheinlichkeit relativ groß, dass langfristig über die Zeit hinweg im günstigsten Fall ein verwaschenes, unscharfes Bild entsteht, im ungünstigsten Fall gar keines.

Kommen wir zum zweiten Aspekt: der Konsistenz. Gemeint sind damit die Stimmigkeit der Identität und deren Authentizität. Bleibt man bei dem Beispiel der Marke Marlboro, so ist diese in sich konsistent. Würde man dagegen dem Cowboy ein Buch in die Hand drücken, eine Brille aufsetzen und ihn Heidegger, Plato und Wittgenstein zitieren lassen, dann wäre im besten Fall ein netter Treppenwitz geboren, aber man hätte sich meilenweit von einer starken und relevanten Marke entfernt.

> **Kurz zusammengefasst:**
> Die ideale Kernidentität einer Marke ist in sich konsistent und weist über den Zeitablauf hinweg eine Kontinuität auf. Dadurch erzeugt die Marke eher Verlässlichkeit und Vertrauen. Welchen Einfluss auf den verkäuferischen Beitrag der Marke haben all diese Überlegungen in diesem Abschnitt? Stellt man sich wiederum eine Markenidentität als Person vor, so ist die Frage relativ schnell beantwortet. Mit wem möchte man eher Geschäfte machen? Mit einer Person, die einschätzbar ist, deren Charakter klar und verständlich ist, oder mit jemandem, bei dem man lange nachdenken muss, welche Persönlichkeit sich hinter einer bestimmten Fassade versteckt oder gar mit jemanden, der alle paar Monate seine Identität wechselt?

6.3.3 Die Evolutionsfähigkeit einer Marke oder die Vermeidung eines One-Hit Wonders

Hinter dem Entwurf einer Markenidentität sollte die Absicht stehen, sie für einen längeren Zeitraum bestehen zu lassen, nicht zuletzt auch aufgrund des erheblichen Aufwandes, der hinter der Definition und Identifikation steckt. Aber Kunden, Märkte, Vorlieben und Einstellungen ändern sich über die Jahre hinweg. Ein Widerspruch in sich? Nein, denn hier muss man zwischen dem Auftritt und der eigentlichen Persönlichkeit trennen. Übertragen auf natürliche Personen heißt dies, dass wir uns vor 20 Jahren anders angezogen haben und vielleicht auch andere Vorstellungen von der Welt hatten im Vergleich zum Hier und Jetzt. Dagegen hat sich der Kern unserer Persönlichkeit wahrscheinlich nicht sehr stark geändert. Und genauso sollte man die Evolution einer Markenidentität angehen. Dabei sind verschiedene Entwicklungspfade denkbar, je nachdem, welche Szenarien in der Zukunft erwartet werden.

Betrachten wir dies anhand des Beispiels Marlboro: In den fünfziger Jahren des vergangenen Jahrhunderts entwickelte die Werbeagentur Leo Burnett die stark maskuline Kernidentität dieser Zigarettenmarke. Auch nach 60 Jahren wird die Kernidentität nicht in den Ruhestand geschickt, sondern ist noch genauso aktuell wie zum Zeitpunkt der Definition. Allerdings haben sich die Gesellschaft und die Einstellungen zum Rauchen im Verlaufe dieses Zeitraumes so drastisch gewandelt, dass sich dies selbstverständlich in der Werbung niederschlagen musste. Anfangs wurden verschiedene Testimonials verwendet, die Inbegriff der Männlichkeit waren (Seeleute, Bauarbeiter, ein Rancher, ein Pilot und eben auch ein Cowboy). Erst in den Sechzigerjahren fokussierte sich Philip Morris ausschließlich auf das Wild-West-Image und den Cowboy als Testimonial. Auch heute verwendet die Werbung ausschließlich Bildwelten, die mit der ursprünglichen Kernidentität zu 100 Prozent übereinstimmen. Die Anpassung in den letzten Jahrzehnten erfolgte ohne thematische Sprünge, eher evolutionär als revolutionär und es gab lange Phasen der Konstanz des Werbeauftritts. Im Gegensatz zu den ersten Werbungen, in denen die Testimonials in Großaufnahme (nur das Gesicht) mit einer Zigarette im Mund gezeigt wurden, ging man im Verlaufe der Jahre dazu über, ihn nicht mehr rauchen zu lassen. Viel mehr wurden Aufnahmen mit typisch amerikanischen Hintergrundlandschaften zum Träger der Markenidentität. Die Konstanz der Kernidentität ist daher das beste Beispiel für Aakers Komponente der „Timeless Essence".

Ein weiteres schönes Beispiel für eine Marke, die zwar ein hohes einmaliges Potenzial hatte, aber relativ schnell zu einer Übersättigung bei der Zielgruppe führte, findet sich in Form der Gewinnerin des Song Contest 2010, Lena Meyer-Landrut. Auf der Homepage des Monheimer Instituts, Team für Marken- und Medienforschung GmbH, findet sich eine interessante Analyse der Künstlerin, die deren Markenidentität hervorragend umreißt:[119]

„Um es gleich zu Beginn auf den Punkt zu bringen: Was die Deutschen an Lena fasziniert, ist ihre Natürlichkeit und Normalität. Sie ist das ‚Mädchen von nebenan', ‚ein Mädchen wie du und ich', das optisch eher aufgrund ihrer natürlichen Schönheit als wegen eines außergewöhnlichen Outfits auffallen würde. Lena ist nicht auffallend gestylt, nicht übermäßig geschminkt, fällt nicht durch sexy Kleidung und überbetonten Busen oder Po auf. ‚Diesen ganzen Schnickschnack' – da sind sich die Deutschen einig – ‚braucht Lena gar nicht': ‚Sie glänzt mit wahrer, natürlicher Schönheit.' Das macht das hohe Maß an Normalität und Bodenständigkeit aus, das ihr zugeschrieben wird. Sie wirkt eben ‚nicht gekünstelt', nicht ‚aufgebrezelt' und abgehoben wie die üblichen Stars und Sternchen, sondern ‚echt' und ‚ehrlich', wie eine ‚von uns', eben eine aus dem Volk." „Lena hat einen ‚Underdog-Bonus', für Männer fast so wie der FC St. Pauli: kaum Mittelmaß, sportlich eher unterdurchschnittlich, aber mit einem eigenen Stil, der cool und eigenständig ist – autark geradezu. Und was von den Deutschen noch viel mehr bewundert wird, ist der Umstand, dass Lena es trotz ihres Erfolgs, des Rummels und der öffentlichen Auftritte gemeistert hat, ihr Abitur zu absolvieren. Vor allem Jugendliche in ihrem Alter finden das bewunderns-, aber auch ein wenig beneidenswert."

In einigen wenigen Worten zusammengefasst heißt dies: eine ideale Kombination aus Selbstbewusstsein (ideales Selbstbild), Anziehungskraft mit Lolita-Bonus für die Männer, ohne für Frauen wirklich einen Konkurrenzstatus zu erreichen. Lässt man diese Künstlerin nun erwachsen werden, so geht als allererstes der Lolita-Bonus verloren, dann funktioniert der Spagat zwischen „frech und süß" nicht mehr. Denn eine 30 Jahre alte Frau wird garantiert nicht mehr als süß bezeichnet, vielmehr besteht die Wahrscheinlichkeit, dass diese Gefühle genau in das Gegenteil umschlagen. Sie würde dann unglaubwürdig, man unterstellte ihr, dass sie einfach nicht erwachsen werden will. In gleicher Weise könnte man alle anderen Kriterien, die jetzt Lena Meyer-Landrut erfolgreich machen, kritisch auf dem Prüfstand stellen und fragen, welches Evolutionspotenzial in ihren Charakterzügen liegt? Relativ wenig, wenn man nicht rechtzeitig die Charakterzüge in die richtige Richtung entwickelt. Wenn man sich die Popularität der Künstlerin nach dem Abflauen des Euro-Song-Contest-Hype und auch nach ihrem zweiten Versuch 2011 ansieht, drängt sich der Eindruck auf, dass ihr Stern bereits dabei ist, zu sinken.

Was heißt dies nun für die Markenführung? Neben den genannten Qualitätskriterien (Klarheit, Einzigartigkeit, Einfachheit, Relevanz, Härtegrad) wird hier zusätzlich eine zeitlich-inhaltliche Dimension eingeführt. Welche Vorgaben für die Entwicklung einer Markenidentität kann man auf Basis dieser methodischen Überlegungen oder auch der praktischen Realität vieler anderer erfolgreicher und starker Marken ableiten (z.B. Nivea, Lucky Strike, Audi)? Wenn man sich mit der Definition bzw. Identifikation einer Markenidentität beschäftigt, so sollte man sich immer die Frage stellen, ob diese in fünf Jahren, 10 Jahren, vielleicht sogar in 20 Jahren immer noch Bestand haben kann und welche evolutionären Entwicklungsmöglichkeiten sich durch die Festlegung ergeben. Hört sich vielleicht im ersten Moment anstrengend an, aber wenn man an die Konsequenzen einer häufigen Änderung der Markenidentität denkt, so ist es durchaus sinnvoll, etwas mehr Zeit und Kapazität auf deren Festlegung zu verwenden. Das vermeidet nicht nur die Änderung aller Werbemittel, die Anpassung aller Vorgaben und damit eine Verwirrung der eigenen Mitarbeiter, sondern vor allem auch den langfristigen Eindruck, der bei der Zielgruppe eben nicht(!) entstehen kann. Ein kurzer Rückblick auf Teil I und die assoziativen Netzwerke verdeutlicht dies (siehe Kapitel 2.4).

Kurz zusammengefasst:

Die Hauptcharaktereigenschaften einer Markenidentität müssen so flexibel angelegt sein, dass sie bei einer Veränderung der Zielgruppe auch in 10–20 Jahren entweder unverändert genauso stark sind wie heute oder in ebenso

6 Markenführung

Nun haben wir es geschafft, eine gute Markenidentität anhand der wichtigen relevanten Aspekte zu entwerfen, haben sie hinsichtlich der Basiskriterien, der Evolutionsfähigkeit, der Konsistenz und Kontinuität geprüft. Leider ist es zu früh, sich entspannt zurückzulehnen. Um ein in sich stimmiges Gesamtkonzept zu erhalten, sollten Markencharakter und Markenbasis aus einem Guss sein. Daher sollte man nur kurz innehalten und prüfen, ob diese Konstruktion allen bis jetzt genannten Qualitätskriterien entspricht. Idealerweise sollte die Prüfung bereits in alle Basisüberlegungen (siehe Kapitel 6.2.1) integriert werden, die ergänzenden Checkpunkte zeigt Bild 20. Sie als aufmerksamer Leser werden vielleicht einige Überlegungen zum Thema Markenerweiterung vermissen. Aber die eben geschilderten Gedanken treffen nicht nur auf eine Neudefinition zu, sondern auch auf Erweiterungen und Veränderungen des Markenkerns.

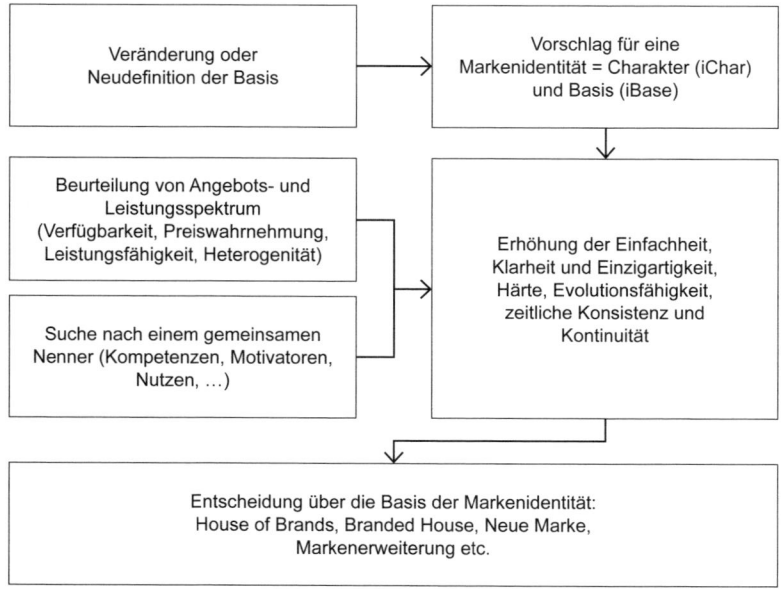

Bild 20 Abgleich der Markenbasis mit dem Markencharakter anhand der Qualitätskriterien

6.3 Erfolgskriterien und Checkpunkte für eine Marke 163

Aber die Markenidentität muss sich auch von der Konkurrenz abheben, hinsichtlich ihrer Einzigartigkeit, Trennschärfe und Härte, genauso wie sie zu den Zielgruppen passen muss. Sie soll von ihr nicht nur akzeptiert werden, dies wäre viel zu schwach, sondern vor allem gewollt und gemocht werden. Diese beiden letzten Checkpunkte runden die Markenidentität ab und stehen im Mittelpunkt der weiteren Ausführungen.

6.3.4 Abgleich der Markenidentität mit der Konkurrenz

Ein wichtiger Meilenstein auf dem Weg zu einer robusten Markenidentität ist ein (kurzer) Blick auf mögliche Reaktionen der Konkurrenten. Das einfache Instrumentarium, das in Bild 21 dargestellt ist, zielt darauf ab, sogenannte Killerargumente der Konkurrenz abzufangen und die eigene Markenidentität so robust zu machen, dass sie wenig Angriffspunkte bietet.

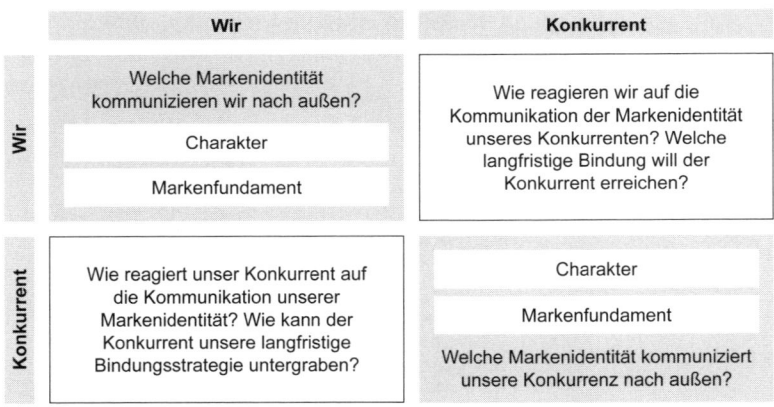

Bild 21 Abgleich der eigenen Markenidentität mit den Konkurrenten

Beispielsweise könnte ein wichtiger Aspekt der eigenen Identität die langjährige Erfahrung in der Branche sein, als Bestandteil des Archetypus des verlässlichen Geschäftspartners. Was kann die Konkurrenz daraus machen? Ganz einfach, sie verzerrt diese positive Eigenschaft zu charakterlicher Trägheit, fehlender Flexibilität und mangelnder Orientierung an Kundenwünschen. Wenn die Leistungsfähigkeit des eigenen Unternehmens so gut ist, dass man dies objektiv entkräften kann, sind alle Bemühungen der Konkurrenz nur heiße Luft und man kann sich beruhigt zurücklehnen und die Reaktionen abwarten. Hat man aber hiermit eventuell eine Schwachstelle im Markenfundament entdeckt, so muss man sich überlegen, wie man diese beseitigt, so dass wieder eine runde, in sich stimmige Identität entsteht bzw. welche Gegenreaktionen sinnvoll sind. In gleicher Weise wie die Traits sind natürlich die verkäuferischen Kompetenzen der Konkurrenz zu bewerten. Über welche Argumente bzw. mit welchen kommunikativen Tricks und Kniffen verkaufen die Wettbewerber? Dabei sind nicht die Vorgehensweisen im Vertrieb gefragt, sondern die Argumente, die in der Werbung ins Feld geführt werden.

Dieses einfache Instrumentarium ist nichts anderes als eine Szenarioanalyse, wie z. B. von Porter im Rahmen der strategischen Planung vor Jahrzehnten schon vorgeschlagen.[120] Sinn und Zweck ist, rechtzeitig diejenigen Schwachstellen zu entdecken, die das mühsam aufgebaute Gebilde einstürzen lassen können. Die Anwendung ist aber nicht nur auf die Entwicklungs- und Definitionsphase beschränkt, sondern kann sowohl bei einer Markenerweiterung als auch bei einer regelmäßigen Überprüfung der Wirksamkeit der eigenen Markenführung genutzt werden.

6.3.5 Verankerung der Markenidentität in der Zielgruppe

Ein letzter Schritt auf dem Weg zur „perfekten" Markenidentität ist der Abgleich mit den Motivationen und Erlebniswelten der Zielgruppe. Im Scheinwerferlicht steht jetzt die interessante Frage „Wer gehört zur relevanten Zielgruppe?" Was auf den ersten Blick wie eine lästige Fingerübung erscheint, hat jedoch erhebliche Konsequenzen für die Akzeptanz oder die Ablehnung einer Markenidentität. Ist die Zielgruppe zu unspezifisch und zu breit definiert, besteht die Gefahr, dass der Markencharakter genauso unspezifisch und generisch wird. In anderen Worten formuliert: Wenn man jeden ansprechen will, spricht man eventuell niemanden an. Auf der anderen Seite besteht das Risiko, die Zuhörerschaft bzw. die Leserschaft zu eng zu definieren, so dass der Erfolg in Frage gestellt wird, da sich der größte Teil der Adressaten nicht angesprochen fühlt. Um dies zu vermeiden, sollten folgende Fragen, eventuell flankiert durch entsprechende Marktforschungsaktivitäten, beantwortet werden:

- Wird die Markenidentität von den Zielsegmenten vor allem im Konkurrenzvergleich als einfach, klar, einzigartig angesehen?
- Wird die Markenidentität von den Zielsegmenten akzeptiert? (Ja, ich könnte mir vorstellen, dass das Angebots- und Leistungsspektrum so vermarktet werden kann.)
- Wird die Markenidentität von den Zielsegmenten als erstrebenswert, als relevanter (Verkaufs-)Partner angesehen? Hat die Markenidentität einen Leuchtturmcharakter (Ja, diese Eigenschaften

finde ich toll!) und/oder eine Orientierungsfunktion (diese Eigenschaften sind erstrebenswert in unserer Gesellschaft)?

- Hat die Markenidentität ein großes Identifikationspotenzial innerhalb der Zielsegmente? (So möchte ich vielleicht auch sein.)

> Eine der wichtigsten Voraussetzungen für die Relevanz der Aussagen ist, dass man immer eine kritische Masse im Hinterkopf hat. Dies bedeutet nichts anderes, als dass sichergestellt sein muss, dass die überwiegende Mehrheit innerhalb der Zielsegmente die oben genannten Fragen eindeutig mit Ja beantwortet und nicht eine Randgruppe.

6.3.6 Es ist geschafft: Die Markenidentität ist schlüssig, robust und in sich konsistent definiert

An dieser Stelle wollen wir ganz kurz innehalten und auf die vorangegangene Konstruktionsarbeit zurückblicken. Was ist nun das Ergebnis all der vorangegangenen Überlegungen? Tabelle 13 fasst die Komponenten und Bestandteile für eine Markenidentiät zusammen.

Tabelle 13 Markenidentität, Komponenten und Bestandteile

Komponenten	Basic	Managed	Advanced
Inputs	iBase, iChar, TAPs 0 bis 3	iBase, iChar, TAPs 0 bis 3	iBase, iChar, TAPs 0 bis 3
Basiskriterien	Klarheit, Einfachheit, Einmaligkeit, Härte, Geltungszeitraum		
Robustheitsprüfung	Kontinuität, Konsistenz, Evolutionsfähigkeit, interner Abgleich mit Zielgruppen und Konkurrenz	Level Basic plus Abgleich mit Zielgruppen (Veränderung wichtiger Werte, Motivationen und Einstellungen) und Konkurrenz auf Basis externer Marktforschungsdaten	Level Managed plus Zukunftsszenarios auf Basis externer Marktforschungsdaten, Entwicklung szenariospezifischer Reaktionsmuster zur Veränderung/Anpassung der Markenidentität
Dokumentation	Historie, Dokumentation der Entscheidungen und deren Ergebnisse, zugrundeliegende Annahmen, Gründe für die Entscheidungen		

Das Ergebnis dieses Konstruktionsprozesses ist in einfachen Worten: eine Markenidentität, die auf einer fundierten Basis, dem Angebots- und Leistungsspektrum aufbaut, ohne von ihm abhängig zu sein. Ein evolutionsfähiger, starker Charakter, der das Potenzial hat, die Zielgruppen zu begeistern und zum Kauf zu bewegen und sich von der Konkurrenz positiv abhebt. Der wesentliche Meilenstein ist erreicht, die Markenidentität ist mit allen wesentlichen Eckpunkten abgeglichen worden und sollte eine in sich schlüssige Gesamtheit aus Charakter und Fundament bilden.

Template 4 fasst diesen Vorgang zusammen und gibt eine Hilfestellung bei der Prüfung der Qualitätskriterien. Tabelle 13 zeigt die Ergebnisse für die Reifegradstufen, ein Anwendungsbeispiel aus der Investitionsgüterindustrie findet sich am Ende des Kapitels.

Konkrete Beschreibung des Markencharakters	
Überprüfung der Basiskriterien: eindeutig, klar, einfach, hart, einmalig. Treffen die Basiskriterien zu? Was kann noch weiter vereinfacht, eindeutiger etc. gemacht werden? Welcher Verlust an Relevanz/welcher Gewinn an Relevanz ergibt sich?	
Konsistenz und Kontinuität: Kann der Markencharakter über 5–10 Jahre konsistent gehalten werden bzw. kann die Kontinuität gehalten werden? Welche Trends (Markt, Zielgruppen) verstärken/verwässern die Konsistenz und Kontinuität?	Notwendige Informationen: TAP 0, TAP 1, TAP 2, TAP 3
Evolutionsfähigkeit: Kann der Markencharakter entwickelt werden? Welche Traits/Motivationen sind eine Sackgasse? Welche Trends (Markt, Zielgruppen) verstärken/verwässern die Konsistenz und Kontinuität?	Notwendige Informationen: TAP 0, TAP 1, TAP 2, TAP 3
Leistungsspektrum: (Verfügbarkeit, Preisspanne, Leistungsspektrum) Passen diese Kriterien zum Charakter? Warum?	
Zielgruppe: Passt der Charakter zur Zielgruppe? Warum?	

	Wir	Konkurrent
Wir	Welche Markenidentität kommunizieren wir nach außen?	Wie reagieren wir auf die Kommunikation der Markenidentität unseres Konkurrenten? Welche langfristige Bindung will der Konkurrent erreichen?
Konkurrent	Wie reagiert unser Konkurrent auf die Kommunikation unserer Markenidentität? Wie kann der Konkurrent unsere langfristige Bindungsstrategie untergraben?	Welche Markenidentität kommuniziert unsere Konkurrenz nach außen?

Abschließende Beurteilung der Qualitätskriterien:
Wie robust und stark ist die Markenidentität?

Template 4 Überprüfung der Erfolgskriterien einer Markenidentität

6.4 Kreative Freiheit versus harte Vorgaben: Die Umsetzung der Markenidentität in Bilder, Töne, Texte, Strukturen und Gegenstände

Das geistige Gerüst steht, aber die ebenso interessante und nicht weniger aufreibende Arbeit kommt mit der Umsetzung der Markenidentität. Jetzt müssten ganz konkrete Vorgaben für die Planung und Gestaltung von Kampagnen entwickelt werden. Interessanterweise offenbart der Blick in die Fachliteratur zum Thema Markenführung genau an dieser Stelle meist eine Lücke. Die Autoren lassen sich zwar begeistert über Markenportfolios, Markenstrukturen, Lebenszyklen von Marken etc. aus, aber es finden sich außer ein paar Hinweisen auf Visualisierung und Marken-Ikonographie (Farben, Logo, Typografie) kaum konkrete Vorgaben, wie denn der Sprung vom geistigen Elfenbeinturm in die reale Welt vollzogen werden soll. Wie können diese konkreten Vorgaben aussehen?

Nachdem jede Werbung aus vier Grundbausteinen besteht (Bilder, Töne, Texte und Gegenstände), diese in der Regel in einer bestimmten Struktur angeordnet werden, sind die Bezugspunkte schon festgelegt. Hier müssen die Vorgaben ansetzen. Überlegungen, welche notwendig und sinnvoll sind, bilden den Startpunkt für eine sehr interessante und kontroverse Diskussion. Überlegt man kurz, so wird man feststellen, dass sich aus der vorangegangenen Konstruktion der Markenidentität fast schon automatisch sehr viele Weichenstellungen ergeben. Wenn man beispielsweise die Markenidentität auf Basis des Archetypus Geschäftsmann aufgebaut hat, so stellt sich nicht die Frage, ob Rot die richtige Farbwahl für das Corporate Design ist. Nein, vielmehr wären in diesem Fall gedeckte Farben, zum Beispiel Blau und Grau, deutlich angemessener. Denn letztere verdeutlichen mehr das äußere Erscheinungsbild des Geschäftsmanns. Gehen wir zu den nächsten zwei Eckpunkten: Konsequenz und Härte der Vorgaben. Denn was nützt eine harte, klare und trennscharfe Definition der Markenidentität, wenn sie durch schwammige Bilder, langweilige Texte und eine wenig motivierende Klangwelt konterkariert wird?

Ein kurzer Blick in die Marketingliteratur offenbart eine gewisse Einigkeit hinsichtlich der prinzipiellen Konkretisierung von Markenidentitäten mittels der oben genannten Gestaltungsbereiche: Es müssen Schlüsselelemente sein. Gerade unter dem Stichwort Marken-Ikonographie finden sich sehr viele Hinweise auf konkrete Elemente wie zum Beispiel Markenlogos oder typische Abbildungen. Um die Komplexität zu reduzieren und die Überleitung in konkrete Elemente einfacher zu machen, macht es Sinn die einzelnen Elemente zu betrachten. Beispielsweise kann ein Markenlogo aus Buchstaben, Bildern oder aus einer Kombination von beiden bestehen. Jetzt hat man die Möglichkeit, festzustellen, ob eine Schriftart bzw. bestimmte Bilder zur Markenidentität passen, in einem nächsten Schritt, ob sie einen stimmigen Gesamteindruck ergeben. Selbstverständlich überlegt man sich, ob diese über einen längeren Zeitraum hinweg verwendet werden können. Diese Überlegungen können analog zur Evolutionsfähigkeit der Markenidentität vorgenommen werden. Denn was nützen Vorgaben, wenn sie morgen bereits überholt sind. Zusätzlich müssen sie sowohl zum Charakter als auch zum Fundament einer Markenidentität passen und sich von der Konkurrenz hinsichtlich ihrer Einzigartigkeit, Unterscheidbarkeit etc. abheben.

Eine der nächsten und wichtigsten Weichenstellungen ist die Festlegung der Tonalität als Leitlinie für die gesamte Umsetzung der Marke in Bilder, Töne, Texte, Gegenstände und Strukturen, egal auf welcher Reifegradstufe sich das Unternehmen befindet. Dieser Schritt ist hinsichtlich seiner Tragweite nicht zu unterschätzen, da die Tonalität der wesentliche Träger einer Markenidentität ist. Will man beispielsweise den Archetypus des Geschäftsmannes optimal umsetzen, so ist es nicht zielführend, wenn alle Werbungen lustig und bunt sind. Interessant ist, dass diese Festlegung der Tonalität bei fast allen Autoren in schöner Regelmäßigkeit oft erst beim Briefing auftaucht. Dies ist aber deutlich zu spät, denn wenn man bei jeder Kampagne überlegen muss, welche Tonalität die richtige ist, dann muss man sich nicht wundern, wenn die Umsetzung der Marke nicht aus einem Guss ist, sondern das Ergebnis nach Kraut und Rüben aussieht.

Ein kurzer Griff in die die Schatzkiste der misslungenen Kampagnen fördert wieder ein herrlich schlechtes Beispiel zu Tage: Reynolds Tobacco hatte mit dem maskulinen Pendant („I would walk a mile for a camel"[121]) zum Marlboro Cowboy eine recht gute und komfortable Wettbewerbsposition erreicht. 1991 wurde aber ein Strategiewechsel in Form einer Neupositionierung der Marke eingeleitet.[122] Fortan segelten lustige Kamele („… wirf nie eine brennende Camel aus dem Fenster") oder stöckelten auf High Heels („… lass dich von deiner Camel verwöhnen") durch die Werbung. Zu diesem Zeitpunkt setzte eine Abwanderung der Kunden zu den Konkurrenzprodukten ein, was unter anderem auf die fehlende Übereinstimmung der Tonalität der Kampagne mit der Selbstwahrnehmung der Zielgruppe zurückzuführen war. In einfachen Worten formuliert: Der Zielgruppe war der neue Auftritt und die neue Positionierung der Zigarettenmarke zu albern. Vielleicht möchte aber auch kein Raucher mit seiner Sucht auf die Schippe genommen werden; frei nach dem Motto wenn schon Sucht, dann wenigstens Männer, Blut, Schweiß und Tränen. Ein kurzer Ausflug in eine Konkurrenzbetrachtung hätte aber die Marketingverantwortlichen durchaus zum Nachdenken bringen können. Die Konkurrenten British American Tobacco (Lucky Strike) und Reemtsma (West) werben zwar auch mit einem humoristischen Unterton, aber dieser ist bei weitem nicht in der Art und Weise albern, wie es die Camel-Werbung war.

Kurz zusammengefasst:

Es ist von erheblicher Bedeutung, welche Tonalität gewählt wird und vor allem, dass sie genauso lange konstant und konsistent gehalten wird, wie die Markenidentität selbst. Aus dieser Entscheidung folgen dann beispielsweise Schlüsselbilder, Audio, Branding, Textbausteine und Gegenstände.

Letztendlich geht es darum, zu entscheiden, welchen Punkt man sich im Kontinuum zwischen Flexibilität und stringenter Einheitlichkeit, zwischen Abwechslungsreichtum und Eintönigkeit als Fixpunkt aussucht. Fängt man mit dem allerkleinsten Schritt in Richtung Vorgaben an, und zwar demjenigen, der am wenigsten weh tut und die meisten Freiheitsgrade für die kreative Ausgestaltung beinhaltet, so führt dies direkt zu einer einfachen Basisvariante.

6.4.1 Die unverzichtbare Basis für die konkrete Umsetzung einer Markenidentität

Die Basisvariante beinhaltet diejenigen Gestaltungsvorgaben, die darauf abzielen, den Wiedererkennungswert der Marke zu erhöhen. Es sind gewissermaßen die unverzichtbaren Elemente einer strukturierten Kommunikation und sie repräsentieren Entscheidungen, die der gesamten Organisation den größten Freiheitsgrad lassen. Ausgangspunkt aller Überlegungen ist die konkrete Definition der Markenidentität (s. Kapitel 6.2). Aus dieser lassen sich die Grundelemente Farbe[123] und Schriftart[124] ableiten. Ein Unternehmen, das ein seriöses, sachliches Image bei der Zielgruppe erzeugen will, sollte eher zu einer Schriftart wie Times New Roman und zu gedeckten Farben tendieren, während ein jugendliches Image eher durch eine Schriftart wie Foundry Monoline in Kombination mit frischen, hellen Farben erzeugt wird.

In analoger Weise lässt sich ein Jingle ableiten, der zur Markenidentität passt.[125] Die AUDI AG beispielsweise hat das akustische Erlebnis direkt aus dem Markenkern abgeleitet: Seit 1996 schlägt bei Audi ein Herz als akustisches Markenzeichen. ... „Das Unternehmen hat mit dem Heartbeat eine akustische Ikone geschaffen [...] Jetzt haben wir die akustische Qualität aktualisiert [...]" Zwei Aspekte stehen hörbar im Vordergrund: „Die hohe technische Kompetenz und die Emotionalität unserer Marke." Beides drückt auch die Leidenschaft der Menschen aus, die für Audi arbeiten. Der neue Sound ist lebendiger, hier schlägt ein echtes menschliches Herz. „Dieser Herzschlag geht unter die Haut [...]. Und er bleibt im Kopf: Wir haben das pochende Herz mit synthetischen Klängen unterlegt, passend zu unserem ‚Vorsprung durch Technik'. Sie machen das Logo prägnant und einprägsam."[126]

Auch die Gegenstände sind nicht schwierig festzulegen. Ein schönes Beispiel findet sich immer wieder in Form des Michelin-Männchens oder des Tigers, den Esso früher so gerne in den Tank gepackt hat. Beide gab es bei den Händlern oder an einer Tankstelle als Stofffigur, Plastikmännchen etc. Man sollte hier nicht vergessen, dass auch Werbemittel zu den Gegenständen gehören, die eine Marke repräsentieren. Will man ein hochwertiges Image bei der Zielgruppe erzeugen, so sind Plastik-Dreh-Kugelschreiber für 15 Cent nicht die ideale Wahl, auch wenn sie günstig zu haben sind. Aber Vorsicht! Man sollte auch hier die Zielgruppe nicht vergessen. Wenn zwar die Firma ein hochwertiges Image bei den Kunden erzeugen möchte, diese aber eventuell mit Unverständnis reagieren, weil es nicht in ihr Weltbild passt oder weil dadurch die falsche Einstellung erzeugt wird, dann sollte man hier umdenken. Die Firma Hilti hat bei ihrer Zielgruppe ein sehr positives Image, wird aber keineswegs hochwer-

tige Kugelschreiber als Werbegeschenke beim Besuch eines Vertriebsbeauftragten verteilen, denn ein Fliesenleger wird darauf mit Unverständnis reagieren und nicht ausgeschöpfte Verhandlungspotenziale
beim Preis der Maschine vermuten.

Schwieriger wird es bei der Vorgabe von Strukturen.[127] Aber auch dies
beherrschen die meisten Unternehmen problemlos. Ergebnisse sind beispielsweise die Aufteilung von Bild- zu Textfläche bei Printmedien, die
grobe Storyline bei TV-Spots, in der einfachsten Form eine Kombination
aus Hauptteil und Markenlogo am Ende, das Layout der Homepage etc.

Lässt man ganz kurz die Ergebnisse aus den vorangegangenen Kapiteln
Revue passieren, so wird man feststellen, dass sich eine Markenidentität
über diese einfachen Vorgaben nur sehr rudimentär umsetzen lässt.
Denn rein aus der Zusammenstellung bestimmter Farben, der Verwendung definierter Layouts und Schriftarten kann kein Adressat den eigentlichen Charakter der Marke ablesen. Vielmehr bieten diese wenigen
Basisvorgaben so viel gestalterischen Freiraum, dass hitzige Diskussionen
bei der Entwicklung von Kampagnen nahezu vorprogrammiert sind.
Um wirklich die Markenidentität zu verankern, müssen „schwerere Ge-
schütze" aufgefahren werden. Es bedarf erweiterter Vorgaben.

6.4.2 Erweiterte Vorgaben: Schlüsselelemente

Eine naheliegende Möglichkeit, der Marke Einheitlichkeit und Konsistenz in die Wiege zu legen, ist die Vorgabe von Schlüsselelementen,[128]
aufbauend auf den Vorarbeiten zur Konkretisierung der Markenidentität
(siehe Kapitel 6.2). Prominenteste Vertreter sind die Schlüsselbilder. Man
sucht sich bestimmte Visualisierungen aus, die die Markenidentität sehr
gut charakterisieren.[129] Ein sehr gutes Beispiel findet sich zur Biermarke
Becks: das Schiff mit den grünen Segeln. Während das Schiff im Mittelpunkt der klassischen Werbung stand, so ist es in der Beck's Gold-Wer-
bung nur am Horizont vor dem Hintergrund eines Sonnenuntergangs zu
sehen.

Die Suche nach den Schlüsselbildern kann bei global aktiven Marken
aber auch schief gehen, ganz besonders, wenn versucht wird, ohne lokale
Adaption Bildwelten weltweit standardisiert einzusetzen. Ein weniger
optimales Beispiel findet sich in der Office 2007-Kampagne von Microsoft. In den Bildern waren eindeutig Amerikaner und Amerikanerinnen
auf dem Weg zur Arbeit zu sehen, vor dem Hintergrund eines typisch
amerikanischen Stadtbildes. Hier fällt die Identifikation für Araber,
Deutsche, Spanier etc. deutlich schwerer, im Vergleich zu vertrauteren,
lokalen Motiven.

Bleibt man bei Becks, so eröffnet sich gleich die zweite Vorgabemöglichkeit, das Audio-Branding. Darunter wird ein Gesamtkonzept verstanden, dass alle Töne der Marke passend zur Markenidentität einheitlich gestaltet und aufeinander abstimmt.[130] Bei Beck's sind es die verschiedenen Varianten des ursprünglichen Liedes von Joe Cocker „Sail Away", mal in der klassischen, mal in der etwas rockigeren, moderneren Version. Auch hier gilt wieder der Grundsatz, dass alle Töne zur Tonalität der Marke passen müssen.

Texte und Textbausteine eröffnen weitere interessante Möglichkeiten[131] in Form von standardisierten Vorgaben für bestimmte Aussagen, die in den verschiedenen Medien immer vorkommen sollen. Einer der wichtigsten Bausteine ist das Markenversprechen, manchmal auch als Value Proposition bezeichnet. Aaker versteht darunter: „… a statement of the functional, emotional, and self expressive benefits delivered by the brand that provide value to the customer. An effective value proposition should lead to a brand-customer relationship and drive purchase decisions".[132] Leider lässt der Autor sowohl offen, wie man dieses Statement in Worte fassen soll als auch, wie umfangreich es sein soll. Wenn wir zurückblicken auf die Konstruktion der Markenidentität, so wurden bereits dort detailliert der Markencharakter und die Markenbasis beschrieben, jetzt verbleibt nur die Formulierung des Claims als Ausdruck des Selbstbildes. Aber ist er damit nicht identisch mit der Value Proposition? Oder ist es noch eine Komponente mehr? Tatsächlich macht das nur Sinn, wenn man die Value Proposition in einer längeren Variante als interne Leitlinie formuliert, gewissermaßen als Zusammenfassung aller Überlegungen zur Markenidentität und in einer externen, sehr kurzen Variante für die Kunden.

Darüber hinaus gibt es selbstverständlich auch die Möglichkeit, weitere Aussagen in Form von Textbausteinen zu standardisieren. Beispiele dafür sind immer wiederkehrende Informationen, die sich immer am Ende eines Flyers, einer Anzeige, eines TV-Spots, auf der Homepage etc. finden sollten. Idealerweise integriert man in solche Textbausteine wichtige Botschaften, z. B. Kompetenzen, Herkunft, Historie etc.

Zusammenfassend können wir festhalten:
Der Reiz vordefinierter Schlüsselbilder und Textbausteine liegt in der Ersparnis von Zeit. Es birgt aber auf der anderen Seite bei falscher und zu rigider Vorgabe die Gefahr der inhaltlichen und gestalterischen Eintönigkeit, zusammen mit einem Verlust der kreativen Freiheit. Daher ist es sinnvoll, die Anzahl der definierten Schlüsselelemente auf ein Minimum zu reduzieren, diese aber konsequent einzusetzen.

6.4.3 Fortschrittliche Vorgaben für die konkrete Umsetzung einer Markenidentität

Der Spagat zwischen Flexibilität und Kreativität auf der einen Seite und einheitlicher Umsetzung des Markenimage auf der anderen Seite lässt sich durch ganz bestimmte gestalterische Kniffe vereinfachen, indem man Schlüsselelemente nicht konkret vorgibt, sondern nur die Art und Weise, wie Sie auszusehen haben. Ein Beispiel dazu lieferte die AUDI AG in der Vergangenheit: Um den Markenclaim „Vorsprung durch Technik" in Bildwelten umzusetzen, wurden früher nur silberne Autos eingesetzt. In gleicher Weise gab es Vorgaben beispielsweise für Fotografien in den Broschüren: Die Autos sollten nur im Mittagslicht abgelichtet werden, weil es dann scharfe Konturen und ein exaktes, sehr helles Foto gibt, im Gegensatz zu Fotografien bei Morgen- oder Abendlicht, die eher weiche Konturen und ein sanftes, oranges Licht ergeben. Es wurden nicht die Inhalte selbst reglementiert, lediglich eine Selbstähnlichkeit auch unterschiedlicher Inhalte sichergestellt.

Die konkrete Entwicklung von Richtlinien in dieser Art und Weise bedarf natürlich einiger Vorarbeit. Ausgehend von der Definition der Markenidentität muss man sich zuerst überlegen, wie eine konkrete Umsetzung in Form von Bildwelten erfolgen kann.

Sehen wir uns die Vorgehensweise an einem konkreten Beispiel an: Ein Unternehmen hat für seine Marke die Identität „Anima" gewählt. Zu diesem Charakter gehören Eigenschaften wie harmonisch, sozial kompetent, verführerisch, weich. Visualisierungen dieser Marke sollten also stets Frauen zeigen, die sich entsprechend körperbetont in einem harmonischen Umfeld bewegen. Fügt man als markantes Schönheitsideal noch das Element „glatte Beine" ein, so wäre dies die perfekte Markenidentität in korrekter archetypischer Umsetzung für einen Hersteller von Nassrasierern für Frauen – voilà, die Bildwelten der Marke Gillette Venus. Der Markenauftritt, der in Charakter und Umsetzung genau der Vorgabe folgt, ist über die Jahre nie langweilig geworden. Das Muster wird stets beibehalten, variiert wird lediglich die farbliche Gestaltung – sowohl des Produktes als auch der zugehörigen Visualisierung. Der Erfolg des weltweit höchsten Marktanteils (vor dem Konkurrenten Wilkinson) gibt Gillette recht.[133] Und mit den genannten Symbolen und darauf aufbauenden Bildwelten ist auch für die Zukunft eine abwechslungsreiche und evolutionsfähige Umsetzung der Markenidentität garantiert.

Der wesentliche Unterschied zwischen Bildwelten und der Vorgabe von Schlüsselbildern ist, dass letztere ganz konkrete Bilder sind, die keinen Spielraum lassen, dagegen stellen erstere eine Leitlinie dar für die Erstellung von Bildern. Damit ist selbstverständlich ein höherer kreativer Freiraum gegeben. Selbstverständlich kann man beide Grundprinzipien miteinander verknüpfen. Für bestimmte, wiederkehrende Themen ein einziges Bild, für den Rest Bildwelten. Ein Beispiel dafür findet sich in der Versicherungsbranche: Wenn man die Bildersuche von Google bemüht und nach Münchener Rück sucht, so stößt man immer wieder auf die moderne Skulptur (Walking Man von Jonathan Borofsky) im Eingangsbereich der Versicherung, ein Schlüsselbild, das sich oft in offiziellen Dokumenten des Unternehmens wiederfindet.

Eine deutliche Erleichterung für die Tagesarbeit ist die Visualisierung der Erlebniswelt einer Zielgruppe (Kapitel 4.3, Beispiel konsum-materialistische Milieus). Mit ihr können viele kreative Ideen für die konkrete Umsetzung in Kampagnen entwickelt werden. Man könnte beispielsweise ein typisches Verhalten eines der abgebildeten Zielgruppenmitglieder extrapolieren und dabei problemlos auf ziemlich markige, direkte Sprüche kommen („man ist ja schließlich nicht blöd ..."). Oder man könnte andererseits auch mit visuellen Gegenstücken spielen, zum Beispiel dem guten Geist (strahlend, aber bitte nicht zu schön) und den Adressaten aus seiner Situation herausholen.

In ähnlicher Weise wie die Richtlinien für die Visualisierung greift die Festlegung der Tonalität in Verbindung mit dem Archetypus in die inhaltliche Gestaltung von Texten ein, ohne die Freiräume für die Kreativität dramatisch einzuengen. Der Grundgedanke dahinter ist, dass nicht die vordefinierten Textpassagen das Copy Writing bestimmen, sondern nur die Vorgabe, dass bestimmte inhaltliche Aussagen sich in jedem Text wiederfinden sollen. Die Betonung liegt dabei auf „in jedem Text", abgestimmt auf die verschiedenen Medien. Es ist selbstverständlich, dass in einer TV-Werbung eine deutlich geringere inhaltliche Tiefe vermittelt werden kann, als auf einer Homepage oder in einer 20-seitigen Broschüre. Die Konsistenz der Tonalität lässt im Unterbewusstsein des Lesers oder Zuhörers auch den richtigen Eindruck entstehen. In Bild 22 findet sich ein Beispiel für die Anwendung dieser Leitlinien. In Anlehnung an reale Werbetexte im Internet wurden diese beiden Varianten ein und desselben Themas entwickelt. Nun ist jeder herzlich eingeladen, zu spekulieren, welche Firmen hinter diesen Texten stecken.

Einen außerordentlich interessanten Einblick in die linguistische Markenführung bietet Inga Kastens, die in ihrem Buch die Umsetzung von Markenidentitäten in Form von Texten unter anderem anhand der Marke BMW analysiert.[134] Das Ergebnis überrascht sicher keinen Leser: In allen Texten fanden sich Adjektive, Substantive und Verben wieder, die den Charakter der Marke verstärken. Um beispielsweise den Charakterzug dynamisch zu untermauern, benutzen die Verfasser der Werbetexte Adjektive wie muskulös, kräftig, dynamisch, spontan, sportlich etc.; Verben

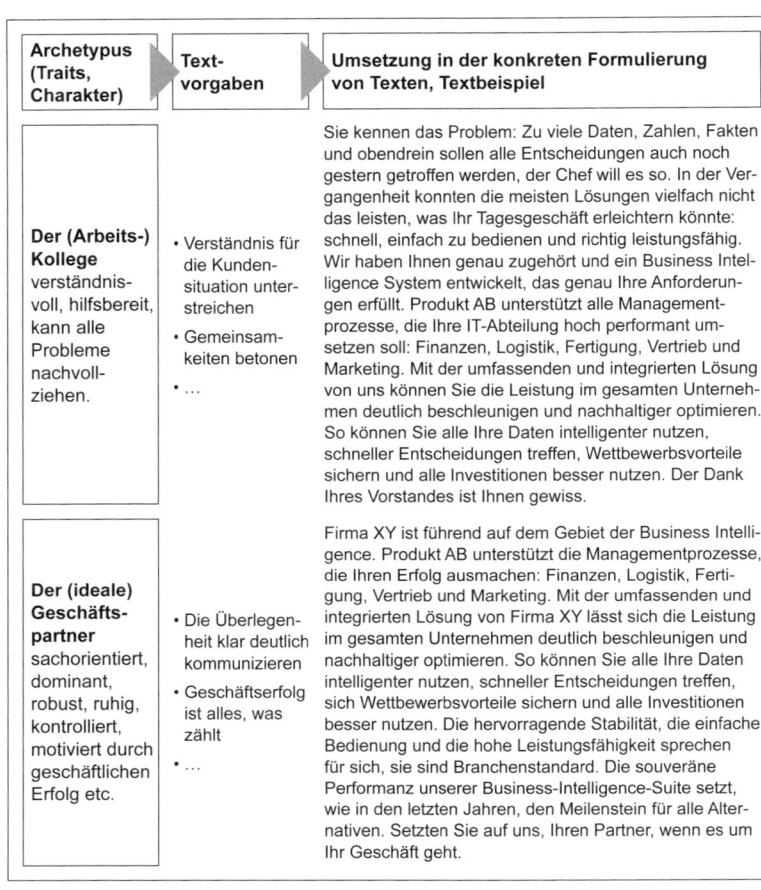

Archetypus (Traits, Charakter)	Text-vorgaben	Umsetzung in der konkreten Formulierung von Texten, Textbeispiel
Der (Arbeits-) Kollege verständnis-voll, hilfsbereit, kann alle Probleme nachvoll-ziehen.	• Verständnis für die Kunden-situation unter-streichen • Gemeinsam-keiten betonen • ...	Sie kennen das Problem: Zu viele Daten, Zahlen, Fakten und obendrein sollen alle Entscheidungen auch noch gestern getroffen werden, der Chef will es so. In der Vergangenheit konnten die meisten Lösungen vielfach nicht das leisten, was Ihr Tagesgeschäft erleichtern könnte: schnell, einfach zu bedienen und richtig leistungsfähig. Wir haben Ihnen genau zugehört und ein Business Intelligence System entwickelt, das genau Ihre Anforderungen erfüllt. Produkt AB unterstützt alle Management-prozesse, die Ihre IT-Abteilung hoch performant umsetzen soll: Finanzen, Logistik, Fertigung, Vertrieb und Marketing. Mit der umfassenden und integrierten Lösung von uns können Sie die Leistung im gesamten Unternehmen deutlich beschleunigen und nachhaltiger optimieren. So können Sie alle Ihre Daten intelligenter nutzen, schneller Entscheidungen treffen, Wettbewerbsvorteile sichern und alle Investitionen besser nutzen. Der Dank Ihres Vorstandes ist Ihnen gewiss.
Der (ideale) Geschäfts-partner sachorientiert, dominant, robust, ruhig, kontrolliert, motiviert durch geschäftlichen Erfolg etc.	• Die Überlegen-heit klar deutlich kommunizieren • Geschäftserfolg ist alles, was zählt • ...	Firma XY ist führend auf dem Gebiet der Business Intelligence. Produkt AB unterstützt die Managementprozesse, die Ihren Erfolg ausmachen: Finanzen, Logistik, Fertigung, Vertrieb und Marketing. Mit der umfassenden und integrierten Lösung von Firma XY lässt sich die Leistung im gesamten Unternehmen deutlich beschleunigen und nachhaltiger optimieren. So können Sie alle Ihre Daten intelligenter nutzen, schneller Entscheidungen treffen, sich Wettbewerbsvorteile sichern und alle Investitionen besser nutzen. Die hervorragende Stabilität, die einfache Bedienung und die hohe Leistungsfähigkeit sprechen für sich, sind sind Branchenstandard. Die souveräne Performanz unserer Business-Intelligence-Suite setzt, wie in den letzten Jahren, den Meilenstein für alle Alternativen. Setzten Sie auf uns, Ihren Partner, wenn es um Ihr Geschäft geht.

Bild 22 Beispiel für die Umsetzung von Markencharakteren in konkrete Texte

wie bändigen, entfesseln, beschleunigen etc. Dreht man diese Analyse um, und entwickelt auf Basis des Markencharakters bestimmte Vorgaben, wie die Umsetzung in Texte auszusehen hat, so erhält man einen Baukasten (Message Grid) mit Adjektiven, Substantiven und Verben, die in jedem Medium vorkommen sollen, selbstverständlich abgestimmt auf die inhaltliche Tiefe des Mediums. In Tabelle 14 finden sich einige Beispiele, wie ein solcher Message Grid aussehen kann.

Die Definition solcher Richtlinien offenbart im Gegenzug aber auch eventuelle Schwächen in der Konsistenz der Markenidentität. Wenn man nicht in der Lage ist, klare und aussagefähige Vorgaben zu definieren, die für das ganze Angebots- und Leistungsspektrum gelten, so hat man even-

Tabelle 14 Message Grid: Beispiel für die Vorgaben der Umsetzung von Markenidentitäten in Texte, in Verbindung mit einer Markenidentität eines Investitionsgüterherstellers

Marken-identität	Adjektive	Substantive	Verben
Für beide Marken-identitäten gemeinsam	produktiv, schnell, intelligent, zuverlässig etc.	Wettbewerbsvorteile, Investitionen sichern	beschleunigen, absichern, zusagen
Der Kollege	gemeinsam, zusammen, hilfsbereit, verständnisvoll, wissend, vereint, vertrauensvoll etc.	Verständnis, Entgegenkommen, Resonanz (auf die Anforderungen des Kunden), Zusammenarbeit etc.	kennen, verstehen, zuhören, (etwas) aufnehmen, helfen, integrieren, einfügen etc.
Der ideale Geschäftspartner	führend, überlegen, souverän, sofort, umgehend, autark, autonom, unabhängig etc.	Erfolg, Überlegenheit, Souveränität, Führungsposition, Vorteil, Meisterschaft etc.	optimieren, (jmd.) nutzen, verstärken, anpacken, vorantreiben etc.

tuell Inkonsistenzen in der Markenidentität. In Kapitel 6.2.1 wurde als Beispiel die Visualisierung der Philips-Vision vorgestellt. Denkt man etwas genauer über die Umsetzung dieses Claims in konkrete Werbungen nach, so wird man schnell darüber stolpern, dass dies bei Fernsehgeräten nicht so einfach funktioniert, denn Fernsehen wird eher mit negativen Konnotationen gleichgesetzt. Wie sollte man ohne große Erklärungen und Umwege der Zielgruppe klarmachen, dass durch dieses Produkt die Lebensqualität nachhaltig gesteigert wird? Man macht es wie Philips und verweist auf die Studie, die nachweist, dass Ambilight-Fernseher die Augen nicht so beanspruchen und somit die „geistige Leistungsfähigkeit für nachfolgende Aktivitäten nachweislich steigert".[135]

Template 5 hilft bei der Ableitung der Markenidentität. Bei der Definition von Richtlinien für Text und Visualisierung sollte man aber den bekannten Grundsatz der Einfachheit und Konzentration auf wenige, wesentliche Vorgaben nicht vergessen. In dem Moment, wenn eine ausufernde Vielfalt produziert wird, erreicht man genau das Gegenteil von der ursprünglichen Absicht. Der Lohn all dieser Anstrengungen ist eine Leitlinie für die Umsetzung der Markenidentität, eine Identity Implementation Guideline, kurz ein iiGuide. In Tabelle 15 sind die drei verschiedenen Reifegrade mit den entsprechenden Ausprägungen des iiGuide zusammenfassend dargestellt.

Markenidentität:
Tonalität:

Umsetzung der Markenidentität (iiGuide)				
Bilder, Bildwelten	Texte, Claim, Value Proposition	Audio-Branding, Töne, Jingles	Gegenstände	Strukturen, Layouts

Template 5 Umsetzung der Markenidentität

Tabelle 15 Reifegrade in der Markenführung, iiGuide

Komponenten	Basic	Managed	Advanced
Input	Markenidentität	Markenidentität	Markenidentität
Bilder, Visualisierung	Farben, Logo	Tonalität, Vorgabe von Schlüsselbildern	Bildwelten: Richt-linien für die Visuali-sierung, evtl. ein-zelne Schlüsselbilder
Töne	Jingle	Tonalität, Audio-Branding, Klangwelten	
Texte (gesprochen, geschrieben)	Schriftart(en), Schriftsatz, Marken-Claim	Tonalität, Value Proposition, Text-bausteine	Message Grid: Richtlinien und Text-elemente (Verben, Substantive und Adjektive) für die Integration der Markenidentität in alle Texte, evtl. ein-zelne Textbausteine
Gegenstände	Markentypische Gegenstände		
Strukturen	Layout-/Struktur-/Aufbauvorgaben für alle Medien in Abstimmung mit der Markenidentität		
Robustheits-prüfung des iiGuide	Abgleich des iiGuide in einer frühen kreativen Phase z. B. mit ausgewählten Kunden, Focusgruppen etc. um festzustellen, ob die Umsetzung der Markenidentität richtig ankommt. Ergebnis: Akzeptanzgrad und Korrekturmaßnahmen		

6 Markenführung

Einen vernünftigen Abschluss der Entwicklung des iiGuide bildet – egal auf welcher Reifegradstufe – das Einholen von Feedback aus den Zielgruppen. Dies kann in recht einfacher Art und Weise erfolgen, indem man sich kritische, aber loyale Kunden sucht, die in der Lage sind, konstruktive Kritik zu üben. Hier haben es Investitionsgüterhersteller wieder etwas einfacher als Konsumgüterhersteller, denn es finden sich meist repräsentative Vertreter für ein Segment, die stellvertretend für den Großteil stehen. Konsumgüterhersteller müssen eventuell auf einige Fokusgruppen oder viele psychologische Tiefeninterviews zurückgreifen, um eine vernünftige Aussage zu bekommen. Diese Robustheitsprüfung des iiGuide führt man selbstverständlich nicht erst am Ende des gesamten Ausarbeitungsprozesses durch, sondern dann, wenn die ersten kreativen Ideen in vorzeigbarer Art und Weise vorliegen. Hier lässt sich bis zur endgültigen Festlegung noch einiges verändern.

6.4.4 Excellence@Work: Caterpillar Markenidentität und deren Umsetzung

Zum Abschluss des Kapitels soll ein schönes Beispiel die Umsetzung der Markenidentität demonstrieren: Caterpillar. Es wurde bewusst ein Beispiel aus der Investitionsgüterindustrie genommen, um zu zeigen, dass alle gezeigten Methoden und Tools nicht nur in der Konsumgüterindustrie Anwendung finden. Im Grunde genommen braucht man über Caterpillar keine großen Worte zu verlieren. Welcher kleine Junge ist nicht mit Begeisterung am Zaun einer Baustelle gestanden und hat begeistert den Radladern, den Baggern und den Dumpern zugesehen, wie sie Baugruben ausheben und die Erde bewegen. An dieser Stelle soll die Firma aus dem Blickwinkel der Markenführung beleuchtet werden. Welcher Archetypus verbirgt sich hinter der Marke Caterpillar? Im Jahresbericht 2010 stand auf der allerersten Seite ein sehr schönes Statement, wie die Firma sich selber sieht:

„Einen Schutzhelm aufsetzen. Die Baustelle abgehen. Die Motorenwerte kontrollieren. Den Terminplan des Projekts überprüfen. Das Endergebnis beurteilen. Das sind nur einige der Arbeiten, die tausende von Caterpillar-Kunden in der ganzen Welt täglich erledigen. Je besser es uns gelingt, die Arbeit aus der Perspektive unserer Kunden zu betrachten, desto eher werden wir deren Anforderungen gerecht. Und wenn das der Fall ist, gewinnen wir alle."[136]

Treffender kann man den Archetypus des guten, verlässlichen Kumpels oder Freundes nicht beschreiben. Sieht man sich die Zielgruppe an, so kann man die Wahl als sehr gelungen bezeichnen. Man kann sich den Charakter hervorragend mit einem Bauhelm vorstellen, der kein Problem hat, wenn die Schuhe schmutzig werden, einer, der ohne lange nachzudenken anpackt, der ehrlich, hart und auf dem Boden der Tatsachen geblieben ist. Geht man noch einen Schritt weiter und sieht sich die Zielgruppe näher an, so besteht auch hier die Markenidentität ihre Prüfung: Die Bauindustrie ist eine sehr hemdsärmelige Branche, in der eine direkte Sprache gesprochen wird und in der es ab und an auch ruppig zugeht. Daher würde ein Geschäftspartner ohne Bauhelm nicht akzeptiert werden, ein Techniker wäre eventuell zu weltfremd, ein Ratgeber zu distinguiert.

Eine kurze Analyse des Umfeldes führt fast automatisch zur Baustelle selbst. Wo findet man die Maschinen, wo die Bediener? Selbstverständlich dort! Auch die Ziele sind schnell umrissen: rechtzeitig fertig werden, auch wenn dies nicht immer einfach ist (Herausforderungen, Gegner), das Wetter ist schlecht, der Kunde hat unvorhergesehene Änderungen, so einige Überraschungen finden sich in der Baugrube etc. Wie gut ist es daher, dass man sich auf die Maschinen verlassen kann. Sie springen am Morgen immer an, leisten Außergewöhnliches unter Tags, auf sie ist Verlass. Dies hört sich alles relativ eingängig und einfach an, aber dann müssten gerade die Konkurrenten vielleicht auch darauf gekommen sein? Ein kurzer Blick über den Zaun offenbart, dass sie deutlich abfallen. Volvo beispielsweise beschreibt den „Volvo-Way" wie folgt:

„The Volvo Way shows what we stand for and aspire to be in the future. It lays the foundation for developing the Volvo Group into the world's leading provider of commercial transport solutions. It is a recipe for success in which we strongly believe. It expresses the culture, behaviors and values shared across the Volvo Group."[137]

Die Aussage ist deutlich verhaltener, ist eher zurückhaltend, skandinavisch. Aber ist dies in der rauen Baubranche sinnvoll? Man erkennt hier nicht die Begeisterung, das Einfühlungsvermögen für alle Menschen auf der Baustelle. Der Konkurrent Liebherr, der ein noch breiteres Produktspektrum als Volvo abdeckt, hält sich auf der Homepage noch bedeckter. In der sehr allgemeinen Beschreibung der Firmengruppe findet sich keine emotionale Positionierung. Man kann festhalten, dass Caterpillar nicht nur die Basiskriterien für eine starke Markenidentität erfüllt, sondern wahrscheinlich auch den Abgleich mit der Konkurrenz und der Zielgruppe erfolgreich durchgeführt hat.

Aber wie steht es mit der Evolutionsfähigkeit des Archetypus' bei Caterpillar? In der Darstellung zum 75. Geburtstag im Jahre 2000 ist eine ähnliche Markenidentität zu finden.[138] Auch hier werden immer wieder die Qualität, die Robustheit der Maschinen, die vorausschauende Innovationsfähigkeit und die Zukunftsorientierung betont. Diese Werte finden sich 2010 sowohl auf der Homepage als auch in allen anderen Publikationen wieder. Zudem hat dieser Archetypus in gleicher Weise wie der Marlboro Man ein nahezu unzerstörbares, maskulines Image. Man kann über ihn unendlich viele Storys von der Baustelle, von den besonderen Leistungen beim Bauen etc. erzählen. Diese klare Struktur fördert selbstverständlich auch die Kontinuität und Konsistenz der Markenidentität. Geradezu vorbildlich ist auch deren Umsetzung. Die Tonalität folgt strikt den Vorgaben des Markencharakters. Sie ist direkt, pragmatisch, dynamisch, aber gleichzeitig hemdsärmelig; alles wird direkt, ehrlich und ohne Umschweife angesprochen. Zur Verdeutlichung einige Zitate aus dem Jahresbericht von 2010:[139]

„Aber unsere Kunden zu lieben und sie zu bedienen, das sind zwei ganz verschiedene Dinge. Das Bedienen ist schwierig. Kunden sind harte Typen. Sie sind anspruchsvoll. Sie haben extrem hohe Erwartungen. Manchmal sind sie mit uns rundum zufrieden, und ein andermal sind sie über uns richtig verärgert."

„Jeder Kunde ist anders, aber etwas ist bei allen gleich: Unsere Kunden wollen die besten Produkte der Welt, sofort verfügbar, täglich einsatzfähig, und zu einem Preis, der dem entspricht, was sie mit ihnen verdienen können. Das ist heute die Triebfeder unserer Arbeit bei Caterpillar und wird es auch morgen sein."

Fast schon überflüssig, auf die nahezu lehrbuchhafte Umsetzung der Markenidentität in ganz konkrete Texte hinzuweisen. Um eine glaubhafte, authentische Umsetzung zu erreichen, ist es selbstverständlich notwendig, dass der ganze Stil dem maskulinen, direkten, dynamischen und anpackenden Kumpel gerecht wird. Aber auch bei der Farbgebung und bei den Bildwelten hat sich Caterpillar eng an den selbst gesteckten Rahmen des Archetypus gehalten. Man findet im Regelfall immer Bilder von den Baumaschinen im harten Einsatz, die Führungskräfte nicht im Büro, sondern auch auf der Baustelle, neben oder auf den Maschinen. Wenn es eine Vorgabe der Bildwelten gibt, dann ist sie in allen Kommunikationsmedien hervorragend umgesetzt. Die zentralen Farben der Firma sind schwarz und gelb, die Struktur bewusst einfach und klar gehalten. In Bild 23 sind die Vorgaben für die Kombination des Dealer-Logos in Verbindung mit dem Firmensymbol dargestellt. Die Zielsetzung war nicht nur das Erzielen eines Wiedererkennungseffektes, vor allem auch der klare und eindeutige Auftritt nach außen.

Selbstverständlich hat auch die Wahl der zentralen Farben der Firma Caterpillar etwas mit einer Baustelle zu tun. Die Farbe Gelb hat eine deutliche Signalwirkung, was durchaus Sinn macht, da man auf die Baumaschinen achten muss und soll. In Kombination mit der Farbe Schwarz ergibt sich ein hervorragender Kontrast, wieder mit entsprechender Wirkung, denn alle Stellen, auf die man aufpassen soll, sind in der Regel

Dealer Lockup (one-line)

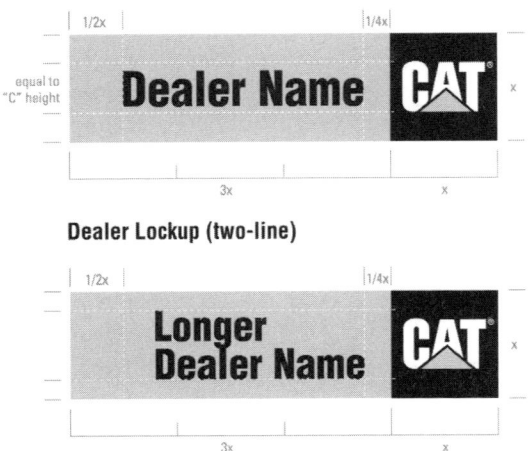

Dealer Lockup (two-line)

Bild 23   Beispiel für Strukturen, Dealer-Logo[140]

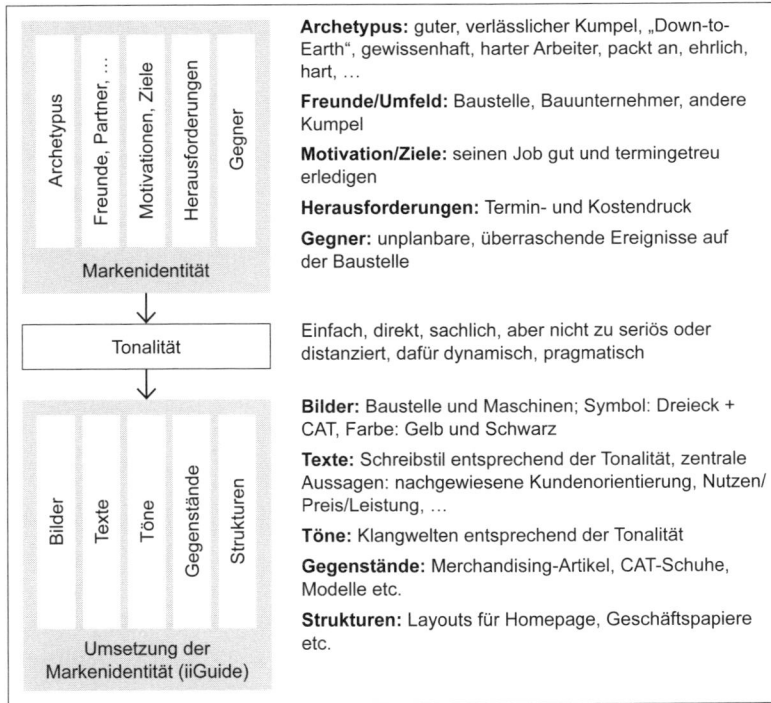

Archetypus: guter, verlässlicher Kumpel, „Down-to-Earth", gewissenhaft, harter Arbeiter, packt an, ehrlich, hart, …

Freunde/Umfeld: Baustelle, Bauunternehmer, andere Kumpel

Motivation/Ziele: seinen Job gut und termingetreu erledigen

Herausforderungen: Termin- und Kostendruck

Gegner: unplanbare, überraschende Ereignisse auf der Baustelle

Einfach, direkt, sachlich, aber nicht zu seriös oder distanziert, dafür dynamisch, pragmatisch

Bilder: Baustelle und Maschinen; Symbol: Dreieck + CAT, Farbe: Gelb und Schwarz

Texte: Schreibstil entsprechend der Tonalität, zentrale Aussagen: nachgewiesene Kundenorientierung, Nutzen/Preis/Leistung, …

Töne: Klangwelten entsprechend der Tonalität

Gegenstände: Merchandising-Artikel, CAT-Schuhe, Modelle etc.

Strukturen: Layouts für Homepage, Geschäftspapiere etc.

Bild 24   Umsetzung der Markenidentität in konkrete Vorgaben

6 Markenführung

Gelb-Schwarz gestreift. Das Dreieck im Logo erinnert an das typische Dreiecks-Kettenlaufwerk der Planierraupen. Auch die Gegenstände, die ein Caterpillar-Logo tragen, sind allgemein bekannt und passen zum Charakter der Marke (www.shopcaterpillar.com). Festes Schuhwerk, robuste Kleidung, Helme, Schutzbrillen etc. Kein Schnickschnack, sondern nützliche, einfache Dinge, die man im täglichen Einsatz brauchen kann. In Bild 24 sind diese Erkenntnisse grafisch dargestellt.

6.5 Traum und Wirklichkeit: Monitoring der Markenidentität und die Lücke zwischen Zielidentität und aktuellem Image

Der gesamte Konstruktionsprozess ist nun abgeschlossen, aber der spannendste Teil kommt erst jetzt: Was sagt die Zielgruppe zu all den Ideen, und wie weit ist man von der Zielidentität entfernt? Ohne das Marken-Monitoring läuft jedes Unternehmen Gefahr, eigene Sichtweisen in den Vordergrund zu stellen und damit an den Vorstellungen aller Adressaten vorbeizusegeln. Viele Unternehmen, gerade solche mit starker Vertriebsorientierung, neigen dazu, intern zu viel zu diskutieren und zu streiten, anstatt eine 80-Prozent-Lösung in eine Feedback-Runde mit den Zielgruppen zu werfen und zu sehen, was als Ergebnis zurückkommt. Oft ist die Rückmeldung der Adressaten eine Überraschung, ähnlich dem Vergleich des Eigen- und Fremdbildes. Darüber hinaus spart man auch erheblich Zeit, wenn man frühzeitig Meinungen außerhalb des Unternehmens einholt. Man kann es auch etwas salopper formulieren: Warum intern streiten, wenn man nur den richtigen Personen die richtigen Fragen stellen muss?

Wenn man konsequent den gesamten Konstruktionsprozess vorbereitet hat, liegen von Beginn an alle TAPs vor. Wie bereits in Kapitel 6.2.1 genauer beschrieben, weiß man bereits, welche Persönlichkeitsprofile und Strukturen bei den avisierten Adressaten ankommen oder durchfallen könnten. Manchmal kann man auf Basis dieser Informationen relativ schnell eine Bewertung während des gesamten Konstruktionsprozesses durchführen. AXE spricht junge Männer an, und was treibt diese Zielgruppe am meisten an? Es liegt in diesem Fall auf der Hand und führt direkt zum Markenkern. Was macht man aber, wenn die Antwort nicht offensichtlich ist und aufgrund der Überlegungen zur Einzigartigkeit der Markenidentität die ausgetretenen Bahnen verlassen werden und Traits neu kombiniert werden sollen? Nachdem eine Markenidentität etwas länger als ein paar Jahre Bestand haben sollte, wäre es sinnvoll, die folgenden Fragen in allen relevanten Märkten und mit abgegrenzten Zielgruppen zu analysieren:

1. Ist der Archetypus (Charakter, Basis etc.) als solcher erkennbar bzw. wird er auch erkannt?
2. Akzeptiert die Zielgruppe den Markencharakter und das Markenfundament? Entspricht die Markenidentität dem Selbstbild und den Motivationen der Zielgruppe? Empfindet die Zielgruppe damit die Markenidentität als erstrebenswert?
3. Haben der Markencharakter und das Markenfundament Relevanz für die Kaufentscheidungen der Zielgruppe, d. h. wie hoch ist das Potenzial für eine hohe langfristige Priorität bei der Kaufentscheidung?
4. Hat die Markenidentität ein hohes Bindungspotenzial?
5. Akzeptiert die Zielgruppe die Schlüsselelemente, die die spätere Werbung prägen sollen (Bilder, Texte, Töne, Gegenstände und Strukturen)?
6. Wird der Status als „Verkäufer" und die damit verbundene Bindung als vertrauenswürdig, authentisch etc. akzeptiert?

Die große Herausforderung bei der Analyse der oben genannten sechs Erfolgsfaktoren ist die Tatsache, dass bei einer Neudefinition der Markenidentität nur auf wenig Konkretes zurückgegriffen werden kann. Daher sollten rechtzeitig vor der Schaltung der ersten Werbung mehrere Entwürfe den Fokusgruppen vorgelegt werden. Denn nur so können die Zielpersonen auch bewerten, was sie gut finden und was nicht. Um das Markenimage zu überprüfen, gibt es sehr viele Methoden in der Marktforschung.[141] Beispielsweise können durch Polaritätsprofile, spontane Assoziationen, offene Fragen, assoziative Netzwerke etc. die Einstellungen der Zielgruppe ermittelt werden. Um die Vorgehensweise zu erläutern, soll ein kleiner Ausflug in die Welt der Bierwerbung unternommen werden. Da der Bierkonsum in Deutschland insgesamt von knapp 123 Liter pro Kopf (2001) auf knapp 110 Liter pro Kopf (2009) gesunken ist,[142] ist der gesamte Markt sehr hart umkämpft, wird intensiv beworben und bietet deswegen ein ideales Untersuchungsfeld für Werbung und Markenführung. Die Bewertung der in diesem Markt vertretenen Marken durch den Markenmonitor Bier 2009 ergab eine eindeutige Führerschaft für die Biermarke Becks:

„Die Bremer Biermarke erzeugt ein klares Bild in den Köpfen der Verbraucher. Dieses Bild zu beschreiben, fiel den Befragten der von der Hamburger MMP Group gemeinsam mit der Markenberatung Dragon Rouge durchgeführten Studie ‚Markenmonitor Bier' auch 2009 nicht schwer: Zum vierten Mal in Folge landete die Marke auf dem Siegertreppchen. Beck's punktete vor allem bei den

18- bis 30-Jährigen und erzielte dort eine Markenpräferenz von über 70 Prozent. Die Studie misst die Markenstärke der großen Premiumbiermarken – als eine der wenigen Marken konnte Beck's diesen Wert weiter ausbauen. Beck's ist demnach die stärkste Marke in der deutschen Bierlandschaft mit Spitzenwerten in Sachen Image, Marken- und Qualitätswahrnehmung sowie Präferenz."[143]

Vergleicht man diese Einschätzung mit der gewünschten Positionierung, wie sie der Hersteller AB-InBev (Anheuser-Busch InBev) auf seiner Homepage formuliert („Die moderne, dynamische Marke steht für Freiheit, Internationalität und Produktqualität"),[144] stellt man eine nahezu perfekte Übereinstimmung fest. Offensichtlich ist es dem Brauereikonzern optimal gelungen, die formulierte Markenidentität durch Einsatz stimmiger Stilmittel in der Werbung zu transportieren. Eine Studie sollte diesen Erfolg der Marke Beck's detaillierter untersuchen und insbesondere folgende Fragestellungen klären:[145]

* Inwieweit werden die verwendeten Schlüsselbilder den richtigen Marken zugeordnet?
* Welche Art von Schlüsselbildern spricht die Zielgruppen an?
* Wie wird eine Markenerweiterung von der Zielgruppe aufgenommen?

Insgesamt 100 Teilnehmern wurden ausgesuchte, charakteristische Schlüsselbilder aus den folgenden Werbespots[146] vorgelegt:

1. Beck's Classic (BW), Beck's Gold (BGW), Beck's Ice (BIW)

2. Köstritzer Schwarzbier: „Klavierspieler" (KöW)

3. Heinecken: „Begehbarer Kühlschrank" (HW)

4. Erdinger Weißbier: „Franz Beckenbauer" (EWW)

5. Krombacher: „Insel im Wasser" (KrW)

6. Schöfferhofer Weizen (SWW) und Schöfferhofer Eis-Kristall (SWEK)

7. Jever: „Mann am Strand" (JW)

8. Paulaner: „Biergarten" (PW)

Die Ergebnisse waren beeindruckend. Falsche Zuordnungen der Schlüsselbilder kamen so gut wie nicht vor. Die Assoziationen zur Marke Beck's spiegelten genau die Untersuchungen aus dem Biermonitor wider: Abenteuer, Frische, Qualität, Freiheit, aber auch Partybier und „Sail Away" wurden spontan von den Probanden genannt. Für 22 Prozent der Befragten war Beck's eine ganz tolle Marke, 49 Prozent finden die Marke ganz o.k., 71 Prozent hatten sehr positive Einstellungen.

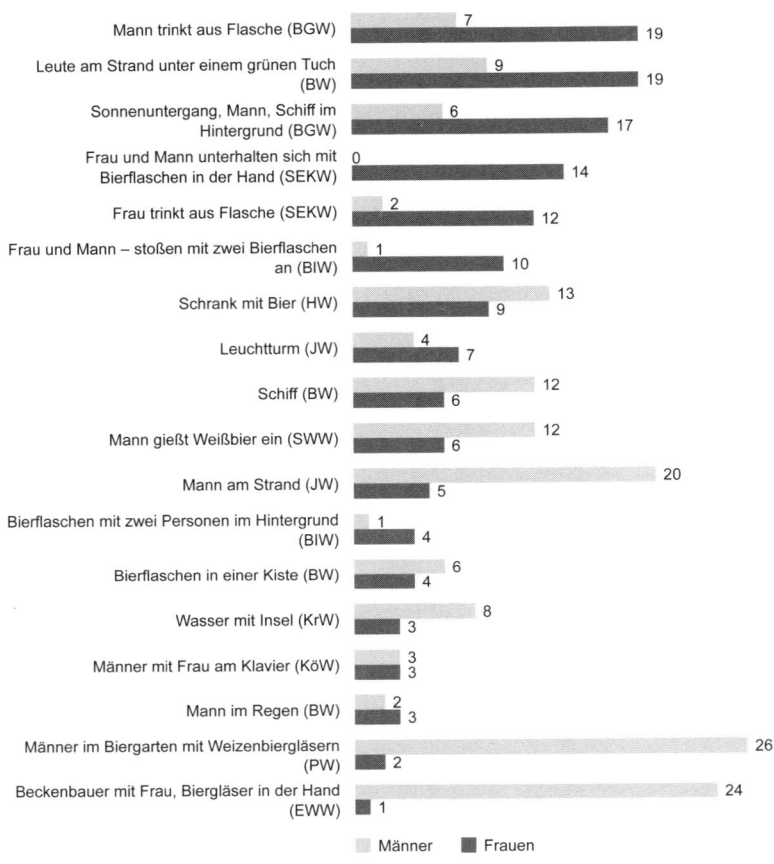

Bild 25 Attraktivität von Schlüsselbildern bei ausgewählten Bierwerbungen

Die Vorlieben hinsichtlich bestimmter Schlüsselbilder sind in Bild 25 dargestellt, und zwar geschlechtsspezifisch aufgelöst. Ganz eindeutig ergaben sich Unterschiede bei der Bewertung der Favoriten. Männer erklärten die Bilder zu ihren Spitzenreitern, die Heimat, Tradition und Gemütlichkeit (Paulaner, Erdinger) oder ein eher kühles Männerbild (Jever) visualisieren, während Frauen Bilder mit warmen Tönen, Urlaubsstimmung oder sozialer Komponente, Party (Beck's, Beck's Gold) bevorzugen. Die hohe Akzeptanz der Marke Beck's hängt sicher nicht zuletzt damit zusammen, dass die eingesetzten Schlüsselbilder gerade auch Frauen besonders ansprechen, die traditionell nicht im Fokus von Biermarken stehen.

6 Markenführung

Betrachten wir nun einen der Mitglieder der Beck's-Markenfamilie, Beck's Ice genauer. Interessanterweise war die Zustimmung zu dieser Submarke mit nur 18 Prozent eher niedrig, nur 9 Prozent waren der Meinung, dass die Werbung für Beck's Ice zur Marke Beck's passt (im Gegensatz zu 91 Prozent, die dies bei der Submarke Beck's Gold angaben). Dies ist keineswegs verwunderlich, denn alle die in so hohem Maße akzeptierten Schlüsselbilder (goldene Farben, Schiff, Meer) wurden im Beck's Ice Spot ersetzt durch insgesamt wenige, kühle Farben, eine beliebige Partyszene, ohne Schiff, kein Wasser. Dieser Schritt weg vom wohlig-warmen Charakter der bisherigen Markendarstellung war den Befragten offensichtlich zu groß. Und während die Erweiterung des Beck's Markenfundaments durchaus logisch und – aufbauend auf dem hohen Qualitätsimage – auch potenziell logisch erscheint, stellt sich doch die Frage, ob durch eine stärkere Nähe zum Image der Kernmarke nicht eine höhere Akzeptanz hätte erzielt werden können.

Ein vergleichbarer Check zur Akzeptanz einer Markenidentität und ihrer Umsetzung in der Werbung macht nicht nur in der Pilotphase Sinn. Im Gegenteil, in regelmäßigen Abständen in Kombination mit der Überprüfung der Werbewirksamkeit einzelner Kampagnen erhält man wichtige Erkenntnisse über die iGAP (Identity GAP), die Diskrepanz zwischen Identität und Image als Maß für die Erreichung der Markenidentität. Bild 26 zeigt beispielhaft, wie eine Auswertung aussehen kann. Auf Basis einer strukturierten Befragung wurden zwei große Bereiche abgefragt: einerseits die Wahrnehmungen und Einstellungen der Zielgruppe zur Marke, andererseits die Wiedererkennung der Umsetzung in Form von

iGAP: Grad der Erreichung der Markenidentität		
Markenidentität	Wir haben Verständnis für Kundenprobleme	100%
	Partnerschaftliches Verhältnis zu den Kunden	50%
	Wir geben Unterstützung bei allen Kundenfragen	50%
	Wir sind innovativ und immer die Ersten auf dem Markt	90%
Umsetzung	Claim:	50%
	Logo:	40%
	Bilder, die mit der Marke verbunden werden	40%
		60% (Durchschnitt)

Die linke Spalte ist mit "Fragebogenergebnisse" beschriftet.

Bild 26 Erhebung und Berechnung des iGAP

Bildern, Texten etc. Die Prozentzahlen ergeben sich direkt aus den Ergebnissen der Fragebogenauswertung. In diesem Beispiel haben 100 Prozent aller Befragten bestätigt, dass die untersuchte Firma bzw. Marke Verständnis für Kundenprobleme hat, dagegen sind nur 50 Prozent der Meinung, dass ein partnerschaftliches Verhältnis zwischen beiden Parteien herrscht. Bei Überprüfen der Umsetzung kann man mit einer gestützten oder ungestützten Abfrage herausfinden, wie viel Prozent der Kunden sich an den Claim, das Logo etc. erinnern und gleichzeitig, welche Bilder bzw. Bildwelten mit der Marke in Verbindung gebracht werden.

Auch bei der Überwachung der Ergebnisse der Markenführung gibt es verschiedene Reifegrade. Nachdem iGAP genau die Vorgaben überprüft, die der iiGuide vorgibt, können selbstverständlich bei den verschiedenen Reifegraden nur die entsprechenden Referenzpunkte herangezogen werden. Beispielsweise können auf der Stufe Basis nur die Erinnerung an den Markenclaim, an bestimmte Farben und das Logo abgefragt werden, was relativ wenig Sinn macht. Auf den beiden folgenden Ebenen des Reifegrades (Managed und Advanced) können deutlich mehr Informationen von der Zielgruppe abgeholt werden. Es können Elemente der Value Proposition abgefragt werden, in denen sich die Traits konkretisieren soll-

Tabelle 16 Reifegrade im Markencontrolling, iGAP

Elemente iGAP	Basic	Managed	Advanced
Vorgaben	Markenidentität, iiGuide Basic	Markenidentität, iiGuide Managed	Markenidentität, iiGuide Advanced
Überwacht wird die Verankerung der Markenidentität bei der Zielgruppe	Abgleich der Wahrnehmung der Zielgruppe (Markenimage) im Vergleich zur definierten Markenidentität. Veränderungen der Einstellungen der Zielgruppen.		
Überwacht wird die Akzeptanz des iiGuide	Für alle relevanten Zielmärkte: Awareness, Top of Mind, Markenassoziationen, Markenimage (Leistungen und Charakter), Farben, Logo, Jingle, markentypische Gegenstände	Für alle relevanten Zielmärkte: iGAP Basic und Tonalität, Value Proposition, Textbausteine, Schlüsselbilder, Traits, Motivationen, die mit der Marke verbunden werden, Markenkernwerte	Für alle relevanten Zielmärkte: iGAP Managed und Gesamteindruck durch die Bildwelten, Akzeptanz/Relevanz der Bildwelten (Soll-Ist-Vergleich), Abdeckung des Message Grid (Soll-Ist-Vergleich), einzelne Textbausteine
Ergebnis/ Output	Maßnahmen zum Schließen der jeweiligen Lücken (iiGuide und Markenidentität)		

6 Markenführung

ten, genauso wie die Interpretation von Schlüsselbildern. Sie spiegeln die Überlegungen zum iiGuide direkt wider, denn nur, was in einem ersten Schritt vorgegeben wurde, kann auch in einem zweiten Schritt kontrolliert und nachgeprüft werden. IGAP ist somit ein Closed Loop, der idealerweise immer in Verbindung mit den Leitlinien zur Umsetzung der Marke in konkrete Bilder, Texte, Töne, Gegenstände und Strukturen in jedem Unternehmen implementiert werden sollte. Nur dann können wirklich Erkenntnisse aus der Markenführung gewonnen werden. Die verschiedenen Reifegrade sind in Tabelle 16 aufgelistet.

7 Kommunikationsprogramm-planung: Das Bindeglied zwischen den Wolkentürmen der Markenführung und dem Tagesgeschäft

Die Markenidentität wurde zielgruppengerecht, trennscharf und wettbewerbsfähig definiert und getestet. Mit dem iiGuide wurde ein großer Schritt in Richtung Umsetzung getan. Aber durch die hohe Abstraktionsebene und die langfristige Orientierung besteht immer noch die Gefahr, dass gewissermaßen die Marke „in der Luft hängt", da die konsequente inhaltliche Anbindung an konkrete Kampagnen bis jetzt noch fehlt. Daher ist man noch weit davon entfernt, die Kraft, die in der Marke steckt, ohne Reibungsverluste auf die Straße des Erfolgs zu bringen. Eine Pole Position auf diesem Weg zum Ziel nimmt die Programmplanung ein. Vielleicht fragt sich der eine oder andere Leser, was diese lästige Übung am Ende eines jeden Geschäftsjahres mit Markenführung und erfolgreicher Lenkung von Kundenentscheidungen zu tun hat. Lästig ist sie jedoch nur dann, wenn man darunter eine Pflichtübung versteht, die sich rein auf die Kalkulation der einzelnen Kampagnenbudgets und die zeitliche Planung bezieht. Reduziert man die gesamte Programmplanung auf diese zwei Aufgabegebiete, so würde man ein erhebliches Erfolgs- und Effizienzpotenzial verschenken. Um diese Potenziale zu heben, bedarf es einiger Ausflüge in die Arbeit erfolgreicher Markenartikler, die anschließende Demontage althergebrachter Überzeugungen, um schlussendlich zu einer schlüssigen, pragmatischen Vorgehensweise zu gelangen. Dies wird der Fokus dieses Kapitels sein.

7.1 Basisaufgaben der Programmplanung

Die eingangs genannten Schwerpunkte, die Kalkulation der einzelnen Kampagnenbudgets und die zeitliche Planung, sind nur eine Basisvariante der Programmplanung. Darüber hinaus hat die Programmplanung auch die Aufgabe, die Anforderungen des Produktmanagements und des Vertriebs unter einen Hut zu bringen. Diese Unternehmensbereiche werden sich dann zu Wort melden, wenn sie der Meinung sind, dass Produkte oder Produktlinien etwas mehr Aufmerksamkeit bei der Zielgruppe benötigen. Ganz konkret geht es um Verkaufsförderung, Produkteinführungen, Updates, Upgrades etc. In Industriebereichen, die intensiv mit Vertriebspartnern arbeiten, steht auch die Koordination der gemeinsamen Aktivitäten im Vordergrund. Die genannten Aufgaben stellen in vielen Firmen den Standard bei der Programmplanung dar.

Sicherlich werden bei der Durchführung der verschiedenen Planungsschritte auch weitere Ziele abgedeckt. Da mit der Kalkulation des Budgets pro Kampagne gleichzeitig die Anzahl der Medien, Laufzeiten, Schaltungsintensität etc. bestimmt werden muss, hat man auch mit einem Auge die kontinuierliche Versorgung der Zielgruppen mit Werbeinformationen im Blick. Je nach Branche ergeben sich dann automatisch bestimmte Phasen, in denen Kunden etwas intensiver bearbeitet werden, genauso wie Zeiträume, in denen etwas weniger geworben wird. In der Spielzeugindustrie, der Telekommunikation oder Unterhaltungselektronik wird beispielsweise in den Wochen vor Weihnachten sehr intensiv geworben, wohingegen in den Sommermonaten eher eine Werbeflaute herrscht. Das sind alles keine neuen oder bahnbrechenden Erkenntnisse, daher stellt sich die Frage, wo nun das Entwicklungspotenzial der Programmplanung liegt.

Dieses Entwicklungspotenzial ergibt sich aus den Problemen, die automatisch durch eine autonome Umsetzung von Kampagnen entstehen. Achtet man nicht auf inhaltliche Verbindungen zwischen den verschiedenen Kampagnen, dann kann es relativ leicht passieren, dass sich Kampagnen – trotz bestehender Vorgaben in Form der Corporate Identity und des Corporate Layouts – hinsichtlich der Inhalte, der Tonalität etc. deutlich voneinander unterscheiden. Das Ergebnis ist ein verwaschenes und unscharfes Markenimage. Sicherlich wäre es bequem, nach der Bestimmung eines Verantwortlichen für die entsprechende Kommunikationsmaßnahme, der Festlegung des Startpunktes, des Budgets etc. diesen einfach zusammen mit der Werbeagentur auf den Weg zu schicken, ihm in den Rucksack die Vorgaben des Corporate Layouts und der Corporate Identity zu packen und dann darauf zu hoffen, dass am Ende der Kommunikationsperiode die definierte Markenidentität auch bei der Zielgruppe ankommt. Doch wer die Realität in den meisten Unternehmen kennt, vor allem den Einfluss des Tagesgeschäftes und den Druck der Termine, wird bestätigen, dass eine inhaltliche Abstimmung der Verantwortlichen untereinander eher unwahrscheinlich ist. Wie vermeidet man nun eine solche Verschwendung? Es mag sich platt anhören, aber die Wahrscheinlichkeit, ein einheitliches Bild zu formen, ist umso größer, wenn man dieses bereits von Anfang an genauso plant. Der erste Aspekt des nächsten Entwicklungsschrittes wird im folgenden Abschnitt genauer betrachtet.

7.2 Die Programmplanung als Bindeglied zwischen Markenführung und operativer Werbung

Wenn bestimmte Einstellungen bei einer Zielgruppe erzeugt oder verändert werden sollen, dann muss selbstverständlich im Verlaufe einer Kommunikationsperiode darauf geachtet werden, dass dieser Eindruck auch von der Gesamtheit aller Kommunikationsmaßnahmen erzeugt wird. In anderen Worten formuliert: Ein gesamter Eindruck bei der Zielgruppe ist wie ein Mosaik, dessen einzelne Bausteine die Kampagnen sind. Erst wenn man alle Teile zusammensetzt, wird das gesamte Bild klar und deutlich. Wie diese beiden Zielsetzungen pragmatisch und umsetzungsorientiert Realität werden können, ist Gegenstand der folgenden Ausführungen. Der Schlüssel für eine Umsetzung liegt im Konzept der Selbstähnlichkeit.[147] Darunter ist die Eigenschaft von Gegenständen, Körpern, Mengen oder Objekten zu verstehen, in größeren Maßstäben bzw. bei Vergrößerung ähnliche Strukturen aufzuweisen wie bei einer Verkleinerung. Obwohl ursprünglich in der Mathematik erfunden, wird der Begriff inzwischen auch bei Natur- und Sozialwissenschaften, sowie in der Philosophie verwendet, um die Eigenschaft eines Gegenstandes zu beschreiben, der in sich verschachtelt ist, aber immer wiederkehrende Strukturen aufweist. Übertragen auf die Marketingkommunikation bedeutet dies nichts anderes, als dass sich auf der Detailebene der einzelnen Marketingkampagne genau die gleichen Aussagen wiederfinden müssen wie auf der hoch aggregierten Ebene der Markenidentität. In jeder einzelnen Werbung, in jedem einzelnem Medium müssen die Schlüsselelemente in abgewandelter Form wieder auftauchen (damit es nicht langweilig wird).

Nun kann man vielleicht einwenden, dass dieser Sachverhalt von den meisten Firmen schon erfüllt wird, dergestalt, dass die entsprechenden Vorgaben im Corporate Design bzw. in der Corporate Identity genügend berücksichtigt werden, wenn man konsequent die Vorgaben für die Umsetzung in Form von Bildern, Texten, Tönen etc. aus dem vorangegangenen Kapiteln umsetzt. Diese Fingerübung beherrschen selbstverständlich alle starken Marken und nur einige wenige verstoßen dagegen in fahrlässiger Art und Weise. Wir wollen einen weiteren Schritt in Richtung Professionalität wagen, indem wir nicht nur alleine die offensichtlichen, gestalterischen Aspekte beachten, sondern vor allem die inhaltlichen Gestaltungsvariablen. Anders gesagt, wenn eine Firma am Ende eines bestimmten Zeitraumes will, dass ihre Kunden sie als innovativ betrachten, dann reicht es bei Weitem nicht aus, nur innovative Produkte auf den Markt zu werfen und zu hoffen, dass der Kunde dies irgendwie auch registriere, sondern man muss in jeder Kommunikationsmaßnahme entsprechende visuelle wie textliche Botschaften verankern. Konkrete Beispiele finden sich einige in der Werbelandschaft.

Um die Grundgedanken zu illustrieren, soll die Kommunikationsstrategie der Marke Media Markt, eine Vertriebsmarke der Metro Group, kurz reflektiert werden. Im Jahre 2007 startete die Firma eine Werbekampagne mit dem Testimonial Olli Dittrich. Im Zentrum der kompletten Kampagne, die bis Ende 2008 lief, standen neben dem Transport der Standardmarkenaussage „billig" vor allem die Kundenorientierung der Marke. Im Gegensatz zu den relativ aggressiven Vorgängerwerbungen, zum Beispiel diejenigen mit dem rosa Schwein (zentrale Aussage: „saubillig"[148]) und Oliver Pocher („lasst euch nicht verarschen, vor allem nicht beim Preis"[149]) wurden leisere und subtilere Töne angeschlagen. Nahezu selbstverständlich, wie auch in den vorhergehenden Jahren, wird in jedem Spot auf die eine oder andere Art und Weise das niedrige Preisniveau der Marke thematisiert (Selbstähnlichkeit 1). Gleichzeitig wird aber in den Spots mehr auf das Preis-Leistungs-Verhältnis abgehoben und damit unterschwellig eine höhere Wertigkeit kommuniziert. Eventuell war dies auch ein Versuch, vom negativen Image des Preisdrückers wegzukommen und eher das Gefühl bei der Zielgruppe zu verankern, man hätte ein gutes Produkt mit einer guten Leistungsfähigkeit zu einem günstigen Preis erworben. Olli Dittrich ist sowohl im ersten als auch im zweiten Teil der Kampagne in verschiedenen Rollen zu sehen, jedoch stellt er immer verschiedene Kunden dar,[150] die auf ihre eigene Art und Weise eine Herausforderung für den Verkäufer darstellen, trotzdem aber immer gut bedient werden; beispielsweise:

- Petra, eine Frau, die anscheinend ständig auf der Suche nach Männern ist und von Technik keine Ahnung hat.

- Rick, ein Hippie, der mit seinem etwas ungepflegten Äußeren einen abstoßenden Eindruck macht, selbstverständlich aber trotzdem bedient wird.

- Rüdiger, eine Nervensäge, ein Besserwisser, der sich in der Technik auskennt und damit für die Verkäufer eine große Geduldsprobe ist.

- Das Ehepaar Hans und Ingrid, die sich schon lange nichts mehr zu sagen haben und sich kräftig gegenseitig auf die Nerven gehen. Er interessiert sich nur für Fernseher und sie eher für weiße Ware.

Aus diesen verschiedenen, humorvoll aufbereiteten Sequenzen ergibt sich über die gesamte Laufzeit der Kampagne die zentrale Aussage: Egal, welche Anforderungen der Kunde/die Kundin hat, egal, wie unmöglich er/sie sich gegenüber den Verkäufern benimmt, er/sie bekommt immer genau das Produkt, das exakt die Erfüllung der Wünsche des Kunden/der Kundin darstellt (Selbstähnlichkeit 2). Gleichzeitig ist die Kampagne mit Olli Dittrich auch in hervorragendes Beispiel dafür, dass man vollkommen verschiedene Inhalte (Computer, weiße Ware, Konsumentenelektronik etc.) mit einem einzigen Thema in einer integrierten Kampagne zusammenfassen und trotzdem eine sehr einfache, griffige Aussage für die Zielgruppe transportieren kann.

Nun wird der eine oder andere Kritiker einwenden, dass die Marke Media Markt eine relativ homogene Handelsmarke ist. Ist sie. Und außerdem mag man einwenden, dass in der Konsumentenelektronik, der weißen Ware etc. Werbung sowieso am einfachsten ist. Vielleicht ist das so. Sieht man sich aber die Konkurrenz an, so punktet diese auf keinen Fall mehr durch besonders tolle Ideen in der Werbung. Und auch in der Investitionsgüterwerbung ist dies möglich. Microsoft hat 2006 die Kampagne „People ready Business" (deutsche Variante: „Bereit für den Erfolg. People ready Business") gestartet.[151] Die Kernaussage war:

„Are the systems, tools, and culture of the business enabling people to make better decisions? Does the business get its people the right information so they can delight customers, create new products, or work with business partners, whether they are at a desk or on a cell phone thousands of miles away? Does the business culture help break down barriers so people can work more easily with each other? With partners? With customers? Are the right priorities, organization, motivation, and leadership in place to drive success? Does the technology that supports your business adapt to change so that your people don't have to? In short, is your business people-ready?"[152]

Sieht man sich die Adressaten der gesamten Kampagne an, so ist einleuchtend, dass für jeden verantwortungsvollen Unternehmer dies die richtigen Werte sind, die verfolgt werden sollen. Darüber hinaus werden aber auch diejenigen Adressaten angesprochen, die eigentlich mit IT nichts am Hut haben und von ihren CIOs sowieso in der Vergangenheit mit technischen Details belästigt, aber nie über die geschäftsrelevanten Vorteile der Software aufgeklärt wurden. Die an sich sehr schwierig zu kommunizierende Materie wurde unter griffige Überschriften gepackt, die für jeden Entscheider von Interesse sind. Beispiele dafür sind:

- *„Building Customer Connections: Develop more profitable customer relationships with integrated, easy-to-use collaboration and customer relationship management (CRM) solutions that enable your people to work more securely across organizational boundaries and access people and customer information from anywhere."*[153]

- *„Finding, Using, and Sharing Information: Empower your people to make better business decisions, be more productive, and achieve greater business success by enabling them to find, use, and share information more quickly, more easily, and more securely."*[154]

- *„Driving Business Performance" Increase your people's access to financial and operational information to help advance your business strategy and drive business performance."*[155]

Die Selbstähnlichkeit findet sich in jeder Aussage wieder: Es geht um die Mitarbeiter („Your People"), sichere Software und Produktivitätssteigerungen. Die Kampagne startete 2006 und verknüpfte sehr gut das heterogene Produktspektrum des Softwarekonzerns. Die zentrale Aussage wurde in weiteren Schritten konsequent auf die verschiedenen Produktbereiche adaptiert, so dass nicht nur die Beiträge von Office, Betriebssystemen, Dynamics etc. zur Optimierung des Unternehmens klar wurden, sondern auch ein sehr stimmiges Bild der gesamten Marke erzeugt wurde. Leider finden sich aktuell auf der Seite von Microsoft fast keine Hinweise mehr auf diese doch sehr gelungene Kommunikationsstrategie, obwohl die Kreatividee noch viel Evolutionspotenzial gehabt hätte.

7.3 Die hohe Kunst der Kampagnenplanung und -realisierung: Erzählen von konsistenten Storys

Nun könnten Sie fragen, ob zu den oben genannten Ausführungen noch eine Steigerung möglich ist. Selbstverständlich! Allerdings wird die im Folgenden beschriebene Option nur von sehr wenigen Firmen genutzt. Was ist der wesentliche Unterschied zu der oben genannten Variante? Genauso wie bei der Suche nach und der bewussten Integration von selbstähnlichen Elementen in eine komplette Kampagnenlandschaft einer Marke, steht am Anfang die gezielte Entwicklung einer kompletten Story, die ihren Anfang zu Beginn der Kommunikationsperiode hat. Sie kann sich durchaus über mehrere Kommunikationsperioden hinweg erstrecken, sofern sie von der Zielgruppe akzeptiert wird und keinen Wear-Out-Effekt zeigt.

Warum sollte sich eine Firma aber die zusätzliche Arbeit machen, um verschiedene Kampagnen auch in eine sachlich-zeitlogische Reihenfolge zu bringen? Dazu wiederum ein kurzer Rückgriff auf die Ergebnisse aus Teil I. Im Rahmen der Verarbeitung von Informationen wurde gezeigt, dass Menschen dazu tendieren, einerseits Informationen in bestimmte Kategorien einzusortieren, um der Informationsflut Herr zu werden, andererseits versuchen sie, diese in einen Sinnzusammenhang zu bringen. Eine Story ist ein solcher Zusammenhang. Mnemotechniken beispielsweise nutzen Merkhilfen in Form von Assoziationen und geistigen Spaziergängen, um die Gedächtnisleistung gerade bei komplexen Sachverhalten zu erhöhen. Warum diese Erkenntnis nicht auch in der Kommunikationsplanung nutzen?

Ein erster großer Schritt in die richtige Richtung ist die bewusste Verwendung von selbstähnlichen Elementen in den einzelnen Kampagnen. Auch hier wird die Bequemlichkeit des Menschen bei der Informationsverarbeitung gezielt genutzt und zum Vorteil der eigenen Marke verwendet. Eine Steigerung dazu ist nun die Geschichte, die im Verlaufe einer Kommunikationsperiode erzählt wird. Geschickt gemacht, erzeugt sie bei der Zielgruppe nicht nur einen Wiedererkennungseffekt (das letzte Kapitel kennen wir ja), sondern sogar eine gewisse Spannung, wie denn das nächste Kapitel aussehen könnte.

7.3.1 Komponenten und Modelle für eine Story

Oft wird dieses Stilmittel eingesetzt, wenn ein besonderes Jubiläum einer Marke oder einer Firma ansteht, wie wir am Beispiel der AUDI AG in diesem Kapitel sehen werden. Wie kommt man nun zu verschiedenen Geschichten? Eine der einfachsten Möglichkeiten ist die Rückbesinnung auf den Archetypus als Kern der eigenen Markenidentität, denn er bringt fast automatisch viele Geschichten mit sich. Die Anima verführt oder ist verführerisch, der Animus ist stark, kräftig und vielleicht auch manchmal einsam etc. Durch Kombinationen verschiedener Archetypen, beispielsweise Gemeinschaften, die eine bestimmte Aufgabe erledigen (Harry Potter, Hermine Granger, Ron Weasley), zwei Liebende, die nicht zusammenkommen (Romeo und Julia) oder auch den Vater-Sohn-Konflikt (Star Wars) ergibt sich ein interessanter Blumenstrauß an möglichen Storys, die man im Verlaufe einer Kommunikationsperiode erzählen kann. Alleine schon die Vorübung bei der Entwicklung des Markencharakters (Kapitel 6.3.1), die Überlegungen zum Gegner sollten Stoff genug bieten. Ergänzt man diese Überlegungen noch um bestimmte generische Storys wie beispielsweise die Suche (typisches Thema in Indiana Jones), die übermenschliche Aufgabe (das Königreich retten), die Reise (der Herr der Ringe), so kann man sich in relativ kurzer Zeit einen eigenen Blockbuster in verschiedenen Kapiteln zusammenbauen. Einen sehr interessanten Ansatz, Storys zu konstruieren, liefern das Autorengespann Fog, Budtz, Munch und Blanchette in ihrem Buch über Storytelling.[156] Sie gehen von folgenden Komponenten einer Geschichte aus:

- **Das Ziel:** Was ist der treibende Faktor in der Story?
- **Der Gegner:** Gegen wen oder was wird gekämpft? Die Autoren gehen anscheinend vom Grundgedanken aus, das nichts mehr eint als ein gemeinsamer Feind.
- **Der Held:** Er erreicht das Ziel.
- **Support:** Mittel und Tools, die der Held verwendet, um das Ziel zu erreichen.
- **Der Wohltäter:** Er hilft den Kunden, ihre Träume zu erfüllen bzw. ihre Probleme zu lösen.
- **Der Begünstigte:** Er zieht Nutzen aus der Tatsache, dass der Held sein Ziel erreicht (in der Regel der Kunde).

Die Autoren zeigen einige interessante Modelle für Storys auf, allerdings kann das Modell durchaus optimiert werden, indem anstatt vom Helden generell besser vom Archetypus als Kern der Markenidentität einer Firma gesprochen wird und dieser mit einem Wohltäter kombiniert wird. Damit ergeben sich ganz bestimmte generische Grundmodelle für die Storys, die innerhalb einer Kommunikationsperiode erzielt werden können. Bei der Wahl des Supports ist jede Firma vollkommen frei, der Begünstigte wird wohl immer der Kunde sein und auch bei der Wahl der Gegner stehen jedem kreativen Geist sehr viele Optionen offen. Diese Aspekte möge man bitte bei der folgenden Aufzählung von Grundmodellen für die Storys im Geiste ergänzen:

1. **Die unerfüllte Sehnsucht**
   Eine der Grundfundamente eines Handlungsstrangs. Sol Stein hat dies treffend zusammengefasst: „Wir werden von unseren Bedürfnissen und Wünschen durchs Leben getrieben. Ebenso müssen die Figuren unserer Schöpfung durch das motiviert sein, was sie wollen. Die Sehnsucht ist die treibende Kraft."[157] Bei aller Begeisterung für unerfüllte Wünsche und Bedürfnisse darf man darüber nicht vergessen, die Benefits, den Nutzen des Produktes etc. in die Story mit zu integrieren. Es darf auf keinen Fall passieren, dass eine schöne Geschichte erzählt wird, aber der Bezug zum Geschäft verloren geht. Durch die Vorarbeit bei der Konstruktion der Markenidentität (Ziele, Motivationen) sollte man bereits genügend Ankerpunkte besitzen, um nicht in Belanglosigkeiten abzugleiten.

2. Die Saga

Struktur: Vergangenheit, Gegenwart, Zukunft mit der wesentlichen Aussage, dass in der Vergangenheit Erstaunliches geleistet wurde, der Erfolg nicht nur in der Gegenwart festzustellen ist, sondern sich auch in der Zukunft so fortsetzen wird. Dies ist ein hervorragendes Modell, um Glaubwürdigkeit zu erzeugen, vor allem wenn eine bestimmte Konstanz in der Firmengeschichte zu erkennen ist. Anwendungsmöglichkeiten: Jubiläen von Firmen oder Marken, besondere Leistungen, die eine kontinuierliche Entwicklung einer Firma untermauern und mit dieser Art der Geschichte noch mal nachhaltig im Gedächtnis der Zielgruppe verankert werden sollen (Beispiel: Jetzt haben wir Technologie XY auf den Markt gebracht, wie auch schon in der Vergangenheit, siehe Technologie A, B, C; außerdem sind wir noch bei Technologien D, E und F auch stark etc.).

3. Die Suche

Struktur: Ausgangspunkt der Suche und verschiedene Stationen, Abschluss der Suche ist aber nicht zwingend. Das Modell kann viele verschiedene Ausprägungen haben, zum Beispiel die Suche nach geschäftlichen Möglichkeiten: Ansatzpunkte finden sich in den IBM-On-Demand-Spots wieder;[158] hier werden in humorvoller Art und Weise verschiedene Leistungen der Firma IBM werblich präsentiert.

4. Die Prüfung

Struktur: Von einem Ausgangspunkt geht es über erfolgreiche Meilensteine bzw. (Teil-)Prüfungen eventuell bis zum Abschluss der Prüfungen (sinnvoll, aber nicht erforderlich). Anwendungsmöglichkeiten ergeben sich beispielsweise in Form von erfolgreich gelösten Kundenproblemen oder Kundenwünschen. Es kann auch hervorragend in Verbindung mit einer nach außen hin unlösbaren Aufgabe verbunden werden, frei nach dem Motto: Es war eine schwere Prüfung, aber für unsere Kunden tun wir alles. Schönes Beispiel: Caterpillar (Kapitel 6.4.4.)

5. Die Verführung

Struktur: Gegenstand der Verführung, verschiedene Ausprägungen der Verführung. Bestes Beispiel ist der inzwischen über Jahrzehnte konstant gebliebene Marken-Claim „die zarteste Versuchung, seit es Schokolade gibt" der Marke Milka (Kraft Foods).[159] Ohne langweilig zu werden, wird über die Jahre hinweg immer wieder die gleiche Geschichte erzählt.

6. Die Verwandlung

Struktur: Image gestern, Image heute, Image in der Zukunft. Die

Abgrenzung zur Saga ist fließend, jedoch mit einem anderen Schwerpunkt. Dieses Modell bietet sich an, wenn beispielsweise im Rahmen eines Image-Transfers ein Punkt erreicht wird, an dem die Zielgruppe über die Erfolge informiert werden sollte. Übertrieben gesprochen kann hier auch die Verwandlung vom hässlichen Entlein zum schönen Schwan thematisiert werden. Beispiel: Die Wandlung vom hässlich-funktionellen MP3-Player zum schönen iPod; dito iPhone, iPad.

7. **Die wundersame Entdeckung einer Lösung**
Struktur: Ausgangspunkt aus Kundensicht, dann verschiedene Kapitel, wie den Kunden geholfen wird. Überschneidungen mit der Suche sind möglich, wobei hier die Option besteht, aus Kundensicht mehr die positiven Eigenschaften des Programms darzustellen. Je nach Ausprägung kann die helfende Hand entweder ein guter Freund sein oder auch ein Mentor, der gewissermaßen einen unwissenden Kandidaten auf dem Weg zu mehr Wissen begleitet. Elemente dieser Storys finden sich beispielsweise in den Werbungen von Versicherungen, vor allem bei „Herrn Kaiser".

8. **Die Läuterung**
Struktur: Fehler in der Vergangenheit als Ausgangspunkt, dann über Einsicht zu einer Verbesserung. Eine Story dieser Art bietet sich hervorragend nach Problemen oder Fehlern an, gewissermaßen eine Entschuldigung an die Kunden, aber verbunden mit einer aktiven Nutzung des positiven Effekts der Entschuldigung für die folgenden Kampagnen. Die positive Wahrnehmung entsteht dadurch, dass eine Entschuldigung nicht nur das Eingeständnis eines Fehlers ist, sondern der Startpunkt für einen Lernprozess, aus dem etwas Besseres entstehen kann. Eine isolierte Story dieser Art versuchte Toyota im Jahre 2010 zu erzählen, nachdem weltweit gehäuft Probleme bei Automobilen aufgetaucht sind. Jedoch nach dem Abschluss dieser isolierten „My Toyota"-Kampagne wurde wieder zum Tagesgeschäft übergegangen, ohne das Potenzial zu nutzen, dass in dieser Kampagne gelegen hat. Vielleicht wollte der Automobilkonzern nicht mehr an diese unangenehme Erfahrung erinnert werden und versuchte, diese Episode der eigenen Geschichte ersatzlos aus der Wahrnehmung der Zielgruppe zu streichen?

Leider wird das Potenzial, das in Geschichten liegt, nur von wenigen Firmen genutzt. Vielmehr werden beispielsweise im Rahmen der einzelnen Werbespots zwar kurze Anekdoten erzählt, aber eine inhaltliche Integration über eine gesamte Kommunikationsperiode hinweg sucht man

doch eher vergeblich. Die wesentliche Herausforderung in der Planungsphase eines gesamten Kommunikationsmixes liegt darin, alle Verantwortlichen zu einem frühen Zeitpunkt gemeinsam an einen Tisch zu
bekommen und sie dazu zu bringen, inhaltliche Schwerpunkte miteinander abzustimmen. In Tabelle 17 sind die verschiedenen Reifegrade mit
den entsprechenden Inhalten aufgelistet, Template 6 hilft bei der Planung. Dass die Umsetzung sehr gut funktionieren kann, zeigt das Beispiel der Audi quattro-Kampagne 2005.

Tabelle 17   Reifegrade in der Programmplanung (pGuide)

Komponenten	Basic	Managed	Advanced
Programm gesamt	iiGuide, iGAP Budget, Verant-wortliche, zeitliche Verteilung des Werbedrucks Input der Kampag-nen zur Schließung des iGAPs	iiGuide, iGAP, Inhaltliche Leitlinie, gemeinsames Motto für die gesamte Kommunikations-periode, Verbindun-gen zwischen Kom-munikationsperioden	iiGuide, iGAP, Entwicklung einer konsistenten Story mit Abschnitten, Strukturen, Kapiteln etc. Verbindungen zwischen Kommuni-kationsperioden
Kampagnen (Planungsdaten aggregiert, bei einer Aktualisierung während der Periode ist eine Erhöhung des Detail-lierungsgrades angebracht)	Budget, Laufzeiten, Verantwortliche, Team, Medien, Produkt/Leistung, GRP (Gross Rating Points) der Medien, Brutto- und Netto-reichweiten der Medien, OTS (Opportunity to see) der Medien Vertrieb: Umsätze, Deckungsbeiträge, Gewinne der einzel-nen Produkte bzw. Produktlinien, ver-sehen mit der erwar-teten Wirkung. Produktmanage-ment: Markteintritt neuer Produkte, Re-Designs	Integration der Leitlinie/des Mottos in die kampagnen-spezifische Argumen-tation Definition selbst-ähnlicher Elemente für jede Kampagne, Key messages (Schlüsselbotschaf-ten der einzelnen Kampagnen), Key Visuals (Schlüssel-botschaften der ein-zelnen Kampagnen) Abgestimmte thema-tische Schwerpunkte der einzelnen Kam-pagnen bzw. Kom-munikationsmaß-nahmen, Motto der Planungsperiode	Integration der ein-zelnen Kampagnen in die Story Welche Rolle über-nimmt jede einzelne Kampagne in der Story?

Programm:					
Gemeinsames Motto:					
Storyline für das Programm:					
Kampagne, Verantwort-lich	Zielgruppen	Basisdaten: Budget, Medien, BRW, NRW, OTS, GRP	Inhaltlicher Beitrag zur Story, zum gemeinsamen Motto	Laufzeiten	Key Message, Key Visual (nach Briefing)
1, ...					
2, ...					
3, ...					
4, ...					
...					

Template 6   Planung des Kommunikationsprogramms

7.4 Excellence@Work: Audi quattro-Kampagne 2005

Um die inhaltlichen Aspekte dieses Kapitels anhand eines konkreten, sehr guten Beispiels zu verdeutlichen, sollen die Kommunikationsmaß-nahmen der AUDI AG im Jahre 2005 genauer unter die Lupe genommen werden. Ich starte mit einigen Vorbemerkungen zum Hintergrund der Marke. Der Markenkern der AUDI AG umfasst drei verschiedene Aspekte: Hochwertigkeit, Sportlichkeit und Progressivität. Der Markenclaim ist „Vorsprung durch Technik". Im Jahr 2005 wurde darüber hinaus auch noch das 25-jährige Jubiläum der quattro-Technologie gefeiert. Daher lag es nahe, diese Wurzeln des Markenerfolgs durch geschickte Rückblenden auf alte Werbungen zu zelebrieren, einen positiven Blick in die Zukunft zu wagen und somit ebenfalls die Markenidentität verstärkt an die Zielgruppe zu kommunizieren. Das generische Grundmodell der Geschichte ist damit die Saga. Wie diese erzählt wurde, soll im Folgenden genauer beschrieben werden.

7.4.1 25 Years of quattro: Die Idee und das Grundkonzept

1980 leitete die AUDI AG mit der Submarke quattro eine neue Orientierung der gesamten Marke ein. Vor diesem Zeitpunkt war das Image auf einen Tiefpunkt gesunken: Das Design der Autos war zu konservativ, das Image der Marke wurde eher mit alten Männern, Langeweile und fehlender Relevanz als mit Sportlichkeit, Technik und Leistungsfähigkeit in Verbindung gebracht. Gleichzeitig lagen die sportlichen Erfolge der 1930er-Jahre schon lange zurück. 1981 setzte Audi als erster Hersteller erfolgreich den Vierradantrieb im Rallyesport ein. Diese Technologie wurde zwar auch von den Konkurrenten eingesetzt, hatte aber zu dieser Zeit eher das Image eines Geländewagenantriebs und war damit meilenweit von Sportlichkeit entfernt. Zusammen mit den Erfolgen im Rallyesport wurde die Submarke quattro ein wesentliches Zugpferd der Veränderung der Marke. Wie feiert man aber nun das 25-jährige Jubiläum einer bahnbrechenden Idee für die AUDI AG? Insgesamt bestand die Grundkonzeption aus drei tragenden Ideenkomplexen:

1. Der eine oder andere Leser wird sich vielleicht noch an eine spektakuläre Inszenierung in der Audi quattro-Geschichte erinnern: 1985 fuhr ein Audi 100 mit Allradantrieb spektakulär eine Skischanze im finnischen Kaipola hoch. Was liegt näher, als diese Idee noch einmal zu wiederholen, mit einem moderneren Fahrzeug, aber an gleicher Stelle? Vor allem, wenn zudem noch sowohl die Zeitschrift Stern im Magazin eine achtseitige Reportage als auch bei stern tv einen prominenten Sendeplatz zusichert. Diese Aktion lieferte nicht nur genügend Gesprächsstoff über das ganze Jahr hinweg, sondern auch emotional aufgeladene, tragende Schlüsselbilder (Bild 27). In den verschiedenen Vertriebsregionen der AUDI AG wurde der Ski Jump 2005 zusammen mit der 25 years quattro „Streets"-Kampagne (Bild 28) verbunden und in unterschiedlichen Kombinationen weltweit geschaltet. Der Schaltungsplan ist in Tabelle 18 dargestellt.

2. Im Zeitraum von 1980 bis zum Jahre 2005 entstanden sehr viele Werbungen, die sowohl die Submarke quattro in Verbindung mit entsprechenden Produktlinien beworben haben, als auch

Bild 27 Die Wiederholung der spektakulären Schanzenfahrt von 1985

Bild 28   25 Jahre Audi quattro „Streets"-Kampagne,
Beispiel für ein Key Visual

gleichzeitig den Wandel der Marke Audi zu mehr Sportlichkeit,
Technik, Leistungsfähigkeit angetrieben haben. Daher lag es
nahe, dass bestimmte Schlüsselbilder aus dieser Erfolgsgeschichte
in die Werbungen der Kommunikationsperiode 2005 eingebaut
werden sollten. Diese Key Visuals stellen eine nahezu perfekte
Umsetzung der Prinzipien der Selbstähnlichkeit dar. Selbstverständlich wurden genau die Bilder herausgesucht, die entsprechend emotional aufgeladen waren und gleichzeitig die Marke
Audi/die Submarke quattro im Gedächtnis zu verankern. Natürlich wurde die Kombination der Schlüsselbilder auf die Positionierung der Produktlinien angepasst, das heißt, der Spot für
einen A6 sah anders aus als der für einen A8.

3. Zusätzlich die AUDI AG im Jahr 2005 eine Kampagne mit dem
   internen Namen „25 years of quattro Streets" auf. In verschiede-

Tabelle 18   Weltweites Planungsschema der 25 Jahre quattro-Kampagne

Reg.	Markets: 25 years quattro ATL campaigns	Jan	Feb	Mar	Apr	Mai	Jun	Juli	Aug	Sep	Oct	Nov	Dec
I/VI	Germany												
VE-1	Sweden												
VE-1	Norwegen												
VE-2	Great Britain												
VE-2	Ireland												
VE-2	Spain												
VE-3	France												
VE-3	Belgium												
VE-3	Luxemburg												
VE-3	Holland												
VE-4	Austria												
VE-4	Switzerland												
VE-4	Greece												
VE-4	Turkey												
VE-5	Tschechien			PR									
VE-5	Kroatien												
VE-5	Slowenien												
VE-5	Ungarn												
VE-5	Rumänien												
VE-5	Bosnien-HG												
VA-1	USA/Kanada												
VA-2	Argentinien												
VA-2	Colombia												
VA-2	Venezuela												
VA-2	Chile												
VA-2	Peru												
VA-2	Dominican Republic												
VA-2	Central America (8 markets)												
VO-2	South Africa	planned Ski Jump in Cinema-Time TBD											
VO-3	Japan												
VO-3	Australia												
VO-3	South Korea												

+ China
+ Italy

▦ 25 years quattro/Streets …
▓ Ski Jump 2005

nen, wechselnden Motiven wurden die einzelnen Baureihen auf aufsehenerregenden Straßen gezeigt: ein Q7 auf einer Bergstrecke, ein A8 in China, ein RS4 vor einer beeindruckenden nächtlichen Großstadtkulisse. Zusammen mit den genannten Stilelementen bot es sich an, die verschiedenen Erzählstränge am Ende des Jahres mit dem Launch der neuen Produktlinie Q7 thematisch zu verbinden und als Abschluss des gesamten Spannungsbogens noch einmal pointiert zu verwenden.

Aufbauend auf diesen drei Grundelementen wurde das gesamte Kommunikationsprogramm 2005 als in sich verwobene, aufeinander aufbauende Story konzipiert.

Betrachten wir die konkrete Realisierung der in diesem Kapitel beschriebenen Gestaltungsvariablen genauer. Das oben genannte Konzept der Selbstähnlichkeit wurde in zwei Ebenen umgesetzt. Neben der Verwendung von Sequenzen aus Werbungen der vorangegangenen Jahre wurden auch thematisch geschickt die aktuellen bzw. neuen Modelle in die Werbung eingeflochten. Damit findet sich die gesamte Story (Gestern – Heute – Morgen) ebenso in jedem einzelnen Spot wieder. Die AUDI AG blieb auch ihren Grundprinzipien der vorangegangenen Jahre treu und setzt den Markenclaim und die Markenidentität nicht nur in den Rückblenden, sondern auch in der Darstellung der aktuellen Automobile konsequent in den Spots um: Überlegenheit, Souveränität, Design, Schönheit, Hochwertigkeit und Progressivität.

Die verwendeten Schlüsselszenen geben in wenigen Sekunden die „Timeless Essence" der Marke wieder. Ein Déjà-vu, ohne hierbei allerdings langweilig zu werden. Im Folgenden sind die Spots beschrieben, die 2005 reaktiviert wurden:

- *Wakeboarder (1999):* In verschiedenen Sequenzen wird ein Wakeboarder gezeigt, der von einem Audi A6 im Wasser gezogen wird und verschiedene Kunststücke, zum Beispiel den Sprung über ein altes Schiffswrack, vollführt.

- *Maharadscha (1994):* Ein Maharadscha in Indien hat zu einem Essen verschiedene Botschafter aus verschiedenen Nationen eingeladen. Aufgrund des starken Monsuns sagen jedoch viele der Gäste nacheinander telefonisch ab. Zuerst der amerikanische Botschafter, dann der englische und der schwedische. Ganz zum Schluss jedoch klingelt das Telefon und der Bedienstete des Maharadschas teilte mit, dass der deutsche Botschafter sich verspäten würde, weil er einen Umweg macht und den japanischen Kollegen noch mitbringt.

- *Eskimo (1997):* Ein Eskimo wandert mit seinem Sohn durch eine tief verschneite Landschaft. Dabei zeigt er ihm verschiedene Spuren im Schnee (Bär, Wolf). Ganz zum Schluss untersucht der Eskimo eine Autospur, die einsam und alleine durch die Landschaft führt. Und er erklärt seinem Sohn: Audi, quattro. (Es gibt auch eine Variante in der Wüste; in der ein Beduine und sein Sohn durch eine sandige Landschaft wandern.)

- *Truck (2004):* Hier sieht man in verschiedenen Sequenzen, wie ein Audi A6 allroad quattro einen großen amerikanischen Truck zieht. Dieser Spot hat so viel Aufmerksamkeit bei der Fachpresse generiert, dass die Zeitung „AutoBild" diesen Versuch nachstellte und feststellte, dass dies wirklich funktionieren kann.[160] Durch diesen Kniff wurde die Aufmerksamkeit der Kunden zusätzlich noch auf den Spot gelenkt. Auch hier liegt der Schwerpunkt auf der Überlegenheit des Allradantriebs.

Aufgrund der geleisteten Vorarbeit und der damit verbundenen Einstellungsänderung bei den Kunden wurden die Schlüsselszenen aus den oben genannten Spots geschickt in Rückblicken am Anfang der Fernsehspots 2005 eingebaut.

Bild 29 zeigt die Umsetzung der Grundidee. Interessanterweise wurden genau dieselben Sequenzen (Schanze, Truck, Wakeboarder) mit anderen

25 Years of quattro – Die Story und Ihre Kapitel							
Startpunkt: Emotrailer			Kapitel 1…n			Abschluss	
Schlüsselbild	**Schlüsselbegriff**	**ET**	**A6**	**A8**	**…**	**Q7 F**	**Q7 S**
„Runterzählen", Start des Rennens	Passion	●		●			
Rennszenen	Quattro ignites a rallying revolution superiority	●	●				●
Maharadscha	Quattro inspires people allover the world	●					
Truck	Power	●	●				
Schanze	Fascination Perfection	●	●	●			●
Eskimo		●	●	●			
Shifting Sands		●					
Wakeboarder	Freedom Superiority	●	●	●			

ET: Emotrailer; in der langen Variante ein Trailer, der für die Verkaufsräume gedacht war, in der kurzen Version lief dieser auch im Fernsehen.
A6:   Fernsehspot für den A 6   A8:   Fernsehspot für den A 8
Q7 F: Fernsehspot für den Q 7   Q7 S: Showroom-Trailer für den Q 7

Bild 29   Verwendung von selbstähnlichen Schlüsselelementen in der Audi-Werbung 2005

Schlüsselbegriffen versehen, angepasst an die jeweilige Produktlinie. Den Abschluss bildet die Q7-Kampagne, in der allerdings nur im Show-room-Trailer die alten Spots verarbeitet wurden. Im Fernsehspot dagegen wurde ein Rallyewagen gezeigt, der selbstverständlich in alter Tradition alle unwirtlichen Straßenbedingungen souverän mit dem Allradantrieb meistert. Aber gerade mit den zentralen Aussagen der eben genannten Spots wurde die Geschichte über 25 Jahre quattro perfekt abgeschlossen. Nachdem zwölf Monate lang mit vielen Nachweisen die Leistungsfähig-keit der Technologie untermauert wurde, liegt nichts näher, als gewisser-maßen die Krönung der Automobilentwicklung zu präsentieren. Die Kombination dieser verschiedenen Elemente lieferte über das ganze Jahr 2005 hinweg eine in sich verwobene Geschichte der Erfolgsstory quattro. Im Folgenden sollen drei Beispiele für diese Spots genau beschrieben wer-den:

1. *A6 (2005):* Verwendung der Sequenzen aus den vorangegangenen Jahren – die Rallyewagen im Rennen, die Sprungschanzen-Sequenz von 2005, der Eskimo-Spot, A6 zieht Lastwagen, der Wakeboarder-Spot – zum Abschluss dann einige Sequenzen mit dem neuen Audi A6.

2. *A8 (2005):* Verwendung der Sequenzen aus den vorangegangenen Jahren – Startsequenz einer Rallye, die Rallyewagen im Rennen, A6 zieht Lastwagen, der Eskimo-Spot, die Sprungschanzen-Sequenz von 2005, der Wakeboarder-Spot – zum Abschluss dann einige Sequenzen mit dem neuen Audi A8 3,2 FSI quattro.

3. *Emotrailer 25 years of quattro (2005):* Dieser Trailer bildet das Startkapitel der Story, die über das Jahr hinweg erzählt wird. Es wird am Anfang auf die Rennerfolge hingewiesen (quattro ingnites a rallying revolution – right from the very start). Der Mittelteil des Spots bietet die Überleitung zur Serienproduktion (the permanent all-wheel drive quattro goes into production, over 1.8 million times to date); anschließend folgen einige Szenen und dann die Sprungschanzenszene von 1985, verbun-den mit dem Hinweis, dass ein Audi 37,5 % Steigung problemlos meistern kann; dann wieder Rennszenen (Pikes Peak – vier Starts drei Siege in Rekordzeit, gefolgt von Szenen aus dem Straßen-rennsport); Wakeboarder, Eskimo, Shifting Sands, Maharadscha verbunden mit der Aussage, dass quattro Menschen auf der ganzen Welt inspiriert hat. Den Abschluss bildet eine kurze Hommage an die Fans, die Fahrer und der Hinweis, das seit 25 Jahren die Antriebstechnologie für bessere Traktion, mehr Sicherheit und Fahrfreude steht. Bemerkenswert ist bei diesem Spot die Schlusssequenz, die sich durch das ganze Jahr hindurch

ziehen wird: Es wird ein neues Modell gezeigt, ein A6, verbunden mit der Botschaft „to the present day" … „and beyond".

Kurz zusammengefasst:

Es funktioniert, auch wenn eine sehr langfristige Planung und viel Abstimmungsaufwand notwendig sind. Die Kommunikationsaktivitäten der AUDI AG im Jahr 2005 sind ein hervorragendes Beispiel nicht nur für eine komplette in sich konsistente Story mit verschiedenen Kapiteln, die aufeinander aufbauen, sondern auch, fast schon lehrbuchhaft, eine Anleitung für die konsequente Umsetzung einer Markenidentität, vor allem was die charakterlichen Eigenschaften anbelangt.

7.5 Monitoring der Effektivität und Effizienz des Kommunikationsprogramms

Erfolgreich ist ein komplettes Kampagnenprogramm dann, wenn am Ende der Kommunikationsperiode nicht nur die Markenidentität stärker in der Zielgruppe verankert wurde, sondern auch die konkreten Botschaften für die einzelnen Produkte, die Produktlinien und die Marke im Langzeitgedächtnis der Zielgruppe verankert wurden. Auf diese klassischen Messgrößen wie Awareness, Top Of Mind etc. soll an dieser Stelle nicht weiter eingegangen werden, da sie wahrscheinlich allgemein bekannt sind. Ein Misserfolg ist dann zu verzeichnen, wenn sowohl die Kernbotschaften nicht angekommen sind als auch das Markenimage nicht trennschärfer geworden ist und sich die Relevanz nicht verbessert hat. Im besten Fall ist sie dann gleich geblieben, im schlimmsten Fall hat sie sich verwässert. Die verschiedenen Werbewirksamkeitsanalysen bieten dabei hervorragende Möglichkeiten, zusammen mit der Erhebung des iGAP den Erfolg oder Misserfolg festzustellen.

Inwieweit lässt sich aber die Umsetzung der Marke in Form des Kommunikationsprogramms auch richtig planen? Ein Planungsschema wurde bereits anhand des Audi-Beispiels in Bild 29 (Seite 206) schematisch aufgebaut. Verallgemeinert man die Grundgedanken, so erhält man ein Tool, mit dem zu Beginn der Planungsphase bestimmt werden kann, welche gemeinsamen Elemente (Bilder, Szenen, Aussagen etc.) über verschiedene Kampagnen hinweg verwendet werden sollen. Im Beispiel der Audi-Kommunikationsaktivitäten 2005 wurde die Grundidee anhand der Verwendung der Schlüsselbilder und der Kernaussagen genauer erläutert. Selbstverständlich blieben die Strukturen der TV-Spots bzw. die Layouts der Print-Kampagnen etc. über das Jahr hinweg gleich. Würde man die gleiche Übung mit der Marke Marlboro machen, so würde sich ein ähnliches Ergebnis zeigen wie bei Audi: Es hat sich über die Jahre relativ wenig geändert, ganz im Gegensatz zur Marke Mumm (Kapitel 6.3.2).

Um die Stringenz, die Konsistenz und die Kontinuität der verschiedenen Kommunikationsprogramme zu messen, ist es daher sinnvoll, die Verwendung bestimmter Elemente (Bilder, Szenen, Aussagen etc.) in den verschiedenen Kampagnen transparent darzustellen und zu überwachen. Wie dies funktionieren kann, zeigt Tabelle 19 in einfacher Form. In der obersten Zeile finden sich die fünf verschiedenen Gestaltungselemente wieder. Zum Zeitpunkt der Planung der Budgets und der Laufzeiten der Kampagnen bietet sich an, gleichzeitig auch die genannte inhaltliche Grobplanung durchzuführen. Beispielsweise kann jeder Kampagnenverantwortliche dazu angehalten werden, einen inhaltlichen Vorschlag zu bringen, der die Nachbarkampagnen miteinander verbindet. Darauf aufbauend kann eine gemeinsame Lösung gefunden werden. Nun gibt es die Möglichkeit, den Wiederverwendungsgrad von Gestaltungselementen zu berechnen, indem man die Anzahl der Punkte zusammenzählt und zur Gesamtzahl der Kampagnen ins Verhältnis setzt. Dies heißt: Bei der Hälfte der Kampagnen werden ähnliche Bilder und ähnliche Texte verwendet, die Struktur ist bei allen gleich und bei der Vertonung hat man einen Deckungsgrad von 75 Prozent. Die Formel für die Berechnung des Wiederverwendungsgrades lautet:

$$\frac{\text{Gesamtanzahl der Kampagnen mit}}{\text{gleichen/selbstähnlichen Schlüsselelementen}}$$

$$\text{Anzahl der relevanten Kampagnen}$$

Tabelle 19   Planung und Monitoring von konsistenten Elementen im Kommunikationsprogramm

Kampagnen	Bilder	Texte	Töne	Strukturen
Kampagne 1	•		•	•
Kampagne 2		•	•	•
Kampagne 3		•		•
Kampagne 4	•		•	•
Wiederverwendungsgrad	50 %	50 %	75 %	100 %

Ein Gesamtergebnis erhält man, wenn man entweder die einzelnen Wiederverwendungsgrade miteinander multipliziert oder das arithmetische Mittel berechnet. Im Beispiel ergibt dies 55 Prozent.

An dieser Stelle werden Sie sicher bemerken, dass sich die Diskussion bis jetzt auf Marken bezog, die durch eher homogene Produktspektren gekennzeichnet sind und somit hinsichtlich ihrer Werbewirksamkeit auf den ersten Blick einfacher optimiert werden können als Unternehmen, die eine hohe Produktvielfalt unter einem einzigen Markennamen vereinigen (Branded House, siehe Kapitel 6.2.1). Es ergeben sich jedoch keine großen Herausforderungen, wenn eine eineindeutige Zuordnung zwischen den Leistungssegmenten bzw. Geschäftseinheiten und den Kundensegmenten bzw. Zielgruppen möglich ist. In diesem Fall kann eine vollkommen getrennte Kommunikationsstrategie für jedes Leistungssegment bzw. für jede Geschäftseinheit realisiert werden. In anderen Worten formuliert: Wenn die Kunden der Sparte A von den Kommunikationsmaßnahmen der Sparte B nichts mitbekommen, kann jedes Segment isoliert planen.

Ganz anders verhält es sich jedoch, wenn ein und dieselbe Kundengruppe von verschiedenen Geschäftseinheiten mit unterschiedlichen Kommunikationsmaßnahmen und mit unterschiedlichen Botschaften bombardiert wird. In diesem Fall entsteht relativ schnell eine Überversorgung mit Informationen, die zur Folge hat, dass der Kunde die Werbung nicht mehr wahrnimmt bzw. sofort wegwirft. Zur Vorbereitung einer Werbewirksamkeitsanalyse habe ich eine qualitative Analyse des Informationsverhaltens und der Verarbeitung der Werbebotschaften eines IT-Unternehmens durchgeführt. Es wurden verschiedene Kunden befragt, die laut der Kontaktdatenbank in regelmäßigen Abständen mit Informationen (Mail, Fax, Post etc.) aus verschiedenen Geschäftseinheiten versorgt worden waren. Beeindruckend viele Befragte sagten sehr deutlich, dass sie jede eingehende Werbung – egal ob von diesem Unternehmen oder von den Konkurrenten – sofort in den Mülleimer werfen. Die Hauptgründe waren (sinngemäß):

* Es steht immer wieder dasselbe in den Flyern, Broschüren, Anschreiben etc. (fehlende Unterscheidbarkeit!).

* Es sind deutlich zu viele Informationen und die Befragten kommen nicht dazu, sie zu lesen (Informationsflut).

* Wenn die Adressaten Informationen brauchen, dann holen sie sich diese on demand im Internet in entsprechenden Spezialforen (Sales Cycle).

Da stellt sich wirklich die Frage, welcher Anteil der Kommunikation überhaupt bei den Kunden ankommt bzw. welche Botschaften wirklich erinnert werden. Ergänzend wurde eine Analyse der Heterogenität der Botschaften durchgeführt, die an dieselbe Kundengruppe gesendet werden. In einem ersten Schritt wurden alle Schlüsselwörter aus Überschriften und Unterüberschriften aller Medien, die in den vergangenen sechs Monaten an die Kunden geschickt wurden, gezählt. Anschließend wurden diese zu Clustern mit ähnlicher Bedeutung oder ähnlichem Inhalt zusammengefasst, beispielsweise wurden Begriffe wie Prozessoptimierung, Prozess-Reengineering, Produktivitätssteigerung von Prozessen etc. zu einem einzigen Cluster zusammengefasst. Der Grundgedanke hinter dieser Zusammenfassung ist der, dass durch die Ähnlichkeit der Schlüsselworte ein Wiedererkennungswert erreicht wird und der Adressat bei der schnellen Durchsicht einer Werbung nicht zwischen semantischen Feinheiten differenziert. Das Ergebnis war erschreckend (Bild 30).

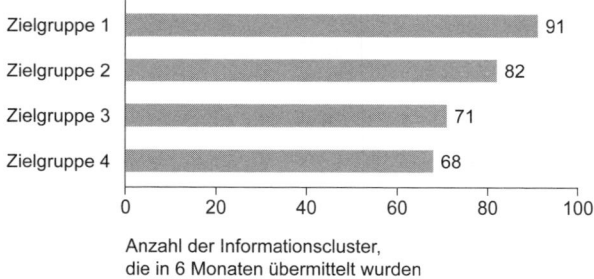

Bild 30 Semantische Informationscluster von Schlüsselwörtern
pro Zielgruppe

Für die Zielgruppe 1 in Bild 30 bedeutet dies, dass das Unternehmen in einem halben Jahr 91 semantisch verschiedene Informationscluster gesendet hat. Jedem Betrachter ist klar, dass diese Menge nie von einer Person auch nur annähernd verarbeitet, geschweige denn gespeichert werden kann. Ist dieser Effekt beabsichtigt, d.h. es werden nur Informationen übermittelt, die eher flüchtiger Natur sind und sich nur auf bestimmte Produkte beziehen, dann ist eine solch hohe Zahl unkritisch. Wenn man immer zum richtigen Zeitpunkt (Sales Cycle) die Werbungen abschickt, kann man die hohe Anzahl dieser Cluster beruhigt hinnehmen. Will man aber eher langfristig die Entscheidungen beeinflussen und auch Markenbotschaften verankern, so ist eine solche Zahl durchaus kritisch zu sehen, denn es besteht eine große Wahrscheinlichkeit, dass vielleicht wichtige Botschaften in der Menge der Informationen verloren gehen oder nur noch verwaschen bei den Adressaten ankommen. Eine

Möglichkeit, diese Situation zu entschärfen, besteht darin, eine durchgehende Story über die gesamte Kommunikationsperiode hinweg zu entwickeln, wie bereits in den vorangegangenen Abschnitten ausgeführt.

Nun stellt sich die Frage nach einer möglichen Referenzgröße. Untersuchungen haben gezeigt, dass der Mensch in der Lage ist, ca. sieben verschiedene Informationscluster zu verarbeiten.[161] Im Berufsleben ist es jedoch eine sehr optimistische Annahme, dass der Adressat einer Werbung seine kompletten kognitiven Kapazitäten beispielsweise auf ein Medium konzentriert. Vielmehr kann angenommen werden, dass nur eine sehr begrenzte Kapazität (eine Ausnahme bildet das Vorfeld einer Entscheidungsphase) auf die Verarbeitung der Werbebotschaften verwandt wird. Auch aus diesem Blickwinkel ist es sehr optimistisch, anzunehmen, dass die 91 Informationscluster im Laufe eines halben Jahres von der Zielgruppe verarbeitet werden. Die Wahrscheinlichkeit der gegenseitigen Auslöschung bzw. der fehlenden Erinnerung ist sehr hoch und die Effizienz des Kommunikationsprogramms in Summe sollte hinterfragt werden. In Tabelle 20 sind die verschiedenen Reifegrade für die Programmplanung zusammengefasst.

Selbstverständlich ist auch eine Kontrolle der Übereinstimmung zwischen der Planung und der tatsächlichen Umsetzung in den Kampagnen notwendig. Es macht keinen Sinn, Schlüsselbilder, Textbausteine etc. zu

Tabelle 20 Monitoring der Programmplanung (pGAP)

Komponenten	Basic	Managed	Advanced
Kampagnen	Soll-Ist-Vergleiche: Budget, Laufzeiten, Medieneinsatz, GRP, Bruttoreichweiten, Nettoreichweiten, OTS, Awareness, Top of Mind, Recall, Kaufempfehlungen etc.	Einhaltung und Abweichungen von der inhaltlichen Leitlinie, (mit allen Aspekten wie Key Messages, Key Visuals etc.) Prozent der Kampagnen, die Abweichungen zeigten	Einhaltung und Abweichungen von der konsistenten Story Prozent der Kampagnen, die entsprechende Abweichungen zeigten
Programm gesamt	Budget	Erreichungsgrad des Archetypus und der Markenidentität, iGAP (Managed bzw. Advanced) Breite, Varianz etc. der verschiedenen Schlüsselelemente, Wiederverwendungsgrad der Schlüsselbilder Breite und Tiefe der Informationscluster	
Ergebnis	Steuerungs- und Korrekturmaßnahmen als Vorgabe für die nächste Kommunikationsperiode		

definieren, diese in Form von Guidelines vorzugeben und dann jedem Kampagnenverantwortlichen zu überlassen, ob er sie einsetzt oder nicht. In gleicher Weise verhält es sich mit einer definierten Storyline. Der ganze Grundgedanke, die Werbung einer Kommunikationsperiode aus einem Guss zu gestalten und es den Zielgruppen leicht zu machen, die Werbebotschaften nicht nur zu merken, sondern auch langfristige Kaufintentionen zu verankern, wäre damit ad absurdum geführt. Wie bereits ausgeführt, kann selbstverständlich die Analyse der Varianz und Variabilität von Schlüsselwörtern auch generell auf Bilder und Strukturen ausgedehnt werden. Somit hat man pro Reifegrad eine ideale Grundlage für die Definition von Korrekturmaßnahmen für die nächste Kommunikationsperiode. Wie ein pGAP aussehen könnte, zeigt Bild 31.

pGAP: Umsetzung der Markenidentität im Kommunikationsprogramm		
Umsetzung der Markenidentität	Anteil der Medien, die den visuellen Vorgaben entsprechen (Schlüsselbilder, Bildwelten)	**80%**
	Anteil der Medien, die den textlichen Vorgaben entsprechen (Schlüsseltexte, Message Grid)	**50%**
	Einhaltung der CI-, CD-, CL-Vorgaben	**100%**
	...	...
Planungssicherheit, Kampagnen	Einhaltung Kostenrahmen	**70%**
	Einhaltung Zeitvorgaben	**40%**
	Freigabe Briefing im ersten Durchlauf	**70%**
	Freigabe Kreatividee im ersten Durchlauf	**40%**
	...	**40%**
		60% (Durchschnitt)

Bild 31 Beispiel für die Struktur eines pGAP

8 Erfolge ernten: Umsätze steigern, Markenidentität umsetzen und erfolgreiche Kampagnen effizient durchziehen

Wie die Überschrift schon andeutet, folgt jetzt die Beschreibung der Phase, die das scheinbar Unmögliche möglich macht. Alle Vorgaben aus der Markenführung sollen sich in jedem Medium wiederfinden, eine konsistente Story aus der Programmplanung muss auch noch untergebracht werden und dann, da war doch noch etwas, der wichtigste Punkt überhaupt: Das Produkt bzw. die Leistung soll auch noch verkauft werden. Noch etwas vergessen? Ach ja, effizient soll es auch noch ablaufen, schnell und reibungslos. Die Grundidee auch für diesen Abschnitt ist, mehr in die Vorbereitung zu stecken, um dann in der Ausführung richtig schnell und effizient zu sein. Steigen wir also ein.

Zu Anfang eine kurze Begriffsklärung: Was sind Kampagnen? Wo sind eigentlich die verschiedenen Medien? Unter einer Kampagne soll für diesen Abschnitt ein zeitlich abgegrenztes Projekt verstanden werden, das über verschiedene Medien und Kommunikationskanäle eine Leistung bzw. ein Produkt verkaufen soll. Aber es gibt doch viele Projekte, die einen einzigen Flyer oder eine Broschüre beinhalten? Gerade im Zeitalter des Web 2.0 gehören diese Kombinationen fast schon zum alten Eisen. Inzwischen werden bei fast allen Firmen die Inhalte aus der Broschüre oder dem Flyer zusätzlich auf der Webseite, eventuell im sozialen Netzwerk, in PR-Mitteilungen oder auch in einem Fachartikel (Investitionsgüterhersteller) verarbeitet. Daher müssen auch die Inhalte an viele verschiedene Kommunikationskanäle angepasst werden. Behält man genauso wie den vorangegangenen Kapiteln die schrittweise inhaltliche Entwicklung im Hinterkopf, so ergeben sich sinnvollerweise drei inhaltliche Blöcke:

1. **Die Bestimmung des Kampagnenkerns.**
   Dazu gehören die richtige, verkaufsorientierte Verarbeitung der beworbenen Leistung, die Konkretisierung der Zielgruppe und die Integration der Vorgaben aus der Programmplanung und der

Markenführung. Vereinfacht formuliert beinhaltet diese Phase alle Vorarbeiten des Kampagnenverantwortlichen, damit das Briefing der Werbepartner optimal verläuft und jene ihr kreatives Potenzial optimal ausnutzen können.

2. **Die kreative Umsetzungsphase zusammen mit den Werbepartnern.** Diese beinhaltet den intelligenten Einsatz vieler verschiedener Stilmittel, konkretisiert in der Kreatividee. Nach der Prüfung der wichtigsten Qualitätseigenschaften einer verkaufsorientierten Werbung wird diese Phase durch die Freigabe für die Produktion und Erstellung der Medien abgeschlossen.

3. **Die Schaltung der Kampagne mit der laufenden bzw. abschließenden Erfolgsbewertung.**

Schritt für Schritt sollen nun die verschiedenen inhaltlichen Fortschritte beschrieben werden.[162] Beginnen wir mit dem Kampagnenkern, der ersten inhaltlichen Weichenstellung.

8.1 Der Kampagnenkern: Erste Weichenstellung für eine erfolgreiche Vermarktung

Wie bereits kurz angerissen, beinhaltet der Kampagnenkern die inhaltliche Vorbereitung bis zum Briefing der Werbepartner. Was ist daran so wichtig? Alle Vorgaben, die nicht im Briefing stehen bzw. nicht exakt genug formuliert sind, können von den Werbepartnern nicht berücksichtigt werden oder werden eventuell falsch in eine Kreatividee umgesetzt. Das führt dann zu erhöhten Aufwendungen, vielen Korrekturschleifen und misslungenen Pitches. Die Verantwortung für ein professionelles Briefing liegt einzig und allein beim auftraggebenden Unternehmen. Die meisten Probleme und Missverständnisse bei der Umsetzung in eine Kreatividee sind eher auf die Kampagnenverantwortlichen zurückzuführen als auf die beteiligten Werbeagenturen. Wenn man professionelle Werbepartner hat, dann setzen sie im Regelfall auch exakt die Vorgaben um, und eine überraschte Feststellung wie „wir dachten nicht, dass Sie dies so genau umsetzen" ist dann wohl eher ein Eingeständnis der eigenen Unfähigkeit. Insgesamt sollte der Kampagnenkern aus insgesamt vier verschiedenen Elementen bestehen, die selbstverständlich unterschiedliche Grade der Professionalität (Basic, Managed, Advanced) aufweisen können.

8.1.1 Kampagnenkern, Teil 1: Vorgaben aus der Markenführung und Programmplanung

Bevor sich jeder Kampagnenverantwortliche in die inhaltliche Arbeit stürzt, sollten die Startvoraussetzungen geklärt werden. Im pGuide (Tabelle 17, Seite 200) sind die wichtigsten Informationen enthalten, die in der Programmplanung mit allen Beteiligten vereinbart wurden:

- *Reifegrad Basic:* Budget, Laufzeiten, Medien, Team, CI, CD
- *Reifegrad Managed:* inhaltliche Leitlinie, gemeinsames Motto für die gesamte Kommunikationsperiode
- *Reifegrad Advanced:* Story mit Abschnitten und Strukturen

Zu Beginn einer jeden Kampagne sollten diese Rahmenbedingungen noch einmal ganz kurz überprüft werden, damit später nicht überflüssige Korrekturschleifen anfallen. Darüber hinaus gibt der iiGuide (Tabelle 15, Seite 179) die entsprechenden Vorgaben und Vorlagen für die inhaltliche Gestaltung:

- *Reifegrad Basic:* Farben, Logo, Jingle
- *Reifegrad Managed:* Tonalität, Schlüsselbilder, Audio-Branding
- *Reifegrad Advanced:* Bildwelten, Message Grid

Spätestens an dieser Stelle wird deutlich, welche Effizienzsteigerung durch das einmalige Investment in den detaillierten Aufbau einer Marke möglich wäre, dies entspricht der Erreichung des Reifegrades „Advanced" (Kapitel 6.4). Liegen die Guidelines vor, sollte es ein Leichtes sein, sie im Netzwerk nachzusehen bzw. in Form eines Handbuchs aus der Schreibtischschublade herauszuziehen. Dies dauert maximal ein paar Minuten. Andernfalls beginnt jetzt ein mühsamer Teil: Bilder, Tonalität und alle Details, die in Form des iiGuide als „plug-and-play"-Lösung vorliegen, mühsam im Team zu erarbeiten. Dabei geht ganz schnell eine Woche ins Land. Gehen wir aber lieber vom optimalen Zustand aus, so kann sich jeder Kampagnenverantwortliche auf den wirklich interessanten Teil konzentrieren, wie das Produkt oder die Leistung verkauft werden soll.

Vor Beginn der Formulierung der restlichen Kampagnenkerne sollte sich jeder Kampagnenverantwortliche vergewissern, welche Freiheitsgrade er bei der Auslegung der Standards iiGuide und pGuide hat. Je nachdem, wie strikt die Richtlinien von einem Unternehmen gehandhabt werden, sind nur geringe Variationen der Grundidee und Adaptionen erlaubt. Elemente wie Tonalität und deren Umsetzung in Form von Bildwelten, Texten, Tönen und Gegenständen sollten enge Grenzen haben, Strukturen dagegen lassen keinen Spielraum. Man kann sich gerade im internationalen Kontext durchaus im Rahmen der lokalen Adaption einer globalen

Marke fragen, ob eventuell in bestimmten Ländern andere Visualisierungen, Formulierungen etc. notwendig sind. Will man beispielsweise in einer konkreten Kampagne ausdrücken, dass man eine intensive, vertrauensvolle Beziehung zu einem Kunden eingehen möchte, so würde man in Deutschland von einem guten Freund, einer starken oder stabilen Freundschaft sprechen, in den USA eventuell von einer „Relation of first Degree". Gleichzeitig bedeutet dieser Ausdruck aber auch eine direkte verwandtschaftliche Beziehung, daher Vorsicht vor Missverständnissen. In arabischen Ländern ist die Verflechtung von geschäftlichen und freundschaftlichen, privaten Beziehungen nichts Ungewöhnliches, benötigt aber einen längeren und intensiveren Anlauf, um als stabil und gefestigt zu gelten. Würde eine Firma ankommen und von einer starken Freundschaft mit lokalen Kunden reden, könnte sie eventuell verständnisloses Schulterzucken ernten: Freundschaft oder intensive Beziehungen gibt es nur zwischen Personen und kaum zu Unternehmen. In jedem dieser drei Kulturkreise würde die Formulierung eines Benefits vollkommen anders aussehen und lauten. Diese drei unterschiedlichen Interpretationen ein- und derselben Werbeaussage zeigen die Notwendigkeit, bei globalen Kampagnen eine gewisse Flexibilität nicht nur im iiGuide zu verankern, sondern diese auch bei der konkreten Umsetzung der Kampagnenidee in Bilder, Texte etc. anzuwenden. Um solche Entscheidungen etwas einfacher zu machen, sollte man sich fragen, wie sich der Archetypus im jeweiligen Land verhalten würde, um nicht unangenehm aufzufallen.

Ein weiterer wichtiger Input, der gerne vergessen wird, sind die Erfahrungen mit vorangegangenen Kampagnen, damit Fehler nicht wiederholt und Erfolge reproduzierbar gemacht werden. Hier stehen vor allem folgende Fragen im Vordergrund:

- Wie sind die Botschaften der vorangegangenen Kampagne angekommen? An was erinnerten sich die Adressaten? Recall, Awareness etc.
- Hat die vorangegangene Kampagne einen Beitrag zur Markenführung geleistet?
- Was ist schief gelaufen?
- Was ist gut gelaufen?

Genauso wichtig wie die Auswertungen der vorangegangenen Kampagnen sind auch aktuelle und zeitnahe Informationen darüber, was die Konkurrenten versuchen, in ihrer Werbung bei der Adressatengruppe zu platzieren. Einerseits gibt diese Analyse Hinweise auf mögliche Schwächen, die in der eigenen Kampagne ausgenutzt werden können, andererseits auf Stärken der Konkurrenz, die eventuell die eigene Position und die eigene Argumentation schwächen könnten.

Last but not Least hat jeder Kampagnenverantwortliche auch alle notwendigen Informationen über das Kundenverhalten (TAPs 0 bis 3) in aktueller Form vorliegen, denn nur dann kann ein „Blindflug" im Adressatendschungel vermieden werden.

8.1.2 Kampagnenkern, Teil 2: Was die Zielgruppe kaufen soll und wie man das Objekt der Begierde richtig aufbereitet

Ohne Produkt oder Leistung keine Kampagne. Ohne zündende Benefits und Reason Whys eine langweilige Kampagne und – noch schlimmer – kein Grund für den Kunden zu kaufen! Gewissermaßen ist dies der Kern des Kerns, der ausschlaggebende Punkt für einen Knaller in der Kampagne und die Antwort auf den inneren Dialog des Kunden, ja das will ich! Im Teil I wurden die wesentlichen Entscheidungen auf dem Weg zur Entstehung eines Bedürfnisses dargelegt, jetzt ist genau der Punkt erreicht, an dem dieses Wissen gewinnbringend im Kampagnenkern verankert wird. Beginnen wir mit dem einfacheren Teil, der Formulierung des Wunsches bzw. des Bedürfnisses oder des zu lösenden Problems.

Es gibt hervorragende Ansätze für jede Firma, schlagkräftige und aussagefähige Gründe für den Kauf des beworbenen Objektes zu finden. Wenn man sich die Mühe gemacht hat, eindeutig Produkte zu einer Marke zuzuordnen, so ist diese Arbeit schon fast erledigt. Hier gelten die Ausführungen aus Kapitel 6.1. An diesem Punkt sind alle Motivationen vorhanden, die wesentlichen Vorlieben und Bedürfnisse der Zielgruppe werden diskutiert und dabei ist man auf die richtigen Kernwerte gestoßen. Das sind ideale Vorlagen für die Ableitung interessanter Eigenschaften. Die Marke Milka beispielsweise verwendet für die verschiedenen Produktlinien und Produkte immer wieder Abwandlungen des Markenkernwerts „Die zarteste Versuchung seit es Schokolade gibt".[163] Dem Kunden wird in vielen Variationen die Versuchung in verschiedenen Geschmacksvarianten und mit variablen Inhaltsstoffen dargeboten.

Verlässt man das große weite Feld der Firmen, deren Produkte oft im wahrsten Sinne des Wortes reine Geschmackssache sind, und konzentriert sich auf diejenigen, bei denen objektive Merkmale eine Rolle spielen, sieht die Suche nach den Gründen für den Kauf wieder ganz anders aus. Hier gibt es eine einfache wie gebräuchliche Dreiteilung der Produktcharakteristika:[164]

1. Unter einem *Dissatisfier* werden alle diejenigen Produkteigenschaften verstanden, die der Kunde als „selbstverständlich"

erwartet. Beispielsweise wird bei einem Auto erwartet, dass es vier Räder hat, ein Lenkrad, Airbags vorne etc. Der Kunde reagiert im Regelfall sehr ungehalten, wenn diese Features nicht im Produkt enthalten sind, ist aber auf der anderen Seite nicht automatisch zufrieden, nur weil alle da sind. Solche Dissatisfier gehören allerhöchstens in den Anhang eines Mediums, auf die Detailseiten einer Homepage oder in ein Datenblatt, nie in den Vordergrund. Hier liegt oft das Problem bei Investitionsgüterwerbungen, denn die Kampagnenverantwortlichen bekommen vom Produktmanagement eine unüberschaubare Menge an Produkteigenschaften ohne Priorisierung, ohne Bewertung. Und genauso sehen diese Werbungen dann aus: zu viele Informationen, kaum Struktur, die Highlights gehen unter.

2. Die *Satisfier* dagegen stellen Produkteigenschaften dar, die einen hohen Einfluss auf die Zufriedenheit der Kunden haben. Wenn ein Auto im Katalog mit einem Verbrauch von sechs Litern Diesel auf 100 Kilometer bei 140 PS Leistung angegeben ist, könnte das den Käufer zufrieden stellen. Auch wenn sich im Verlauf der ersten 30.000 km herausstellt, dass das Automobil bei jeder Witterung problemlos anspringt und ein tolles Handling im Alltag hat, so hat dies sicher einen hohen Einfluss auf die Zufriedenheit mit dem Produkt. Aus genau dem Grund werben gerne die japanischen Automobilhersteller mit der Zuverlässigkeit ihrer Automobile auf Basis der Ergebnisse der ADAC-Pannenstatistik. Satisfier müssen auf jeden Fall gut in jedem Medium platziert werden, zwar nicht an vorderster Stelle, aber doch gut erkennbar.

3. *Delighter* sind im Vergleich zu den beiden vorangegangenen Kategorien richtige Highlights für jeden Kampagnenverantwortlichen. Darunter werden Produkteigenschaften verstanden, die den Kunden schlichtweg begeistern. Im Regelfall verkauft sich ein Produkt, das einige dieser Produkteigenschaften aufweist, fast von selbst. Warum sich jetzt noch Gedanken um die richtige Werbung machen? Hier hat die Firma Apple mit dem iPod ein herrliches Beispiel geliefert. Dieses Produkt wäre sicher vermutlich sowieso erfolgreich gewesen, aber dank der klaren und einfach gehaltenen Kampagne wurde das Produkt sehr schnell einem sehr breiten Publikum bekannt. Alleine schon die Hervorhebung der Kopfhörer und des Geräts (weiße Kopfhörer und weißes Gerät vor einem knallig farbigen Hintergrund zusammen mit der schwarzen Silhouette des Benutzers) sorgten dafür, dass tatsächlich jeder Kunde sofort erkannt wurde, womit eine Bestätigung der Werbebotschaft in der realen Welt erreicht wurde.

Es gab sicher nicht wenige potenzielle Interessenten, die in der U-Bahn, im Bus oder vielleicht auch in der Firma über dieses Schlüsselerlebnis die gesamte Botschaft der Werbung inklusive des Images der Firma Apple in einem Atemzug abgerufen und in eine Kaufintention umgewandelt haben. Die Delighter gehören an eine ganz prominente Stelle in jedem Medium und sollten das Kernelement einer jeden Kampagne bilden.

Als Ergänzung zu den Produktcharakteristika sollte das Produktmanagement auch ganz konkrete Informationen über den subjektiv wahrgenommenen Ausgangszustand aus Sicht der Zielgruppe liefern. Manche Firmen bezeichnen dies auch als „Customer Pain Points". Eine treffende Formulierung, denn wenn es eine Werbung schafft, den Kunden davon zu überzeugen, dass seine aktuelle Situation bemitleidenswert ist, dann fühlt er im übertragenen Sinne einen Schmerz. Auch hier sind die Hersteller technischer Produkte vielleicht etwas im Vorteil, da sie in der Regel eine konkret darstellbare Situation liefern können. Ein sehr gutes Beispiel liefert die Automobilindustrie mit den Fahrerassistenzsystemen. Jedem Autofahrer ist es sicher schon passiert, dass ein Auto im toten Winkel beim Spurwechsel übersehen wurde. Angefangen von dem Schreck bis hin zu einem möglichen Unfall gibt es viele verschiedene Szenarien, die in der Werbung darstellbar sind. Je nach Härte der Darstellung können diese Pain Points mal mehr, mal weniger drastisch vermittelt werden.

Gleichzeitig beantwortet man mit dieser Vorgehensweise auch die innere Frage der Adressaten: „Warum soll ich das eigentlich kaufen?". In vielen Büchern über Werbung findet man immer wieder den Begriff „Reason Why". In Kombination mit den Dissatisfiern, Satisfiern, Delightern ergibt sich genau diese wichtige Komponente des Briefings. Was sich vielleicht auf den ersten Blick nach einer banalen Fingerübung anhört, ist eine sehr bedeutende Sensibilisierung aller Beteiligten am Prozess, den Kern des Produktes „auf den Punkt" zu bringen. Bleibt man beim Beispiel der Fahrerassistenzsysteme, könnte man die Reason Whys wie folgt sehr drastisch formulieren: „Lieber Autofahrer, Du möchtest auch selbst unbeschadet und entspannt ankommen, Du willst doch keinen anderen über den Haufen fahren und damit richtig Ärger bekommen?" Allerdings muss man aufpassen, dass gerade im Investitionsgüterbereich die Aussagen nicht zu generisch werden, zum Beispiel: „Lieber Kunde, kauf doch die Maschine, damit du produktiver wirst!". Klar, einfach deutlich, konkret und hart lautet hier die Devise!

Wie setzt man nun diese Produktcharakteristika ganz konkret in der Gestaltung der Werbung ein? Mit den zwei Eckpunkten Wunsch/Bedürfnis/Problemlösung versus aktueller Zustand/Problem/Pain Points kann eine herrliche Story generiert werden: Soll-Ist-Vergleiche, Vorher-Nachher-Vergleiche, die wundersame Eingebung etc. Der aktuelle Zustand hat aber noch eine andere Funktion: Jeder Adressat wird da abgeholt, wo er gerade steht, gleichzeitig kann man hervorragend ein Verständnis für die Lage des Kunden dokumentieren. Jedem Leser fallen an dieser Stelle sicher viele Beispiele aus der Konsumgüterindustrie ein, aber nur wenige aus der Investitionsgüterindustrie. Dies rührt nicht zuletzt daher, dass die meisten Produktmanager so tief in ihrer Technik verhaftet sind, dass sie in der Regel nur in Features, Produkteigenschaften etc. denken und weniger in Begeisterungsfaktoren für Kunden. Diese kulturelle Hürde muss langfristig überwunden werden, denn aus einer Riesenmenge von Produkteigenschaften die richtigen herauszusuchen, stellt jeden Kampagnenverantwortlichen vor eine nahezu unlösbare Aufgabe. Dies ist sicher ein Grund, warum sich viele Werbungen für Investitionsgüter so interessant wie ein Telefonbuch lesen: Zahlen, Namen, keine Story, kein Pfiff.

Eine sehr interessante Übung, um das richtige Verkaufsargument für die Kampagne herauszuarbeiten, besteht in einem kurzen Ausflug in Verkaufs- und Akquisitionstechniken. Jeder Verkäufer muss sich bei jedem Kundenkontakt aufs Neue der Herausforderung stellen, überhaupt Gehör beim Kunden zu finden. Meist lautet die unausgesprochene Frage des Gegenübers: „Warum stiehlst du mir meine Zeit?" Hier schlägt Jolles zu Beginn des Gespräches den Einsatz eines Initial Benefit vor.[165] Dieser erfüllt aus Sicht des Kunden ein wichtiges Kundenbedürfnis und sichert daher schon von Anfang an dessen hundertprozentige Aufmerksamkeit. Kurz nachgedacht – in der Werbung ist es auch nicht anders. Jeder möchte die Aufmerksamkeit seiner Zielgruppe erregen, und zwar möglichst von Anfang an. Und was gibt es Besseres, als den(!) Produktnutzen, der den Kunden begeistert? Daher sollte jeder Kampagnenverantwortliche sich genau diese Frage stellen und im Kampagnenkern eine Antwort darauf finden!

Es ist fast müßig, darauf hinzuweisen, dass selbstverständlich zu Beginn der Planung einer Kampagne alle Informationen über Alternativen, die Entscheidungsregeln und die Entscheidungskriterien der Kunden vorliegen sollten. Warum? Wenn man die Möglichkeit hat, bestimmte Kriterien hervorzuheben und durch eigene Produktcharakteristika zu untermauern, dann sollte sich der Verkaufserfolg fast automatisch einstellen, andererseits hat man aber auch die Möglichkeit, den Entscheidungsprozess durch die Werbung zu beeinflussen. Man denke nur an das Beispiel Pampers. Hier wurde versucht, über die Produkteigenschaften „Auslaufschutz" und „Bewegungsfreiheit" nicht nur die Zielgruppe zu sensibilisieren, sondern auch die Entscheidungskriterien in die gewünschte Richtung zu lenken. Wenn man geschickt ist, kann man sogar die Entscheidungsregeln (siehe Kapitel 3.2) biegen und lenken. Einfaches Beispiel dazu: Früher war ein Handy zum Telefonieren da, jetzt ist es ein unverzichtbares Instrument, u. a. um in den sozialen Netzwerken up to date zu bleiben.

Kurz zusammengefasst:
Eine erfolgreiche Kampagne fängt mit dem Initial Benefit an, beinhaltet prominente Benefits, integriert die Customer Pain Points und beeinflusst das Entscheidungsverhalten des Kunden. Informationen über Alternativen, Konkurrenzleistungen oder Konkurrenzprodukte liegen selbstverständlich vor.

Muss ich mir jetzt als Marketingverantwortlicher überhaupt noch Gedanken über die Gestaltung der Werbung machen, wenn ein Produkt viele Satisfier und viele Delighter beinhaltet? Die Antwort auf diese Frage ist eindeutig ja, denn was sich theoretisch von selbst verkaufen könnte, tut dies in der Praxis noch lange nicht. Dafür gibt es mehrere Gründe: Im einfachsten Fall sind so viele Personen an der Kampagnengestaltung beteiligt, das eventuell nur ein ganz kleiner gemeinsamer Nenner als Ergebnis herauskommt. Im ungünstigsten Fall ist so wenig Know-how auf Seiten der Werbeagentur oder des auftraggebenden Unternehmens vorhanden, dass die wesentlichen Argumente untergehen, wie es die Office 2003-Broschüre der Firma Microsoft zeigt.[166]

Dort war im Dokument auf Seite 7 und obendrein auch ohne Hervorhebung inmitten einer Seite der Initial Benefit versteckt: „Dank der Microsoft Office Professional Enterprise Edition 2003 können bis zu 375 Stunden uneffektive Zeit jährlich pro Mitarbeiter eingespart werden. Dabei bilden die vertraute Oberfläche sowie die weltweite Akzeptanz von Microsoft Office die Basis, um die Produktivität im Unternehmen um bis zu 50 % zu steigern, die Kosten um 3–5 % zu senken und die Servicequalität gegenüber dem Kunden deutlich erhöhen zu können (Quelle: Navigant-Studie 2005)." Ein Hinweis auf diese immens wichtige Information findet sich weder in der Einleitung, noch auf dem Titelblatt und auch nicht im Inhaltsverzeichnis der Broschüre. Stattdessen war auf der Titelseite zu lesen: „Die erste Software, die alle Prozesse, Informationen und Systeme über Grenzen hinweg nahtlos integriert und so für Sie arbeiten lässt." Verstanden? Jeder Leser mag selbst urteilen. Und das Inhaltsverzeichnis hatte folgende Überschriften:

„I. Visionen lassen ein Unternehmen entstehen. Ihre Verwirklichung bestehen.

II. Gute Mitarbeiter sind die Seele eines Unternehmens. Effiziente der Motor.

III. Die Informationsflut nimmt zu.

IV. Schnelle, sichere Entscheidungen sind gefordert.

V. Der Wettbewerbsdruck wächst.

VI. Visionen lassen ein Unternehmen entstehen. Produktivität bestehen.

VII. Übersicht Microsoft Office System."[167]

Dies sind Statements, die keinen Entscheider „vom Hocker reißen" (zu generisch, zu allgemein) und für den normalen Sachbearbeiter zu weit weg vom Tagesgeschäft. Gerade wenn man die Aufmerksamkeit des Kunden gewinnen will, ist dies eine sehr kontraproduktive Vorgehensweise. Mit dieser Produktbroschüre hat Microsoft definitiv eine sehr große Chance verschenkt. Das Beispiel zeigt, dass Werbung von Firmen, selbst wenn sie hervorragende Argumente in der Hand haben, trotzdem generisch und undifferenziert aussehen kann. Produkte verkaufen sich eben doch nicht von selbst, auch wenn sie noch so gut sind. In diesem Beispiel steckt ein weiterer Baustein:

> „*Proof of Concept*" oder der Nachweis der Wirkung bzw. der Wirksamkeit. Die Betonung liegt hier auf dem Nachweis, idealerweise durch eine neutrale, dritte Stelle. Für Konsumgüter bieten sich daher selbstverständlich Testberichte der Stiftung Warentest, Ökotest etc. an, Investitionsgüterhersteller ziehen dafür sehr gern Referenzkunden bzw. Referenzinstallationen heran.

Der Grundstein für eine erfolgreiche Kampagne ist gelegt, wenden wir uns der nächsten Herausforderung zu, dem Einsatz der richtigen Verstärker für die Adressaten der Kampagne.

8.1.3 Kampagnenkern, Teil 3: Zielgruppe, Kampagnenziele und die Veränderung des Kundenverhaltens

Nach der Fokussierung auf die wirklich wichtigen Produktcharakteristika kommt als zweite wichtige Weichenstellung für eine optimale Kampagne die Beantwortung der Frage, wer eigentlich die Adressaten der Werbemaßnahme sind und wie ich an diese Adressaten mein Produkt oder meine Leistung verkaufe. Was auf den ersten Blick wie eine lästige Aufwärmübung erscheint, hat jedoch erhebliche Konsequenzen für den Erfolg oder den Misserfolg der Kommunikationsmaßnahme. Ist die Zielgruppe zu unspezifisch und zu breit definiert, so besteht die Gefahr, dass die Aussagen/Botschaften genauso unspezifisch und generisch werden. In anderen Worten formuliert: Wenn man jeden ansprechen will, spricht man eventuell niemanden an. Auf der anderen Seite besteht natürlich das Risiko, die Zuhörerschaft bzw. die Leserschaft zu eng zu definieren, so dass der Erfolg auch wieder auf tönernen Füßen steht.

Je trennschärfer der Adressatenkreis umrissen werden kann, desto besser können Verstärker wie Motivationen, Selbstbilder, Traits etc. identifiziert werden, um jeder Botschaft den richtigen Nachdruck zu verleihen. Die Kunst liegt nun in der richtigen Wahl der Segmentierungskriterien. Selbst wenn auf Out-of-the-Box-Lösungen wie Sigma- oder Sinusmilieus zurückgegriffen werden kann, schadet es nicht, die Zielgruppe noch einmal mit den wichtigsten Charakteristika zu definieren und einzugrenzen. Sowohl im Konsumgüter- als auch im Investitionsgütermarketing kann man sich einen wichtigen Grundgedanken der Lifestyle-Segmentierungen zu Nutze machen: über Werte, Normen, Motivationen etc. Segmente definieren und gleichzeitig in die Segmentierungsvariablen die Verstärker integrieren. Anders formuliert: Wenn man das Segment hat, weiß man auch, wie man die Mitglieder begeistern kann. Darüber hinaus sollte man selbstverständlich die Frage stellen, ob nicht eine Konzentration auf bestimmte Teilmengen des Zielsegments einen größeren Erfolg verspricht als die Gesamtheit. Beispielsweise könnte ein Unternehmen nicht alle, sondern nur diejenigen Kunden anschreiben, die im Jahr zuvor ein neues Produkt gekauft haben und sich jetzt einem Service unterziehen sollten. Natürlich gehören zu einer vollständigen Zielgruppenbeschreibung auch solche Ereignisse, Trends etc., die momentan die Adressaten emotional wie kognitiv bewegen. Das kann die Hochzeit eines Königspaars oder eine Fußballweltmeisterschaft sein, aber auch aktuelle Entwicklungen der Wirtschaft oder Veränderungen in der eigenen Branche. Man sollte sich bei einer Kampagne auf keinen Fall die Chance entgehen lassen, derartige Trittbrettfahrereffekte als Verstärker in die Argumentation mit einzubeziehen.

Nach der Bestimmung der Zielgruppe folgt die Integration einer konkreten Aufforderung zum Kauf, der Call to Action. Er kann drei verschiedene Zeitbezüge abdecken:

1. Der Anstoß einer kurzfristigen bzw. zeitnahen Kaufhandlung: hier liegt der Fokus darauf, möglichst kurzfristig die Umsätze zu steigern. Sinnvoll ist es daher, hauptsächlich über Produkteigenschaften und damit verbundene Anreize zu gehen. Der Call to Action muss sich unmittelbar aus dem Angebot ergeben. Beispielsweise bedeutet zeitlich begrenztes Angebot für den Kunden, „sofort hingehen (wohin?) und diese einmalige Chance sichern".

2. Die langfristige Vorbereitung einer Kaufhandlung in der Zukunft: Hier liegt der Fokus darauf, die existierenden Einstellungen der Zielgruppe nicht nur zu den Produkten, sondern auch zur Marke

langfristig zu ändern, um die Relevanz und Stärke der Marken-identität zu erhöhen. Der Call to Action sollte sich eher aus der Stärke der Markenidentität ergeben und den Kunden auffordern, sich intensiver mit interessanten Informationen (wo findet der Kunde diese?) über die Marke und deren Angebotsspektrum zu befassen.

3. Die Bestätigung einer vorangegangenen Kaufhandlung:
   Sie gibt der Zielgruppe das gute Gefühl, die richtige Entschei-dung getroffen zu haben. Dieses Ziel steht in krassem Gegensatz zum Anstoß einer kurzfristigen/zeitnahen Kaufhandlung. Eventuell fühlen sich die Kunden auf den Arm genommen, wenn sie kurz nach dem Kauf ein besonders interessantes Angebot in der Werbung sehen. Ein Call to Action ist hier nicht notwendig.

Alle drei Ziele in einer Werbung unterzubringen, ist eine durchaus große Herausforderung für alle beteiligten Parteien. Aber wie die erfolgreichen Hersteller von Markenartikeln immer wieder zeigen – es ist durchaus möglich. Sie werden nun eventuell bei diesen drei sehr aggregierten Zielen die klassischen Kommunikationsziele wie beispielsweise die Er-höhung der Awareness, die Änderung von Einstellungen etc. vermissen. Tatsächlich sind solche Ziele aber immer nur Mittel zum Zweck, um eine Kaufhandlung langfristig zu initiieren oder kurzfristig auszulösen, nie das Ziel an sich.

Im Rahmen des ersten Teils haben wir immer von Verstärkern gespro-chen. Selbstverständlich müssen diese in die Argumentation eingebaut werden. Deswegen sollte auch jeder Kampagnenverantwortliche eine klare Vorstellung darüber haben, welche Verstärker wie verwendet wer-den sollen. Wenn man beispielsweise aufgrund der Auswertungen der vergangenen Kampagnen in Verbindung mit einer aktuellen Durch-leuchtung der Zielgruppe feststellt, dass zum Einen das Wissen über die Leistungen falsch oder nicht ausreichend ist, zum Anderen die Einstel-lungen gegenüber der Marke gleichgültig sind und die Konkurrenz die Ideale der Zielgruppe viel besser abbildet, so sollte auf jeden Fall eine Strategie zur Verbesserung der Ausgangssituation vorliegen.

Hat man sich für eine bestimmte Zielrichtung entschieden, so besteht der nächste logische Schritt darin, sich den wesentlichen Herausforde-rungen der Umsetzung zu stellen:

- *Welche Verstärker stehen zur Verfügung, um die Dissatisfier, Satisfier, Delighter ins rechte Licht zu rücken und so zu verstärken, dass der Kunde gar nicht anders kann als zu kaufen?*
  Hier sind in erster Linie diejenigen Charakteristika der Zielgruppe gemeint, die im Teil I des Buches, Kapitel 4, genauer diskutiert

wurden. Hier spielt der richtige Einsatz von kulturspezifischen Motivationen, segmentspezifischen Vorlieben etc. eine wichtige Rolle.

- *Auf welcher Bezugsebene soll die Argumentation stattfinden?*
  Soll eher das Produkt mit seinen Stärken oder eher die Marke mit ihrer Identität in den Vordergrund gerückt werden? Dahinter steckt die Überlegung, welche der beiden Bezugsebenen die größere Zugkraft bei den Adressaten hat. Dazu ein kleines Beispiel: Würde Milka ein neues Produkt herausbringen, das mit einer selbstähnlichen Abwandlung des Markenkerns „die zarteste Versuchung, seit es Schokolade gibt" positioniert wird, so würden viele Kunden von vornherein sagen: „… muss ja gut sein, probiere ich aus, ist ja von Milka."

- *Pro und contra für den Kauf (Reason Why/Reason Why Not):*
  Den ersten Teil der Frage: „Was spricht für einen Kauf?" beantworten die meisten Werbungen, aber mit der Entkräftung der Argumente gegen den Kauf (außer Preisschlachten) befassen sich die Marketer kaum. Hier ist ein detailliertes Wissen über die Konkurrenz notwendig, in Kombination mit den Entscheidungskriterien aus dem vorangegangenen Abschnitt. Erfahrungsgemäß bringt die Beschäftigung mit Gegenargumenten deutlich interessantere Ideen zu Tage als nur das Jonglieren mit den Argumenten für den Kauf. Auch hier können Verstärker eingesetzt werden: Zieht vielleicht die Marke? Können Einstellungen gegenüber der Produktkategorie für ein Herabsetzen der Hemmschwelle eingesetzt werden?

- *Kommunikationskanäle:*
  Welche Medien sollen in welcher Frequenz und wie lange bedient werden? Dies sollte auf Basis des Kommunikations- und Informationsverhaltens der Zielgruppe (TAP 1) ermittelt werden.

In Bild 32 finden sich diese Überlegungen wieder. Nachdem sich die drei vorangegangenen Fragen immer noch auf einer sehr aggregierten Übersichtsebene bewegen, wird es Zeit, mehr in die Details einzusteigen. Ohne die Erkenntnisse aus dem ersten Teil zu wiederholen, sollen kurz einige Anwendungsmöglichkeiten skizziert werden. Beginnen wir mit der genauen Betrachtung der Einsatzmöglichkeiten von Verstärkern und „Bremsklötzen".

Sehr wichtige Verstärker bzw. Bremsklötze sind dabei die Einstellungen der Zielgruppe zur Marke und zum beworbenen Produkt/zur Beworbenen Leistung. Was nützt die schönste, kreativste Werbung, wenn es nicht gelingt, sowohl die kognitiven als auch die affektiven Komponenten der Einstellungen in Richtung Kaufhandlung zu beeinflussen. Alle Bemü-

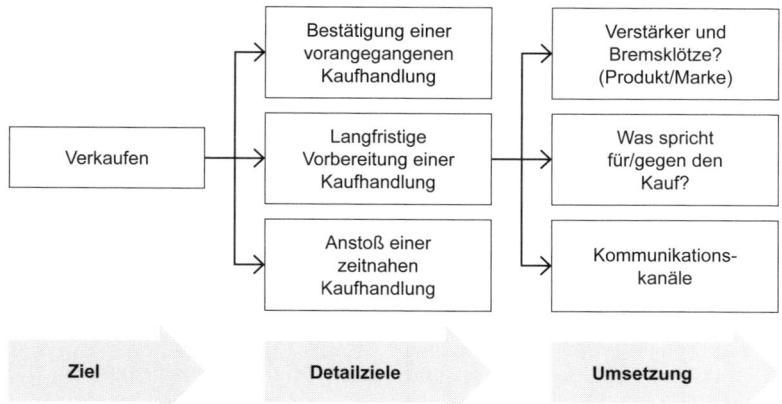

Bild 32 Zielsystem und wichtige Umsetzungskomponenten einer Kampagne

hungen werden ins Leere gehen. Betrachtet man mögliche Ausgangssituationen etwas genauer, so ergeben sich vier verschiedene mögliche Kombinationen:

1. Einstellungen zu Produkt und Marke positiv; eine nahezu perfekte Ausgangssituation. Es sei denn, man möchte das Image der Marke dramatisch ändern. Als Beispiel kann man hier die Firma Apple heranziehen, gerade wenn man die Begeisterungsstürme ansieht, die bei der Einführung des iPad entfacht wurden. Potenzielle Kunden übernachteten freiwillig vor den Shops, um ein Produkt zu erwerben, dass sie noch nicht ausprobiert haben und von dem einige gar nicht wussten, wie sie es einsetzen werden.

2. Einstellungen zu Produkt negativ oder gleichgültig und zur Marke positiv; die Ausgangssituation ist nicht optimal. Man hat aber durchaus die Möglichkeit, den Vertrauensvorschuss der Marke gewissermaßen als Grundkapital für die gesamte Kampagne heranzuziehen. Der Kampagnenverantwortliche kann sich zusammen mit seinen Werbepartnern in dieser Situation ganz auf die Veränderung der Einstellungen zu den Produkten konzentrieren.

3. Einstellungen zu Produkt positiv und zur Marke negativ; Ausgangssituation ist ebenfalls nicht optimal, sogar noch etwas schlechter als in der vorherigen Situation, da tendenziell ein einziges Produkt selten eine gesamte Marke tragen kann. Beispiele finden sich hier unter anderem bei japanischen Automobilherstellern. Das Image ist nicht wirklich schlecht, denn die Hersteller

produzieren qualitativ hochwertige Autos, erreichen aber bei weitem nicht die Markenstärke der Premium-Hersteller. Vor allem preissensible Kundenschichten fühlen sich durch diese Marken angezogen. Aber auch Marken mit großen Problemen, wie zum Beispiel Toyota – Stichwort Bremsen – können noch so tolle Produkte herstellen, die negativen Einstellung auf Markenebene schlagen auf das einzelne Produkt durch.

4. Einstellungen zu Produkt und zu Marke negativ oder gleichgültig; extrem schlechte Ausgangssituation. Die einzige Chance besteht in der Flucht nach vorne. Die deutsche Automarke Opel befand sich beispielsweise in dieser Situation und es wurde versucht, über ein neues, frisches Design und hohe Investitionen in die Technologie der Autos dieses Image zumindest von der kognitiven Seite her zu ändern. In dieser Situation ist zu überlegen, ob man nicht dem Beispiel von O_2 folgt: Die Marketingverantwortlichen schalteten quasi die Vorgängermarke Viag Intercom ab und kreierten mit sehr hohem Werbedruck eine neue Marke mit einem neuen Image. Die Verantwortung liegt nicht beim Kampagnenverantwortlichen, sondern bei der Markenführung allein. Eine einzige Kampagne kann definitiv nicht eine Marke tragen, hier müssen einschneidende Maßnahmen vorgenommen werden.

Der prominenteste Verstärker neben den Einstellungen sind die Motivationen und die Bedürfnisse. Wichtig ist vor allem, dass in der Kampagne auch wirklich die starken Motivationen adressiert werden. Nur weil es im Sommer heiß ist, verkauft kaum ein Automobilhersteller eine Klimaanlage, sondern weil es einfach angenehmer ist, nicht vollkommen verschwitzt und erschöpft am Zielort anzukommen. Dabei kann man herrlich mit den Eitelkeiten der potenziellen Kunden spielen. Beispielsweise kommt der Liebhaber vollkommen verschwitzt bei seiner Allerliebsten an und diese wendet sich vollkommen angewidert von ihm ab. Gleichzeitig gelingt bei dem Plot eine Bestätigung vorangegangener Kaufentscheidungen, denn mancher Eigentümer eines Autos mit Klimaanlage wird zustimmend nicken und zu sich selbst fragen, wie er das früher nur aushalten konnte. Insgesamt gibt es drei verschiedene Ebenen, in denen unterschiedliche Motivationen als Verstärker für die Argumentation herangezogen werden können:

1. Generelle Motivationen und daraus abgeleitete Sehnsüchte, die übergreifend für eine bestimmte Zielgruppe gelten.

- Erfolg und Anerkennung (beruflich wie privat):
  - Inwieweit tragen die Eigenschaften (vor allem Satisfier und Delighter) des Produktes (erheblich?) zum Erfolg der Adressaten bei?

- Inwieweit trägt das Produkt zu einer (nachhaltigen?) beruflichen und privaten Anerkennung der Adressaten bei?
- Akzeptanz und Integration (beruflich wie privat):
  - Inwieweit tragen die Eigenschaften des Produktes dazu bei, dass die Voraussetzungen für die Zugehörigkeit zu (s)einer Referenzgruppe erfüllt werden?
  - Inwieweit tragen die Eigenschaften des Produktes dazu bei, dass der Adressat von (s)einer Referenzgruppe (besser?) akzeptiert wird?
- Selbstverwirklichung und Optimierung des eigenen Selbstbildes (beruflich wie privat):
  - Inwieweit tragen die Eigenschaften des Produktes dazu bei, dass die Adressaten glauben, es würde das Bild verbessern, das andere von ihnen haben?
  - Inwieweit tragen die Eigenschaften des Produktes dazu bei, dass die Adressaten glauben, dass Menschen, die diese Marke kaufen, Eigenschaften besitzen, die sie auch gern hätten?
  - Inwieweit tragen die Eigenschaften des Produktes dazu bei, dass die Adressaten glauben, dass sie durch den Erwerb mehr bewundert oder respektiert werden?
  - Inwieweit tragen die Eigenschaften des Produktes dazu bei, dass die Adressaten glauben, dass sie durch den Erwerb einen (deutlichen/nachhaltigen) Wettbewerbsvorteil haben werden?
- Neugier und Experimentierfreude (beruflich wie privat):
  - Inwieweit tragen die Eigenschaften des Produktes dazu bei, die Neugier und den Entdeckergeist der Adressaten zu wecken?
- Sicherheit, Stabilität, Konstanz (beruflich wie privat):
  - Inwieweit tragen die Eigenschaften des Produktes dazu bei, Erreichtes zu sichern, Lebensumstände zu stabilisieren, Verlässlichkeit zu vermitteln, etc.?

2. Kulturspezifische Motivationen und daraus abgeleitete Sehnsüchte, (siehe Tabelle 6, Seite 100).

3. Branchen-, berufs-, funktionsspezifische Motivationen und daraus abgeleitete Sehnsüchte (Produktivitätssteigerung, Investitionssicherheit, Vertrauen in die technologische Kompetenz eines Zulieferers als Ausdruck der Unsicherheitsvermeidung, Basteln als wesentliche Motivation für den Entwickler, Beseitigung des

Termindrucks als Motivation für den Projektleiter etc. Siehe Bild 11 auf Seite 76).

4. Produktspezifische Motivationen und daraus abgeleitete Sehnsüchte (Musik als Ausdruck eines bestimmten Lebensstils, Business-Intelligence-Software als Mittel für geschäftlichen Erfolg, Schokolade als Belohnung etc.)

Ein weiterer Verstärker, der gerne in Werbungen für technische Güter vergessen wird, ist die Beachtung des vorhandenen Wissens in der Zielgruppe. Oft hat man den Eindruck, dass werbende Unternehmen insgeheim vom gut informierten „Heavy User" ausgehen, nicht von der üblichen Bandbreite innerhalb der Adressaten. Auch hier sollte sich jeder Kampagnenverantwortliche fragen, welche Detailtiefe, welche Anzahl an Fachbegriffen etc. notwendig sind und welche eher kontraproduktiv.

Geschickt eingesetzt kann ein Wissenszuwachs auch als positives Element in einer Werbung verwendet werden. Zu viel Wissen beim Adressaten vorauszusetzen, rückt eine Aussage schnell in Richtung Unverständlichkeit. Man sieht deutlich, dass jeder der genannten Verstärker nicht nur eine positive Wirkung hat, sondern grundsätzlich auch in die entgegengesetzte Richtung wirken kann. Daher ist es von sehr großer Bedeutung, sich bei jeder Kampagne darüber im Klaren zu sein, welche der genannten Einflussfaktoren in die gleiche Richtung wie die Argumentation der Produkt- oder Leistungsvorteile gehen oder welche dagegen. Ebenso sollte man sich auch darüber im Klaren sein, dass jeder Konkurrent eventuell einen positiven Multiplikator der eigenen Seite in eine Gegenargumentation umwandeln kann und somit aus einem Verstärker im wahrsten Sinne des Wortes einen Bremsklotz macht. Die logische Schlussfolgerung lautet daher, dass man immer in Szenarien und in Worst Cases denken muss, nicht in sonnenscheindurchfluteten Best Cases. In Bild 33 sind all diese Überlegungen in Form eines Kampagnenspielbretts zusammengefasst.

Die Nutzung des Spielbretts ist schnell erklärt. Man fragt sich bei den drei Spaltenüberschriften, inwieweit die Einflussfaktoren entweder als Verstärker oder als Bremsklotz dienen können. Beispielsweise können die Einstellungen für ein Produkt beziehungsweise eine Produktkategorie positiv sein, für eine bestimmte Marke dagegen negativ. In dem Fall sollte man sich in der Werbung der Optimierung der Markenidentität zuwenden und die positiven Einstellungen zum Produkt in Form einer Bestätigung verwenden. Ein Beispiel findet sich aus dem Jahre 2011 in der Computerbranche, konkret bei Tablet-PCs. Während Apple einen Verkaufserfolg nach dem andern feierte, trug Google mehr oder weniger öffentlich einen Streit mit den Firmen aus, die das Betriebssystem Android 3.0 auf

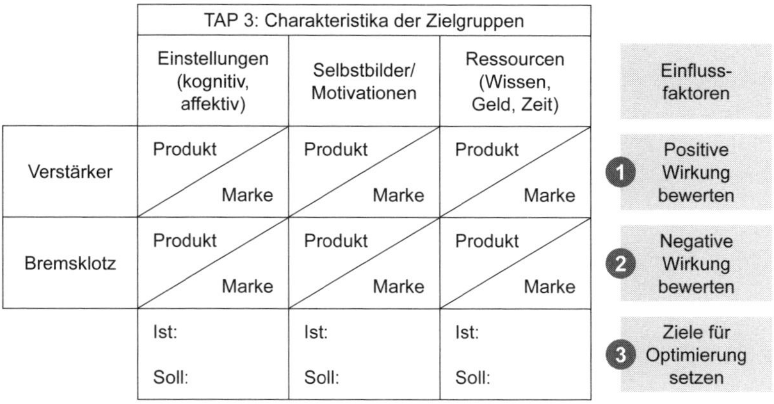

TAP 3: Charakteristika der Zielgruppen				
	Einstellungen (kognitiv, affektiv)	Selbstbilder/ Motivationen	Ressourcen (Wissen, Geld, Zeit)	Einfluss-faktoren
Verstärker	Produkt / Marke	Produkt / Marke	Produkt / Marke	① Positive Wirkung bewerten
Bremsklotz	Produkt / Marke	Produkt / Marke	Produkt / Marke	② Negative Wirkung bewerten
	Ist: Soll:	Ist: Soll:	Ist: Soll:	③ Ziele für Optimierung setzen

Bild 33 Kampagnenspielbrett für die gezielte Entwicklung eines aussagefähigen Briefings

ihren Produkten verwenden wollten. Damit wurden sicher einige Verkäufer so verunsichert, dass sie sich lieber ein iPad kauften. Wenn nun eine Firma mit einem eigenen Tablet-PC auf Basis von Android 3.0 auf den Markt kommt, so sollte sie diese Aspekte in das Design der Werbung mit einfließen lassen, um eventuellen Gegenargumenten des Kunden eigene entgegenzustellen. In ähnlicher Weise verfährt man mit Selbstbild und Motivationen sowie den Ressourcen. Beispielsweise sind Fachausdrücke für Teile der Zielgruppe eher Bremsklötze als Verstärker für die Kaufentscheidung. Auch ein kostenloser Testzeitraum bei einer Software oder ein preislich attraktives, zeitlich begrenztes Angebot senken eindeutig die Kaufhürden.

Ohne Verstärker verliert der Kaufimpuls beim Kunden an Wirkung bzw. entsteht gar nicht erst. Ohne eine exakte Definition der Zielgruppe können keine eindeutigen Verstärker, die Selbstbilder, Motivationen und Einstellungen identifiziert werden und es besteht die Gefahr, dass die Kampagne auf einem generischen, wenig aussagefähigen Niveau verharrt.

8.1.4 Kampagnenkern, Teil 4: Medienmix

Wie bereits im Kapitel 2.4 ausführlich dargestellt, hat jede Zielgruppe ihre ganz spezifischen Informationskanäle, aus denen sie sich mit Informationen versorgt und ihre Kaufentscheidungen vorbereitet. Jeder Marketer möchte selbstverständlich seine Botschaft mit dem richtigen Medienmix transportieren. Im Mittelpunkt stehen die Möglichkeiten für die Zielgruppen, die Informationen zu registrieren (Opportunity to see, OTS), eine hohe Kontakt- und Konversionsrate. Bevor man jedoch den Medienmix festlegt, sollte man sich einige Gedanken darüber machen, in welcher Ausprägung man die Werbebotschaft an die Frau bzw. an den Mann bringt:[168]

- Aktivierend: klassische, werbliche Aussage, zielt direkt darauf ab, den Gegenstand zu verkaufen. Für diese Art der Formulierung eignen sich alle Kommunikationskanäle.

- Informierend: werbliche Aussagen, die eher eine sachlich-neutrale, abwägende Darstellung des zu verkaufenden Gegenstandes im Sinn haben. Dies können sowohl Beiträge in Fachzeitschriften sein, ein White Paper, ein redaktionell vorbereiteter Beitrag für eine Zeitung etc. David Ogilvy war ein besonderer Fan dieser Art der Werbung: „The more informative your advertising, the more persuasive it will be." Prinzipiell eignen sich auch hier alle Kommunikationskanäle. Die Ansprache ist ideal, um viele Kunden, gerade über gezielte PR, mit Detailinformationen zu versorgen.

- Integrierend: werbliche Aussagen, die in erster Linie auf den Dialog mit den Kunden ausgerichtet sind. Viele klassische Kommunikationskanäle scheiden hier automatisch aus, denn wie sollte man in einer Print-Anzeige einen Dialog anfangen. Dagegen sind alle Medien des Web 2.0 hervorragend dafür geeignet, allerdings erfordern sie auch eine dialogorientierte Vorgehensweise.[169]

Unilever versorgt beispielsweise Zeitungen und Portale im Web mit Informationen über den AXE-Effekt, in der Werbung wird deutlich aggressiver vorgegangen, gleichzeitig werden über die Facebook-Seite Gewinnspiele zu Produkt-Launches veröffentlicht, Informationen über Konzerte verbreitet, die Besucher einladen, den „Gefällt-mir"-Button zu drücken usw.

Mit der Entscheidung, den Werbebotschaften eine bestimmte Richtung zu geben, kann auch eine Fokussierung auf bestimmte inhaltliche Schwerpunkte vorgenommen werden. Beispielsweise können in einem Fachartikel (besonders wichtig für Investitionsgüterhersteller) deutlich mehr Informationen untergebracht werden als im Vergleich zu einer Print-Werbung. Zum Schluss sollte jeder Kampagnenverantwortliche noch die Dauer bzw. Laufzeit der Kampagne und die Frequenz der Medienschaltung ergänzen. Template 7 zeigt, wie eine solche Festlegung aussehen kann. Idealerweise sollte jede Kampagne alle drei Zielrichtungen mit entsprechenden Medien abdecken. Mit einer solchen Übersicht

	Dauer (von/bis) Frequenz	Integrieren	Aktivieren	Informieren	Inhaltliche Schwer- punkte
Anzeigen					
Außenwerbung					
Flyer/Broschüre					
Verpackung, POS o. Ä.					
Fachartikel, red. Beiträge o. Ä.					
...					
SEO, Google Adwords o. Ä.					
Shops					
Verkaufsplattformen					
Facebook, Xing, o. Ä.					
Fachportale					
YouTube, MyVideo etc.					
Bannerwerbung					
Homepages					
...					
Fernsehen					
Messen, Events					
Roadshows					
Radiowerbung					
...					
Sponsoring					
Product Placement					
Public Relations, Twitter					
Promotions					
...					

Template 7 Bestimmung des Medienmix in Abhängigkeit der Zielsetzungen

kann es daher nicht passieren, dass bestimmte Informationskanäle vergessen werden.

8.1.5 Briefing, Abschluss der Konzeptionsphase

Die Ergebnisse all der vorangegangenen Bemühungen schlagen sich im Briefing nieder, ergänzt um sinnvolle Zusammenfassungen, die Formulierung einer Kernidee (das Wesentliche in zwei Sätzen formuliert) sowie eine Argumentationslinie (Integration der verschiedenen Bausteine aus dem Kampagnenkern zu einer sinnvollen Kette – die Story im Kleinen). Die Templates 8 und 9 fassen die Ergebnisse zusammen. Ehe man jedoch mit diesen Dokumenten entweder in einen Pitch einsteigt oder die Hausagentur brieft, muss man sich darüber im Klaren sein, dass man den ersten Point of no Return in der Kampagnenumsetzung vor sich hat. Jede Lücke, die in der Argumentation klafft, jeder Fehler, der bei den Kommunikationszielen gemacht wurde, rächt sich später mit erheblichem Zu-

Tabelle 21 Briefingvorgaben und Kampagnenkern

Komponenten	Basic	Managed	Advanced
Inputs, Startvoraussetzungen	TAPs 1–3 iiGuide, pGuide Level Basic	TAPs 1–3 iiGuide, pGuide Level Managed	TAPs 1–3 iiGuide, pGuide Level Advanced
Kampagnenkern 1	Anpassung der Richtlinien und Vorgaben im Rahmen internationaler und lokaler Kampagnen cGAP Level Basic	Anpassung der Richtlinien und Vorgaben im Rahmen internationaler und lokaler Kampagnen cGAP Level Managed	Anpassung der Richtlinien und Vorgaben im Rahmen internationaler und lokaler Kampagnen cGAP Level Advanced
Kampagnenkern 2	Dissatisfier, Satisfier, Delighter/Initial Benefit(s)/Customer Pain Points, Reason Whys, Proof of Concept, Entscheidungsregeln, Alternativen und deren Bewertung, Evoked Set, Relevant Set		
Kampagnenkern 3	Kommunikations-Ziele, (Variationen) Zielgruppendefinition, Verstärker und Bremsklötze, Kommunikationskanäle Integration von Produkt/Leistung und Zielgruppe Trittbrettfahrereffekte nutzen	Level Basic und Berücksichtigung der Selbstähnlichkeit, produkt- und leistungsspezifische Informationen aus dem Zielmarkt liegen vor	Level Managed und Integration in die Story
Kampagnenkern 4	Medienmix mit den unterschiedlichen Zielsetzungen für die einzelnen Medien: Aktivieren, Integrieren, Informieren.		
Zusätzlich	Kernidee, Argumentationslinie, wesentliche Botschaft, die bei den Zielgruppen ankommen soll.		

satzaufwand und Korrekturschleifen. In Tabelle 21 sind die Ergebnisse des gesamten Abschnitts kompakt zusammengefasst, Template 8 und Template 9 helfen bei der Umsetzung.

Startvoraussetzungen geklärt? iiGuide liegt vor? pGuide liegt vor? TAPs 0–3 sind aktuell vorhanden?	Kreatividee	Freigabe
Satisfiers, Delighters: Mit welchen Begeisterungsfaktoren kann der Kunde überzeugt werden? Was soll besonders hervorgehoben werden? Auf welche Kunden soll besonderer Wert gelegt werden? In welchen Medien soll welche Kombination erscheinen?		
Customer Pain Points: Wie soll der Kunde abgeholt werden?		
Alternativenbewertung, Entscheidungskriterien: Welche Entscheidungskriterien sollen den Kunden an die Hand gegeben werden? Welche Entscheidungskriterien können im Sinne des eigenen Produktes/ der eigenen Leistung beeinflusst werden?		
Kann die Argumentation durch einen Proof of Concept untermauert werden? Welcher? Wie genau?		

Template 8 Entwicklung Kampagnenkern/Briefing, Teil 1

Definition der Zielgruppe:
Welche starken Motivatoren beschreiben die Zielgruppe? Welche Einstellungen beschreiben die Zielgruppe (kognitiv und affektiv)? Welche Selbstbilder, Ideale, Persönlichkeitseigenschaften findet die Zielgruppe toll? Was bewegt die Zielgruppe aktuell? Welches Vorwissen hat die Zielgruppe? Gibt es Heavy User, Einsteiger etc.?

Welche der folgenden Ziele sollen in der Kampagne verfolgt werden? Anstoß einer zeitnahen bzw. langfristige Vorbereitung oder Bestätigung einer vorangegangenen Kaufhandlung? Exakte Formulierung des Call to Action!

Integration und Argumentation:
Welche Pain Points treffen auf welche Motivatoren? Welche Reason Whys gibt es? Wie können diese mit den Produkteigenschaften verbunden werden? Welche Motivatoren treffen auf welche Reason Whys? Mit welchen Verstärkern können die Produkteigenschaften (Dissatisfier, Satisfier, Delighter) verstärkt werden? Einsatz des Kampagnenspielbretts:

Kreatividee

Freigabe

TAP 3: Charakteristika der Zielgruppen			
	Einstellungen (kognitiv, affektiv)	Selbstbilder/ Motivationen	Ressourcen (Wissen, Geld, Zeit)
Verstärker	Produkt / Marke	Produkt / Marke	Produkt / Marke
Bremsklotz	Produkt / Marke	Produkt / Marke	Produkt / Marke

Template 9 Entwicklung Kampagnenkern/Briefing, Teil 2

8.2 Von der Kreatividee zur Umsetzung

Im Regelfall verschwindet nach dem Briefing das ganze Projekt in der kreativen Blackbox der Werbepartner. Dieser Prozess wurde bereits von einigen Autoren wie z. B. Pricken und Gaede ausgiebig diskutiert und ist nicht Gegenstand dieses Buches.[170] Viel interessanter ist jedoch, was die Agentur bzw. der Werbepartner aus den Vorgaben macht. Wenn man beim Briefing entsprechend sorgfältig und genau vorgegangen ist, dann sind zumindest bei einer sehr guten Werbeagentur keine unangenehmen Überraschungen zu erwarten, im Gegenteil, wirkliche Profis werden die Vorgaben exakt in eine Kreatividee umsetzen. Wenn man auf der Seite des auftraggebenden Unternehmens die gleichen Profis sitzen hat, dann sollte es bei der Überprüfung des ersten Ergebnisses nur kleine Anpassungen geben, aber keine komplette Revision der Grundidee. Sollte es dagegen öfter vorkommen, dass Briefings auf Seiten der Agentur ungenügend oder nur teilweise umgesetzt werden, so sollte man sich die Frage stellen, ob dies der richtige Werbepartner ist.

Aber zurück zur Bewertung der Kreatividee. An erster Stelle sollte die Beurteilung des Gesamteindrucks oder der Gesamtanmutung der Werbung stehen. Dabei helfen einige Fragen, z. B.:

1. Wurde die Werbung in sich stimmig und entsprechend der Vorgaben aus der Markenführung umgesetzt? Wurden die Richtlinien des Corporate Designs, des Corporate Layouts etc. eingehalten und umgesetzt?

2. Ist die Werbung konform mit der Definition der Markenidentität? Passt die Umsetzung zum Markencharakter? Verstärkt oder schwächt sie die Markenidentität?

3. Hebt sich die Werbung positiv und deutlich vom Konkurrenzumfeld ab?

4. Adressiert die Werbung auf den ersten Blick direkt die wichtigsten Komponenten des Verkaufsprozesses, des Informationsverarbeitungsprozesses und setzt gezielt alle verfügbaren Verstärker richtig ein?

5. Ist die Werbung in sich glaubwürdig und authentisch (YALE-Ansatz, Kapitel 4.1.3)?

Hat man diese Fragen beantwortet, so kann man anschließend in die detaillierte Bewertung der Kreatividee einsteigen. Die Diskussion, die im Anschluss an die Präsentation der Kreatividee entsteht, ist in der Praxis recht häufig von konträren Standpunkten geprägt. Oft ergibt sich aus dem Schmelztiegel von Kreativität, festgefahrenen Meinungen, Halbwissen und vermeintlich fundierter Erfahrung ein hochexplosives Gemisch, das alle Beteiligten nach kurzer Zeit mit hochroten Köpfen dastehen lässt. Um die Wirkung von Stilmitteln auf eine fundierte Basis zu stellen und aus der subjektiven Ecke bestimmter Meinungen herauszuholen, führten Oliver Hochreiter und Simone Kudlich eine vergleichende Analyse mit interessanten Ergebnissen durch.[171] Das Team entwickelte 10 verschiedene Anzeigen für einen fiktiven Energydrink („Activis") und ließ insgesamt über 500 Probanden eine Beurteilung zu deren Wirkung abgeben. In Bild 34 sind sie verkleinert dargestellt. Auf Basis aller Bewertungen konnte eine Reihenfolge der Beliebtheit erstellt werden. In Tabelle 22 sind die verwendeten Stilmittel, die Ziele, die mit der Idee verfolgt wur-

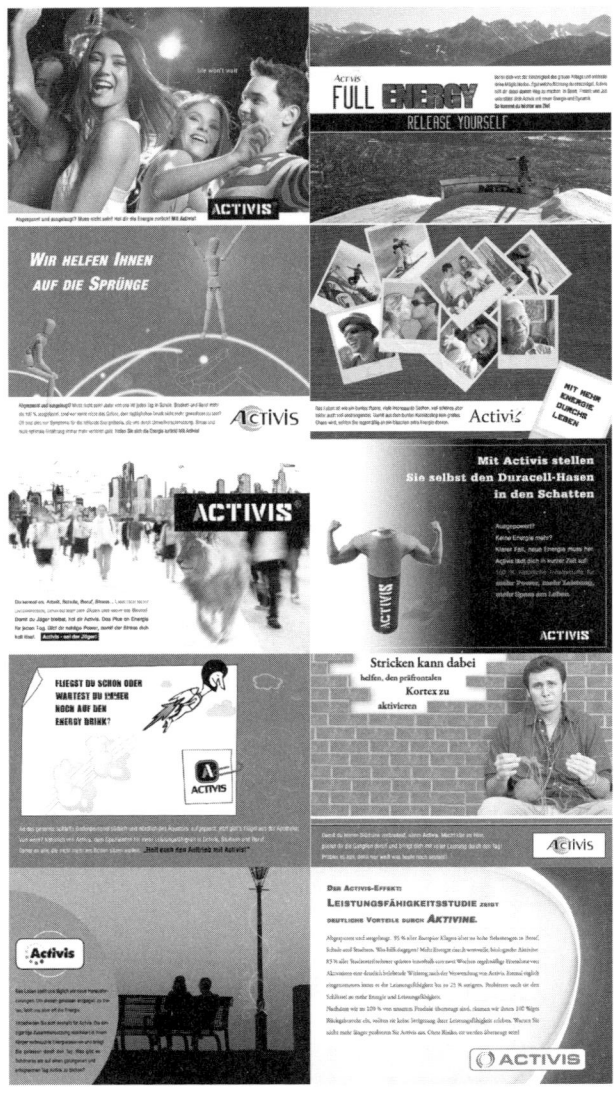

Bild 34 Bestimmung des Medienmix in Abhängigkeit der Zielsetzungen[172]

den, kurz skizziert und auch die Reihenfolge der Bewertung durch die Befragten.

Aus dieser Studie kann man einige allgemeine Tendenzen hinsichtlich des Einsatzes von Stilmitteln ableiten:

Tabelle 22 Ergebnisse eines Forschungsprojektes zum Einsatz
von Stilmitteln (vgl. Bild 34)

Werbung	Stilmittel	Ziel, Produktbezug	Rang
Party	Viel Bild und wenig Text, junges Mädchen als Key Visual	Neugierde beim Betrachter erzeugen, Produktbezug niedrig bis mittel	1
Boarder	Sportlich energiegeladenes Bild und typografischer Mittelteil, Blau dominiert	Sportlich, dynamisches Image erzeugen, Produktbezug mittel bis hoch	2
Gliederpuppe	Übergewicht der Farbe Grün, Holzpuppe	Soll seriösen, aber modern wirkenden Gesamteindruck erzeugen, Produktbezug hoch	3
Polaroids	Zahlreiche bunte Bilder von Personen unterschiedlicher Altersgruppen	Freundlichen, dynamischen Eindruck vermitteln, Produktbezug eher niedrig	4
Jäger	Symbolik des Löwen als Jäger in einer verspielten, alltäglichen Hintergrundgrafik	Aggressiv auf sich aufmerksam machen, Produktbezug eher niedrig	5
Batterie	Photomontage einer Batterie mit muskulösen Oberarmen als Eyecatcher	Auf der Erfolgswelle eines bekannten Produktes reiten, Assoziationen mit Effektivität und die Leistungsfähigkeit, Produktbezug mittel bis hoch	6
Red Bull Kopie	Werbung eines bereits fest auf dem Markt etablierten und bekannten Produkts als Vorlage zur Gestaltung	Auf der Erfolgswelle eines bekannten Produktes reiten, Produktbezug mittel bis hoch	7
Stricker	Überraschendes und unerwartetes Bild, prominente Headline	Adressaten zum Nachdenken bewegen, Produktbezug gering	8
Abend-stimmung	Warme Farbgebung, romantisch, übersichtlich und einfach gehaltene Typografie	Harmonischen und idyllischen Gesamteindruck vermitteln, Produktbezug mittel	9
Longcopy	Hauptsächlich rationale Reize in Form von Informationen und Fakten, langer Text	Soll seriös und medizinisch wirken, Produktbezug hoch	10

- Je treffender die Werbung die Lebenswelt und den Erfahrungs-
  horizont der Zielgruppe abbildet, desto höher die Aufmerksamkeit (Party, Polaroids).
- Je eindeutiger der Produktbezug [Energie, Leistungsfähigkeit,
  Dynamik] desto höher sind der zusätzliche Informationsbedarf

und die Kaufintention der Zielgruppe (Boarder, Gliederpuppe; Gegenbeweis: Abendstimmung Longcopy).

- Überraschungen und unklare Botschaften bewegen die Zielgruppe nicht zum Nachdenken, sie führen zu Ablehnung; gilt auch, wenn sie witzig sind (Stricker, Löwe).
- Das Zeitalter der Long-Copy-Anzeige neigt sich dem Ende zu (Longcopy).
- Mee-too-Anzeigen kommen nicht wirklich gut an (Batterie, Red-Bull-Kopie).

Würde man aus diesen Kreativideen den TOP-Kandidaten auswählen, so würde die Wahl auf den Boarder fallen, wenn man typisch deutsch das Produkt in den Vordergrund stellt. Warum? Er trifft das Lebensgefühl einer breiten Masse und bringt die Produkteigenschaften (Energie, Kraft, Leistungsfähigkeit) gut zur Geltung. Den Gewinner, die Party könnte man heranziehen, wenn man mehr den Lifestyleaspekt und den Spaßfaktor betonen möchte. Die Aufmerksamkeit sowohl der männlichen als auch der weiblichen Zielgruppe war der Werbung gewiss, auch ein interessantes Ergebnis. Aber was fängt man mit diesen Ergebnissen an? Ja, das schreit schon wieder nach einer Checkliste. An allererster Stelle steht folgerichtig die Umsetzung der Erkenntnisse aus der Informationsverarbeitung (TAP 1) in Verbindung mit der Integration der Dissatisfier, Satisfier, Delighter aus dem Briefing stehen. Die essenziellen Checklistenpunkte sind:

1. Gelingt es, die Aufmerksamkeit der Zielgruppe durch einen entsprechenden Initial Benefit zu wecken? Ist der Initial Benefit (die Benefits) innerhalb weniger Sekunden erfassbar?
2. Ist der Initial Benefit so klar, hart und deutlich formuliert, das er von einem Kunden auch bei geringer Aufmerksamkeit verstanden wird?
3. Kann man sich die zentrale(n) Aussage(n) leicht merken?
4. Dienen die verwendeten visuellen Elemente der Erklärung und Verdeutlichung des Initial Benefit bzw. der Satisfier?
5. Fallen die Werbungen im Umfeld sofort auf oder gehen sie unter?
6. Kommen die Benefits klar zur Geltung? Wurde die Frage „warum stiehlst du mir meine Zeit" beantwortet?
7. Kommen die „Reason Whys" klar und deutlich zur Geltung? Wurden die Reason Whys mit den Produkteigenschaften (Dissatisfier, Satisfier, Delighter) verbunden? Zusätzlich sollten Investitionsgüterhersteller beachten: Sind die Dissatisfier,

Satisfier, Delighter mit konkreten, quantifizierten Daten und Entscheidungshilfen unterlegt? Hat der Adressat die Möglichkeit, konkrete Antworten auf seine wichtigen Fragen zu finden (siehe Kapitel 3.3.2): Kann ich mit dem Produkt bzw. der Leistung meine Profitabilität steigern? Kann ich mit dem Produkt/der Leistung neue Geschäftsmöglichkeiten erschließen?

8. Wie wird der Adressatenkreis abgeholt? (Customer Pain Points, aktuelle Situation, Ausgangsproblem, Diskrepanz zwischen den Polen etc.)

9. Werden kognitive und emotionale Einstellungskomponenten adressiert? Werden alle Verstärker aus dem Kontext der Zielgruppe (Peers, Referenzgruppen, Selbstbild etc.) eingesetzt?

10. Reizt die Argumentation den Adressaten zu einem inneren Dialog, zu einer intensiveren Beschäftigung (Kopfkino)? Kann sich eventuell der Adressat in die Rolle eines aktiven Beteiligten hineinversetzen? Spielt er eine aktive Rolle in seinem eigenen Kopfkino-Film?

11. Wirkt die Werbung nur als Ganzes oder kann die Zielgruppe auch nur mit Teilinformationen auf die gesamte Botschaft schließen?

12. Lenkt und leitet die Struktur der verschiedenen Medien den Adressaten? Unterstützt die Struktur den inneren Dialog, die intensive Beschäftigung?

13. Wie wurde der Call to Action umgesetzt?

14. Wurden eventuell auftauchende Handlungsschwellen entkräftet? Wird die Alternativenbewertung gesteuert und gelenkt?

15. Wurde die interkulturelle Umsetzbarkeit genau geprüft? Sind die Bilder in den Märkten verwendbar? Gibt es unbeabsichtigte Interpretationen von Sprachspielen? Sind Namen und Bezeichnungen international verwendbar?

16. Wurden nationale und internationale Verstärker richtig eingesetzt oder gibt es interkulturelle Problembereiche?

Die Werbung von General Motors (Bild 35) ist ein sehr schönes Beispiel dafür, wie man mit einem einzigen Bild eine ganze Geschichte erzählen kann und gleichzeitig die Zielgruppe mit all ihren lokalen Charakteristika schön einfangen kann. Während im zentral- und nordeuropäischen Kulturkreis eine solch große Familie inzwischen eine Besonderheit darstellt, ist sie im arabischen Raum nicht ungewöhnlich. Zudem spielt sie in dieser Region eine ganz andere, viel bedeutendere Rolle. Was liegt also näher, die Zielgruppe mit einem der wichtigsten Aspekte der Kultur nicht

Bild 35 GM-Werbung im arabischen Raum

nur abzuholen, sondern auch für den wesentlichen Nutzen des Produktes zu begeistern. Selbstverständlich sitzt der Mann am Steuer. Vielleicht wird beim Betrachter ein innerer Dialog angestoßen: Mein Auto ist viel kleiner, da sitzen wir viel enger, das Fahren ist nicht so entspannt etc. Zusätzlich findet der Kunde im Text noch einige Zusatzinformationen zum Auto selbst. Auch ein wesentlicher Reason Why ist schön in diesem einen Bild dargestellt: warum sich in ein enges Auto quetschen, wenn man ganz entspannt mit der ganzen Familie von A nach B kommt (dies sieht man an den Gesichtern).

Alle diese Fragen sind in den Templates 8 und 9 (Seiten 235 und 236) bereits verankert. Im Grunde genommen muss jeder Kampagnenverantwortliche bei der Vorlage der kreativen Ideen nur hinter jedem Punkt im Briefing entweder einen Haken machen oder ein Fragezeichen, wenn er nicht oder nicht zufriedenstellend von der Werbeagentur erfüllt wurde.

Nach der Präsentation der kreativen Ideen und der Einarbeitung eventueller Korrekturen gehen alle Beteiligten in die finale Umsetzungsphase. Im Regelfall werden jetzt die gesamten Medien der Kampagne produziert und vom Auftraggeber freigegeben. In diesem letzten Schritt sollten sich nach der endgültigen Verabschiedung der Kreatividee keine Überraschungen mehr ergeben. Damit können die konkrete Schaltung, der Upload der Homepage, die Verteilung von Broschüren etc. beginnen. In Tabelle 23 sind die Reifegrade der Kampagnenfreigabe dargestellt, Template 10 hilft bei der Prüfung der Kreatividee.

Tabelle 23   Kampagnenfreigabe: Checklistenpunkte, Freigabeentscheidungen

Checkpunkte	Basic	Managed	Advanced
Inputs, Startvoraussetzungen	Briefing, iiGuide, pGuide, Level Basic	Briefing, iiGuide, pGuide, Level Managed	Briefing, iiGuide, pGuide, Level Advanced
Kampagnenfreigabe	Freigabechecklisten geprüft, Kriterien erfüllt? Alle Medien freigeben, inkl. der wichtigsten Schritte auf dem Weg zur Freigabe: Briefing, Rebriefing, Kreatividee etc. Agentur freigegeben (inkl. operative Abwicklung, wie Honorar, Zahlungsschritte, Rechte)	Level Basic und Pretest wurden bei wichtigen Kampagnen durchgeführt, Umfang des Pretests je nach Bedeutung der Kampagne, Testergebnisse dokumentiert? Geprüft: Integration der einzelnen Entwürfe in das gesamte Motto der Kommunikationsperiode; Sicherstellung der Selbstähnlichkeit der Kreatividee Geprüft: Beitrag zur Schließung der Identitätslücke	Level Managed und geprüft: Integration in die Storyline der ganzen Kommunikationsperiode Beitrag zur Entwicklung der Markenidentität Beitrag zur Schließung der Identitätslücke
Konformitätsprüfung	Geprüft: Konformität mit den Realisierungsvorgaben (CI/CD/CL) und mit den Vorgaben aus der Kampagnenplanung (Kommunikationsprogrammprofil). Freigabe bei positivem Ergebnis der Prüfungen.		

Checkliste Kampagnenfreigabe (Kurzversion)	☑
Initial Benefit (klar, hart und deutlich formuliert, innerhalb weniger Sekunden erfassbar, auch bei geringer Aufmerksamkeit)	
Kann man sich die zentrale(n) Aussage(n) leicht merken?	
Dienen die verwendeten visuellen Elemente der Erklärung und Verdeutlichung des Initial Benefit bzw. der Satisfier?	
Fallen die Werbungen im Umfeld (Konkurrenz, medienspezifisch) sofort auf oder gehen sie unter?	
Kommen die Benefits klar zur Geltung? Gibt es Antwort auf die Frage „Warum stiehlst du mir meine Zeit"?	
Kommen die Reason Whys klar und deutlich zur Geltung?	
Wurden die Reason Whys mit den Produkteigenschaften (Dissatisfier, Satisfier, Delighter) verbunden?	
Wie wird der Adressatenkreis abgeholt? (Customer Pain Points, aktuelle Situation, Ausgangsproblem, Diskrepanz, Alternativen, Handlungsschwellen)	
Werden kognitive und emotionale Einstellungskomponenten adressiert?	

Reizt die Argumentation den Adressaten zu einem inneren Dialog, zu einer intensiveren Beschäftigung (Kopfkino)?	
Wirkt die Werbung nur als Ganzes oder kann die Zielgruppe auch nur mit Teilinformationen auf die gesamte Botschaft schließen?	
Lenkt und leitet die Struktur der verschiedenen Medien den Adressaten?	
Unterstützt die Werbung den inneren Dialog, die intensive Beschäftigung?	
Wie wurde der Call to Action umgesetzt?	
Interkulturelle Umsetzbarkeit (Worte, Namen, Bilder)	
Wurden nationale und internationale Verstärker richtig eingesetzt (Motivationen, Einstellungen)?	
Wurden die Richtlinien des Corporate Design, des Corporate Layouts eingehalten und umgesetzt?	
Wurden Bildwelten, Message Grid, Schlüsselbilder, Schlüsseltexte richtig eingesetzt?	
Konformität zur Markenidentität (iiGuide) und zum Programm (pGuide)?	

Template 10   Freigabe Kreatividee

8.2.1 Excellence@Work: Hilti – brauchen Sie einen neuen Bohrhammer?

Obwohl bereits in diesem Buch sehr viele Werbungen vorgestellt und diskutiert wurden, soll zum Abschluss noch ein interessantes Beispiel aus der Investitionsgüterbranche vorgestellt werden. Es steht für eine sehr interessante Lösung der Herausforderung, mit möglichst viel visueller Informationen, wenig Text und gelungener Struktur einen Adressatenkreis nicht nur abzuholen, sondern auch zu interessieren und eventuell zum Kauf zu bewegen. Leider fehlt vielen Herstellern aus dem Investitionsgüterbereich und wahrscheinlich auch deren Werbeagenturen die Fantasie, mehr aus den Benefits zu machen, die in ihren Produkten/Leistungen stecken. Dennoch gibt es durchaus wegweisende Beispiele, wie die Werbung von Hilti (2003 im alten Corporate Design der Firma) in Bild 36 zeigt. So einfach dieses Bild auf den ersten Blick erscheinen mag, so viel ist doch in ihm verborgen. Zuallererst bestätigt diese Werbung den hohen Qualitätsstandard und unterstreicht damit beim Adressaten die weitreichende und unternehmerisch sinnvolle Entscheidung für dieses spezielle Produkt, erst in zweiter Linie generiert sie den Wunsch nach einem neuen Ersatzprodukt. Sehr gelungen auch die Formulierung „was hat die alles mitgemacht", die einen inneren Dialog beim Entscheidungsträger anstößt, verbunden mit der großen Zufriedenheit „was für ein toller Bohrhammer". Mit diesem inneren Dialog kann auch gleichzeitig eine innere Story angestoßen werden, die viele positive Erfahrungen mit dem Produkt gewissermaßen wieder an die Oberfläche der Wahrneh-

Bild 36 Hilti-Werbung

mung bringt. So baut sich jeder Adressat seine eigenen Verkaufsargumente selbst zusammen und führt quasi mit sich selbst ein Verkaufsgespräch. Der Erfolg gab Hilti recht. 15 Prozent Rücklaufquote dieses Direct-Mailings sprechen für sich. Geht man die verschiedenen Checklistenpunkte durch, so wird man feststellen, dass diese Werbung bei einer kritischen Überprüfung der Kreatividee hervorragend abgeschnitten hätte: Angefangen bei der Umsetzung des Hilti-typischen Markencharakters über den inneren Dialog bis hin zu einem geschickt formulierten Call to Action. Ein exzellentes Beispiel dafür, dass Investitionsgüterwerbung auch flott und toll sein kann.

8.3 Kampagnenmonitoring, harter Aufschlag oder große Party?

Während der Laufzeit einer Kampagne oder spätestens an deren Ende kommt der Moment der Wahrheit: Wie ist die Kampagne angekommen? Ein kurzer Blick in die Literatur über Werbewirksamkeitsforschung offenbart viele verschiedene Möglichkeiten, den Erfolg zu ermitteln.[173] Der Erfolgsdruck für jeden Kampagnenverantwortlichen ist hoch: Die Kampagne soll die Leistung bzw. das Produkt so bewerben, dass die Zielgruppe kauft, und obendrein soll sie auch noch das richtige Markenimage erzeugen. Daher müssen ganz konsequent auch alle Monitoringinstrumente nicht nur darauf ausgerichtet sein, einen kurz- und mittelfristigen Erfolg zu messen, sondern auch den Beitrag zur Markenführung. Nachdem jede Kampagne im Regelfall aus mehreren Medien besteht, wird selbstverständlich auch eine medienspezifische Auswertung der Werbewirkung notwendig. Hier sind dann spezielle, medienspezifische Instrumente und Methoden anzuwenden, um beispielsweise herauszu-

Tabelle 24 Reifegrade im Kampagnencontrolling, cGAP

Elemente cGAP	Basic	Managed	Advanced
Medienspezifisch	Einfache Analysen wie Hits, Clickrate, Reichweiten, Kontaktzahlen, Tausenderpreise, Affinitäten etc. Konkurrenzanalysen (z. B. Copy-Analyse)	Medienspezifische Analysen wie Conversion Rate, Confirmation Rate, Copy Test, Recall und Recognition etc. Recall, Recognition für Schlüsselelemente	Medienspezifischer cGAP Level Managed und Akzeptanz und Ablehnung des Message Grid, der Bildwelten, Layouts etc. Post-Tests, Tracking etc.
Kampagnenspezifisch	Veränderung Awareness, Top of Mind etc. Erinnerte Elemente (Bilder, Texte etc.) Marktanteile, Umsätze Konkurrenzanalysen (z. B. Copy-Analyse)	Veränderung im Evoked Set/Relevant Set Einstellungen zu Produkt/Leistung (kognitive und affektive Komponenten) Identification-Identity-Product-Rate	Kampagnenspezifischer Beitrag zu Story und zur Realisierung der Bildwelten und des Message Grid Konkurrenzanalysen auf Basis externer Daten
Beitrag zur Markenführung	Veränderung der Positionierung Konkurrenzanalysen (z. B. Copy-Analyse)	cGAP, Level Basic und Markenimage (Einstellungen, Identifikationspotential, Akzeptanz, Relevanz etc.)	cGAP, Level Managed und Wirksamkeit der Bildwelten und des Message Grid, Positionierungstests

finden, welche Adwords gewirkt haben, wie oft ein Banner geklickt, wie viel Text einer Anzeige gelesen wurde und welche Elemente aus den Werbespots im Fernsehen gemerkt wurden (Recognition). Es gibt zwei verschiedene Ebenen, wie Recall und Recognition gemessen werden können: Im einfachsten Fall als eine einzige Messgröße für die gesamte Kampagne, auf einer deutlich professionelleren Ebene auch für die einzelnen, zumindest für die wichtigsten, Medien. In der Tabelle 24 sind die quantitativen Größen aufgelistet, die jeder Kampagnenverantwortliche im Auge haben sollte.

Nachdem einige Analysen aus Tabelle 24 eine intensive Marktforschung bedingen, sind diese dem Reifegrad Managed zugeordnet worden. Da die meisten Begriffe bekannt sein sollten, soll nur kurz auf eine Messgröße eingegangen werden, die sich nirgendwo findet. Es ist die **Identification-**

cGAP: Operativer Erfolg/Beitrag zur Umsetzung der Markenidentität		Ist	Ziel
Erfolgskennzahlen	Awareness für das beworbene Produkt	85%	85%
	Top of Mind (% der #1-Positionen)	60%	50%
	Conversion Rate	20%	10%
	Identification-Identity Product Rate	50%	55%
	Erinnerung Schlüsselbilder	60%	50%
	Erinnerung Botschaften	50%	55%
	Einhaltung der CI-/CD-/CL-Vorgaben	Ja/Nein	
Planungssicherheit, Effizienz der Kampagne	Einhaltung des Kostenrahmens (Über-/Unterschreitung)	Ja (0%)	
	Einhaltung Zeitvorgaben	Nein	
	Freigabe Briefing im ersten Durchlauf, Anzahl Durchläufe	Ja/Nein	
	Freigabe Kreatividee im ersten Durchlauf, Anzahl Durchläufe	Ja/Nein	
Medienspezifische Kennzahlen		Ist	Ziel
	Click-through Rate (CTR)	10%	15%
	Copy-Test Print (% gelesen)	30%	40%
	…	…	…
	…	…	…

Bild 37   cGAP, Beispiel für den Aufbau

Identity Product Rate. Diese Messgröße kann relativ schnell aus einer vorhandenen Werbewirksamkeitsanalyse abgeleitet werden, indem man auswertet, wie viele der befragten Probanden die richtige Marke zur richtigen Produktbotschaft (Nutzen, Reason Why, Pain Points etc.) und zur richtigen Markenidentität zuordnen konnten. Je höher der Prozentsatz, desto größer der Erfolg der Kampagne hinsichtlich der Veränderung der wichtigsten Einflussfaktoren für die Zielgruppe. Wie konkret ein cGAP aussehen kann, zeigt Bild 37.

Teil III

Wie man Kreise quadriert – Prozesse und Leitlinien für tolles und kostenoptimiertes Marketing

"Set exorbitant standards, and give your people hell when they don't live up to them. There is nothing so demoralizing as a boss who tolerates second rate work."

David Ogilvy

Wieder ein Zitat von David Ogilvy, das als Leitlinie nicht nur für Werbeagenturen herangezogen werden kann. Es ist toll, wenn man Spezialisten mit Erfahrung hat, um einen Markencharakter und eine Markenidentität zu entwickeln und in Form von Kommunikationsprogrammen und Kampagnen umzusetzen. Noch besser ist es, wenn Prozesse zur Verfügung stehen, die nicht „als Papiermonster" mitten im Wege sitzen und die Kreativität behindern, sondern das Tagesgeschäft so gestalten, dass es effizient erledigt werden kann. Am besten ist es, wenn alle Abläufe auch an den von Ogilvy angesprochenen exzellenten Standards ausgerichtet sind. Im dritten und letzten Teil sollen Prozesskonzepte vorgestellt werden, die alle genannten Anforderungen unter einen Hut bringen, inhaltliche Aspekte aus dem zweiten Teil in eine sach- und zeitlogische Sequenz bringen und den Grundstock für eine nachhaltige Effizienzsteigerung bilden. Die wichtigsten Erkenntnisse dieses Teils werden sein:

- **Wie schlanke und wertschöpfungsorientierte Marketingprozesse helfen, die Markenführung, das Programm- und das Kampagnenmanagement effizient auszurichten.**

- **Wie die richtigen Partner für alle Aufgaben im Marketing gefunden werden können, wie sie dann optimiert werden und sich die Zusammenarbeit zu beidseitiger Freude nachhaltig verbessert.**

- **Wie die Mitarbeiter und Führungskräfte reibungslos in die neue Organisation integriert und mit dem optimalen Know-how ausgestattet werden.**

- **Wie sich der Verbesserungsbedarf schnell und effizient ermitteln lässt und darauf aufbauend ein Projektplan zur Umsetzung der Marketingprozesse aussehen kann.**

9 Das Referenzmodell für Marketingprozesse als Grundlage für die Integration von Kreativität und Effizienz

In den neunziger Jahren des vergangenen Jahrhunderts erschien ein Buch, das für viel Bewegung in der Industrie sorgen sollte. Die Amerikaner Hammer und Champy veröffentlichten ihr Werk „Reenginnering the Corporation" mit dem Versprechen „Forget what you know about how business should work – most of it is wrong".[174] Klingt der Titel zu vollmundig? Durchaus nicht, denn die Autoren stellten viele überkommene Sichtweisen, wie ein Unternehmen zu funktionieren hat, auf den Kopf und entwickelten sehr viele neue Ideen, wie man kundenorientierter, effizienter und schneller arbeiten kann. Der Geschäftsprozess-Hype war geboren. Viele Unternehmen und Organisationen stürzten sich mit Begeisterung auf die Umsetzung dieses verheißungsvollen Konzeptes, dessen Grundgedanken relativ einfach sind:

1. Jeder Geschäftsprozess wird durch einen Kundenwunsch oder eine Kundenanforderung angestoßen und endet mit deren Erfüllung. Damit wird automatisch jedes Unternehmen kundenorientierter.

2. Jeder Geschäftsprozess erzeugt ein Ergebnis, das einen Wert für den Kunden darstellt.

3. Jeder Geschäftsprozess ist so konstruiert, dass er messbare Wertschöpfungsschritte beinhaltet und Ineffizienzen vermeidet.

4. Empowerment und Selbstorganisation: Entscheidungen werden dezentral getroffen, nicht mehr zentral. Entscheidungsbefugnisse von Teams und Mitarbeitern wachsen.

5. Aufgaben werden nicht arbeitsteilig zersplittert, sondern zu einem sinnvollen Ganzen zusammengefügt. Dadurch steigt automatisch die Autonomie und Selbstverantwortung eines jeden Mitarbeiters.

Übertragen auf Marketingprozesse bedeutet dies, dass die Zielgruppe nach dem Genuss einer Werbemaßnahme klüger sein sollte als vorher, in dem Sinne, dass Sinn und Nutzen eines Produktes oder einer Leistung verstanden wurden und damit eine Verbesserung seines beruflichen oder auch privaten Lebens verbunden wurde. Vor dem Hintergrund dieser Überlegungen verbieten sich geradezu sinnlose und langweilige Werbungen!

Der interessanteste Grundgedanke des Geschäftsprozessmanagements ist die Verknüpfung von Organisationsgestaltung, Effizienzcontrolling, Veränderungsmanagement und Mitarbeitersteuerung. Wie dies für Marketingprozesse aussehen kann, soll in diesem Kapitel genauer erarbeitet werden.

Viele Unternehmen hatten bei der Einführung des Geschäftsprozessmanagements zu kämpfen, denn größtenteils waren weder der Mitarbeiter noch die Führungskräfte auf einen so drastischen Wandel vorbereitet. In einer durchaus selbstkritischen Art und Weise beschreibt Hammer in seinem Buch „Beyond Reengineering" seine Erfahrungen und Lösungsmöglichkeiten.[175] Dazu aber später.

Zu Beginn des Geschäftsprozessmanagement-Hypes stürzen sich alle Firmen begeistert in die Beschreibung, Strukturierung und Definition ihrer Prozesse. Das Ergebnis waren teilweise endlose Streitgespräche darüber, ob eine bestimmte Aktivität oder ein wertschöpfendes Ergebnis nun zum Teilprozess X oder Y gehöre, wo denn überhaupt der Startpunkt bzw. der Endpunkt läge etc. Diese lebhaften Diskussionen wurden vor allem dadurch ausgelöst, dass den meisten Mitarbeitern der Einblick fehlte, was State of the Art und was unternehmensspezifische, gelebte – und oft ineffiziente – Praxis ist. Das Ergebnis dieser Teamarbeit war teils sehr ernüchternd: ein riesiger Ordner mit einer komplexen, wenig praxisorientierten Beschreibung des Ist-Zustandes. Eine schöne Self Fulfilling Prophecy. Alle Schwarzseher wurden in ihren schrecklichsten Albträumen bestätigt: „Wir haben es ja von Anfang an gewusst, da kommt nichts dabei raus."

Nachdem Unternehmen allmählich erkannten, dass viele Prozesse ähnlich strukturiert sind, wurden im Verlauf der letzten zwei Jahrzehnte sogenannte Referenzmodelle entwickelt, die firmenübergreifend internationales, erprobtes Wissen in Form von übersichtlichen, praxisorientierten Referenzstrukturen in sich vereinen. Insgesamt gibt es für drei der wichtigsten Geschäftsprozesse entsprechende Ansätze: das SCOR-Modell für Logistik- und Fertigungsprozesse, das CMMI-Modell für Entwicklungsprozesse und das ITIL-Modell für Serviceprozesse. Wo ist das Referenzmodell für Marketingprozesse? Leider Fehlanzeige! Warum? Wahrscheinlich war die Zeit bis jetzt noch nicht reif. Diese Lücke soll jedoch auf den nächsten Seiten geschlossen werden.

9.1 Branding, Programm-, Mediaplanung und Co. – das Marketing-Referenzmodell

Der erste Schritt auf dem Weg zu einem Referenzmodell ist die Identifikation der wichtigsten Wertschöpfungsschritte. Lässt man die Ergebnisse aus Teil II Revue passieren, liegen die Eckpunkte des Referenzmodells auf der Hand: Markenidentität, Kommunikationsprogramm, Kampagnen, ergänzt durch die Bereitstellung von Informationen (TAPs) und die Überwachung der Zielerreichung (GAPs). Jedes dieser Ergebnisse wird durch einen Prozess erzeugt. In Bild 38 ist eine einfache Referenzstruktur dargestellt.

Im Regelfall ist damit die grobe Struktur einer Prozesslandkarte festgelegt, aber in der Marketingarbeit gibt es noch eine sehr wichtige Supportfunktion, die nicht unter den Tisch fallen darf. Im Regelfall arbeitet man sehr intensiv mit Werbeagenturen, Markt- und Meinungsforschungsinstituten, Eventagenturen etc. zusammen. Große Teile der Wertschöpfung werden an Externe ausgelagert, und daher muss ein Prozess sicherstellen, dass die richtigen Partner an Bord sind. Er hat die Aufgabe, die Partnerstruktur und -basis aufzubauen und zu pflegen (in Kapitel 11 beschrieben). Ergebnis ist eine Liste mit bevorzugten Werbe- und Marktforschungspartnern für die Kernprozesse. Deren Wertschöpfungsbeitrag: Ohne die richtigen Partner gibt es weder die richtigen Informationen noch die richtige Umsetzung der Botschaften in Bilder, Töne, Texte, Gegenstände und Strukturen.

Dieses Modell, so schön und übersichtlich es auch ist, ist leider als Leitlinie für die tägliche Arbeit in der Marketingkommunikation viel zu grob. Daher ist eine weitere Detaillierung unumgänglich, am besten über die Beschreibung der Aktivitäten und der Ergebnisse/Startvoraussetzun-

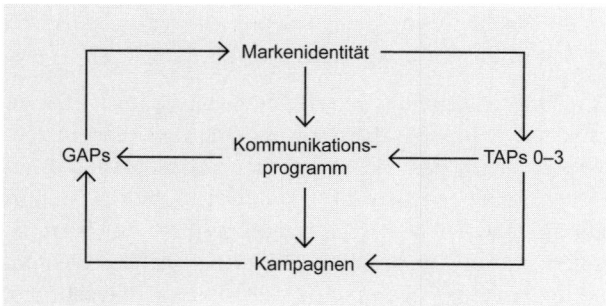

Bild 38 Referenzmodell für Marketingprozesse

gen (Outputs/Inputs). Jede Aktivität, die in einem Prozessschritt durchgeführt wird, muss ein dediziertes Ergebnis erzeugen und kann selbstverständlich erst dann gestartet werden, wenn die Voraussetzungen für den Start erfüllt sind. Keine der beiden Vorgehensweisen steht für sich allein. Konzentriert man sich nur auf die Auflistung der Aktivitäten, so fördert man eine Checklistenmentalität, nach dem Motto „habe ich alles schon gemacht". Wenn beispielsweise als Aktivität „Markencharakter entwickeln" aufgelistet ist, ohne eine entsprechende Konkretisierung des Ergebnisses, so versteht im Regelfall jeder Mitarbeiter etwas vollkommen anderes unter einem möglichen Ergebnis. Konzentriert man sich auf der anderen Seite nur auf die Inputs und Outputs, so stehen gerade junge und unerfahrene Mitarbeiter oft vor einem großen Problem, da sie nicht wissen, was sie tun sollen. Ein Prozess muss daher immer so gestaltet werden, dass er sowohl Leitlinie für das Tagesgeschäft ist, als auch eine eindeutige Festlegung des Wertschöpfungsfortschritts. Gerade den letzten Punkt kann man nicht stark genug hervorheben.

Wenn man sich bei der Detaillierung konsequent an den wichtigsten, wertschöpfenden Ergebnissen orientiert, so werden die Prozesse fast automatisch einfach, klar und logisch. Es ist also bei jedem Teilschritt in gewissem Sinne ein „Point of no Return" erreicht, ab dem die vorangegangenen Ergebnisse nur noch mit hohem Aufwand wieder rückgängig gemacht werden können. Ein sehr gutes Beispiel ist hier die Entscheidung, in das Briefing mit einer Werbeagentur zu gehen. Wenn man diesen Schritt unter Effizienzgesichtspunkten sieht, so ist es unabdingbar, dass alle notwendigen Informationen für die Werbeagentur vorliegen und dass alle darauf folgenden Handlungen auch schnell und glatt abgewickelt werden können. Macht man ein Briefing ohne entsprechende Vorgaben und Formulare mal schnell über das Telefon, so ist die Gefahr groß, dass Missverständnisse erzeugt werden und die Kreatividee nicht so aussieht, wie der Auftraggeber dies gern haben möchte. Hier ist mindestens eine zusätzliche, unnötige Schleife notwendig, um das erwartete Ergebnis zu erzielen. Jeder Marketer sollte sich fragen, was besser ist: etwas mehr Zeit in die Formulierung eines Briefing zu stecken oder viel mehr überflüssige Zeit in die Korrektur der eigenen Fehler.

In den folgenden Prozessbeschreibungen finden sich alle bisher entwickelten Inhalte aus Teil II wieder, allerdings in einer konsequent zeitsachlogischen Sequenz, nach dem Reifegradprinzip Basic-Managed-Advanced ausgerichtet. Ergänzt werden diese Dokumente durch prozessspezifische Steckbriefe, die den Wertschöpfungsfortschritt, die getroffenen Entscheidungen und die Prozessmessgrößen beinhalten. Sie sind notwendig, um Effizienzsteigerungen anzustoßen und zu verfolgen. Auch hier finden sich die drei bekannten Reifegrade wieder.

9.1.1 Branding: Vom aktuellen Image zum iGAP

Der Prozess gliedert sich in insgesamt vier einzelne Wertschöpfungs-schritte (Bild 39): Der logische erste Schritt besteht in einer verknüpften Entscheidung, welche Charaktereigenschaften für welche Produkte, Produktlinien und Leistungen gelten sollen. Theoretisch könnte man zwar diese beiden Schritte trennen, aber praktisch macht es keinen Sinn, denn der Charakter lässt sich schlecht ohne die Basis definieren und umge-kehrt. Es sind zwar zwei verschiedene Entscheidungen (zur Erinnerung: iBase, Kapitel 6.1.1, Kapitel 6.1.2), die das Ergebnis dieser Überlegungen sind, aber die Diskussion im Kapitel 6.2.1 hat gezeigt, man sollte idealer-weise immer einen Abgleich mit dem Produkt- und Leistungsspektrum durchführen. Besonders relevant wird dieser Schritt bei Markenerweite-rungen. Hier sollte man sich genau überlegen, ob der Markencharakter immer noch passt.

Die Aktivitäten sind im im Einzelnen:

- Level Basic:
  - Verarbeitung aller Informationen über die Kernkompetenzen, Wettbewerbsvorteile etc. des Produkt- und Leistungsspektrums
  - Berücksichtigung der Korrekturmaßnahmen aus dem iGAP, sofern vorhanden

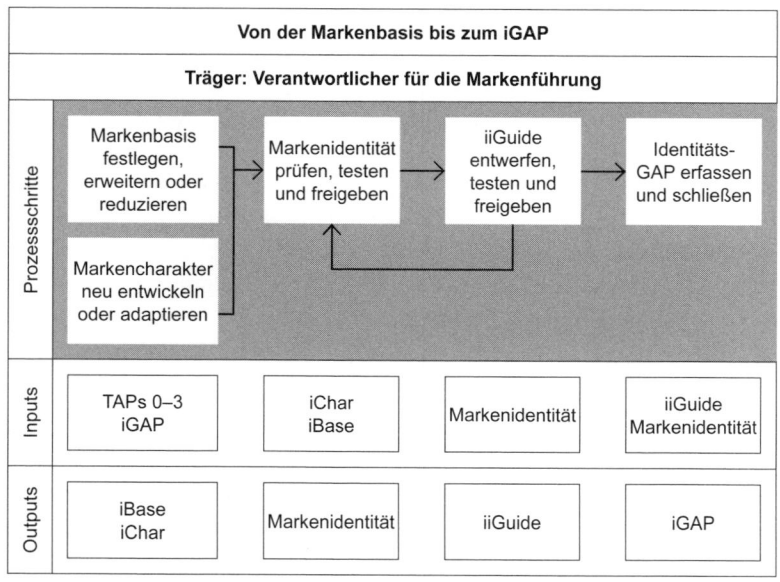

Bild 39 Markenführungsprozess

- Suche von passenden Archetypen und Motivationen
- Fokussierung auf starke und relevante Charaktereigenschaften
- Prüfung, ob diese Charaktereigenschaften zum avisierten Produkt- und Leistungsspektrum passen

- Level Managed:
  - Abgleich der Charaktereigenschaften mit den Sichtweisen und Anforderungen der Zielgruppe auf Basis von Marktforschungsdaten
  - Abgleich der Kernkompetenzen mit den Sichtweisen und Anforderungen der Zielgruppe auf Basis von Marktforschungsdaten

- Level Advanced:
  - Entwicklung von Zukunfts-Szenarios zur rechtzeitigen Berücksichtigung von Veränderungen im Kundenverhalten (idealerweise auf der Basis von Marktforschungsdaten)
  - Entwicklung von Zukunfts-Szenarios zur rechtzeitigen Berücksichtigung von Veränderungen bei den Kernkompetenzen, Technologien etc. (idealerweise unter Berücksichtigung des Verhaltens der Konkurrenten)

Der zweite Schritt beinhaltet alle Aktivitäten zur Festlegung einer Markenidentität und hat als wichtigstes, wertschöpfendes Ergebnis die verbindliche Festlegung der Markenidentität für einen bestimmten Geltungszeitraum. Warum nicht gleich den iiGuide testen und diesen Schritt auslassen? Wenn man an dieser Stelle feststellt, dass man eventuell mit der Markenidentität nicht zu 100 Prozent richtig liegt, so gibt es immer noch problemlos die Option, einige Charaktereigenschaften so zu ändern, dass diese passt. Ist man dagegen mitten in der Entwicklung von Bildwelten, Audio-Branding etc., so hat man eventuell schon viel Geld für Agenturen ausgegeben und sehr viel Aufwand in die Abstimmung von Ergebnissen investiert.

- Die Aktivitäten auf dem Level Basic bestehen in der Durchführung aller Prüfungsschritte aus dem Kapitel 6.3.
- Zusätzliche Aktivitäten im Level Managed betreffen die Einbeziehung externer Marktforschungsdaten zur Überprüfung der Ergebnisse aus Kundensicht, eventuell in Kombination mit spezifischen Aufträgen an Marktforschungspartner.
- Zusätzliche Aktivitäten im Level Advanced betreffen die Entwicklung von Szenarios und den Entwurf entsprechender Verhaltensweisen, sollten die Veränderungen im Kundenverhalten eintre-

ten. Eventuell sind auch hier spezifische Aufträge an Marktforschungspartner notwendig.

Mit der getesteten und robusten Markenidentität kann die Entwicklungsphase (gilt analog auch für die Adaptionsphase) abgeschlossen werden, indem der iiGuide definiert wird. Der Prozess wird mit dessen Freigabe abgeschlossen.

- Die Aktivitäten auf dem Level Basic bestehen in der Entwicklung und Freigabe aller Ergebnisse aus dem Kapitel 6.4.1. Unabhängig von der Reifegradstufe soll in jedem Fall während einer frühen kreativen Phase eine Robustheitsprüfung durchgeführt werden, um Fehlinterpretationen möglichst früh zu erkennen und zu vermeiden.
- Zusätzliche Aktivitäten im Level Managed bestehen in der Entwicklung und Freigabe aller Ergebnisse aus dem Kapitel 6.4.2.
- Zusätzliche Aktivitäten im Level Advanced bestehen in der Entwicklung und Freigabe aller Ergebnisse aus dem Kapitel 6.4.3.

Der ganze Entwicklungs- und Konstruktionsprozesses wäre nun beendet. Die Marke könnte nun „live gehen". Um aber die Annäherung an die Zielidentität zu verfolgen, sollte die Umsetzung der Markenidentität in Form des iGAP verfolgt werden. Die Aktivitäten sind recht schnell beschrieben. In Abhängigkeit der Reifegradstufe werden die verschiedenen Kennzahlen strukturiert und regelmäßig erhoben und den verantwortlichen Marketiers zur Verfügung gestellt.

9.1.2 Programmplanung: Zusammenführung von Markenidentität, Produkt-/Sortimentsmanagement und Vertriebsanforderungen

Die Markenidentität ist definiert, jetzt kann mit Nachdruck deren Umsetzung begonnen werden. Gleichzeitig ändert sich auch das organisatorische Umfeld. Während die Programmplanung klassisches Tagesgeschäft ist, sollte die Entwicklung beziehungsweise Adaption der Markenidentität eher den Charakter von einmaligen Projekten haben. Dies hat einige Konsequenzen hinsichtlich der Bewertung und Steigerung der operativen Effizienz. Ab jetzt macht es wirklich Sinn, in regelmäßigen Abständen zu erheben, wie viel Aufwand für die verschiedenen Teilprozesse verwendet wird, welche Termintreue bei allen Aktivitäten an den Tag gelegt wird und welche Qualität die Ergebnisse besitzen. Darüber hinaus stellt sich auch die Frage nach der Verantwortung. Während auf der Ebene der einzelnen Kampagnen ziemlich schnell die richtigen Ansprechpartner identifiziert werden können, so sollte es auf der Ebene des Kommunikationsprogramms eine organisatorische Institution, das Marketingboard, geben, das als Gremium nicht nur für die Umsetzung der Markenidentität, sondern auch für die Freigabe der Kampagnen steht. Selbstverständlich macht eine solche Institution nur dann Sinn, wenn ein Unternehmen eine bestimmte Größe überschritten hat. Bei kleinen Firmen, die nur eine begrenzte Anzahl von Produkten haben, bilden Kampagnenverantwortliche und Marketingboard eine organisatorische Einheit. In diesem Fall müssen sich alle Marketer in regelmäßigen Abständen zusammensetzen und darüber unterhalten, wie die wesentlichen Ziele des Kommunikationsprogramms erfüllt werden können. Der Teilprozess ist in Bild 40 dargestellt. Er besteht ganz aus drei verschiedenen wertschöpfenden Schritten: der Erstellung eines Rahmenplans vor Beginn eines Geschäftsjahres, der sukzessiven Freigabe der einzelnen Kampagnen und dem laufenden Monitoring der Ergebnisse durch Kampagnensteckbriefe (KSBs).

Beginnen wir mit der Planungsphase. Das wichtigste, wertschöpfende Ergebnis ist der Rahmenplan (pGuide), der eine sinnvolle, gleichmäßige Versorgung der Zielgruppen mit den Werbeinformationen sicherstellt, Redundanzen und inhaltliche Ausreißer vermeiden hilft. Die Aktivitäten sind im Einzelnen:

- Level Basic:
  - GAPs der vorangegangenen Kommunikationsperiode (pGAP, iGAP) und die darauf aufbauenden Korrekturmaßnahmen in

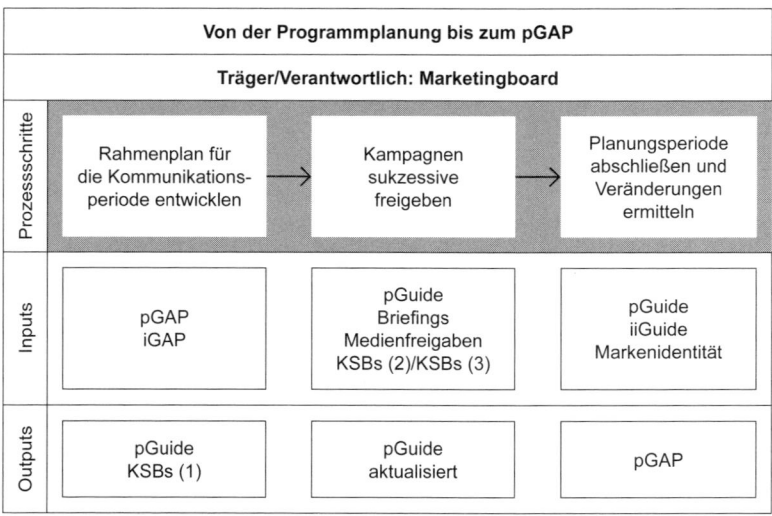

Bild 40 Teilprozess-Programmplanung

konkrete Vorgaben für die kommende Kommunikationsperiode umsetzen

- Entscheidung über Rahmendaten: Ziele für das Kommunikationsprogramm, Budget
- Abfragen der notwendigen Kommunikationsmaßnahmen aus Sicht des Vertriebs und des Produktmanagements, inklusive Terminvorstellungen und Zielsetzungen
- Benennen der Kampagnenverantwortlichen
- Auftrag an die Kampagnenverantwortlichen, dass Budget und die Rahmendaten (Start, Ende, Medien etc.) für die eigene Kampagne geliefert werden
- Abstimmen der Daten aus dem Rücklauf mit den Rahmendaten für das Kommunikationsprogramm, gegebenenfalls Korrekturen mit den Kampagnenverantwortlichen
- Freigabe der Kampagnensteckbriefe, Version 1
- Verabschieden des pGuide, je nach Reifegradstufe

• Level Managed, zusätzlich:

- Entwicklung einer inhaltlichen Leitlinie, eines gemeinsamen Mottos für die gesamte Kommunikationsperiode
- Aufforderung an die Kampagnenverantwortlichen, die Schlüsselbotschaften und/oder Key Visuals zu integrieren

• Level Advanced, zusätzlich:

- Entwicklung einer konsistenten Story
- Aufforderung an die Kampagnenverantwortlichen, dass ein eigener Beitrag zur Story geliefert wird, gegebenenfalls Korrekturschleife zur Sicherstellung der Konsistenz.

Mit dem Rahmenplan steht die Leitlinie für die folgende Kommunikationsperiode. Jetzt fängt die Arbeit des Marketingboards erst richtig an. Da die Planung nur Eck- und Rahmenpunkte von den Kampagnenverantwortlichen beinhalten sollte, muss im Verlauf der gesamten Kommunikationsperiode sukzessive die konkrete Detailarbeit freigegeben werden. Je nach Professionalität der Organisation sollten allerspätestens im Marketingboard die kreativen Ideen kurz vorgestellt werden, damit wirklich sichergestellt wird, dass der Gesamteindruck der Marke auch richtig umgesetzt wird und nicht in vollkommen ungeplante Richtungen abdriftet. Selbstverständlich besteht auch die Möglichkeit, bereits das Briefing im Board zu diskutieren und freigegeben zu lassen, in diesem Fall hat man zwei Eckpunkte und eine höhere Sicherheit, dass die Umsetzung des Kommunikationsprogramms auch so läuft, wie sie geplant wurde. Der wichtigste Beitrag zur Wertschöpfung ist die Gewährleistung der Konsistenz des gesamten Kommunikationsprogramms. Die Aktivitäten sind im Einzelnen:

1. Kampagnenverantwortliche stellen Briefing und Kreatividee vor, gegebenenfalls Korrekturmaßnahmen durch das Marketingboard (Level Managed: Prüfung, ob Briefing/Kreatividee der inhaltlichen Leitlinie, dem gemeinsamen Motto entspricht. Level Advanced: Prüfung, ob Briefing/Kreatividee der Story entspricht)

2. Aktualisierung der Kampagnendaten (KSBs) durch die Kampagnenverantwortlichen

3. Freigabe Briefing/Kreatividee/Medien entsprechend der Anforderungen und Inhalte der Reifegrade durch das Marketingboard.

Kommen wir nun zum letzten Prozessschritt, dem abschließenden Monitoring des Programms. Bereits im laufenden Programm müssen Rückmeldungen von den Kampagnenverantwortlichen kommen, inwieweit die einzelnen Kommunikationsmaßnahmen die gesetzten Ziele erreichen, und auf die Marke einzahlen. Diese laufende Überwachung muss durch ein kritisches Review am Ende der Kommunikationsperiode (pGAP) ergänzt werden, will man wirklich besser werden (siehe Kapitel 7.1.5). Auch hier sind je nach Reifegrad verschiedene Kennzahlen (Tabelle 20, Seite 212) zu erheben. Der wesentliche Wertschöpfungsbeitrag sind Korrekturmaßnahmen, die für die nächste Kommunikationsperiode als Input dienen. Damit schließt sich der Kreis, und die neue Planungsphase kann beginnen. Auch hier sollte wieder das Marketingboard der Treiber für die Optimierung der nächsten Kommunikationsperiode sein.

9.1.3 Kampagnenplanung und -realisierung: Die operative Umsetzung

Nun sind wir in der Welt der operativen Kampagnen angelangt. Auf den Schultern der Kampagnenverantwortlichen liegt die Aufgabe, ein konkretes Produkt bzw. eine Leistung zu bewerben und gleichzeitig die Markenidentität bei der Zielgruppe zu verankern. Wie schon im vorangegangenen Abschnitt erläutert, bestehen allerdings sehr starke Verflechtungen mit der Planung und Realisierung des Kommunikationsprogramms. Ein wichtiger ablauforganisatorischer Schritt ist die Trennung zwischen der Planungsphase im Rahmen der Programmplanung und dem eigentlichen Start der Kampagne, wie man in Bild 41 erkennen kann. Er ist aus mehreren Gründen sinnvoll: Aus wertschöpfungsorientierter Sichtweise ist die Planung einer einzelnen Kampagne vom eigentlichen operativen Start zu trennen, denn zuerst muss die Planung verabschiedet werden

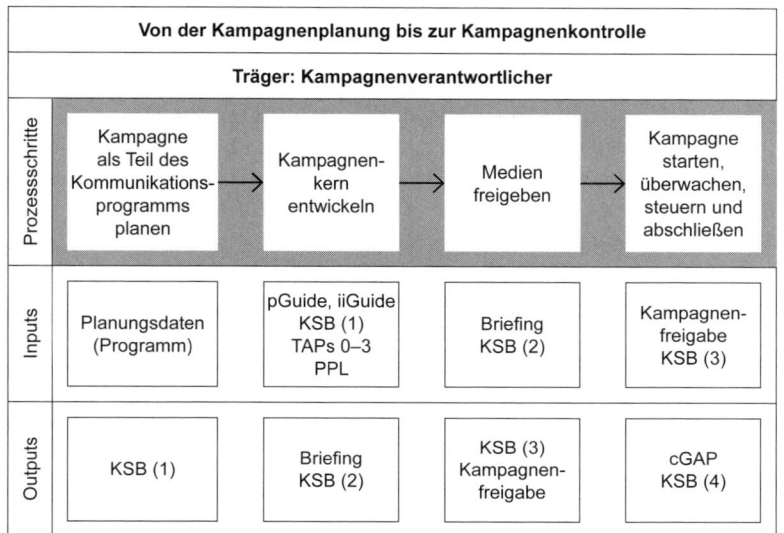

Bild 41 Prozess operative Kampagnenplanung und -realisierung

(geringste Wertschöpfung), dann kann mit der operativen Arbeit begonnen werden.

Ein weiterer Grund für diese Trennung ist die Verminderung von administrativem Aufwand. Profis sind in der Lage, selbstständig nach Festlegung der Rahmentermine im Kommunikationsprogramm ihre eigene Kampagne zu starten. Hat man diesen Vorlauf nicht, so besteht die Gefahr, dass der Verantwortliche nicht von vornherein klar ist und Kampagnen mehr oder weniger auf Zuruf bzw. bei Bedarf gestartet werden. Mit allen Konsequenzen: Die Umsetzung schaut mit großer Wahrscheinlichkeit eher nach Kraut und Rüben aus als nach einem geordneten und geplanten Programm. Mit diesem Planungsschritt hat jeder Verantwortliche rechtzeitig die richtigen Vorgaben zum Budget, zu den Laufzeiten und – auf den höheren Reifegradstufen – auch zu inhaltlichen Leitlinien bzw. Storylines und kann gleichzeitig seine eigene Arbeit langfristig optimieren.

Dieser eindeutige Vorteil einer rechtzeitigen Planung steigert auch die Selbstorganisation innerhalb einer Marketingabteilung. Jeder Kampagnenverantwortliche muss sich darum bemühen, dass „sein Baby" rechtzeitig startet, dass er die richtigen Informationen bzw. ein Update erhält. Unter Umständen kommt man durch diese ablauforganisatorischen Kniffe einem unternehmerischen Denken in Abteilungen deutlich näher.

Der nächste Vorteil besteht in einer nachhaltigen Entlastung der Führungsebenen im Marketing. Geschieht der Start einer Kampagne auf Zuruf oder bei Bedarf, so ist immer der Chef gefragt, denn er muss schnell bestimmen und entscheiden, wer und wann eine Kampagne durchführen soll. Bei einer langfristigen Planung kann man diese Entscheidungen schon zu Beginn des Geschäftsjahres treffen und in Ruhe eine Kommunikationsmaßnahme nach der anderen aus dem pGuide abrufen.

Und last but not least: Planung ersetzt Zufall durch Irrtum. Aus Irrtümern kann man lernen und sie beim nächsten Mal vermeiden, bei Zufällen funktioniert das nicht. Man darf bei aller Begeisterung nicht vergessen, dass die Anforderungen an die Professionalität der Kampagnenverantwortlichen sehr hoch sind. Sie sollen selbstständig handeln können, rechtzeitig reagieren, reflektieren, ob alles noch in den richtigen Bahnen läuft, inhaltlich ein Kampagnenprojekt nicht nur stemmen, sondern auch noch sicherstellen, dass alle Kommunikationsziele erreicht werden. Ohne entsprechendes Know-how ist dies nicht zu bewerkstelligen. Die Aktivitäten sind im Einzelnen:

- Level Basic:
  - Abgleich und Bestätigung der Kommunikationsziele mit dem Produktmanagement und/oder dem Vertrieb (auch Bedeutung, Priorisierung etc.)
  - Entwicklung eines Vorschlags für die inhaltliche Kernaussage der ganzen Kampagne
  - Bestimmung der Kommunikationskanäle, Medien etc.
  - Bestimmung der notwendigen Teammitglieder
  - Bestimmung notwendiger Partner (Werbeagenturen, Marktforschungsinstitute, Eventagenturen, Fotografen etc.) und deren Kosten
  - Grobkalkulation des Budgets, basierend auf Erfahrungswerten
  - grobe zeitliche Planung des Projekts
- Level Managed, zusätzlich:
  - Entwicklung einer Idee zur Integration der Kampagne in das Gesamtprogramm, basierend auf den abgestimmten Kommunikationszielen des Produktmanagements und des Vertriebs
  - Entscheidung über die Verwendung bestimmter Schlüsselbilder und Kernaussagen, gegebenenfalls Korrekturschleife im Marketingboard

- Level Advanced, zusätzlich:
  - Entwicklung einer groben Idee zur Integration der Kampagne in die gesamte Story

Um jegliche Unklarheiten zu vermeiden, sind in Tabelle 25 alle notwendigen Planungsdaten aufgelistet, die den Kampagnenverantwortlichen nach ihrer Ernennung zur Verfügung stehen müssen. Ohne solche Startvoraussetzungen werden sie erhebliche Schwierigkeiten haben, die richtigen Entscheidungen zu treffen. Gleichzeitig sind die Planungsdaten ein Teil des Kampagnensteckbriefs (KSB). Er ist eine Zusammenfassung der terminlichen Planung, der Kapazitäten, Messgrößen und Kosten. Darüber hinaus werden alle inhaltlichen Entscheidungen und Dokumente festgehalten.

Nach der Freigabe der Kampagnenplanung durch das Marketingboard ruht das Konzept bis zu dessen Startpunkt. Der Prozessschritt beinhaltet im Wesentlichen die Entwicklung des Kampagnenkerns und endet mit dem Briefing, das im Marketingboard zur Abstimmung freigegeben wird.

Tabelle 25 Input für die Kampagnenplanung: Planungsdaten (KSB (1))

Input/Output	Basic	Managed	Advanced
Input: Planungsdaten (Programm)	Budgetrahmen Zeitrahmen für die ganze Kampagne Beworbene Produkte und Leistungen in der Kampagne (Produkt/Leistung/ Image) Vertriebliche Ziele Kommunikationsziele Kampagnen- verantwortlicher Ressourcen	Gesamtes Motto für die Marketing- kommunikation in der folgenden Planungsperiode Kommunikationsziele hinsichtlich der Realisierung der Selbstähnlichkeit und der Umsetzung der Markenidentität	Storyline aus der Kampagnenplanung, thematische Anknüp- fungspunkte aus der aktuellen Planungs- periode, möglicher Ausblick auf die übernächste Pla- nungsperiode Kommunikationsziele hinsichtlich der Effi- zienz der Storyline und der Umsetzung der Markenidentität
Output: Kampagnen- steckbrief KSB (1)	Bestätigte Planungs- daten, Kommunika- tionsziele (Produkt- und leistungsspezi- fisch, anteilige Um- setzung der Marken- identität, Integration in/Beitrag zum Kommunikations- programm, sonstige Ziele)	Level Basic und bestätigte Konzepte zur Integration der Kampagne in die inhaltliche Leitlinie Bestätigte Schlüssel- bilder und Kern- aussagen	KSB, Level Managed und bestätigte Inte- gration in die Story- line Bestätigte Grob- planung der Bild- welten und die Anwendung des Message Grid

Der Kampagnenverantwortliche muss in dieser Phase folgende Aufgaben erfüllen:

- Level Basic:
    - Je nach zeitlichem Abstand zwischen der Planungsphase und dem Start des Kampagnenprojektes sollte eventuell noch einmal kurz die Aktualität der bestätigten Planungsdaten geprüft werden
    - Konkretisierung und Quantifizierung der Kommunikationsziele
    - Kick-off mit den Teammitgliedern, Aufgabenverteilung und zeitliche Planung der Meilensteine
    - Abrufen der wesentlichen Daten, Benefits, Reason Whys etc. vom Produktmanagement
    - Abrufen der aktuellen Zielgruppeninformationen (TAPs 0–3)
    - Abrufen aller aktueller Daten der verwendeten Medien (Reichweiten, OTS etc.)
    - Feinplanung des Budgets und der Termine
    - Entwicklung einer konkreten, treffenden Kernidee für die Kampagne (in zwei Sätzen das Wesentliche formuliert)
    - Entwicklung einer Argumentationslinie auf Basis des Kampagnenkerns 2 (Integration der verschiedenen Bausteine aus dem Kampagnenkern zu einer sinnvollen Kette – die Story im Kleinen)
    - Bestimmung der wesentlichen Botschaft, die bei den Zielgruppen ankommen soll
    - Konkrete Auswahl eines Werbepartners aus dem Pool der präferierten Partner (PPL)
    - Gegebenenfalls Anstoß von Marktforschungsaktivitäten zusammen mit den entsprechenden Partnern
- Level Managed, zusätzlich:
    - Integration der inhaltlichen Leitlinien in die Argumentationslinie
    - Auswahl von Schlüsselbildern, Schlüsseltexten, Claims etc.
- Level Advanced, zusätzlich:
    - Integration der Grundideen für die Kampagne in die bestätigte Storyline

Auch hier erfolgt wieder eine Aktualisierung des Kampagnensteckbriefs, wie in Tabelle 26 dargestellt.

Tabelle 26 Aktualisierung Kampagnensteckbrief: Inhalte

Input/Output	Basic	Managed	Advanced
Inputs	KSB (1), iiGuide, pGuide, TAPs 0–3, PPL	KSB (1), iiGuide, pGuide, TAPs 0–3, PPL	KSB (1), iiGuide, pGuide, TAPs 0–3, PPL
Aktualisierung Kampagnen- steckbrief KSB (2)	KSB und Team- mitglieder und Prüfung, ob alle Bedingungen aus der Programmplanung noch zutreffen Konkrete Termine, Ressourcenplan Briefing, Level Basic, ausgewählte Agenturen Termine und Kosten bestätigt/aktualisiert	KSB und Prüfung, ob die Marktent- wicklung oder die Aktivitäten der Konkurrenten die Integration der Kam- pagne in das Pro- gramm beeinflussen Briefing, Level Managed, Freigabe des Briefings durch die Programmver- antwortlichen	KSB und Prüfung, ob die Marktent- wicklung oder die Aktivitäten der Konkurrenten die Integration der Kam- pagne in gesamte Story beeinflussen Briefing, Level Basic, Freigabe des Briefings durch die Programmverant- wortlichen

Mit der Freigabe des Briefings endet der Planungsprozess und die Arbeit der Agenturen beginnt. Der folgende Prozessschritt beinhaltet die kreative Umsetzung des Briefings und schließt mit der Freigabe der Medien als vorletztem, wertschöpfenden Schritt ab. Die Aktivitäten sind im Einzelnen:

- Level Basic:
  - Briefing der beteiligten Werbepartner (bevorzugte Werbepartner in einer aktuellen Liste)
  - Präsentation der Kreativideen durch die beteiligten Partner
  - Durchführung der Konformitätsprüfungen für CI, CD, CL, Programmziele etc.
  - Überprüfung der Kommunikationsziele und Vorgaben aus dem Briefing durch die Freigabechecklisten
  - Freigabe der Kreativideen durch das Marketingboard
  - Produktion der Medien durch die Partner
  - Freigabe der Medien durch den Kampagnenverantwortlichen (gegebenenfalls auch durch das Marketingboard)
- Level Managed, (Level Advanced), zusätzlich:
  - Konformitätsprüfung: Selbstähnlichkeit, Integration in die Leitlinie bzw. das Motto des Kommunikationsprogramms (Konformitätsprüfung: Storyline, Bildwelten, Message Grid etc.)

- Überprüfung des Beitrags der Kreatividee zur Schließung der Identitätslücke (iGAP)

Die vorletzte Aktualisierung des Kampagnensteckbriefs beinhaltet die Dokumentation der Zusammenarbeit mit den Werbepartnern und vor allem auch die Beurteilung der inhaltlichen Effizienz aller oben genannten Aktivitäten. Die Aktualisierung Nr. 3 ist in der Tabelle 27 dargestellt.

Mit der Freigabe kann die Kampagne endlich „live" gehen, damit ist der höchste Wertschöpfungsfortschritt erreicht. Während des Verlaufs der Kampagne werden ständig die realisierten Erfolge mit den Zielsetzungen verglichen, um rechtzeitig mit Korrekturmaßnahmen eingreifen zu können. Den Abschluss dieser Aktivitäten bildet die Bewertung des Kampagnenerfolgs in Form eines Kampagnenreviews. Ein wichtiger Punkt, vor allem vor dem Hintergrund einer ständigen Optimierung der operativen Werbeaktivitäten, sind die sogenannten Lessons-learned. Dies sind, wie der Name schon sagt, zusammengetragene Lerneffekte, die im Verlauf der Kampagnendurchführung entstehen. Jeder Kampagnenverantwortliche sollte sich am Ende des Projektes mit seinem Team eine halbe Stunde gönnen und ganz kurz durchgehen, was gut bzw. schlecht gelaufen ist.

Tabelle 27 Aktualisierung des Kampagnensteckbriefs nach der Freigabe der Medien

Aktualisierungen	Basic	Managed	Advanced
Medien freigeben KSB (3)	Kreativideen, Präsentation der Agenturen, Entscheidungsgrundlagen. Termine und Kosten aktualisiert.	Bewertung der Zusammenarbeit mit der Agentur. Bewertung der inhaltlichen Effizienz.	Bewertung der Zusammenarbeit mit der Agentur. Bewertung der inhaltlichen Effizienz.

Tabelle 28 Aktualisierung des Kampagnensteckbriefs am Ende der Kampagne

Aktualisierungen	Basic	Managed	Advanced
Kampagne starten, überwachen, steuern und abschließen, KSB (4)	Aktuelle Termine und Kosten, inhaltliche Effizienz Lessons-learned (Welche Erfahrungen, sowohl positive als auch negative, wurden im Verlauf der Planung, Konzeption und Realisierung der Kampagne gesammelt?) und darauf aufbauende Korrekturmaßnahmen. Monitoringergebnisse (cGAP)		

Aus beiden Erkenntnissen kann man sehr viel lernen. Was gut gelaufen ist, bestärkt den Standard (Prozesse, Vorgehensweisen, Templates und Checklisten), was schlecht gelaufen ist, sollte einer Ursachenanalyse unterzogen werden und gibt Hinweise für weitere versteckte Effizienzpotenziale. In Tabelle 28 ist die letzte Aktualisierung des Kampagnensteckbriefs dargestellt.

9.1.4 Monitoring und Controlling

Der letzte, aber nicht weniger wichtige Kernprozess beinhaltet das ganzheitliche Controlling aller Ergebnisse aus der Markenführung, der Planung und Realisierung des Kommunikationsprogramms bzw. der Kampagnenplanung und -realisierung. Damit ist dieser Prozess eine organisatorische Klammer der bereits vorhandenen Teilschritte aus der Markenführung, dem Programm- und Kampagnenmanagement. Was ist so bedeutsam daran? Die Antwort liegt im Vier-Augen-Prinzip: Demnach sollten im Regelfall nicht diejenigen die Ergebnisse aller Marketingaktivitäten kontrollieren und erheben, die sie auch anstoßen und durchgeführt haben. Der Volksmund würde dies als „den Bock zum Gärtner machen" bezeichnen. Besonders dann, wenn variable Gehaltsbestandteile mit der Erfüllung von Zielen verbunden sind, ist die Überwachung der Zielerreichung von der Ausführung zu trennen. Ganz konkret muss es ein Mitglied im Marketingboard geben, das die richtige Ermittlung des iGAP, pGAP und cGAP überwacht, dafür sorgt, dass die Lessons-learned dokumentiert werden und basierend darauf Korrekturmaßnahmen definiert werden. Selbstverständlich gehört auch das Monitoring der Umsetzung der definierten Maßnahmenpakete zu dem Aufgabenumfang dieser Person. Eventuell hat der Marketing-Controller eine direkte Reporting-Line zur Marketingleitung selbst. Template 10 (Seite 278) hilft bei der strukturierten Aufarbeitung der Lessons-learned am Ende eines jeden Prozesses und wird damit Bestandteil der GAPs.

9.1.5 Die Grundlage für den Marketingerfolg: Informationsbereitstellung

Nachdem der Erfolg und die Effizienz aller Kommunikationsmaßnahmen erheblich von der Verfügbarkeit der richtigen Informationen abhängen, liegt es auf der Hand, dass ein Prozess definiert wird, der deren Bereitstellung und Erzeugung beinhaltet. Der Vorteil dieses separaten Prozesses liegt auf der Hand, denn man kann aus den notwendigen Aktivitäten hervorragend ein Qualifikations- und Anforderungsprofil für die Mitarbeiter in diesem Prozess ableiten. Außerdem wird die Verantwortung in einer Hand liegen, so dass sich die Kampagnen- und Programmverantwortlichen ganz auf ihre eigentliche Tätigkeit konzentrieren können. Konkret sind die Ergebnisse dieses Prozesses die TAPs 0 bis 3 aus Teil I dieses Buches.

Je nachdem, auf welchem Reifegradniveau sich ein Unternehmen befindet, ist die zur Verfügung stehende Daten- und Informationsbasis mehr oder weniger umfangreich. Die wesentlichen Aufgaben der Prozessverantwortlichen sind nicht nur die Bereitstellung aktueller und relevanter Informationen, sondern auch die Reflektion, ob die Daten auch den beabsichtigten Sinn und Zweck erfüllen. Eine wesentliche Voraussetzung für die erfolgreiche Erhebung und Bereitstellung der TAPs ist daher das richtige Know-how, um die Qualität der eingekauften bzw. selbst durchgeführten Marktforschungsaktivitäten beurteilen zu können und deren Einsatz in der Markenführung, im Kommunikationsprogramm und in den Kampagnen steuern zu können. In Bild 42 ist der Prozess dargestellt.

Der erste Prozessschritt beinhaltet im Wesentlichen die regelmäßige und kritische Überprüfung der existierenden Informationsbasis, denn alle Marketiers brauchen für ihre Arbeit sinnvolle und aussagekräftige Informationen über die Zielgruppen, die im Teil I beschriebenen TAPs. Die Aktivitäten sind in diesem Fall unabhängig von den Reifegradstufen und beinhalten im Einzelnen:

• Regelmäßige Abfrage aller Verwender der TAPs, ob die richtigen Informationen bereitgestellt werden und diese noch den Ansprüchen genügen

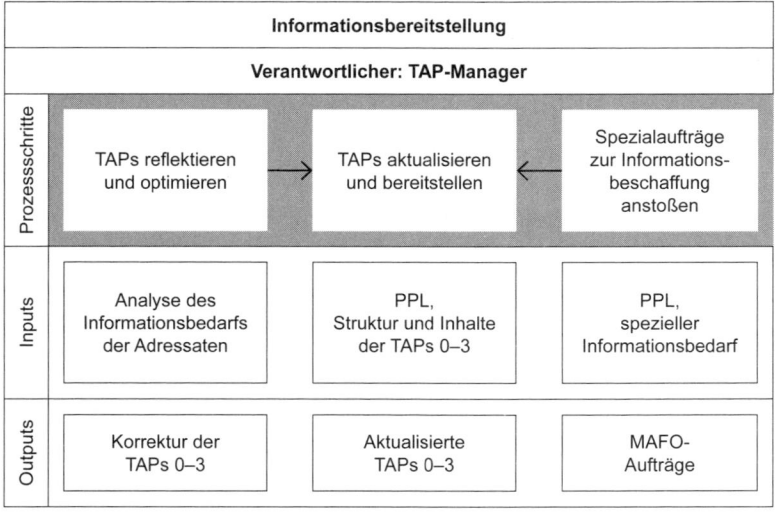

Bild 42 Supportprozess Informationsbereitstellung für die Kernprozesse

- Regelmäßige Analyse, ob die Informationen auch die Aussagen bereitstellen, die sie bereitstellen sollen (Effizienzanalyse: zu viel/ zu wenig Informationen über die Zielgruppen; Effektivität: Können die Verantwortlichen für die Markenführung, das Kommunikationsprogramm und die Kampagnenplanung mit den Informationen wirklich etwas anfangen?)
- Erstellung eines Entwicklungspfades zur Erreichung der nächsten Reifegradstufe der Marketingorganisation
- Überprüfung, ob erteilte Spezialaufträge in die Standardinformationsversorgung integriert werden
- Bestimmung des Umfangs, der Tiefe und der Frequenz der Informationsbereitstellung
- Pilotierung von Änderungen, bevor ein größerer Teil der Zielgruppe befragt wird, um zu testen, ob beabsichtigte Aussagen wirklich möglich sind, erst dann statistisch signifikante Umsetzung
- Festlegung/Änderung des Adressatenkreises der TAPs
- Festlegung der Marktforschungspartner auf Basis der PPL (Preferred Partner List, siehe Glossar)
- Prozessergebnis: Festlegung/Änderung einer neuen Struktur und Tiefe der TAPs (evtl. in Verbindung mit neuen Marktforschungspartnern)

Der zweite Prozessschritt beinhaltet im Wesentlichen die kontinuierliche Bereitstellung der Informationen, gewissermaßen das Tagesgeschäft. Die Aufgaben sind im Einzelnen (unabhängig von den Reifegradstufen):

- Sicherstellung, dass die Marktforschungspartner ihre Aufgaben erledigen und die Zielgruppeninformationen zum richtigen Zeitpunkt in der richtigen Qualität bereitstellen (regelmäßige Messung von Termintreue, Qualität, Zuverlässigkeit)
- Regelmäßige Abfrage der Adressaten, ob die Zusammenarbeit mit den Marktforschungspartnern reibungslos abläuft.

Der letzte Prozessschritt beinhaltet die Unterstützung aller Marketiers im Unternehmen bei der Formulierung von Spezialaufträgen. Die Aufgaben sind im Einzelnen (unabhängig von den Reifegradstufen):

- Interne Auftragsklärung (Welche Aussage soll erhoben werden?) und Suche nach geeigneten Marktforschungspartnern.
- Formulierung des Auftrags an den Marktforschungspartner zusammen mit dem internen Auftraggeber.

- Kurze Überprüfung der Vorgehensweise des Marktforschungs-partners, ob er die angestrebte Aussage auch wirklich liefern wird.
- Abnahme der Ergebnisse des Marktforschungspartners in Verbindung mit der Bewertung der Qualität und des Innovations-grades der Ergebnisse.

Aufgrund der Beschreibung der verschiedenen Aufgaben der Prozessver-antwortlichen wird klar, dass dies eine interessante und sehr wichtige Aufgabe in der operativen Marketingarbeit jedes Unternehmens ist. Sie ist der Garant dafür, dass die Voraussetzungen für die Markenführung, die Programmplanung und die operative Kampagnenarbeit geschaffen werden. In gleicher Weise werden hier auch die Methoden bereitgestellt, um die drei wesentlichsten Monitoring-Ergebnisse (iGAP, pGAP, cGAP) richtig zu erheben und zu verfolgen.

9.2 Prozessoptimierung: Efficiency@Work

Ein hartes Stück Arbeit ist erledigt. Die Prozesse sind mit Hilfe des Refe-renzmodells beschrieben, definiert und an das jeweilige Unternehmen angepasst, man kann auf eine Struktur und eine Menge Papier blicken. Leider sind Prozesse, die nur in Ordnern und Regalen vor sich hin stau-ben, der beste Nachweis für rausgeworfene Zeit und Arbeit. Damit so et-was nicht passiert, sollte man parallel zur Definitionsphase gleich die Optimierung beginnen. Eine Schablone, wie ein Prozess aussehen kann, liefert bereits das Referenzmodell mit allen seinen Inputs und Outputs. Man hat also eine gewisse Vorstellung davon, wie es funktionieren sollte. Erfahrungsgemäß sieht die Realität immer etwas anders aus. Beispiels-weise werden Kampagnen gestartet, ohne die richtigen Informationen zur Hand zu haben oder ohne die richtigen Inputs vom Produktmanage-ment zu bekommen. Teilweise werden die Probleme im Ablauf jedoch nicht als solche wahrgenommen, sei es aufgrund fehlenden Know-hows oder aufgrund jahrelang gelebter Unternehmenspraxis. Die große Her-ausforderung ist nun, diese Probleme auf den Punkt zu bringen und hin-sichtlich ihrer Wirkung zu bewerten. Dabei hilft ein Griff in die Kaizen-Werkzeugkiste, der die sogenannten Verschwendungen zutage fördert. Allerdings muss man die Grundideen auf Marketingprozesse anpassen, damit beschäftigen wir uns auf den folgenden Seiten.

9.2.1 Verschwendungssuche: Barrierenidentifikation und -bewertung

Die Identifikation der Barrieren und Problembereiche beginnt mit der aktiven Suche nach ganz bestimmten Ineffizienzen in den Marketingprozessen:

- Verschwendung durch überflüssige Tätigkeiten: Wenn beispielsweise überflüssige Abstimmungspunkte von Führungskräften in den Abläufen verankert wurden, aus Angst vor Kontrollverlust.

- Verschwendung durch fehlendes Know-how bzw. fehlende Techniken: Wenn beispielsweise ein Mitarbeiter die falschen Bilder für eine Werbung auswählt, weil er nicht weiß, worauf er achten muss.

- Verschwendung durch zu hohen Backlog: Wenn beispielsweise eine Kampagne immer wieder liegen bleibt und sich jeder immer wieder neu einarbeiten muss, da bereits ziemlich viel Zeit seit dem letzten Meeting vergangen ist oder wenn zu viele Aufgaben gleichzeitig angefangen werden und sich damit die Bearbeitungszeiten aller Projekte verlängert.

- Verschwendung durch Fehler und somit Nacharbeiten: Wenn beispielsweise das Briefing nicht vollständig war, daher die Werbeagentur die falsche Kreatividee geliefert hat und jetzt noch einmal nachgebessert werden muss.

- Verschwendung durch Warten: Wenn beispielsweise das Produktmanagement nie die Informationen liefert, die es bereitstellen soll.

- Verschwendung durch nicht oder falsch genutzte Kreativität: Wenn beispielsweise der Kampagnenverantwortliche begeistert nach Bildern sucht, wobei dies die Aufgabe der Werbeagentur ist.

- Verschwendung aufgrund fehlender Methoden und Tools: Wenn beispielsweise Kampagnen nie hinsichtlich ihrer Wirksamkeit überprüft werden und daher die gleichen Fehler in der Werbung immer wieder gemacht werden. Methoden und Tools fehlen in der Regel nicht nur im Controlling, sondern auch in der Planung, Umsetzung und Gestaltung der Werbungen, Programme und der Marke.

- Verschwendung aufgrund fehlender Vorbereitung: Wenn beispielsweise bestimmte Kollegen immer zu spät in die Sitzung kommen (jeder kennt solche Naturen), meist auch noch unvorbereitet und man dann nochmal von vorn anfangen muss.

- Verschwendung aufgrund eingefahrener Denkweisen: Marketing ist bei unseren Produkten ja gar nicht wichtig, haben wir schon immer so gemacht, geht bei uns in der Branche nicht, ist ganz schwierig zu realisieren etc.
- Verschwendung durch falsche Partner: Marktforschungspartner liefert wenig aussagekräftige Daten durch falschen Forschungsansatz.

Darüber hinaus gibt es noch einige Ansatzpunkte, die unter den Überschriften „Unregelmäßigkeit/Fehlerhaftigkeit der Prozesse" und „Überlastung von Mitarbeitern" zusammengefasst werden können. Die Wirkungen werden sicher kaum einen Leser überraschen, einige Beispiele finden sich in der folgenden Auflistung:

- Keine einheitlichen Vorgaben (jeder kann machen was er will).
- Keine klare Zuordnung der Kompetenzen bzw. keine Akzeptanz der existierenden Zuordnung (zu viele Interessengruppen, die ihre eigenen Vorstellungen in den Prozess einbringen, es gilt das Recht der lautesten oder derjenige setzt sich durch, der das Budget hat).
- Unklare, fehlerhafte oder unvollständige Kommunikation entlang des gesamten Prozesses (ein Briefing erfolgt auf Zuruf per Telefon, dadurch gehen wichtige Informationen verloren).
- Viele Verzögerungen, viele Änderungszyklen (dadurch hohe Kosten in der Abteilung und bei der Agentur).
- Lange Prozessketten, die sich nicht an den wichtigsten Wertschöpfungspunkten orientieren (jede Veränderung im Kampagnenkonzept muss mit der Geschäftsleitung abgestimmt werden).
- Keine Erfolgsmessung, dadurch keine Lernzyklen und keine Verbesserung des Prozesses.
- Fehlendes Empowerment (der Kampagnenverantwortliche wird an der kurzen Leine geführt, darf nichts entscheiden etc.).

Die Erfahrung zeigt, dass zu Beginn einer Prozessoptimierung sehr viele Probleme, Barrieren etc. von den Mitarbeitern genannt werden, in der berechtigten Hoffnung, es möge sich endlich etwas ändern. Die gesamte Liste aller Verbesserungsmöglichkeiten bildet den sogenannten Barrierenspeicher.

Der nächste Schritt besteht darin, diese Sammlung zu priorisieren, denn die Kapazität einer Abteilung reicht im Regelfall nicht aus, um alles auf einmal anzugehen. Eine Bewertung hinsichtlich der Wirkungen auf die Effizienz der Marketingprozesse ist daher unumgänglich. Doch wie und was soll bewertet werden? Die einfachste Möglichkeit, das Verbesserungspotenzial zu identifizieren, ist eine Schätzung, wie viel Kapazität die Mitarbeiter für bestimmte Medien und/oder Kampagnen verwenden können. Dieser Wert sollte dann mit einem Referenzwert in Verbindung gesetzt werden. Dazu ein kurzes Beispiel aus einem meiner Projekte: Um einen Referenzwert für eine einseitige Anzeige zu bekommen, wurden Experten und Profis (Werbeprofis, alte Hasen im eigenen Haus, Texter etc.) befragt, wie lange es ihrer Meinung nach dauern würde, dieses Projekt durchzuziehen (ideale Startbedingungen vorausgesetzt: sind beispielsweise Bildwelten fixiert, der Message Grid ist vorhanden etc.). Man kommt dann auf einen Wert, der sich in der Größenordnung von fünf Manntagen bewegt (ohne Pretest, ohne der Analyse der Werbewirksamkeit). Diesem stellt man den realen Kapazitätsbedarf gegenüber, der durch Schätzung der Mitarbeiter ermittelt wird. In Bild 43 sind die Ergebnisse eines konkreten Projektes dargestellt.

Man sieht hier relativ deutlich, dass in diesem Projekt das Bauchgefühl der Führungskräfte und Mitarbeiter nicht falsch war, denn bei bestimmten Medien lag der tatsächliche Aufwand mehr als 60 Prozent über dem Referenzwert. Damit erreicht man genau den richtigen Effekt: Der gesamten Organisation einen gehörigen Schreck versetzen, um die Notwendigkeit einer nachhaltigen Verbesserung mit der richtigen Ernsthaftigkeit anzupacken. Wenn sich alle wieder davon erholt haben, kann man in die eigentliche Analyse einsteigen. Man geht mit den Mitarbeitern Schritt für Schritt die verschiedenen Probleme durch und fragt sie, um wie viel schneller sie werden würden beziehungsweise wie viel Kapazität eingespart werden könnte, wenn man sich an den Referenzprozess halten würde. Beispielsweise könnte man bewerten lassen, mit welchem Aufwand ein Briefing erstellt werden würde, wenn man vom Produktmanagement die richtigen Benefits bekommen würde, denn dann wäre die

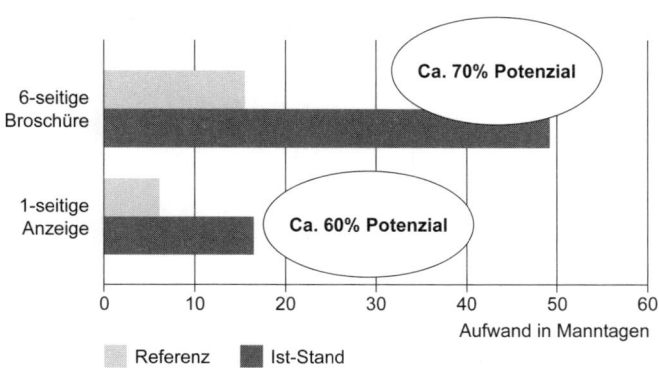

Bild 43 Projektbeispiel: Potenziale für verschiedene Medien

Ableitung einer Argumentationslinie und die Umsetzung der Benefits in werbewirksame Aussagen eine deutlich leichtere Übung. Macht man dies mit jeder Barriere, so bekommt man relativ schnell eine Rangreihenfolge des Potenzials. Um ein ganzheitliches Bild zu erhalten, sollte man im gleichen Atemzug die Mitarbeiter auch fragen, welche Schwierigkeiten sie eventuell bei der Beseitigung der Barrieren sehen. Hier kann man folgende drei Schwierigkeitsgerade unterscheiden:[176]

1. Einfach zu beseitigende Sachbarrieren

   - fehlende Tools im Marketing, zum Beispiel Datenbanken, Briefing-Portale, Kontierungs-Tools etc.
   - fehlende Kennzahlen
   - Know-how-Defizite bei den Mitarbeitern, fehlendes Training

2. Mittelschwer oder schwer zu beseitigende Prozessbarrieren

   - fehlende Standards und Checklisten, zum Beispiel Briefing-Checklisten, Vorgaben auf Basis der Markenführung, Vorgaben für Bildwelten etc.
   - Doppelarbeiten und Schleifen, zum Beispiel häufige Änderungen von Kampagnenkonzepten
   - fehlende oder fehlerhafte Closed Loops, zum Beispiel keine Werbewirksamkeitskontrolle oder Leads als ausschließliche Messgröße für Werbekampagnen, keine Zielvorgaben für Kampagnen

3. Schwer bis sehr schwer zu beseitigende Kultur- oder Führungsbarrieren

   - Stellenwert des Marketings gering („das machen wir so nebenbei", „nichts außer bunten Bildern")
   - Meinungen haben einen höheren Stellenwert als Fakten („Marktforschung ist viel zu teuer"; „geht in unserer Branche nicht")
   - keine eindeutige Regelung der Verantwortung in den operativen Prozessen
   - Markenführung reduziert sich auf Corporate Identity und Corporate Design
   - keine harten Zielsysteme und Vorgaben für die Kampagnenverantwortlichen definiert

Während die meisten Sachbarrieren mit einer guten Know-how-Basis, mit ein paar gezielten Investitionen und einem Quäntchen Kreativität oft beseitigt werden können, ist bei Prozessbarrieren auf jeden Fall ein Marketingexperte gefragt, bei Kulturbarrieren sogar ein längerer Anlauf zur Überzeugung der Führungskräfte bzw. der Änderung einer Unternehmenskultur.

Erfahrungsgemäß betritt man damit ein „heißes Pflaster", gespickt mit vielen „Tretminen". Nur wenige Mitarbeiter sind willens, objektiv zu schätzen, wie viel Kapazität eingespart werden könnte, wenn man bestimmte Problembereiche beseitigt. Denn im Regelfall ist mit diesem Vorgang unbewusst immer die Angst verbunden, man könnte der Ineffizienz überführt werden und sich damit die Karrieremöglichkeiten verspielen, im schlimmsten Fall den Arbeitsplatz verlieren. Diesen Ängsten müssen die Führungskräfte von Anfang an entgegenwirken, denn in der Realität sieht es meist so aus, dass die freiwerdende Kapazität viel sinnvoller in anderen Projekten verwendet werden kann. Durch die Barrierenbeseitigung ergibt sich die hervorragende Chance, mit der existierenden Mitarbeiterzahl mehr Werbedruck zu erzeugen und gleichzeitig erfolgreicher zu werden.

Den Abschluss der gesamten Barrierenanalyse bildet die Bewertung, wie viel Potenzial insgesamt gehoben werden kann. Die Erfahrung zeigt, dass 30 Prozent Potenzialsteigerung problemlos in den Marketingabteilungen zu holen sind, teilweise sogar bis zu 50 Prozent! Jeder europäische und amerikanische Manager würde jetzt begeistert in die Hände klatschen und sofort die Umsetzung anstoßen. Aber es ist in jedem Fall sinnvoller, den japanischen Weg nach Masaaki Imai zu gehen, und sich erst der Ursachen für die Verschwendungen bewusst zu werden.[177]

9.2.2 Ursachenanalyse

Warum Ursachenanalyse? Das Problem ist doch definiert! Leider nicht vollständig! Man braucht sich nur kurz vor Augen halten, was passieren würde, wenn man mit diesen Startvoraussetzungen in die Umsetzung einsteigen würde: Es würde ein schlankerer Prozess definiert werden, mit am Ende weniger Papier. Interessanter sind die Fragen, welche Ursachen dazu geführt haben, dass der Prozess so kompliziert wurde, die Kommunikation nicht klappt und jeder anscheinend aneinander vorbeiredet. Hier bietet sich eine sehr einfache und doch wirkungsvolle Vorgehensweise an, die Root-Cause-Analysis.[178]

Vereinfacht ist der Kern der Methode die immer wieder gestellte Frage nach dem Warum, geordnet in vier verschiedenen Kategorien: Tools und Methoden, Menschen und Führung, Prozesse, Organisation und Materialien (Arbeitsmaterialien). In Bild 44 ist ein Beispiel für das oben genannte Projekt dargestellt. Zur Vorgehensweise: Man beginnt mit dem Hauptproblem, in diesem Fall „zu viel Aufwand für jede Kampagne" und fragt im zweiten Schritt welche Ursachen beispielsweise in der Kategorie

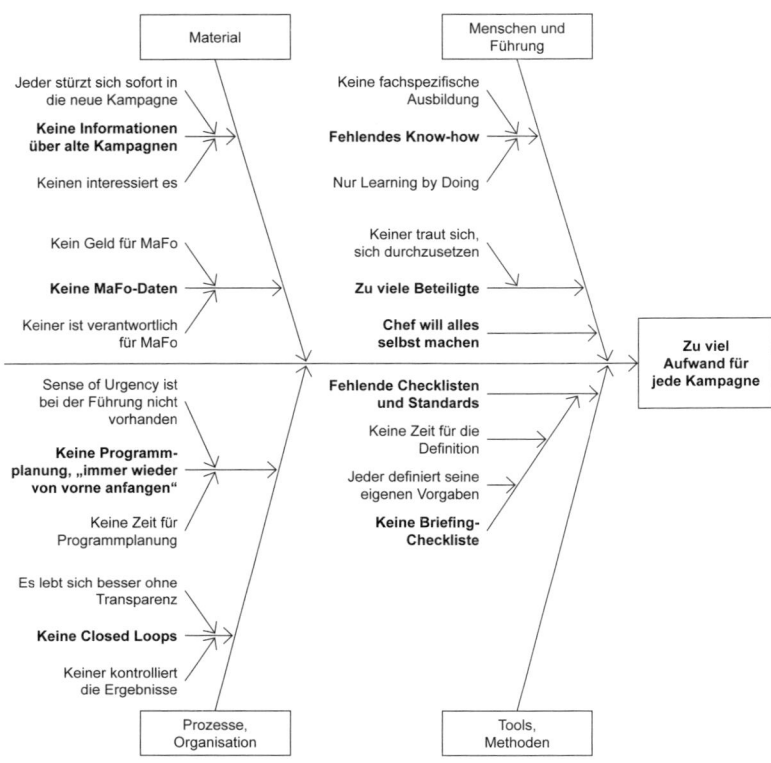

Bild 44   Projektbeispiel: Root Cause Analysis im Marketing

Menschen und Führung dafür verantwortlich sind. In diesem Beispiel sind zwei Hauptgründe („fehlendes Know-how" und „keine Führungskultur") genannt. Nun geht man eine Detailebene tiefer und fragt wiederum warum keine Führungskultur vorliegt. Anhand dieses Beispiel wird deutlich, warum die Anwendung der Ursachenanalyse wirklich Sinn macht. Ohne sie werden mit großer Wahrscheinlichkeit nicht die wirklichen Ursachen identifiziert, die hinter einem Problem stecken und die Umsetzung geht in die falsche Richtung. Steckt beispielsweise hinter einer ineffizienten Kampagnenorganisation der Vorgesetzte selbst, so wird ein Projekt scheitern, dass sich nur auf Know-how, Prozessdefinition etc. konzentriert. Vielmehr muss erst die Führungsebene überzeugt werden, dass mehr Empowerment nicht schadet, sondern von hohem Nutzen für die ganze Organisation wäre. Geht man diesen verdeckten Kausalketten auf den Grund, so tauchen oft hinter anscheinend einfachen Problembereichen schwierig zu behebende Ursachen auf, die tief im Unternehmen bzw. in der Überzeugung von Führungskräften verankert sind.

Lessons-learned/Schließen folgender Lücken: iGAP ☐ cGAP ☐ pGAP ☐								
Prozess:			Wirkung				Wer	Termin
Problem, Barriere	Ursache	Lösung	Zeit	Kosten	Marke	Umsatz		

Template 11 Strukturierte Aufarbeitung der Lessons-learned im Rahmen des Prozessmonitoring und -controlling (iGAP, pGAP, cGAP)

Wie und wann führt man am besten eine solche Ursachenanalyse durch? Wie bereits ausgeführt (Monitoring und Controlling), endet jeder Prozess mit einer kritischen Reflexion des gesamten Ablaufs, den Lessons-learned. Gerade wenn man über Probleme, Barrieren und Ineffizienzen stolpert, sollte man eine Ursachenanalyse durchführen, um zeitnah Verbesserungen in die nächste Kampagne und die nächste Programmplanung einfließen zu lassen. Template 11 hilft bei der strukturierten Aufarbeitung der Lessons-learned am Ende eines jeden Prozesses und wird damit Bestandteil der GAPs.

Mit den Ergebnissen aus der Ursachenanalyse kann man dann endlich in die Maßnahmenentwicklung und -verfolgung einsteigen. Wichtig hierbei ist, dass bei jeder Maßnahme überlegt wird, welche Wirkung sie auf die Effizienz der relevanten Prozesse hat und wie die Wirkung erfasst werden kann. Vergisst man die Verknüpfung zwischen erwünschtem Ergebnis und Verbesserungsaktivität, läuft man Gefahr, rein input-orientiert zu handeln. In anderen Worten formuliert: Man stopft nur etwas in den Prozess hinein, ohne zu schauen, ob wirklich etwas dabei herauskommt. Die Verfolgung der Maßnahmenwirkung bedingt aber auch einen nächsten, sehr wichtigen Schritt auf dem Weg zu optimalen Marketingprozessen: die regelmäßigen Messungen.

Kurz zusammengefasst:
Die Identifikation und Auflistung von Problemen und Barrieren ist eine notwendige Voraussetzung für den späteren Verbesserungsprozess. Allerdings ist ein sofortiger Einstieg in die Umsetzung ohne Analyse der Ursachen eine wenig sinnvolle Vorgehensweise. Erst die Ursachenanalyse liefert die wirklichen Ansatzpunkte.

9.3 Prozessmessung: Don't do what you can't measure!

Kreativität kann man nicht messen, oder vielleicht doch? Vielleicht erwartet der eine oder andere jetzt den Gral der Marketingarbeit oder auch eine Bestätigung aller Vorurteile, die schon immer gegenüber denen bestanden, die mit Prozessen ernsthaft die letzte Bastion der gestalterischen Freiheit und schöpferischen Ideen in der Unternehmensrealität stürmen wollen. Soweit wird es nicht kommen, denn man kann Kreativität vielleicht theoretisch messen, aber in der Praxis ist es sehr schwer, harte, objektive Kriterien zu finden, um sie neutral zu bewerten. Es ist klar, dass die vielen notwendigen Schleifen, Irrungen und Wirrungen auf dem Weg zu einer genialen Kreatividee nicht Gegenstand einer Verfolgung bzw. Messung sein können, denn genauso wie in der Entwicklung und Konstruktion ist der Weg zu einer technischen Lösung von vornherein nicht vorhersehbar.

Wenn schon nicht die Kreativität gemessen wird, warum wird dann überhaupt gemessen? Diese in der Beratungspraxis beliebte Frage lässt sich sehr einfach beantworten: Die Qualität der Ergebnisse wird gemessen. Egal, wie die Idee entstanden ist, die Werbung soll verkaufen (Messgröße Umsatz), soll die Botschaft an den Mann/die Frau bringen (Messgrößen Image, Recall etc.), soll aber auch zum richtigen Termin vorliegen, in möglichst kurzer Zeit und zu nicht überhöhten Kosten. Eigentlich ganz berechtigte Forderungen, denen sich die meisten Mitarbeiter im Unternehmen stellen müssen. Warum nicht auch diejenigen aus den Marketingabteilungen?

Lässt man die Ausführungen ganz kurz Revue passieren, so wird auch die Bedeutung des Satzes deutlich: „Don't do what you can't measure!". Wenn man etwas in einem Unternehmen durchführt, so sollte dies sowohl einen messbaren Wertschöpfungsbeitrag haben als auch messbar effizient durchgeführt werden. Aktivitäten, die diesen Kriterien nicht genügen, sind mit großer Wahrscheinlichkeit Leerlaufaktivitäten, die nicht unbedingt zielführend sind. Mit solchen Überlegungen kann man nun in die detailliertere Darstellung der Messgrößen einsteigen, die nach inhaltlichen und prozessorientierten unterschieden werden können.

9.3.1 Inhaltliche Messgrößen

Die inhaltlichen Messgrößen wurden im Teil II des Buches schon umfassend hergeleitet und diskutiert, daher kann an die entsprechenden Stellen verwiesen werden: iGAP (Kapitel 6.5), pGAP (Kapitel 7.5) und cGAP

(Kapitel 8.3). Interessanter sind jedoch die Prozessmessgrößen, denn sie spiegeln die interne Effizienz wider.

9.3.2 Prozessmessgrößen

Die Prozessmessgrößen sorgen dafür, dass die Ergebnisse der Marketingprozesse nicht nur kreativ, bunt und toll sind, sondern auch zu vertretbaren Kosten, in kurzer Zeit, Termintreue und mit hoher Qualität erarbeitet werden. Sie helfen jedem Mitarbeiter und jeder Führungskraft dabei, die inhaltliche Weiterentwicklung des Marketings möglichst effizient voranzubringen. Es sind insgesamt vier klassische Messgrößen: Prozesskosten, Cycle Time, Termintreue, und First Pass Yield. Alle vier sollen im Folgenden kurz beschrieben werden.

Prozesskosten

Ohne einen großen Ausflug in die wahnsinnig spannende Welt des Rechnungswesens und des Controllings zu wagen, kann man aufgrund der Natur der Marketingarbeit ganz vereinfachend von folgenden Kostenbestandteilen ausgehen: Personal- und Personalnebenkosten, Fremdleistungen (Agenturen, Marktforschung, Produktionskosten für Medien etc.) und sonstige Kosten. Die Zuordnung der Fremdleistungen funktioniert innerhalb eines Unternehmens im Regelfall problemlos, dafür sorgen die Controller. Etwas aufwändiger ist dagegen die prozessorientierte Erfassung der Kapazitäten. Dazu muss man alle Mitarbeiter auf die verschiedenen Projekte kontieren lassen, die Vorgehensweise ist in den meisten professionell agierenden Unternehmen und Agenturen durchaus üblich. In einem nächsten Schritt lässt man die Mitarbeiter schätzen, wie viel Kapazität anteilig auf die entsprechenden Phasen einer Kampagne, differenziert nach verschiedenen Medien, anfällt. Damit hat man eine differenzierte Aussage, wie viel Workload durch welches Objekt verursacht wird. Diese Zahl kann man wieder heranziehen, um zu verfolgen, ob die Verbesserungsmaßnahmen wirklich zu einer Erhöhung der Effizienz beitragen. Knüpft man wieder an das Beispiel in Kapitel 9.2.1 (Stichwort 60 bis 70 Prozent Potenzial), so sollte nach einem Jahr dieser Wert deutlich besser sein, das heißt mit der vorhandenen Mannschaft wurde mehr Werbedruck erzeugt und es wurden mehr Kommunikationsmaßnahmen durchgeführt. Mit diesem einfachen Kniff ist es möglich, viel früher auf Effizienzprobleme zu reagieren.

Da im Regelfall die verschiedenen Projektphasen sequenziell hintereinander durchgeführt werden, kann man auch eine eindeutige Zuordnung zu den verschiedenen Teilprozessen vornehmen. Die detaillierte Erhebung der Prozesskosten macht keinen Sinn bei einmalig kreativen Projekten wie der Entwicklung der Markenidentität, da man diese im Regelfall nicht jedes Jahr durchführt und daher eine Vergleichbarkeit nicht wirklich Sinn macht. Aber sie sollten sehr wohl als Block erhoben werden, da ansonsten leicht die Möglichkeit besteht, dass geschickte Mitarbeiter zu hohe Aufwendungen für bestimmte Aktivitäten auf diese einmaligen Aufgaben buchen.

Zeitgleich mit dem Geschäftsprozessmanagement-Hype etablierte sich eine Überzeugung in den Managementetagen, die Geschwindigkeit als das einzig Seligmachende ansah. Die Philosophie war so einfach wie genial: Je kürzer man einen Prozess macht, desto weniger Zeit bleibt, um überflüssige Aktivitäten anzustoßen, Schleifen zu drehen und immer wieder von vorn anzufangen. Ein einfaches Beispiel ist in Bild 45 darge-

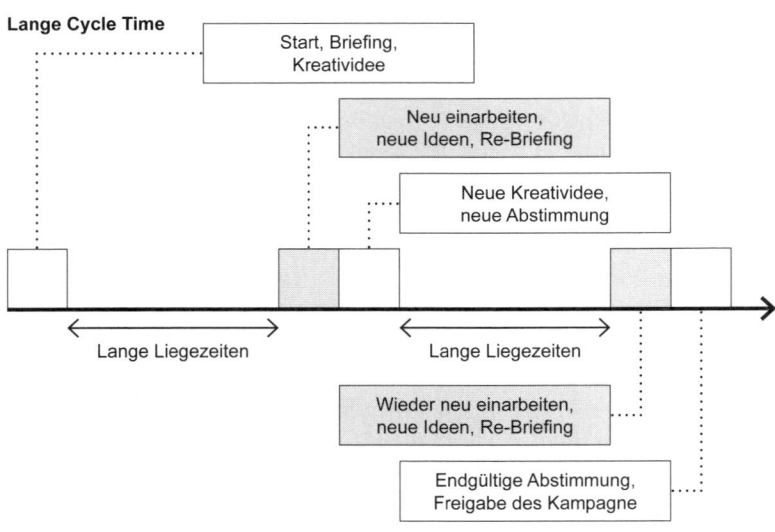

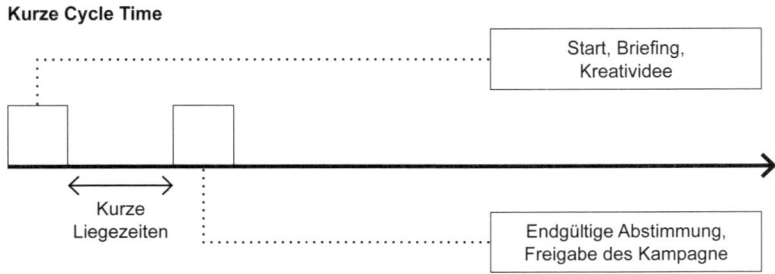

Bild 45 Die Wirkung der Cycle Time auf die Effizienz von Prozessen

9 Referenzmodell für Marketingprozesse

stellt. Es verdeutlicht ganz gut, welch wichtiger Grundgedanke hinter der Verkürzung der Cycle Time steht: Je weniger Liegezeiten beispielsweise bei der Entwicklung einer Kampagne auftreten, desto geringer auch der Anteil der Aktivitäten, die notwendig sind, um sich wieder in das Projekt hineinzudenken. Neben der Verkürzung der Liegezeiten kann man aber noch einen anderen Effekt durch eine starke Reduzierung der Cycle Time feststellen, den jeder Mensch aus eigener Erfahrung kennt. Hat man Zeit, dann lässt man sich auch Zeit, hat man keine, so konzentriert man sich auf das Wesentliche und Wichtige. Dies bedeutet nicht, dass man durch einen Prozess hasten soll und damit jegliche Qualitätsmaßstäbe über den Haufen wirft!

Cycle Time

In vielen Marketingabteilungen werden im Gegensatz zu Entwicklungs-abteilungen Zeiten (genauso wie Kapazitäten) oft nicht verfolgt und ge-messen. Obwohl immer alle im Stress sind, muss man oft doch lange auf greifbare Ergebnisse warten. Eine plötzliche Transparenz des gesamten Prozesses mit all seinen verschütteten Potenzialen ist vielleicht nicht wirklich gewünscht, denn am Ende könnte eine komplette Umorganisa-tion des Tagesgeschäfts stehen.

Die einfachste Form der Cycle-Time-Messung ist die Erfassung des Start-datums, des geplanten und realisierten Abschlussdatums sowie die Be-rechnung des Zeitraumes zwischen diesen beiden Eckpunkten. Diese einfache Berechnung ist vollkommen ausreichend, wenn die regelmäßi-gen Aufgaben (Kampagnen, Abstimmungen in der Programmplanung etc.) sowohl hinsichtlich des Kapazitätsbedarfes als auch hinsichtlich der Laufzeit überschaubar sind. Sieht man von sehr großen Kampagnen in Großkonzernen ab, beispielsweise der Markteinführung einer komplett neuen Produktreihe, könnten sich solche Projekte in der Größenordnung unter einem halben Jahr bewegen. Leider gibt diese einfache Variante weder die aktuelle Belastung des Prozesses wieder, noch erlaubt sie eine Aussage über die zukünftige Entwicklung der Durchlaufzeiten in allen Marketingprozessen.

Diese Informationen liefern leider nur etwas aufwändigere Messverfah-ren. Ausgangspunkt ist eine sehr einfache Überlegung: Je mehr Aufgaben pro Zeiteinheit, beispielsweise in einer Woche, erledigt werden, desto schneller wird der Rest abgearbeitet. Im Gegensatz zur vergangenheits-bezogenen Messung der Durchlaufzeiten reagiert diese Form der Cycle Time sehr sensibel auf Verzögerungen in der aktuellen Geschwindigkeit der Abarbeitung. Zur Messung muss man nun feststellen, wie viele Aufgaben in einer Woche bereits abgeschlossen wurden, wie viele momentan in Bearbeitung sind und wie viele noch vor einem liegen.

Wie könnte eine Messung genau aussehen? Zur Planung des zu bewältigenden Arbeitsvolumens riskiert man einen Blick in den Referenzprozess (unter Berücksichtigung der Reifegradstufen) und berechnet, wie viel Kapazität man braucht, um eine komplette Kampagne mit allen Zwischen- und Endergebnissen abzuarbeiten. Während der laufenden Projektarbeit berechnet man nun für jede Woche, wie viel Prozent aller Aufgaben bereits erledigt wurden. Wurde beispielsweise in einer Woche komplett der gesamte Kampagnenkern abgearbeitet und das Briefing mit der Werbeagentur vorbereitet, so sind circa 25 Prozent geschafft. Wenn man mit der gleichen Geschwindigkeit weiterarbeitet, ergibt sich eine Restlaufzeit von drei Wochen. Ist man dagegen in der betreffenden Woche nicht so weit gekommen und hat beispielsweise nur 10 Prozent geschafft, so berechnet sich eine Restlaufzeit von circa 10 Wochen. Wenn man nun alle Kampagnen auf diese Art und Weise misst, so bekommt man einen hervorragenden Überblick darüber, wie einerseits die Gesamtbelastung der ganzen Organisationseinheit ist, andererseits die Restdauer laufender Projekte. Erfahrungsgemäß ist die Messung der Cycle Time ein sehr großer Schritt nach vorne, vor allem wenn Ziele für die Laufzeit von Marketingprojekten gesetzt werden. Und nur der anschließende Soll-Ist-Vergleich ist der richtige Schritt, um die Geschwindigkeit zu erhöhen, Ineffizienzen zu identifizieren und weniger Kosten zu produzieren.

Termintreue

Mit der Messung der Durchlaufzeiten ergibt sich automatisch die Termintreue, durch die Erfassung sowohl des geplanten und realisierten Startdatums als auch des geplanten und realisierten Abschlussdatums. Natürlich ist die ausschließliche Erhebung des Starts einer Kampagne viel zu grob. Viel interessanter ist der Vergleich zwischen den geplanten, wichtigen Terminen (Briefing, Vorlage der Kreatividee, Freigabe der Medien, Go Live) und den wirklich realisierten. Nur dann hat man eine aussagekräftige Auswertung darüber, wie gut die Planungssicherheit ist. Außerdem bekommt man Anhaltspunkte, was und wie verbessert werden kann.

First Pass Yield

Zu guter Letzt soll eine Messgröße für den reibungslosen Ablauf aller Prozesse vorgestellt werden, der First Pass Yield. Wortwörtlich übersetzt ist dies der Anteil derjenigen Objekte, die beim ersten Durchlauf reibungslos durch einen Prozess gelaufen sind. Nun ist die Messung des

First Pass Yield in der Fertigung eine relativ einfache Fingerübung. Man zählt die Werkstücke, die eine Qualitätsprüfung bestehen, und setzt sie ins Verhältnis zur Gesamtsumme aller produzierten Einheiten. Wenn beispielsweise von 100 gefertigten Einheiten 90 den Qualitätstest bestanden haben, dann ist der First Pass Yield 90 Prozent.

In kreativen Prozessen ist die Definition der Reibungslosigkeit dagegen keine triviale Angelegenheit. Wenn man beispielsweise nach dem Briefing den ersten grafischen Entwurf einer Print-Anzeige mit der Werbeagentur durchgeht und immer einige Korrekturen vornimmt, dann wäre der First Pass Yield 0 Prozent. Man könnte vielleicht überlegen, ob eine Korrektur erlaubt ist, jede weitere dagegen zu einer Negativbewertung des entsprechenden Prozessschrittes führt. Die Lösung hierfür ist relativ einfach: Wenn man die richtige Agentur hat und im Rahmen des Briefings die richtigen Informationen und Vorgaben kommuniziert, dann ist die Wahrscheinlichkeit relativ hoch, dass mit einer, maximal zwei Korrekturen ein sehr gutes Ergebnis erreicht wird. Eine interessante Anregung aus diesem Beispiel wäre die generelle Forderung, den Preis der Agentur zu senken und dafür nur zwei Änderungen in den Vertrag mit aufzunehmen. Jede zusätzliche Änderung wird vom variablen Gehaltsbestandteil der beteiligten Personen abgezogen.

Bei solch kreativen Prozessen bietet es sich an, weitere, geeignete Maßstäbe heranzuziehen. Eine hervorragende Möglichkeit besteht darin, den First Pass Yield als Messgröße für die Vollständigkeit von Inputs bzw. Output zu interpretieren. Die Aussage bleibt die gleiche wie oben. Wenn in der Fertigung die Werkstücke eine Qualitätsprüfung nicht bestehen, so müssen sie entweder weggeworfen (Verschwendung) oder nachgearbeitet werden (zusätzliche Kosten). Wenn der Input für einen Marketingprozess nicht vollständig ist, so hat dies die gleichen Konsequenzen: Verzögerung des Startzeitpunktes (Erhöhung der Durchlaufzeiten), Zusatzaufwand durch Nachfragen und Nachlaufen (zusätzliche Kosten) oder weitermachen ohne den Input (eventuell schlechte Qualität der Werbung). Hier wird auch ein wesentliches Charakteristikum der Messung von Prozessen deutlich: Eine einzige Messgröße macht keinen Sinn, sondern nur die integrierte Betrachtung aller vier Messgrößen (Kapazitäten und Kosten, Cycle Time, Termintreue sowie First Pass Yield).

Der First Pass Yield kann auf zwei verschiedene Arten ermittelt werden:

• Messung anhand der Vollständigkeit der Inputs:
  Wie viel Prozent der erforderlichen Informationen lagen vollständig vor und konnten zu Beginn des jeweiligen Prozessschrittes sofort verwendet werden (ohne Nachfassen, ohne Korrekturen etc.)?

- Messung anhand der Aktivitäten/Ergebnisse/Outputs:
  Wie viel Prozent aller Aktivitäten führten direkt zu einem Ergebnis im Vergleich zu den Aufgaben, die nicht mit einem Ergebnis
  abgeschlossen werden konnten, weil die Aufgaben nicht richtig/
  vollständig/termintreu erledigt werden konnten und damit zu
  Schleifen, Korrekturen, Nacharbeit führten (siehe Verschwen-
  dungssuche, Kapitel 9.2.1)?

Kurz zusammengefasst:
Prozessmessgrößen ergänzen die inhaltlichen Messgrößen ideal, denn sie
spiegeln die Art und Weise wider, wie inhaltliche Ergebnisse bearbeitet wer-
den. Erst mit der kontinuierlichen Messung und Auswertung der genannten
Metriken erschließt sich das vollständige Produktivitätspotenzial, das in den
Marketingprozessen versteckt ist.

9.3.3 Die Zusammenfassung der Messgrößen in Form von Cockpit-Charts

Zum Abschluss dieses Kapitels zur Prozessmessung stellt sich die Frage,
wie die Ergebnisse übersichtlich und leicht verständlich dargestellt werden können. Die Zusammenfassung der Prozesskosten, der Cycle Time,
der Termintreue und des First Pass Yield ist eine reine mathematische
Fingerspitzenübung, die im Grunde genommen nur die vier Grundre-
chenarten umfasst. Dazu werden die drei wirklich wichtigen inhaltlichen Messgrößen iGAP, pGAP und cGAP in eine Grafik integriert – und
man hat auf einen Blick die Zielgruppen- und Kundenseite sowie die interne Perspektive vor sich liegen. Wichtig ist weniger die Darstellung der
Messgrößen in Form von Cockpit-Charts, bedeutender ist es, dass sie,
gerade auch wenn die Ergebnisse anfangs noch eher schlecht sind, transparent allen Führungskräften und Mitarbeitern zur Verfügung gestellt
werden. Die Philosophie dahinter ist relativ einfach: Im Regelfall ändert
sich nur dann etwas, wenn allein schon der Anblick schlechter Zahlen
wehtut. Bild 46 zeigt ein Beispiel für ein Cockpit-Chart.

Auch hier stellt sich wieder die pragmatische Frage, wer diese Messungen
durchführen soll bzw. dafür sorgt, dass auch wirklich gemessen wird. Die
Frage ist insofern schnell beantwortet, da die operativ Verantwortlichen
auch gleichzeitig die Messung des Prozesses durchführen, unterstützt
durch den Prozessverantwortlichen des Monitoring- und Controlling-
prozesses, der dafür sorgt, dass nicht nur richtig, sondern auch regelmäßig gemessen wird. Hier kann man durchaus durch einige Kniffe einen
selbst organisierenden Prozess in Gang setzen. Wurde beispielsweise mit

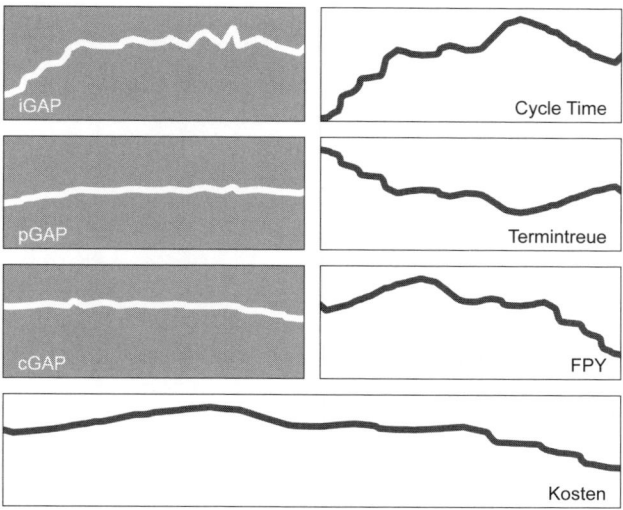

Bild 46   Beispiel für ein Cockpit-Chart

einer Werbeagentur vereinbart, dass nur eine einzige Änderungsschleife im Briefing erlaubt ist und alle weiteren kostenpflichtig sind, so wird die Agentur diese auch in Rechnung stellen. Damit hat man ohne großen Aufwand nicht nur die Qualität des Briefings gemessen, sondern auch einen Ansporn für die Mitarbeiter geschaffen, gleich beim ersten Mal die richtigen Informationen an die Partner zu liefern. Der Controller ist selbstverständlich auch Mitglied des Marketingboards, eventuell kann diese Funktion auch das Board-Mitglied übernehmen, das verantwortlich ist für das inhaltliche Monitoring der drei Kernprozesse.

9.4 Der große Sprung nach vorn: Prozessoptimierung als Schlüssel zur Quadratur des Kreises und die Einführung des Reifegrades Excellence

Im Gegensatz zu den Deutschen reden die Amerikaner immer sehr gerne vom „Great Leap Forward", vor allem wenn eine Methodik und eine Vorgehensweise präsentiert wird, die nach Meinung des Erfinders bahnbrechend ist. Die Kombination der inhaltlichen mit der prozessorientierten Optimierung ist durchaus ein erheblicher Sprung nach vorne, denn jetzt hat man ein kraftvolles Instrument, um nicht nur die Markenidentität

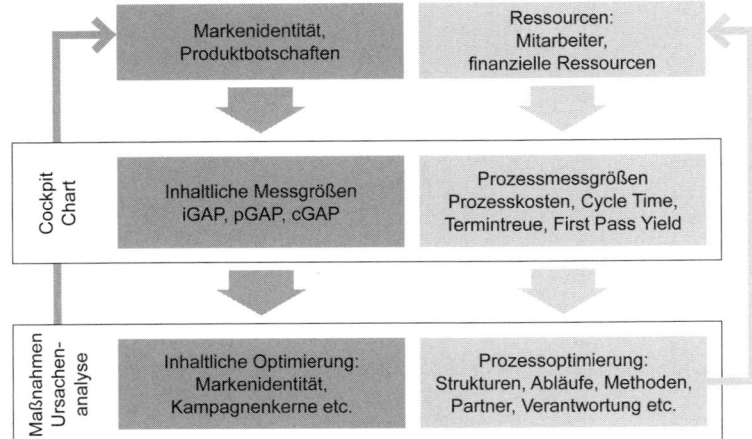

Bild 47 Zusammenführung von inhaltlicher und prozessorientierter Optimierung im Marketingboard

bei den Kunden zu verankern und diese von den eigenen Produkten zu überzeugen, sondern das Ziel auch noch mit deutlich geringerem Ressourceneinsatz zu erreichen. Ein wesentlicher Schlüssel sind die Closed Loops, deren wesentliche Zielsetzung ist, basierend auf einer Ursachenanalyse die Wirkung der Maßnahmen sowohl auf die Prozessmessgrößen als auch auf die inhaltlichen GAPs zu verfolgen. In Bild 47 ist diese Aufgabe schematisch dargestellt.

Was sich so einfach anhört, ist für jede Organisation eine große Herausforderung, denn solche Vorhaben gehen immer gerne im Tagesgeschäft unter, meist mit der Begründung, man hätte ja so viel zu tun und keine Zeit für diese zusätzlichen Aufgaben – „das ist nun wirklich nicht zu schaffen". Hier liegt aber der wesentliche Schlüssel zur drastischen Verbesserung aller Marketingprozesse. Vielleicht auch aus diesem Grunde ist im CMMI-Ansatz die höchste erreichbare Reifegrad-Stufe, bezeichnet als „Optimizing".[179] Eine Organisation, die diese Reifegradstufe erreicht hat, ist in der Lage, auf der Basis quantitativer Messgrößen kontinuierlich (!) ihre Prozesse zu verbessern. Dem ist nichts hinzuzufügen und daher kann an dieser Stelle recht kurz und knapp das letzte Level der Professionalität, „Excellence" eingeführt werden. Dieses Professionalitätsniveau haben alle Unternehmen/Marketingorganisationen erreicht, die sich nachweisbar sowohl inhaltlich als auch prozessorientiert kontinuierlich verbessern.

Zum Schluss dieser Ausführungen stellt sich die Frage, in welchem personellen Rahmen all die Aufgaben erfüllt werden sollen. Hierfür kommt nur eine Institution in Frage, das Marketingboard. Hier werden alle wichtigen Entscheidungen gefällt und alle Freigaben erteilt, daher passt der Themenbereich Prozessoptimierung natürlich optimal hierher. Vielleicht hört es sich nach etwas viel Arbeit für ein solches Board an, aber der Schlüssel liegt in der Vorbereitung der Agendapunkte und der gezielten Delegation von Aufgaben an Sub-Teams, die dem Board zuarbeiten. Dies heißt im Klartext, dass nicht im Marketingboard in epischer Breite und Tiefe diskutiert werden sollte, welche Ursachen wohl zu einem Terminverzug führen könnten oder warum das Markenimage immer noch weit von der Markenidentität entfernt ist. Vielmehr sollte nach der Feststellung dieser Tatsachen die Aufgabe an die Verantwortlichen delegiert werden, das anschließend über die Ergebnisse referiert. Damit könnte die Agenda eines Marketingboards wie folgt aussehen:

- Regelmäßige Agendapunkte:
  1. Freigaben der Briefings, Kreativideen etc. im Rahmen der Planung des Kommunikationsprogramms (Leitlinie: pGuide)
  2. Erfolge, Misserfolge der operativen Kampagnen (pGAP, cGAP)
  3. Aktuelle Effizienz aller Prozesse (Cockpit-Charts)
  4. Identifizierte Probleme, notwendige Ursachenanalysen, Benennung von Teams zur Beseitigung der Probleme und Barrieren

- Fallweise Agendapunkte (Quartalsende, Halbjahresende, Jahresende):
  5. Markenimage, dessen Veränderungen, Erfolge, Misserfolge (iGAP)
  6. Planung des Kommunikationsprogramms (pGuide)
  7. Aktuelle Performance der Partner (siehe Kapitel 10.2)
  8. Optimierung der Informationsversorgung (TAPs)

9.5 Funktioniert dies auch bei kleinen Unternehmen?

Lässt man alle Ausführungen dieses Kapitels Revue passieren, so werden sich die Marketingverantwortlichen von kleinen Unternehmen sicher die Frage gestellt haben, ob dies auch für ihre Organisation umsetzbar ist. Selbstverständlich ist dies umsetzbar. Allerdings muss man einige Anpassungen vornehmen:

- Marketingboard: Geht man von einer kleinen Abteilung aus, so ist das Marketingboard die Abteilung selbst. Allerdings wird der Marketingleiter einen deutlich umfangreicheren Aufgabenbereich erfüllen müssen, mit einem entsprechenden Know-how. Er ist auf jeden Fall für das Monitoring und Controlling zuständig, wobei bestimmte operative Aufgaben durchaus an Mitarbeiter delegiert werden können. Außerdem ist er die letzte Instanz, wenn es um die Freigabe eines Briefings, einer Kreatividee oder um die Entscheidungen zur Gestaltung der Marke geht. Es lastet daher auf dem Marketingleiter einer kleinen Firma nicht nur die Aufgabe, inhaltlich alle Kommunikationsaktivitäten optimal zu gestalten, sondern auch die Prozesse zu optimieren und als Know-how-Träger alle Mitarbeiter auf ein entsprechendes Professionalitätsniveau zu heben.

- Prozessverantwortliche: Man kann sehr wohl die Verantwortung für einen Prozess einem Mitarbeiter übertragen, allerdings aufgrund der geringen Größe einer Abteilung nicht mit disziplinarischer, sondern nur mit fachlicher Verantwortung. Es liegt auch auf der Hand, dass es keinen Sinn macht, die Arbeitsteilung soweit zu treiben, dass ein Mitarbeiter nur für die Markenführung, ein anderer nur für die Kampagnen etc. verantwortlich ist. Es ist vernünftiger, jeden Mitarbeiter mit zwei verschiedenen Aufgabenbereichen zu betrauen. Sinnvoll ist die Kombination von Markenführung respektive Programmplanung und operativer Kampagnenverantwortung. Mit dieser Lösung geht der Bezug zum operativen Geschäft nicht verloren und die langfristigen Aspekte werden mit der konkreten Realisierung ideal verbunden.

10 Mitarbeiter und Partner: Nicht Maschinen und Tools verbessern Prozesse, sondern Menschen

In der Überschrift steht eine banale Erkenntnis, aber doch wird es immer gerne vergessen. Mit allen vorangegangenen Ausführungen zur inhaltlichen Optimierung, zur Definition, Messung und Optimierung von Geschäftsprozessen hat man zwar den methodischen Teil hervorragend abgedeckt, aber die wichtigste Frage ist bislang noch nicht beantwortet, wer soll es tun? Eine große Rolle spielen die Mitarbeiter und Führungskräfte, denn sie sind es, die alle wichtigen Entscheidungen treffen.

10.1 Mitarbeiter – Marketingeffizienz fängt mit Umdenken an

Ohne eine entsprechende Steuerung, Ausrichtung und Motivation aller Verantwortlichen wird inhaltliche und prozessorientierte Optimierung immer ein „Papiertiger" bleiben, der viele Ordner füllt, viel Arbeit gekostet hat, aber nichts bringt. Auch wenn alle Beteiligten willens sind, so ist doch die Umstellung auf die prozessorientierte Führung einer Marketingorganisation eine richtig große Herausforderung. In einer Studie der IBM Global Business war zu lesen, dass nur 38 Prozent aller Veränderungsprojekte ihre Ziele erreichen.[180] Circa 65 Prozent der Befragten gaben an, dass die größte Herausforderung die Veränderung von Denkweisen und Einstellungen sei. Woran liegt dies? Der Buchautor Terry Pratchett hat einmal sinngemäß geschrieben, dass es den meisten Menschen sehr recht ist, wenn der morgige Tag genauso ist wie der heutige und der gestrige. Eine Veränderung, egal in welche Richtung, bedeutet aber ein Verlassen der eingefahrenen Pfade und setzt zu allererst die wichtige Erkenntnis voraus, dass sich etwas ändern muss, gefolgt von der Bereitschaft, auch wirklich etwas zu ändern. Wie man „das Schiff auf den rich-

tigen Kurs bringt" und eine Gemeinschaft auf die Veränderungen ein-
schwört, zeigen die nächsten Ausführungen.

10.1.1 Von der Funktions- zur Prozessorientierung: Veränderungen in den Mitarbeiterrollen

Mit der Einführung des Geschäftsprozessmanagements ändern sich die
Rollen und damit die Aufgaben aller Beteiligten, sowohl bei den Mitarbeitern als auch bei den Führungskräften. Ohne eine Verankerung der
neuen Aufgaben in den Jobbeschreibungen, idealerweise im Rahmen eines Mitarbeitergesprächs, hat die Umsetzung aller Veränderungen deutlich weniger Chancen auf Erfolg. Der wesentliche Unterschied zu einer
klassischen Stellenbeschreibung und der daraus folgenden Rolle besteht
darin, dass die Mitarbeiter in ganzheitlichen Ketten denken sollen und
auch dafür Verantwortung übernehmen müssen. Während in einer
funktionsorientierten Organisation meist Abteilungsziele das Verhalten
nachhaltig bestimmen, ist beispielsweise der Prozessverantwortliche für
die Markenführung auch dafür verantwortlich, dass die Vorgaben für die
Realisierung der Markenidentität (iiGuide) so gestaltet sind, dass sie von
den Kampagnenverantwortlichen verwendet werden können. Darüber
hinaus hat er die Aufgabe, die gesamte Effizienz des Prozesses zu steigern,
z. B. durch Feedback-Runden mit den internen Kunden wie z. B. den Pro-
gramm- und Kampagnenverantwortlichen.

Das ist im Gegensatz zu klassischen funktionalen Abteilungszielen eine
deutlich größere Herausforderung. Der Managementautor Michael Hammer hat die Veränderungen in seinem Buch „Beyond Reengineering"[181]
sehr kritisch beschrieben und als wesentlichen Faktor für eine erfolgreiche Implementierung des Geschäftsprozessmanagements angeführt. Gerade bei der Kampagnenplanung und -realisierung muss man zwischen
der operativen Umsetzung und der Prozessperspektive unterscheiden.
Während der Prozessverantwortliche dafür verantwortlich ist, dass die
Gesamtheit aller Kampagnen optimiert wird, so ist der einzelne Kampagnenverantwortliche für seine eigene Kampagne verantwortlich. Aber
wie kann man gerade bei diesem Prozess die beiden Ebenen miteinander
verbinden? Einfach, indem am Ende einer jeden Kampagne (Lessons-
learned) die beteiligten Personen aufgefordert werden, in einem kurzen
Review noch einmal ihre Erfahrungen Revue passieren zu lassen und
sich zwei einfache Fragen zu stellen: „Was ist gut gelaufen und was
machen wir zum neuen Standard?" „Was ist schlecht gelaufen und wo
haben wir daher Verbesserungsbedarf?" Somit kristallisieren sich drei
verschiedene Rollenprofile heraus:

1. Prozessverantwortliche sind verantwortlich für die inhaltliche wie prozessorientierte Zielerreichung des gesamten Geschäftsprozesses bzw. einzelner Teilprozesse. Idealerweise ist dies der disziplinarische Vorgesetzte aller Mitarbeiter im Prozess. Auf dem Prozessverantwortlichen liegt die größte Last des gesamten Veränderungsprozesses, deswegen sollte die Ernennung mit Sorgfalt überlegt werden. Alle Verantwortlichen zusammen bilden das Marketingboard und damit das wichtigste Entscheidungsgremium für alle Marketingaufgaben. Konkret gibt es insgesamt fünf Rollen, die durch entsprechende Prozessverantwortliche erfüllt werden:

   a. Branding-Prozessverantwortlicher, verantwortlich für die Entwicklung und Umsetzung der Markenidentität.

   b. Kommunikationsprogramm-Prozessverantwortlicher, verantwortlich für die Planung und Umsetzung des Kommunikationsprogramms; in kleinen Unternehmen können eventuell diese beiden Verantwortlichkeiten (a, b) in eine Hand gegeben werden.

   c. Prozessverantwortlicher für den Controllingprozess, verantwortlich für die Erhebung und Aktualisierung des iGAP, pGAP, cGAP.

   d. Prozessverantwortlicher für die Informationsbeschaffung, verantwortlich für die Erhebung und Aktualisierung der TAPs.

   e. Prozessverantwortlicher für das Partnerschaftsmanagement, verantwortlich für die Suche und Aktualisierung der Liste von präferierten Partnern; bei kleinen Unternehmen macht es auch Sinn, die Funktion mit der Informationsbeschaffung zusammenzulegen.

2. Kampagnenverantwortliche sind Träger des operativen Geschäfts, verantwortlich für die Durchführung von Kampagnen und den Anstoß von Verbesserungsmaßnahmen. Sie berichten an das Marketingboard, holen sich die Freigaben für Kampagnen vom Marketingboard.

3. Mitarbeiter im Prozess führen die operativen Aufgaben durch, arbeiten in Verbesserungsprojekten mit, sollen sich eigenständig und selbstverantwortlich mit inhaltlichen wie prozessorientierten Verbesserungsmöglichkeiten des operativen Tagesgeschäfts identifizieren. Sie übernehmen in Verbesserungsprojekten aktiv die Leitung eines Teams und sind verantwortlich für die Umsetzung der Verbesserungsmaßnahmen.

4. Marketingprozess-Supervisor ist verantwortlich für die Optimierung des gesamten Systems der Marketingprozesse. Er stellt die „unangenehmen" Fragen, z. B. ob alle Vorgehensweisen effizient und zielführend sind, ob in der Struktur der Geschäftsprozesse Änderungen notwendig sind, und sorgt dann für eine Überarbeitung des gesamten Systems. Er unterstützt mit einer entsprechenden Expertise die anderen Prozessverantwortlichen aktiv bei der gezielten Verbesserung der verschiedenen Marketingprozesse, damit die Verbesserungsmaßnahmen nicht in ungerichtetem Aktionismus und operativer Hektik enden, sondern sinnvoll strukturiert und zielgerichtet ablaufen. Er sollte ebenfalls ein Mitglied des Marketingboards sein. Diese Rolle kann man sehr gut mit der des Prozessverantwortlichen für den Controllingprozess kombinieren, denn dann ist das Monitoring gut mit der Optimierung verbunden.

Die Ausführungen zeigen deutlich, dass der Transfer von einem Papiertiger zu einem wirklich schlagkräftigen Management-Instrumentarium vor allem an der Anpassung der Job-Beschreibungen aller Mitarbeiter und Führungskräfte ansetzen muss. Zu unterscheiden ist wieder zwischen der Prozessperspektive (welche zusätzlichen Aufgaben bringt das Prozessmanagement mit sich) und der inhaltlichen Marketingperspektive („was muss ich tun und zusätzlich wissen, um das Richtige zu tun?"). Die Rollen verändern sich vor allem hinsichtlich der umfangreichen Verantwortung eines jeden Prozessverantwortlichen dramatisch. Der Verantwortliche für den Branding-Prozess beispielsweise ist auch für die Erreichung der Markenidentität verantwortlich (gemessen durch den iGAP), nicht nur für die Definition der Marke. Der Umfang der Verantwortung könnte durchaus dem einen oder anderen Probleme bereiten, denn es geht nicht mehr darum, nur zu planen und zu definieren, sondern auch für die Umsetzung der Planung am Ende „geradezustehen".

Selbst wenn die neuen Rollenbeschreibungen im Rahmen von Mitarbeitergesprächen verankert sind, ist es noch nicht garantiert, dass sich wirklich etwas verändert. Denn oftmals sind zwar gute Absichten in den Köpfen der Mitarbeiter und Führungskräfte verankert, aber dann kommt immer wieder das Tagesgeschäft dazwischen, oder in anderen Worten formuliert: Jeder muss auf einmal so viel Holz hacken, dass er keine Zeit hat, die eigene Axt zu schärfen. Wie kann man dies in den Griff kriegen? Durch gutes Zureden sicher nicht. Daher muss ein nachhaltiger Anstoß, die Verankerung der Ziele im Rahmen der Entlohnungspolitik, erfolgen.

10.1.2 Marketingorientierte Zielsysteme und deren Verankerung im Gehaltssystem

Wer kennt nicht die typische Situation in einem Unternehmen, wenn ein neuer Berater, ein neuer Vorgesetzter oder ein neuer Vorstand ganz tolle neue Ideen im Unternehmen verankern will? Und welcher Mitarbeiter denkt bei diesen Ankündigungen nicht daran, dass man diese Welle auch noch überstehen wird? Vollkommen anders sieht die Ausgangssituation aus, wenn die Ziele des Projektes hart in den variablen Gehaltsbestandteilen der Mitarbeiter und Führungskräfte verankert werden. Genauso wie eine Marke eine Relevanz bei der Zielgruppe haben muss, um als attraktiv zu gelten und Kaufhandlungen wie konkrete Käufe ansteigen zu lassen, muss ein Veränderungsprojekt in den Köpfen der Mitarbeiter täglich präsent sein. Auch hier ist eine deutliche Trennung zwischen der prozessorientierten Perspektive und der inhaltlichen notwendig. Warum? Die Einführung von Messgrößen in einem Prozess ist beispielsweise eine Angelegenheit von zwei bis drei Teamsitzungen, wohingegen die Veränderung der Markenidentität in den Köpfen der Zielgruppe über Jahre hinweg erfolgt. Auch die Einführung neuer Bewertungsregeln für kreative Ideen in den Kampagnen zeigt erst nach einer bestimmten Laufzeit eine entsprechende Wirkung.

Die wichtigste Zielsetzung gerade beim Start eines solchen Veränderungsprojektes muss die schnelle Verankerung der Prozess- und Verbesserungsorientierung in der gesamten Mannschaft sein. Es geht darum, einerseits die Träger der Veränderung zu fördern und andererseits die Bremser gewissermaßen zum Mitmachen zu bewegen. Wird beispielsweise festgestellt, dass der Aufwand für die verschiedenen Kampagnen viel zu hoch ist (Bild 43, S. 273), dann erreicht man eine Verbesserung dieses Zustandes nicht damit, dass man allen Mitarbeitern sagt „Bitte seid doch effizienter!" Sinnvoller ist eine Zielvereinbarung: Für jeden Flyer, für jede Messe etc. dürfen nur noch X Manntage verwendet werden. Ideal ist auch die Ausgestaltung einer solchen Zielgröße als Teamziel, denn dann ist eine ganze Abteilung bzw. ein ganzes Team für die Erreichung eines Standards verantwortlich. Damit niemand auf die Idee kommt, die Messgrößen so zu drehen, dass immer ein positives Ergebnis herauskommt, kann man die Messgröße flankierend durch eine entsprechende Vertragsgestaltung mit den Agenturen kombinieren. Setzt man vertraglich fest, dass nur noch je eine Korrekturschleife nach dem Briefing und nach der Präsentation der Kreativideen erlaubt ist (bei entsprechender Reduzierung des Gesamtpreises), jede weitere wird in Rechnung gestellt, dann hat man einen unabhängigen Dritten, der gleichzeitig hilft, die Qualität des ganzen Prozesses zu messen. Außerdem vermindert jede in Rechnung gestellte Schleife den variablen Gehaltsbestandteil der jeweilen Kampagnenverantwortlichen. Dieser Kniff sichert Objektivität, Transparenz und Neutralität, verbunden mit einer gleichzeitigen Entlastung der internen Controller.

Mit einer konkreten Zielsetzung, gekoppelt an einen erheblichen Teil des variablen Gehaltsbestandteils, bewegt sich deutlich mehr als nur mit der Ankündigung, man werde das Thema anpacken. Konsequenterweise müssen auch entsprechende Vereinbarungen bei den Führungskräften verankert werden. In gleicher Weise können alle weiteren Messgrößen, die im Teil II dieses Buches genauer beschrieben wurden, mit Zielen versehen werden und zu einer Leitlinie für die Gehaltspolitik im Marketingbereich werden. Damit sind die wesentlichen Voraussetzungen geschaffen und die richtigen Weichen gestellt, um in der gesamten Mannschaft nicht nur den richtigen „Sense of Urgency" zu verankern, sondern auch aus Sicht der Geschäftsleitung zu verdeutlichen, dass man „es ernst meine". Tabelle 29 zeigt die Anforderungen für die vier Reifegrade. Im Umkehrschluss folgt natürlich auch, dass sich fehlendes oder halbherziges Engagement jedes Mitarbeiters und jeder Führungskraft nicht aus-

Tabelle 29 Bezugsgrößen und Ziele für die Gestaltung variabler Gehaltsbestandteile

Level	Inhaltliche Optimierung	Prozessoptimierung
Basic	Ziele für den schnellen Aufbau einer Informationsbasis (Bezugsgrößen: konkrete Termine, Meilensteine, Inhalte, Marktforschungsprojekte etc.)	Ziele für die schnelle Einführung des Prozessmanagements (Bezugsgrößen: konkrete Termine, Meilensteine etc.)
Managed	Ziele für die Verbesserung der Ergebnisse (iGAP, pGAP, cGAP) Messung der GAPs durch unabhängige Dritte	Ziele für die stabile Durchführung des Prozessmanagements (kontinuierliche Messung der Prozesse, kontinuierliche Suche nach Verbesserungsmöglichkeiten, kontinuierliche Erfolgsnachweise für Verbesserungsprojekte)
Advanced	Verankerung des inhaltlichen Fortschritts und der Verbesserung der Ergebnisse der verschiedenen Teilprozesse in den Zielvereinbarungen auf Basis von Feedback der internen Kunden	Ziele für die Verbesserung von Prozessen (Bezugsgrößen: Kostensenkung, Erhöhung der Termintreue und Qualität, Verkürzung der Cycle Time)
Exzellence	Verankerung aller Ziele und Messgrößen in variablen Gehaltsbestandteilen	Konkrete Steigerung der Effizienz, Senkung der Durchlaufzeiten, Erhöhung der Qualität und der Termintreue als jährliche Zielsetzungen, gekoppelt an variable Gehaltsbestandteile

zahlt, dass man die Geschäftsprozessoptimierung eben nicht in der Schublade ablegen kann: „mal wieder eine neue Kuh, die das Management durch das Dorf treibt". Mit dem eben genannten „Sense of Urgency" werden eventuell Angebote, das eigene Know-how zu optimieren, besser wahrgenommen und umgesetzt. Man kann an dieser Stelle allerdings nicht nachhaltig genug betonen, dass bei aller Begeisterung für variable Gehaltsbestandteile, Mitarbeitergespräche und Zielgrößen die Motivation nicht zu kurz kommen darf. Es macht keinen Sinn, vor allem zu Beginn des Veränderungsprozesses, wenn man mit Gehaltseinbußen droht, anstatt die ganze Thematik langsam anzugehen und schrittweise die gesamte Organisation an die neuen Vorgaben zu gewöhnen.

10.1.3 Zwischen Wunsch und Wirklichkeit: Der ideale Mitarbeiter

Als vorausschauende Führungskraft wird man in jedem Mitarbeitergespräch neben den Zielvereinbarungen auch den Weg besprechen, der den Mitarbeiter an das gewünschte Ziel bringt. Im Regelfall wird dabei die eine oder andere Qualifikationslücke festgestellt, die den Gesprächspartner davon abhält, sich zu neuen Höchstleistungen emporzuschwingen. Um die Gespräche strukturierter zu gestalten, haben Konzerne und große Unternehmen Anforderungsprofile für die jeweiligen Stelleninhaber definiert. Je kleiner die Firmen jedoch sind, desto spärlicher werden solche Jobbeschreibungen. Gleichzeitig kommen aber gerade durch das Geschäftsprozessmanagement im Marketing viele neue Aufgaben auf einen Mitarbeiter hinzu, die sich in den klassischen Stellenbeschreibungen nicht finden. Leider sieht die Realität der Stellenbesetzung in vielen Unternehmen meist ganz anders aus, denn Marketingabteilungen werden oft als Durchgangsstationen für verschiedene Karrierepfade genutzt und weniger gezielt mit den idealen Marketingmitarbeitern besetzt. Interessanterweise würde in den Konstruktions- und Entwicklungsabteilungen niemand auf die Idee kommen, einen vollkommen fachfremden Kandidaten an einen CAD-Arbeitsplatz zu setzen. Selbstverständlich wäre die Antwort auf ein solch abwegiges Ansinnen: Dazu braucht man doch ein spezielles Know-how, das kann doch nicht jeder machen. Ist das etwa in den Marketingabteilungen nicht so?

In Tabelle 30 sind in Abhängigkeit von der Professionalitätsstufe die Idealqualifikationen der Mitarbeiter aufgelistet. Auf den ersten Blick mag das relativ anspruchsvoll scheinen, aber ohne das entsprechende Know-how, welches für die nächsthöheren Stufen nötig ist, wird man nie auf diesen ankommen. Selbst wenn die Investition in das notwendige und richtige Wissen der Mitarbeiter mit entsprechenden Kosten verbunden ist, so ist doch die Wahrscheinlichkeit höher, dass dadurch die Effi-

Tabelle 30   Anforderungen an die Qualifikation der Mitarbeiter

Level	Qualifikationen (Ideal)
Basic	- Marketing: Basis-Know-how (Ausbildung, Studium, einschlägige Berufserfahrung etc.) - Nachgewiesenes, anwendungsorientiertes Basis-Know-how in Kundenpsychologie, Grundkenntnisse der Erhebung aller notwendigen Informationen zur Markenführung, zum Programmmanagement und zur Kampagnenrealisierung, Grundkenntnisse in der Marktforschung; Fähigkeit zur Bewertung und Interpretation von Ergebnissen aus der Marktforschung, Marktsegmentierung und Segmentierungsverfahren - Grundlagen in der Markenführung bei Konsumgüter- und Investitionsgüterherstellern - Kenntnisse der Besonderheiten internationaler Kulturen, um global ausgerichtete Marken richtig zu steuern und umzusetzen - Kenntnisse der Wirkung von Texten, Bildern, Tönen etc. auf Zielgruppen, Grundkenntnisse der Typografie, der Visualisierung von Texten - Reflexionsfähigkeit, Veränderungsbereitschaft, Bereitschaft zur (eigenständigen) Weiterbildung, Kommunikationsfähigkeit
Managed	- Kenntnisse über weitergehende psychologische Theorien und Anwendungen wie Identität und Persönlichkeit, Motivation, Selbstbilder etc. und deren Anwendung in Kampagnen, Markenführung, Programmmanagement - Kenntnisse verschiedener Vorgehensweisen in der Markenführung und in operativen Kampagnen, im Audio-Branding, in der Namensgebung etc. Erfahrung in der Marktforschung, qualitative und quantitative Methoden, Fragebogenerstellung und -auswertung, statistische Methoden und Tools - Grundkenntnisse in Prozessmanagement, Change-Management und in der methodischen Optimierung von Prozessen (z. B. KAIZEN, Six-Sigma etc.)
Advanced	- Partnerschaftsmodelle, Kooperationsmodelle und deren Umsetzung, Grundlagen vertraglicher Vereinbarungen, Erfahrungen in Assessments und der Ableitung von Maßnahmen daraus - Vertiefte Kenntnisse in den Methoden der Prozessoptimierung, nachgewiesene Qualifikation beispielsweise als Six-Sigma Green-Belt
Excellent	- Benchmarking-Know-how (Durchführung von Projekten, Auswahl von Partnern, Auswertung und Umsetzung von Ergebnissen etc.) - Vertiefte Kenntnisse in den Methoden der Prozessoptimierung, nachgewiesene Qualifikation beispielsweise als Six-Sigma Black-Belt

zienz aller Prozesse nachhaltig gesteigert werden kann. Denn nur wenn man weiß, was möglich und was sinnvoll ist, kann man sich als Organisation zielgerichtet sowohl inhaltlich als auch prozessorientiert weiterentwickeln.

Es wäre schön, wenn die Bereitstellung des richtigen Know-how automatisch bei jedem Mitarbeiter und Vorgesetzten eine Begeisterung für den Veränderungsprozess in Gang setzen würde. Leider ist dies oft in der

Praxis nicht so, denn hat man ein Seminar mit seiner ganz spezifischen Atmosphäre verlassen und befindet sich wieder im Tagesgeschäft, so wandert der Ordner mit den Seminarunterlagen relativ schnell in den Schrank und verstaubt dort bis zum nächsten Ausmisten. Das kann selbstverständlich an der Art und Weise des Seminars liegen, denn viele Trainer versuchen immer noch, sehr viel in einem Tag unterzubringen, ohne darüber nachzudenken, welches Wissen sinnvoll ist und welches nicht. In diesem Fall ist eindeutig einem Seminarkonzept der Vorzug zu geben, dass den Schwerpunkt auf die Umsetzung legt und zu 100 Prozent in das Tagesgeschäft eingebracht werden kann.

Wie kann so etwas funktionieren? Man konzentriert sich auf ein ganz bestimmtes Thema, beispielsweise das Einholen von Kunden-Feedback zur letzten Kampagne. Dazu trainiert man alle Mitarbeiter kurz und knapp in Fragetechniken und vermittelt ihnen Grundkenntnisse in der Informationsverarbeitung. Anschließend bekommen alle Teilnehmer die Aufgabe, in der darauffolgenden Woche 20 Kunden anzurufen und genau diese Informationen selbst zu erheben. Die wirklich interessanten Fragen kommen im Regelfall, wenn man ein solches Telefonat vorbereitet und sich eine Interviewleitlinie überlegen muss, denn die meisten Mitarbeiter in Marketingabteilungen sprechen nur selten mit den Mitgliedern der Zielgruppe über genau diese Themen. Die Erfahrungen werden in einer anschließenden Coaching-Sitzung detailliert mit jedem Mitarbeiter besprochen. Solche Erfahrungen (strukturierte Vorgehensweise – Anwendung – Reflexion –Verbesserung durch Coaching) nützen jedem Trainingsteilnehmer viel mehr als die dreifache Menge Theorietraining. So kann man sich Schritt für Schritt in kleinen Trainingseinheiten an das Wissensoptimum herantasten.

> **Zusammenfassung: Start jeder Veränderung ist die Identifikation der Know-how-Lücke.**
>
> Dazu gleicht man zuerst das notwendige Know-how zur Erreichung einer bestimmten Reifegradstufe mit dem aktuellen Ist-Stand ab. Erst dann sollte über die weitere inhaltliche Entwicklung bzw. über die Definition und Strukturierung der Prozesse nachgedacht werden. Beginnt man einen Veränderungsprozess ohne das Schließen der Know-how-Lücke, so läuft man Gefahr, die Mitarbeiter von Anfang an zu überfordern und alle guten Ideen nur halbherzig oder gar nicht zu realisieren.

Mit derartigen Überlegungen ist ein weiterer, sinnvoller Schritt zum Anstoß eines Veränderungsprozesses getan. Es wurde identifiziert, welche Mitarbeiter in welchem Maße von einem bestimmten fachlichen Startprofil entfernt sind. Man identifiziert diejenigen, die in der Lage sind,

Veränderungsprozesse anzutreiben und andere, die eher auf der Bremse stehen werden. Aber in allen Marketingprozessen sind auch intensiv externe Partner verankert, die erhebliche Teile der Wertschöpfung übernehmen, sei es in Form von Marktforschungsprojekten, in der Organisation von Events, im Aufbau von Messen und selbstverständlich auch im Design von Printmedien, von Webseiten, Newslettern etc. Es liegt auf der Hand, dass die Auswahl einer schlechten, unprofessionellen Werbeagentur die schönste Produktkampagne zunichte machen kann oder ein Marktforschungsinstitut, wenn es die falschen Marktforschungsergebnisse bringt, die falschen Entscheidungen anstößt. Daher ist es von besonderer Bedeutung, die Auswahl und Optimierung aller Wertschöpfungspartner zu institutionalisieren und zur Managementaufgabe zu machen. Dazu mehr auf den folgenden Seiten.

10.2 Wertschöpfungspartner: Drum prüfe, wer sich ewig bindet …

Die unterschiedlichen Wertschöpfungspartner, in erster Linie verschiedene Agenturen und Marktforschungsinstitute, spielen eine bedeutende Rolle bei der konkreten Umsetzung von Ideen, denn kaum ein Unternehmen beschäftigt noch selbst Grafiker, Texter, Marktforscher etc. Daher ist es ganz besonders wichtig, dass die Schnittstellen und damit die Übergänge der Wertschöpfung so exakt definiert sind und dass alle Partner ohne große Schleifen problemlos mit diesem Input arbeiten können. Durch die exakte Definition aller Inputs und Outputs wurden die wichtigsten inhaltlichen Grundsteine gelegt, aber ein Prozess, der die eigentliche Suche nach den richtigen Partnern beinhaltet, steht noch aus. Ein solcher Supportprozess liefert als wichtigstes Ergebnis eine Liste an präferierten Partnern (PPL) an alle Marketer, gewissermaßen als interner Dienstleister.

Grundkonzepte für die Zulassung, Betreuung und Entwicklung von Partnern finden sich in vielen anderen Industriebereichen, vor allem in der Automobilindustrie. Gerade hier wurde in den letzten Jahrzehnten sehr viel Zeit und Intelligenz in die Suche und Bewertung der richtigen Partner gesteckt, vor allem im Bereich der Entwicklung. Die Auswahl des falschen Systemlieferanten kann katastrophale Auswirkungen haben, beispielsweise wenn er die Termine im Entwicklungsprozess nicht einhält und im Anlauf der Serienproduktion seine eigene Qualität nicht im Griff hat. Daher ist es von ganz besonderer Bedeutung, dass man sich bereits vor der ersten Zusammenarbeit Klarheit darüber verschafft, was

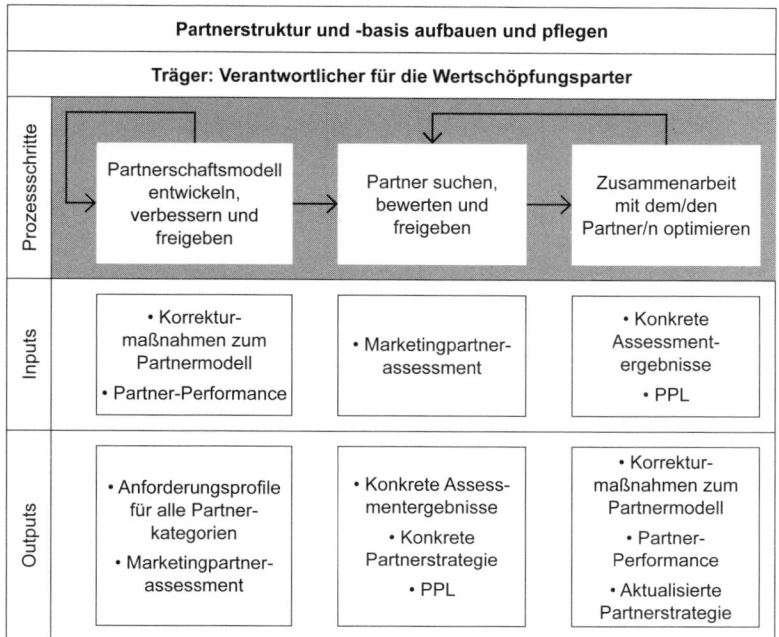

	Partnerstruktur und -basis aufbauen und pflegen		
	Träger: Verantwortlicher für die Wertschöpfungsparter		
Prozessschritte	Partnerschaftsmodell entwickeln, verbessern und freigeben	Partner suchen, bewerten und freigeben	Zusammenarbeit mit dem/den Partner/n optimieren
Inputs	• Korrektur-maßnahmen zum Partnermodell • Partner-Performance	• Marketingpartner-assessment	• Konkrete Assessment-ergebnisse • PPL
Outputs	• Anforderungsprofile für alle Partner-kategorien • Marketingpartner-assessment	• Konkrete Assess-mentergebnisse • Konkrete Partnerstrategie • PPL	• Korrektur-maßnahmen zum Partnermodell • Partner-Performance • Aktualisierte Partnerstrategie

Bild 48 Partnermanagement

der Partner zu leisten im Stande ist. Basierend auf dieser Einsicht haben viele Firmen intelligente Konzepte entwickelt, um Partnerschaften in der Konstruktion und Entwicklung von Anfang an richtig zu gestalten. Die Struktur des Prozesses mit den wichtigen Inputs und Outputs ist in Bild 48 dargestellt. Nachdem die wichtigste Komponente im ganzen Prozess das Partnerschaftsmodell ist, soll mit diesem begonnen werden.

10.2.1 Das Kooperationsmodell: Leitlinien für eine erfolgreiche Zusammenarbeit mit Wertschöpfungspartnern in der Werbung

Was ist unter einem Kooperationsmodell zu verstehen? Wie die Überschrift schon andeutet, sind es Leitlinien für eine erfolgreiche Zusammenarbeit mit allen Marketingpartnern. In einfacher und pragmatischer Form regelt es nicht nur die vier verschiedenen Phasen einer Zusammenarbeit (Finden, Integrieren, Optimieren, Beenden), sondern auch die inhaltlichen Anforderungen an die verschiedenen Kategorien von Partnern. Die verschiedenen Komponenten des Partnerschaftsmodells sind in Bild 49 dargestellt und sollen im Folgenden genauer vorgestellt werden.

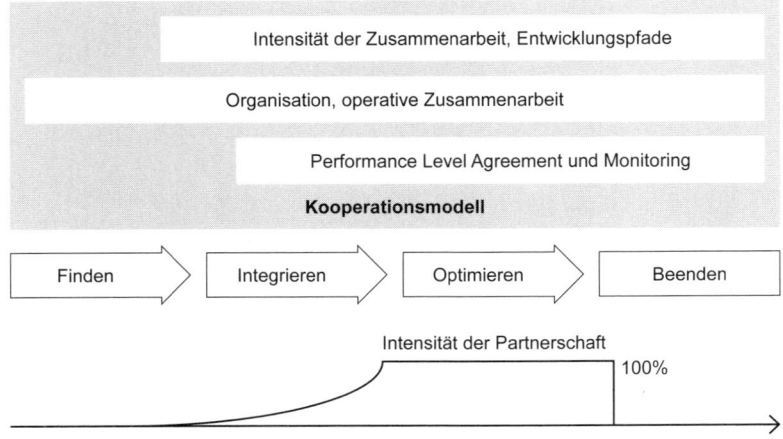

Bild 49   Sukzessive Entwicklung von Partnerschaften, die Inhalte des
Partnerschaftsmodells

Eine zentrale Komponente des gesamten Partnerschaftsmodells ist die
Festlegung der *Intensität einer Kooperation:* einmalig, fallweise, intensiv,
dauerhaft. Die Auswirkungen auf die Effizienz der Prozesse liegen auf der
Hand: Wechselt man relativ oft die Partner, so muss man sich auf jeden
neuen Mitspieler immer wieder einstellen, er bringt neue Ideen ein, die
nicht unbedingt passen müssen und außerdem ist der Aufwand bei der
Abstimmung von Ergebnissen in der Regel am Anfang deutlich höher.
Der Vorteil einer dauerhaften, intensiven Zusammenarbeit liegt dagegen
darin, dass man Vieles nicht mehr klären muss, denn man kennt sich,
das Vertrauen ist im Regelfall höher, man ist ein eingespieltes Team. Daher sollte man sich vor Beginn einer Kooperation folgende Fragen stellen:

• Was erwarten wir von der Kooperation? Welche neuen Impulse,
  neuen Ideen, neuen Akzente etc. könnten vom potenziellen
  Partner kommen?

• Welchen Nutzen zieht unser Unternehmen aus der Kooperation?
  Welche Akzente hat der Partner in der Markenführung, der
  operativen Kommunikation, der Marktforschung etc. in der
  Vergangenheit gesetzt? Führen diese zu einer (gewollten) Änderung der eigenen Kommunikationsstrategie oder laufen diese
  konform?

• Hat der Partner ein Know-how, das andere nicht haben? Welche
  Erfahrungen bringt der Partner mit, die die vorhandenen im eigenen Unternehmen ideal ergänzen?

- Können wir dem Partner vertrauen? Welches Verhältnis gegenüber Kunden hat er bis jetzt an den Tag gelegt? Sind die Erfolge, die er bei anderen Kunden hatte, auf unser Unternehmen übertragbar? Wie loyal wird sich der Partner eventuell verhalten? Wie loyal hat er sich gegenüber Kunden in der Vergangenheit verhalten?

- Weichen Vorstellungen über wichtige und zentrale Punkte in der Marketingkommunikation, in der Markenführung, in der Marktforschung etc. stark von unseren ab oder sind sie eher deckungsgleich?

- Ist es vorstellbar, den Partner wirklich intensiv in eigene Unternehmensprozesse zu integrieren? Ist es vorstellbar, dass für beide Partner ein gemeinsamer Entwicklungspfad besteht? Wird der zukünftige Partner als entwicklungsfähig erachtet? Oder ist die Kooperation eher einmaliger Natur?

Die Beantwortung dieser Fragen und die daraus resultierende Bewertung sind der Kern des Kooperationsmodells. Hat man beispielsweise das Gefühl, man könnte dem Partner vertrauen, so wird man ihn vielleicht intensiver in die eigenen Prozesse einbinden, früher um Rat fragen etc. Das würde auf keinen Fall passieren, wenn kein Vertrauensverhältnis besteht. Genauso wie bei einer Beziehung zwischen zwei Menschen müssen sich auch Unternehmen an irgendeinem Punkt eines gemeinsamen Weges die oben genannten Fragen stellen. Auch wenn es am Ende doch nicht die „große Liebe" geworden ist: Je früher man diese Themen für die eigene Marketingorganisation abhakt, desto klarer wird dem ganzen Unternehmen, wie in der Zukunft mit dem Partner verfahren werden soll. Die große Gefahr einer ruhigen, langfristigen Zusammenarbeit besteht allerdings auch darin, dass man sich so gut versteht, dass kein Fortschritt mehr stattfindet und die Leistungsfähigkeit beider Seiten abfällt. Daher muss der Erfolg einer Partnerschaft kontrolliert und überwacht und darauf geachtet werden, dass mit der Intensität der Zusammenarbeit der beiderseitige Nutzen wächst. Im Gegenzug wird so viel Engagement mit einer längerfristigen gegenseitigen Bindung belohnt.

Die nächste Komponente des Kooperationsmodells ist die *Regelung der operativen Zusammenarbeit*. Unter diesem Punkt sind alle Spielregeln zu verstehen, die eine Kooperation für beide Seiten optimal gestalten. Eine übliche, projektorientierte Zusammenarbeit braucht relativ wenig organisatorischen Rahmen. Man trifft sich einfach zu den vereinbarten Projektterminen. Denkt man dagegen über eine Intensivierung der Beziehungen nach (Level Managed bzw. Advanced), so sind regelmäßige Treffen zusätzlich zu den operativen Arbeitsterminen notwendig. Sinn ist die Verbesserung der Zusammenarbeit und die Festlegung konkreter Maßnahmen zur Umgesetzung. Selbstverständlich muss die beauftragende Organisation auch die entsprechenden Ressourcen einplanen und reservieren. Ideal ist die Bestimmung einer einzigen Person, die in der gesamten Organisation für alle Aspekte der Kooperation mit Partnern verantwortlich ist (Level Advanced). Hier sind folgende Fragen zu beantworten:

- Wer ist Ansprechpartner für alle Partner bei Fragen nach Verträgen, Leistungsbewertung, Zahlungsmodalitäten etc.?
- Wer regelt die Vorgehensweise bei Unstimmigkeiten zwischen Partner und Unternehmen? Welche Eskalationsstufen gibt es? Unter welchen Rahmenbedingungen werden Kooperationen beendet?
- Wie ist die Verteilung der Aufgaben und Befugnisse geregelt zwischen den operativen Ansprechpartnern, zum Beispiel Kampagnenverantwortlichen, und den zentralen Institutionen?
- Wie ist die Vergabe von Aufträgen an die Partner geregelt? Wer verhandelt und unterzeichnet Rahmenverträge mit Kooperationspartnern, wer gibt den Anstoß für einen Auftrag oder ein Briefing?
- Wie und nach welchen zentralen Vorgaben werden die Ergebnisse und die Zusammenarbeit mit Partnern beurteilt?
- Wann und in welchen Abständen berichtet der Verantwortliche für das Partnerschaftsmanagement an das Marketingboard? Idealerweise ist er Mitglied im Marketingboard.

Zu guter Letzt ist zu klären, wie die Festlegungen der Performance Level Aggreements und des Monitoring aussehen müssen. Was ist darunter zu verstehen? Man könnte sich der Meinung von Lenin anschließen, der sagte, das Vertrauen gut, Kontrolle aber besser sei. Je nachdem, welchen Professionalitätsgrad eine Organisation erreicht hat, können auch andere Anforderungen an Partner gestellt werden. Während im einfachsten Fall, beispielsweise bei einer fallweisen Zusammenarbeit, die Überwachung der Termintreue und des inhaltlichen Fortschrittes vollkommen ausreichen, so ist bei einer intensiven, langfristigen Partnerschaft zu überlegen, ob der Partner nicht an der Erreichung von Kommunikationszielen (iGAP, pGAP, cGAP) im Sinne eines Risk and Revenue Sharing beteiligt wird. Dies wäre eine ganz logische Schlussfolgerung, denn wenn beispielsweise eine Agentur behauptet, sie hätte den Stein der Weisen im Rahmen der Markenführung entdeckt, dann sollte sie den Erfolgsbeweis nicht schuldig bleiben. Tabelle 31 zeigt die Inhalte des Partnerschaftsmodells für die verschiedenen Reifegrade.

Tabelle 31 Inhalte und Ausprägungen des Partnerschaftsmodells

Level	Art der Zusammenarbeit mit den Partnern	Anforderungen an die Partner	Überwachung und Optimierung der Partnerschaft
Basic	Lose Zusammenarbeit mit Marketingpartnern, geregelt durch auftragsspezifische Verträge	Erfahrung in der jeweiligen Branche, Referenzprojekte, Kontakte zu Referenzkunden, funktionierendes Projektmanagement	Einhalten von Terminzusagen und des inhaltlichen Fortschritts, festgelegt im Projektplan zu Beginn des Projektes
Managed	Längerfristig orientierte Zusammenarbeit mit Marketingpartnern, Rahmenvereinbarungen, Integration in langfristige Planungsprozesse	Lieferung von sinnvollen Ideen für die Optimierung der Informationsbasis, der operativen Werbung und der Programme	Erfolg von Kommunikationsmaßnahmen (Awareness, TOM, Recall, Klicks etc.); klare Vereinbarungen über Menge, Art und Weise von Korrekturen
Advanced	Intensive Verflechtung mit Marketingpartnern, Verträge plus gemeinsame Geschäftsmodelle, aktive Einbindung in die strategische Planung der Kommunikationsaktivitäten	Aktives Engagement in langfristigen, strategischen Themen, wie Markenführung, Zulassung der Partner durch Assessments, eigene Methodenbasis	Risk and Revenue Sharing (Beteiligung am Risiko und am Erfolg von Werbemaßnahmen), erfolgsabhängige Honorare, Koppelung mit Zielen wie iGAP, pGAP, cGAP
Exzellent	Wenige Partner, intensive Partnerschaften; gemeinsame Planung, Durchführung und Kontrolle aller Aktivitäten in der Marketingkommunikation	Nachweis selbstentwickelter und validierter Methoden und deren Weiterentwicklung, geplante Entwicklungspfade	Permanente Kontrolle und Optimierung der Prozesseffizienz auf Basis von konkreten Zahlen, Daten und Fakten (First Pass Yield, Termintreue, Kosten, Cycle Time)

10.2.2 Zulassung und Suche von Marketingpartnern – der erste Schritt in eine (professionelle) Beziehung

Nachdem die wichtigsten Fragen der Messung der Leistungsfähigkeit beantwortet wurden und sich die Organisation darüber im Klaren ist, welcher Partner wie langfristig in die eigenen Prozesse integriert wird, kann man sich einige Gedanken über die Zulassung machen. Sie wird häufig recht unprofessionell durchgeführt, indem beispielsweise mehrere Agenturen zu einem Pitch eingeladen werden, die Vorschläge der Reihe nach diskutiert werden und dann eine Firma allein aufgrund einer netten Idee ausgewählt wird. Etwas professioneller sieht der ganze Vorgang aus, wenn zusätzliche Informationen wie beispielsweise Referenzkunden,

Tabelle 32 Reifegradstufen Wertschöpfungspartner-Assessments

Level	Assessment (konkrete Assement-ergebnisse, konkrete Partnerstrategie)	PPL
Basic	Assessment-Fragebogen: Überprüfung der Befähigung der Marketingpartner, Referenzkunden, Referenzprojekte, Erfahrungen in der Branche	Präferierte Agenturen/ Agenturliste auf Basis der Erfahrungen
Managed	Assessment-Fragebogen, zusätzliche Fragen: Profile der Marketingpartner bzgl. Know-how, Qualifikation, Organisation, nachgewiesener Erfolge	Zugelassene Agenturen mit Profilen der Marketingpartner, konkrete Leistungsnachweise
Advanced	Assessment vor Ort, erweiterte Profile der Marketingpartner mit objektivem Nachweis der Leistungsfähigkeit: Erfahrung in langfristiger, strategischer Kommunikation, Programmmanagement und Markenführung, Liste der Korrekturmaßnahmen	(Bestätigte) Partneragenturen mit erweiterten Profilen, konkreter Beitrag zu Zielen wie iGAP, pGAP, cGAP
Exzellent	Nachweis der Optimierung der Leistungsfähigkeit der gemeinsamen Zusammenarbeit, Nachweis der Wirksamkeit selbstentwickelter Methoden, Weiterentwicklungspfad der Partnerorganisation.	Bestätigte Partner mit strategischem Potenzial, es existiert ein Partnerpool mit zugelassenen Partnern für regelmäßige Aufgaben, Spezialaufträge etc.

Know-how der Mitarbeiter, Professionalität der Organisation, Vorgehensweise etc. abgefragt werden. Von Perfektion kann man dann sprechen, wenn das Ganze in Form eines Assessments abläuft, strukturiert und eventuell mit einem Besuch vor Ort bei den Marketingpartnern direkt. Gerade die Automobilindustrie steckt bei Systemlieferanten sehr viel Aufwand und Energie in deren Auswahl. Welche Bestandteile in einem solchen Assessment abgefragt werden können, ist in Tabelle 32 dargestellt.

Je nachdem, wie das Assessment durchgeführt wird, ergibt sich eine Bewertung des Partners hinsichtlich seiner Eignung für die zukünftige Zusammenarbeit (konkrete Partnerstrategie) in Form der konkreten Assessmentergebnisse. Eine professionelle Durchführung (Level Advanced) erzeugt automatisch auch eine Liste von Schwachstellen, die zu Korrekturmaßnahmen führt. Auch diese Vorgehensweise ist in der Automobilindustrie ein nicht hinterfragter Standard. Das Ergebnis aller Bemühungen ist eine Liste der präferierten Partner (PPL), die allen Verantwortlichen zur Verfügung gestellt wird.

10.2.3 Die Optimierung der Zusammenarbeit mit Marketingpartnern

Selbst wenn die Vorbereitung noch so optimal war, so können sich immer wieder Überraschungen im Tagesgeschäft ergeben. Daher ist es von großer Bedeutung, dass alle Projekte nicht nur hinsichtlich der eigenen Leistungsfähigkeit beurteilt und gemessen werden, sondern auch aus Sicht der Partner-Performance. Je nachdem, welches Level der Professionalität eine Organisation erreicht hat, werden die entsprechenden Messgrößen in einem Soll-Ist-Vergleich verfolgt. Beispielsweise sollten bei intensiven Partnerschaften, wenn beispielsweise ein kompletter Etat an eine Agentur vergeben wurde, nicht nur Kennzahlen wie Awareness, Recall, Top of Mind etc. erhoben werden. Es sollte auch kritisch verfolgt werden, wie effizient die Zusammenarbeit funktioniert. Solche Überlegungen fließen dann wieder in die Partner-Performance ein. Eventuell sind dann auch Korrekturen in der Partnerstrategie notwendig, basierend auf dem Vergleich der geplanten Entwicklungspfade mit der aktuellen Partner-Performance. Entscheidungen müssen getroffen werden, ob die Zusammenarbeit ausgeweitet, der Partner intensiver integriert oder die Operation beendet wird, alles auf Basis konkreter Zahlen, Daten und Fakten.

Eventuell sind auch Korrekturmaßnahmen zum Partnermodell vorzunehmen, wobei die schwierigste Aufgabe die regelmäßige Reflektion des gesamten Modells ist. Dies sollte zumindest ein Mal pro Jahr erfolgen, denn Papier ist geduldig und in der Realität sieht manches ganz anders aus als es geplant wurde. Daher steht bei diesem Punkt die Frage im Vordergrund, ob man wirklich die richtige Vorgehensweise hat oder ob man mit seinem Partnerschaftsmodell in die vollkommen falsche Richtung läuft.

Mit den genannten Maßnahmen zur Integration aller Mitarbeiter und Partner hat man bereits sehr viele mögliche Stolpersteine vermieden. Der letzte Schlüssel zum Glück, ein vernünftiger Projektplan in Verbindung mit der Feststellung des Fortschrittes, wird im letzten Kapitel genauer betrachtet.

11 Das Beste kommt immer zum Schluss: Self-Assessments und der optimale Projektplan zur erfolgreichen Umsetzung

Es gibt viel zu tun, aber in welcher zeitlichen und sachlogischen Reihenfolge geht man es an? Diese Frage steht im Mittelpunkt des letzten Kapitels. Im Endspurt soll eine erprobte Vorgehensweise zur Umsetzung des Geschäftsprozessmanagements in Unternehmen vorgestellt werden. Führungskräfte sind oft sehr ungeduldig und können es nicht abwarten, möglichst schnell zu starten, doch vor der Vorstellung des Projektplans sollen einige Stolpersteine auf dem Weg zur erfolgreichen Umsetzung kurz angerissen werden, denn sie bestimmen letztlich die Reihenfolge der Umsetzung.

11.1 Schon morgen loslegen? Stolpersteine und Erfolgsfaktoren im Umsetzungsprozess

Jeder Verantwortliche sollte im Voraus ein Bewusstsein dafür entwickelt haben, was alles und warum schief gehen könnte. Die Ursachen können in sozial-dynamischen Prozessen liegen, in ungeschriebenen Gesetzen der Unternehmenskultur oder festgefahrenen Einstellungen begründet sein oder sie sind schlicht und einfach die Folge hausgemachter Probleme durch fehlende Erfahrung aller Beteiligten. In vielen Projekten haben sich die folgenden Stolpersteine als durchaus gefährliche Risiken für ein Scheitern von Veränderungsprozessen erwiesen:

1. Engagement, Rolle und Aufgaben der Vorgesetzten

   - Die Treppe kehrt man immer von oben nach unten. Gerade zu Beginn eines Veränderungsprojektes ist es von erheblicher Bedeutung, dass alle Vorgesetzten das vorleben, was sie von ihren Mitarbeitern später noch fordern werden. Dies betrifft sowohl transparente, prozessorientierte wie inhaltliche Ziele, erfolgsabhängige Gehaltsbestandteile, Einsetzen und Vorleben neuer Methoden etc.

- Fehlende kritische Masse der Befürworter. Das hat mehrere Ursachen und wird dann gefährlich, wenn zu viel Zeit bis zum ersten Erfolgsnachweis vergeht. Es ist besser, Bremser mit kleinen Erfolgen, die relativ schnell erbracht werden können, zu überzeugen, als auf den ganz großen Wurf zu warten. Daher gilt: Eine pragmatische 80-Prozent-Lösung ist immer einer perfekten 100-Prozent-Lösung vorzuziehen. Man liefert jedem Gegner des Veränderungsprozesses hervorragende Argumente, je länger die Definitionsphase dauert und je später die eigentliche Optimierungsphase beginnt.

- Es wird zu viel auf einmal angepackt. Um dies zu vermeiden, sollte ein Projektplan entwickelt werden, der einer Organisation nicht zu hohe Sprünge in Sachen Effizienz und inhaltlicher Weiterentwicklung zumutet.

- Marketing-(prozess-)orientierte Zielsysteme werden zu schnell eingeführt. Jedem Mitglied einer Organisation sollte die Möglichkeit eröffnet werden, sich langsam an eine neue Rolle und das neue Zielsystem zu gewöhnen. Ein zu schneller Sprung auf inhaltliche und prozessorientierte Ziele, die auch an variable Gehaltsbestandteile gekoppelt werden, sorgt nur dafür, dass die Guten die Abteilung verlassen und die Motivation sich nahe dem Nullpunkt bewegt.

- Rein in die Kartoffeln, raus aus den Kartoffeln. Der Tod eines jeden Veränderungsprozesses tritt dann ein, wenn keine Regelmäßigkeit, Nachhaltigkeit und Kontinuität in der Anwendung der Methoden, Vorgehensweisen und Grundgedanken vorliegen. Gerade für die Führungskräfte liegen sehr große Herausforderungen und natürlich auch erhebliche Belastungen in der Startphase eines Veränderungsprozesses, wenn immer wieder Verbesserungsvorschläge und deren Umsetzung eingefordert werden. Ziel sollte auf jeden Fall sein, dass Prozessverbesserung nicht eine extra Aufgabe ist, sondern integraler Bestandteil einer Unternehmenskultur und damit auch der Führungskultur eines Unternehmens.

- Angst vor Veränderungen (Beharrungsvermögen, Teil 1): Je nach konkreter Ausprägung der Unternehmenskultur sind mit Veränderungen grundsätzlich Ängste verbunden. Wie sieht mein Job nach dem Projekt aus? Habe ich noch denselben Einfluss wie vorher? Verliere ich Macht? Gewinne ich Macht hinzu? Man kann sich noch viele weitere Fragen vorstellen.

Wesentliche Aufgabe der Führungskräfte ist es nun, dafür zu sorgen, dass Ängste, beispielsweise bedingt durch den „Flurfunk", gar nicht erst entstehen.

- Veränderungen sind unverbindlich (Beharrungsvermögen, Teil 2): Wenn zu Beginn eines Veränderungsprojektes nicht unmissverständlich von den Führungskräften klargemacht wird, dass jeder, der nicht mitmacht, langfristig keinen Platz in der Organisation mehr hat, dann bewegt sich ein Veränderungsprojekt auf dem unverbindlichen Niveau einer zusätzlichen, unangenehmen Belastung, die man durchaus aussitzen kann.

- Frei nach dem Grundsatz des Kaizen: Fehler/Probleme sind nicht der Tod einer jeden Karriere, sondern Chancen, die eigenen Marketingprozesse zu verbessern.

- Wer immer nach Schuldigen und nicht nach Ursachen sucht, der wird nie richtig gut werden, sondern immer nur frustrierte Mitarbeiter zurücklassen. Jede Führungskraft muss ganz kritisch zu Beginn des Veränderungsprozesses klarmachen, dass die Suche nach Schuldigen nicht im Vordergrund der Aktivitäten steht.

- Veränderungen machen wir nebenher. Ein interessanter Trugschluss, dem auch erfahrene Manager immer wieder anheimfallen. Es wird von allen beteiligten Personen der Aufwand unterschätzt, der notwendig ist, um ein Unternehmen von einem Entwicklungsstand A zu einem Stand B zu bringen.

- Wir haben da jemanden, der ist für Prozesse (auch in der Variante Qualität, Effizienz) verantwortlich, ist eine beliebte Ausrede von Managern und Mitarbeitern nach dem Motto: „wasch mich, aber mach mich nicht nass". Oft werden Personen, Abteilungen und auch Funktionen mit diesen Aufgaben betraut, die gerade Zeit haben, aber nicht das entsprechende Gespür oder den entsprechenden Bezug zum Marketing und zum Kommunikationsmanagement. Nur die Führungskraft, die es schafft, Prozessmanagement zum integralen Bestandteil des Tagesgeschäftes zu machen, wird damit auch Erfolg haben.

2. Methodische Probleme

- Zu komplizierte Messgrößen. Gerade unerfahrene Prozessmanager neigen dazu, die perfekte Kennzahl entwickeln zu wollen und nicht die aussagefähigste. Ein einfacher Grundsatz, um den Grad der Pragmatik zu messen, ist: Kann man die Messgröße und deren Sinn nicht in einem einzigen Satz formulieren, dann ist sie für die Praxis nicht tauglich.

- Warten auf die IT-Lösung. Eine beliebte Taktik vieler Mitarbeiter ist der Hinweis, dass nur eine gute Software eine effiziente Messung der Prozesse erlaubt. Das bietet eine hervorragende Möglichkeit, Zeit zu gewinnen und einen Veränderungsprozess auszusitzen. Meist wird dann bei Vorliegen des Tools auf dessen Untauglichkeit hingewiesen.

- Prozess-Know-how ersetzt nicht inhaltliches Know-how, es ergänzt nur. In anderen Worten: Wer von Werbung keine Ahnung hat, sollte die Finger von der Definition und Strukturierung von Werbeprozessen lassen. Der Umkehrschluss ist auch erlaubt, denn der perfekte Werbeprofi kann durchaus so chaotisch vorgehen, dass nie ein vernünftiger Prozess dabei entsteht. Daher sollten Vertreter beider Denkrichtungen in einem Veränderungsprojekt zu Wort kommen und gemeinsam eine tragfähige Lösung finden. Dies ist eine große Herausforderung für den Moderator solcher Sitzungen, aber bei entsprechender Erfahrung kann es gelingen. Wie bei jedem Veränderungsprozess ist die Akzeptanz umso höher, wenn alle Parteien sich im Endergebnis wiederfinden.

- Fehlendes Start-Self-Assessment: Jeder Veränderungsprozess wird einen holprigen Start haben, wenn man nicht feststellt, welchen Entwicklungsstatus die Organisation aktuell hat und welche ersten Schritte vernünftig sind. Die konsequente Kategorisierung in Basic, Managed, Advanced, Excellence gibt einen Anhaltspunkt dafür, was alles machbar ist. Daher sollte anhand dieser Kategorien zu Beginn eines Veränderungsprojektes immer ein Self-Assessment durchgeführt werden.

3. Einstellungen und Organisationskultur

- Die Kreativitäts-Struktur-Aversion: Kreativität kann man nicht in Strukturen oder Prozessen abbilden. Ein viel gebrauchtes Argument, um Veränderungsprozesse im Marketing in Frage zu stellen. Man muss allen Beteiligten relativ schnell klarmachen, dass nicht die Kreativität strukturiert werden soll, sondern die Ergebnisse eines kreativen Prozesses. Die Aversion liegt meist darin begründet, dass mit einer konkreten Definition von Ergebnissen die Leistungen aller Mitarbeiter transparent werden.

- Die Transparenz-Aversion: Marketing kann man nicht messen. Wenn Ergebnisse transparent dargestellt werden, sind sie vergleichbar. Viele Mitarbeiter und Führungskräfte haben eine Aversion dagegen, dass ihre Leistung auf einmal klar feststellbar ist. In Verbindung mit der Kreativitäts-Struktur-Aversion ergeben sich interessante Komplikationen in Veränderungsprojekten. Jeder kluge Kopf rechnet sich aus, was passieren könnte, wenn festgestellt wird, dass Mitarbeiter A für die gleiche kreative Leistung die Hälfte der Zeit braucht wie Mitarbeiter B. Die wesentliche Aufgabe der Führungskräfte besteht darin, diese Ängste zu beseitigen und nicht zu schnell und zu viel von der Organisation zu fordern. Gerade komplizierte Messgrößen sorgen für eine Bestätigung derjenigen, die eine Transparenz-Aversion haben.

- „Not invented here" oder auch „bei uns ist alles ganz anders!", „uns kann man überhaupt nicht vergleichen …" usw. Gerade wenn Führungskräfte diesen Gedanken sehr intensiv nachhängen, ist ein Benchmarkingprojekt eine hervorragende Möglichkeit, der eigenen Organisation den Spiegel vorzuhalten und zu zeigen, wie gut andere Unternehmen sind.

- Der Prophet gilt im eigenen Hause nichts. Eine Problematik, der sich interne Berater oft gegenübersehen. Wenn man dafür sorgt, dass gezielt externe Expertise eingeholt wird, ist die Überzeugungskraft der eigenen Berater oftmals höher.

- Zermürbende, lange Diskussionen. Oftmals ist in der Organisationskultur sehr tief die Art und Weise verankert, wie effizient Besprechungen verlaufen. Die Einführung einer Prozessorientierung ist eine hervorragende Möglichkeit, auch wenig zielführende Diskussionen durch entsprechende Besprechungsregeln abzuschaffen.

4. Garbage in, Garbage out: Die häufigsten Fehler im Umgang mit Marketingpartnern, frei nach dem Motto „der Partner wird's schon richten".

- Kreativität kann nur dann in eine bestimmte Richtung laufen, wenn die Richtung klar und vorgegeben ist.

- Eine Agentur ersetzt nicht die fehlende Kompetenz im eigenen Haus.

- Die Agentur läuft nur dann zu Höchstform auf, wenn sie die richtigen Vorgaben erhält.

- Marktforschung nur, wenn die Mitarbeiter wissen was sie wollen. Nur dann kann der Marktforschungspartner auch die richtigen Informationen liefern.

Lässt man diese Stolpersteine und Erfolgsfaktoren Revue passieren, dann wird relativ schnell klar, welche wichtigen Grundgedanken hinter einem Projektplan stecken müssen:

1. Start-Self-Assessment durchführen und aktuellen Status der Organisation feststellen, anschließend einen Maßnahmenplan erstellen und dann erst entscheiden, welche inhaltlichen Themenblöcke zuerst realisiert werden.

2. Nach dem Start-Self-Assessment zuerst Know-how-Basis der Mitarbeiter optimieren (inhaltliches Know-how, Prozessmanagement-Know-how).

3. Prozesse strukturieren, erste Verbesserungsprojekte starten.

4. Optimierung der Informationsbasis, dann erst Markenführung, Programmplanung und Kampagnen optimieren.

5. Verankerung der Ziele in erfolgsabhängige Gehaltsbestandteile.

11.2 Wo bin ich und wo will ich hin? Die Antwort liefert ein Marketing-Self-Assessment

Die EFQM versteht unter einem Self-Assessment „an easy health check to identify your organisation's areas for improvement and to develop an action plan for improvement".[182] Den wesentlichen Nutzen sieht die Organisation darin, dass ein „Self assessment typically results in an increased and more effective commitment to change".[183] Die Verbesserungsbereiche ergeben sich fast automatisch aus den detaillierten Darstellungen der Reifegrade. Man sollte bei jedem Prozessschritt nachprüfen, inwieweit die Anforderungen für den jeweiligen Grad (Level) erfüllt sind. Ein Self-Assessment ist damit nichts anderes als eine strukturierte Überprüfung des momentanen Reifegrades einer Marketingorganisation. Doch die reine Feststellung, ob ein Ergebnis vorliegt oder nicht, ist ein viel zu grobes Raster, vielmehr müssen folgende Kriterien genauer unter die Lupe genommen werden:

1. Sind alle Ergebnisse inhaltlich vollständig?
   Ein Briefing ist nur dann vollständig, wenn die Kampagnenkerne 1–3 vollständig vorliegen, die richtigen Zielgruppeninformationen vorhanden waren und Kernidee, Argumentationslinie, wesentliche Botschaften vollständig dokumentiert und festgehalten worden sind.

2. Wurden diese Ergebnisse aus übergeordneten Zielen abgeleitet?
Die Markenidentität soll aus der Unternehmensstrategie abgeleitet werden, das Kommunikationsprogramm zur Umsetzung der Markenidentität dienen, die einzelnen Kommunikationsziele einer Kampagne aus den Programmzielen und der Markenidentität abgeleitet werden.

3. Sind die Ergebnisse aktuell?
Zielgruppeninformationen, die fünf Jahre alt sind, können beim besten Willen nicht mehr als aktuell bezeichnet werden.

4. Werden die Ergebnisse strukturiert, planmäßig und wiederholbar erarbeitet?
Eine Idee für eine Storyline eines Kommunikationsprogramms, die nicht nachvollziehbar aus der Markenidentität abgeleitet wurde, birgt die Gefahr in sich, dass die einzelnen Kampagnen nicht auf die Marke einzahlen.

5. Werden die strukturierten Vorgehensweisen, mit denen die Ergebnisse erarbeitet wurden, auch durchgängig angewendet oder nur für bestimmte Fälle?
Wenn beispielsweise nur bei 10 Prozent der Werbeagenturen, die auf die Liste der präferierten Partner kommen, eine Selbstauskunft verlangt wurde, die restlichen 90 Prozent aber aufgrund persönlicher Beziehungen zugelassen wurden, dann kann man nicht von einer flächendeckenden, strukturierten Vorgehensweise reden.

6. Werden die strukturierten Vorgehensweisen, mit denen die Ergebnisse erarbeitet wurden, auch regelmäßig oder nur einmalig oder fallweise angewendet?
Es stellt definitiv keine Verbesserung einer Organisation dar, wenn in einem Jahr alle Briefings mit Werbepartnern strukturiert und vollständig erstellt wurden, im Jahr darauf aber nur noch die Hälfte.

7. Werden alle Ergebnisse und die Methoden, mit denen sie erarbeitet wurden, in regelmäßigen Abständen überprüft und verbessert?
Gerade im Informationsverhalten der Zielgruppen ändert sich durch das Web 2.0 so viel, dass in regelmäßigen Abständen überprüft werden muss, ob noch die richtigen Informationen vorhanden sind oder nicht.

Versieht man nun die Erfüllung der jeweiligen Qualitätskriterien mit einem einfachen Bewertungsschema (vollständige Erfüllung = 4 Punkte, überwiegend = 3 Punkte, lückenhaft = 2, stark lückenhaft = 1, nicht erfüllt = 0), so erhält man eine Bewertung für jedes größere Ergebnis. In Bild 50 ist ein Beispiel für die Kampagnenfreigabe dargestellt. Es ist aufwändig, alle diese Fragen in regelmäßigen Abständen für alle Ergebnisse durchzugehen. Dadurch reduziert sich aber die Gefahr, sich selbst in die Tasche zu lügen. Die wirklichen Verbesserungsbereiche bekommt man nur dann herausgefiltert, wenn man sich fragt, wie gut die Qualität der Ergebnisse wirklich ist. Daher ist die Zielrichtung eines Self-Assessments anders als die einer ISO-Zertifizierung, in der oft nur rechtzeitig vor dem Audit das ganze Qualitätsmanagement-Handbuch von allen Mitarbei-

Self-Assessment: Kampagnenfreigabe, Level Basic

Checklistenpunkte	1	2	3	4	5	6	7
Inputs (Briefing, iiGuide, pGuide) liegen vor?	4	4	3	3	3	2	0
Medien anhand der Freigabechecklisten freigegeben?	4	4	3	3	3	2	0
Agentur freigegeben? (Honorar, Zahlungsschritte etc.)	4	4	3	0	0	0	0
49 von 84 Punkten erreicht!	12	12	9	6	6	4	0

Self-Assessment: Kampagnenfreigabe, Level Managed

	1	2	3	4	5	6	7
Pretest wurde bei wichtigen Kampagnen durchgeführt?	1	1	0	0	0	0	0
...							
X von Y Punkten erreicht!							

Punkte, nach Grad der Erfüllung:
vollständig – 4, überwiegend – 3, lückenhaft – 2, stark lückenhaft – 1, nicht erfüllt – 0

1. Sind alle Ergebnisse inhaltlich vollständig?
2. Sind diese Ergebnisse aus übergeordneten Zielen abgeleitet worden?
3. Sind die Ergebnisse aktuell?
4. Werden die Ergebnisse strukturiert, planmäßig, wiederholbar erarbeitet?
5. Werden die strukturierten Vorgehensweisen, mit denen die Ergebnisse erarbeitet wurden, auch durchgängig angewendet oder nur für bestimmte Fälle?
6. Werden die strukturierten Vorgehensweisen, mit denen die Ergebnisse erarbeitet wurden, auch regelmäßig oder nur einmalig oder fallweise angewendet?
7. Werden alle Ergebnisse und die Methoden, mit denen sie erarbeitet wurden, in regelmäßigen Abständen überprüft und verbessert?

Bild 50 Self Assessment: Beispiel für ein ausgefülltes (Teil-)Template zur Bewertung der Reifegradstufe einer Kampagnenfreigabe

tern auswendig gelernt wird, um das Zertifikat zu erhalten, aber häufig kein wirkliches Interesse an einer Verbesserung der Organisation besteht.

Wie kann man genau vorgehen? Wenn man eine sehr erkenntnisfreudige und lernfreudige Organisation hat, kann man das Template aus Bild 50 den jeweiligen Prozessverantwortlichen und ihren Teams in die Hand drücken und ihnen den Auftrag geben, für ihren Aufgabenbereich alle Ergebnisse kritisch unter die Lupe zu nehmen. Im Sinne einer lernenden Organisation wäre das der beste Weg. Allerdings setzt dies eine sehr große Erkenntnisfähigkeit und -freude bei allen Beteiligten voraus. Der große Vorteil ist die hohe Akzeptanz bei allen Beteiligten. Eine andere Möglichkeit wäre, einen zentralen Controller mit der Aufgabe zu betrauen. Allerdings leidet darunter eher die Akzeptanz der Mitarbeiter.

Wann sollte man solche Self-Assessments durchführen? Auf jeden Fall beim Start eines jeden inhaltlichen oder prozessorientierten Verbesserungsprojektes, denn mit der Spiegelung des aktuellen Standards einer Marketingorganisation an den möglichen erreichbaren Reifegraden bekommt man einen sehr schönen Fahrplan, was man wann machen sollte. Beispielsweise könnte sich die Organisation hinsichtlich der Informationsversorgung (TAPs) schon auf einem sehr hohen Reifegradniveau befinden, auf der anderen Seite aber noch nennenswerten Handlungsbedarf bei der Markenführung haben.

11.3 Der Weg zum Erfolg: Projektplan zur Optimierung von Marketingorganisationen

Jetzt ist es fast geschafft! Die Prozesse sind definiert, Messgrößen sind klar, die Art und Weise der Prozessverbesserung wurde auch behandelt und die Vorgaben für eine strukturierte „Nabelschau" existieren ebenso. Die einzige Komponente, die noch fehlt, ist ein Projektplan, mit dem alle inhaltlichen und prozessorientierten Bausteine in eine vernünftige, zeit- und sachlogische Reihenfolge gebracht werden. Nachdem die Optimierung der Marketingkommunikation, je nach Ausgangspunkt des Unternehmens, eine mehr oder weniger tiefgreifende Veränderung der Strukturen und Denkweisen in einem Unternehmen darstellt, ist es sehr wichtig, dass in einer vernünftigen Art und Weise die prozessorientierten und die inhaltlichen Anpassungen aufeinander abgestimmt werden. Die verschiedenen Phasen können wie folgt umrissen werden:

Phase 1: Self-Assessment zur Bestimmung des Reifegrades und der weiteren Vorgehensweise, Ernennung von Prozessverantwortlichen.

Phase 2: Schnelle und pragmatische Definition des Kernprozesses, Aufbau bzw. Ergänzung vorhandener Marketinginformationen, Ergänzung und Konkretisierung der Markenidentität auf Basis dieser Informationen, Feststellung des iGAP. Parallel dazu erste Reviews des Prozessablaufes, Verbesserung des ersten definierten Prozesses, Festlegen der Standards (Inputs, Outputs) für die neu definierten Prozesse.

Phase 3: Schnelle und pragmatische Definition des Kampagnenmanagement-Prozesses, erste Planung und Realisierung von Kampagnen auf Basis der Prozessdefinition, Umsetzung der Programmplanung und der Markenidentität, Feststellung des cGAP bei den ersten abgeschlossenen Kampagnen. Parallel dazu Reviews des Prozessablaufes, Review iGUI in Verbindung mit deren Verbesserung, Verbesserung der definierten Prozesse, Festlegen der Standards (Inputs, Outputs) für die restlichen Prozesse.

Phase 4: Schnelle und pragmatische Definition der restlichen Prozesse, Vorgehensweise analog zu den Phasen 1 bis 3. Self-Assessment zur Feststellung des aktuellen Reifegrades und zur Bestimmung der nächsten Schritte zur Erreichung des nächsten Levels, Verankerung der inhaltlichen und prozessorientierten Ziele in variablen Gehaltsbestandteilen. Beginn der institutionalisierten, kontinuierlichen Verbesserung aller Prozesse.

In Bild 51 ist eine erprobte Vorgehensweise dargestellt, die keine Organisation vor unlösbare Probleme stellt. Mit diesem Vorschlag sollte der Veränderungsprozess reibungslos ablaufen, denn die Organisation wird durch die sukzessive Einführung der drei Kernprozesse nicht zu sehr belastet, sondern kann sich Schritt für Schritt an eine neue Denkweise gewöhnen. Es wäre kontraproduktiv, wenn alle Prozesse zum selben Zeitpunkt definiert und gestartet würden. Auch ist jeder inhaltlichen Optimierung eine Know-how-Optimierung vorangestellt, um möglichst zeitnah alle beteiligten Mitarbeiter auf die kommenden Aufgaben vorzubereiten.

Monate nach Starttermin	Baselining/ Self-Assessment	Informations-management (TAPs)	Marken-führung implementieren	Programm-management einführen	Kampagnen-management einführen	Partner-management
1	SA					
2		KHO				
3		DP				DP
4		IO				IO
5		IO	KHO			
6			DP			
7			IO	KHO		
8			IO	DP	KHO	
9				IO	DP	
10				IO	IO	
11				IO	IO	
12				IO/MP	IO/MP	
13				IO/MP	IO/MP	
14				IO/MP	IO/MP	
15				IO/MP	IO/MP	
16				IO/MP	IO/MP	
17				IO/MP	IO/MP	
18	SA		CO	CO	CO	
19				CO/IO/MP	CO/IO/MP	
20				CO/IO/MP	CO/IO/MP	
21				CO/IO/MP	CO/IO/MP	
22				CO/IO/MP	CO/IO/MP	
23				CO/IO/MP	CO/IO/MP	
24				CO/IO/MP	CO/IO/MP	

DP	Definition der Prozesse
MP	Messen der Prozesse
OP	Optimieren der Prozesse
CO	Controlling (iGAP, pGAP, cGAP)
IO	Verbesserung der Marketingperformance (Markenführung, Programmmanagement, Kampagen)
KHO	Know-how-Optimierung
SA	Self-Assessment

Bild 51 Projektplan zur strukturierten, inhaltlichen und prozessorientierten Optimierung der Marketingkommunikation

ENDE?

Ja und nein. Ja, weil Sie, verehrter Leser, jetzt das Buch fertiggelesen haben. Nein, weil der spannende Teil jetzt erst anfängt. Spannend, weil ein Verbesserungsprozess zwar angestoßen wird, aber nie ein Ende hat. Und, das kann ich aus eigener Erfahrung sagen, es macht Spaß. Um mit Esso zu sprechen: Packen wir's an, es gibt viel zu tun. Und vielleicht, wer weiß, treffen wir uns eines Tages doch, und Sie berichten mir, wie diese Leitlinie Ihr (Marketing-)Leben verändert hat.

Glossar der wichtigen Begriffe

In diesem Glossar finden Sie die wichtigsten Begriffe, so wie sie im Kontext dieses Buches verstanden werden sollen.

Assoziatives Netzwerk

Verknüpfungen von Informationen durch Assoziationen; bezeichnet die Art und Weise, in der Informationen von Menschen gespeichert werden.

Branded House

Verschiedene Produkte/Leistungen werden unter dem Dach einer einzigen Marke vermarktet.

Briefing

Relevante Informationen für die Werbepartner/Werbeagentur zur Umsetzung eines Auftrages.

Buying Center

Bezeichnung für eine Gemeinschaft von Entscheidern, die gemeinsam ein Produkt/eine Leistung auswählen, bewerten und dann kaufen. In erster Linie verwendet im Investitionsgüterbereich.

cGAP

(Campaign GAP)

Soll-Ist-Vergleich der Kampagnenziele.

EFQM

European Foundation for Quality Management

Enabler

In diesem Zusammenhang Bezeichnung für Methoden, Strukturen und Vorgehensweisen, die in einem Unternehmen die Voraussetzung für einen späteren Erfolg sind. Terminologie der EFQM.

Evoked Set

Eine Menge von Entscheidungsalternativen, die relativ schnell, meist zu Beginn des Entscheidungsprozesses zur Verfügung stehen. Im Verlauf des Entscheidungsprozesses können Alternativen hinzugefügt und auch gestrichen werden, dies führt dann zum Relevant Set.

GAP

Strategische und operative Lücken, die sich durch den Vergleich eines (ambitionierten) Planwertes mit einem Ist-Wert ergeben.

GAP-Analyse

Identifizierung strategischer und operativer Lücken.

House of Brands

Gruppe von Einzelmarken, die von einem Unternehmen vermarktet wird. Der Name des Unternehmens rückt dabei in den Hintergrund.

iBase

Relevantes Angebots- und Leistungsspektrum für den Markencharakter.

iChar

(Identity Character)

Markencharakter, im Gegensatz zum Angebots- und Leistungsspektrum die emotionale Komponente der Markenidentität.

iGAP

(Identity GAP)

Markenidentitäts-GAP, Soll-Ist-Vergleich der Markenidentität.

iiGuide
(Identity Implementation Guideline)

Richtlinien zur Umsetzung der Markenidentität.

Involvement

Bezeichnet die (subjektive) Bedeutung eines Produktes/einer Dienstleistung für den Kunden.

Kaizen

Japanischer Ansatz zur Unternehmensoptimierung, stetig-inkrementelle, methodisch fundierte Verbesserung, die sowohl Führungskräfte als auch Mitarbeiter einbezieht.

Kampagne

Zeitlich abgegrenzte Kommunikationsmaßnahme, die eine Botschaft über mindestens ein Medium an die Zielgruppe transportieren soll.

Kampagnenfreigabe

Checkliste zur Überprüfung der Umsetzung der Richtlinien bzw. Erfüllung der Vorgaben aus dem Briefing.

Kampagnenspielbrett

Instrument zur Entwicklung eines aussagefähigen Briefings.

Key Visuals
(Schlüsselbilder)

Bilder, die einen hohen Wiedererkennungseffekt bewirken sollen.

KSB
(Kampagnen-Steckbrief)

Begleitdokument zur Dokumentation des Wertschöpfungsfortschrittes und der getroffenen Entscheidungen im Rahmen einer Kampagne.

Message Grid

Vorlage für Botschaften, die wiederkehrend in der Werbung auftauchen sollen.

OEM

(Original Equipment Manufacturer)

Auch Erstausrüster; Hersteller, deren Produkte/Komponenten in Geräte anderer Hersteller eingebaut und vermarktet werden.

OTS

(Opportunity to see)

Kennzahl für die Wahrscheinlichkeit, dass die Zielgruppe eine Werbung wahrnimmt.

Pain Points

Probleme, die der Kunden beseitigen möchte, idealerweise mit dem beworbenen Produkt.

pGAP

(Program GAP)

Soll-Ist-Vergleich der Programmziele, Erfüllung der Programmziele.

pGuide

(Program Guideline)

Anleitungen zur Umsetzung des Kommunikationsprogramms.

Planungsdaten

Alle relevanten Daten für die Planung einer kompletten Kommunikationsperiode mit allen zugehörigen Kampagnen.

PPL

(Preferred Partner List)

Liste der bevorzugten Werbeagenturen und Marktforschungspartner.

Reason Why

Gründe, warum der Kunde das Produkt kaufen sollte.

Relevant Set

Bezeichnet eine Menge von Entscheidungs-Alternativen, die aus Sicht eines Kunden für eine Kaufentscheidung infrage kommen. Meist wird dieser Begriff mit der Anzahl verschiedener Marken oder Firmen gleichgesetzt.

Results

Harte, konkrete Ergebnisse, die auf vorangegangene Enabler zurückzuführen sind. Terminologie der EFQM.

Sales Cycle

Verkaufszyklus; oft unterteilt in die Phasen „Orientierungsphase vor dem Kauf", Verhandlung/Bedürfniskonkretisierung, Abschluss, Einsatz/Orientierungsphase/Kundenbindungsphase.

Six Sigma

Bezeichnung für ein Qualitätsziel (99,99966 fehlerfrei) und eine Methode des Qualitätsmanagements. Wesentliches Grundelement ist eine strukturierte Vorgehensweise zur Identifikation und Lösung von Qualitätsproblemen.

TAPs

(Target Audience Profiles)

Aktuelle Daten über Informationsverhalten, Profile und Begeisterungsfaktoren der Zielgruppe.

Traits

Begriff für mehr oder weniger konstante (Persönlichkeits-)Eigenschaften einer Person.

Value Proposition

Nutzen- und/oder Wertversprechen. Bezieht sich sowohl auf Produkte als auch auf Marken.

Quellenverzeichnis

Hinweis: Quellen, die nur mit Namen und Jahreszahl angegeben sind, finden Sie unter „weiterführende Literatur" ab Seite 331.

[1] www.efqm.org/en/Home/aboutEFQM/Ourhistory/tabid/123/Default.aspx, zum Aufbau des EFQM-Exzellenz-Modells: www.efqm.org/en/PdfResources/ EFQM_ Ex_Mod_Teaser.pdf; beide Zugriff 04/2011

[2] Zur genaueren Bescheibung des Modells siehe www.sei.cmu.edu/cmmi/; Zugriff 04/2011 und auch Software Engineering Institute (Hrsg.) (2011a) und Software Engineering Institute (Hrsg.) (2011b)

[3] Zimbardo/Gerrig (2004), Aronson et al. (2004), Friedman/Schustak (2004), Edelmann (2000), Mazur (2005), siehe weiterführende Literatur

[4] Blackwell et. Al. (2004), siehe weiterführende Literatur

[5] Jolles (1998), siehe weiterführende Literatur

[6] www.brainyquote.com/quotes/authors/j/john_wanamaker.html; Zugriff 04/2011, John Wanamaker: "I know half the money I spend on advertising is wasted, but I can never find out which half."

[7] Broschüre Office Professional Enterprise Edition 2003, Microsoft Deutschland GmbH München, 2006

[8] www.theaxeeffect.com/#/axe-campaigns/the-classics/AXE-Sprinkler; Zugriff 02/2011

[9] www.pirelli.com/web/group/communication/adv-testimonials/default.page; Zugriff 02/2011

[10] www.ciao.de/Dove_Body_Care_Haut_Straffende_Korperlotion__Test_2833564; Zugriff 02/2011

[11] www.maybelline.de/PRODUKTE/Augen/LIDSCHATTEN/Eyestudio-Quattro-Diamond-Glow.aspx; Zugriff 02/2011

[12] www.maybelline.de/PRODUKTE%2FLippen%2FLIPPENSTIFT%2FSuperstay_ 24H_Lippenstift.aspx; Zugriff 02/2011

[13] www.pirelli.com/web/group/communication/adv-testimonials/default.page; Zugriff 02/2011

[14] www.philips.de/c/fernsehgeraete/3000-series-48-cm-hd-ready-fernseher-mit-dvb-t-19pfl3205h_12/prd/; Zugriff 2/2011

[15] www.philips.de/c/fernsehgeraete/33090/cat/#/overview; Zugriff 02/2011

[16] Beispiele aus der Kampagne: www.youtube.com/watch?v=vgxxAwue7Fs, www.youtube.com/watch?v=DHWAB4eHeHY&feature=related; Zugriff 04/2011

[17] www.youtube.com/watch?v=I9tWZB7OUSU&feature=related; Zugriff 04/2011

[18] www.bierspot.de/news/schoefferhofer_weizen_startet_mit_neuem_tv-spot_ durst_nach_dir_677.html; Zugriff 03/2011

[19] www.youtube.com/watch?v=695TOvBidxY; Zugriff 03/2011

[20] Gladwell (2000), siehe weiterführende Literatur

[21] Beim Durchlesen der Kommentare fragt man sich wirklich, ob so viel Meinungsfreiheit gut und notwendig ist und ob jeder seine Phantasien wirklich im Internet der Welt kundtun muss. Eigene Eindrücke unter: www.youtube.com/watch?v=2IIqkR-SIk8&feature=related, www.youtube.com/watch?v=695TOvBidxY, www.youtube.com/watch?v=2IIqkR-SIk8&feature=related www.youtube.com/comment_servlet?all_comments=1&v=qgDybrzo0Vs; alle Zugriff 03/2011

[22] www.youtube.com/watch?v=695TOvBidxY; Zugriff 03/2011

[23] Gladwell (2000), siehe weiterführende Literatur

[24] www.kurzefrage.de/movie-tv/149967/mumm-sekt-werbung-kann-mir-diese-werbung-mal-wer-erklaeren-2-typen-stehen; Zugriff 03/2011

[25] www.spiegel.de/wirtschaft/service/0,1518,667651,00.html, www.mary-woodbridge.co.uk/; beide Zugriff 04/2011

[26] www.sueddeutsche.de/wirtschaft/o-wirbt-mit-guerilla-marketing-spuk-im-hoersaal-1.1020730; Zugriff 04/2011

[27] Sehr genau und umfassend: Wirtz (2011), siehe weiterführende Literatur

[28] Bachl/Pershina/Sorge/Tajik (2011), siehe weiterführende Literatur

[29] www.consline.com/web/consline-ag/pressemeldungen/-/blogs/web-2-0-quellen-dominieren-kaufentscheidung-websites-von-handlern-und-verkauferberatung-an-letzter-stelle?_33_redirect=%2Fweb%2Fconsline-ag%2Fpressemeldungen; Zugriff 04/2011

[30] Wilhelm/Zich (2007), siehe weiterführende Literatur

[31] Zich (2003a) und Zich (2003b), alle Abbildungen und Tabellen sind diesen beiden Artikeln entnommen

[32] www.blendtec.com/; Zugriff 03/2011

[33] Die Videos finden sich auf dieser Seite: www.willitblend.com/; Zugriff 03/2011

[34] www.chip.de/news/iPhone-Apple-wegen-Preissenkung-verklagt_28977273.html; Zugriff 06/2011

[35] Broschüre Office Professional Enterprise Edition 2003, Microsoft Deutschland GmbH München, 2006

[36] Dieser Spot ist zu finden unter: www.horizont.net/kreation/tv/pages/protected/show.php?id=41343&sortierid=1&currPage=3&timer=1294918109&params=1; Zugriff 01/2011

[37] Wortwörtlich zitiert nach: www.horizont.net/kreation/tv/pages/ protected/show.php?id=41343&sortierid=1&currPage=3&timer=1294918109&params=1; Zugriff 01/2011

[38] Amerikanische Werbung der Marke, www.youtube.com/watch?v=SZUpWMl2onA&feature=PlayList&p=E673A375C862EB64&index=11; Zugriff 02/2011

[39] www.youtube.com/watch?v=6lZMr-ZfoE4; Zugriff 04/2011

[40] Eine gute Darstellung bieten Schweiger/Schrattenecker (2009), S. 43, siehe weiterführende Literatur

[41] Typische Beispiele finden sich in der Modewerbung, z. B. die umstrittenen Motive von Dolce und Gabbana: www.welt.de/vermischtes/article746207/Eine_Anstiftung_zur_kollektiven_Vergewaltigung.html, oder ein Beispiel von Armani: www.welt.de/vermischtes/article757893/Ist_das_eine_Vorlage_fuer_Kinderpornos.html, aber auch die eine oder andere Media-Markt-Werbung fiel

unter diese Kategorie: www.spiegel.de/wirtschaft/0,1518,556350,00.html; alle Zugriff 03/2011

[42] Häusel (2000), siehe weiterführende Literatur

[43] Einen sehr schönen Überblick über den Stand der Persönlichkeitsforschung geben Friedman/Schustak (2004). In Kombination mit den Werken von Zimbardo/Gerrig (2004) und Aronson et al. (2004) ergibt sich ein hervorragender Gesamteindruck. Schlussfolgerungen für das Marketing sind größtenteils eigene Ableitungen. Interessante Einblicke in die Ausdifferenzierung von Identitäten im Internet gibt Döring (2003), siehe weiterführende Literatur

[44] Schneewind et al. (1994), siehe weiterführende Literatur

[45] Aaker (1997), siehe weiterführende Literatur

[46] Esch (2010), S. 17 ff., siehe weiterführende Literatur

[47] www.welt.de/vermischtes/article909209/Das_sind_die_Vorbilder_unserer_ Jugend.html; Zugriff 06/2011

[48] www.presseportal.de/pm/12269/1043844/axe_unilever_deutschland; Zugriff 05/2011

[49] Reiss (2002), siehe weiterführende Literatur

[50] www.maybelline.de/MAKEUP_TIPPS.aspx; Zugriff 05/2011

[51] Aronson et al. (2004), siehe weiterführende Literatur

[52] www.dnews.de/nachrichten/netzwelt/337942/internetnutzer-verbringen-meiste-zeit-sozialen-netzwerken-.html; Zugriff 06/2011, Link ist inzwischen inaktiv, da Nachrichtenseite Dnews.de seit 30.09.2011 nicht mehr existiert.

[53] Habermas (1981a, b), siehe weiterführende Literatur

[54] Einen schönen Überblick über die verschiedenen Kulturtheorien findet sich in Thomas et. al. (2003a, b), siehe weiterführende Literatur

[55] Lewis (1999), siehe weiterführende Literatur

[56] Kahle/Beatty/Mager (1994), ähnlich auch Grunert/Scherhorn (1990), siehe weiterführende Literatur

[57] Habermas (1981a, b), Wittgenstein (1989), siehe weiterführende Literatur

[58] Wittgenstein (1989), siehe weiterführende Literatur

[59] www.coca-colaconversations.com/my_weblog/2008/03/bite-the-wax-ta.html; Zugriff 05/2011

[60] Leakey, R.: Die ersten Spuren. Über den Ursprung der Menschen, München, 1999

[61] www.kli.org; Zugriff 05/2011

[62] Manthey (1983), siehe weiterführende Literatur

[63] Lempert (2002), S. 110, siehe weiterführende Literatur

[64] www.sigma-online.com/de/SIGMA_Milieus/SIGMA_Milieus_in_Germany/ Konsum-materialistisches_Milieu/#; Zugriff 05/2011

[65] www.opensource.org; Zugriff 05/2006

[66] www.sap.com/germany/sme/seeitinaction/customerreferences.epx; Zugriff 05/2011

[67] Meffert et. al. 2005, Seite 5 ff. Weitere benutzte Quellen sind: Aaker (2002), Aaker (2004), Esch (2005), Esch (2010), Ries/Ries (1998), Scheier/Held (2006), Scheier/Held (2009), siehe weiterführende Literatur

[68] Artikel von der Homepage der Zeitschrift: www.auto-motor-und-sport.de/news/marken-claims-marken-claims-von-audi-bmw-sehr-bekannt-1409601.html; Zugriff 10/2010

[69] (Esch/Möll 2005), siehe weiterführende Literatur

[70] Die facebook-Seite dieser Community findet sich auf: www.facebook.com/group.php?gid=230956705705&v=wall&ref=search; die Reaktion von P&G findet sich auf der Homepage des Herstellers unter den Nachrichten für Investoren: www.pginvestor.com/phoenix.zhtml?c=104574&p=irol-newsArticle&ID=1423829; beide Zugriff 10/2010

[72] Aaker (2002) S. 86, siehe weiterführende Literatur

[73] Aaker (2002) S. 88 f., siehe weiterführende Literatur

[74] Porter (1985), siehe weiterführende Literatur

[75] Aaker (2002), S. 159 ff., siehe weiterführende Literatur

[76] Eine schöne Beschreibung findet sich in Tybout/Calcins (2005), S. 115 ff., siehe weiterführende Literatur

[77] Teile der folgenden Erkenntnisse finden sich auch in Ries/Ries (1998), siehe weiterführende Literatur

[78] www.pelikan.com/pulse/Pulsar/de_DE.CMS.displayCMS.104./das-unternehmen-pelikan-stellt-sich-vor; Zugriff 01/2011

[79] www.montblanc.de/11.php; Zugriff 01/2011

[80] www.sailorpen.com; Zugriff 10/2010

[81] www.cisco.com/web/DE/uinfo/uinfo_home.html; Zugriff 10/2010

[82] www.siemens.de/ueberuns/Seiten/home.aspx; Zugriff 10/2010

[83] www.siemens.com/about/de/unser_geschaeft/industry.php; Zugriff 10/2010

[84] www.siemens.com/about/de/unser_geschaeft/energy.php; Zugriff 10/2010

[85] www.medical.siemens.com; Zugriff 10/2010

[86] www.philips.de; Zugriff 10/2010; die Vision 2015 findet sich auch in der Mission von Philips wieder: „Wir verbessern das Leben von Menschen durch die zeitgerechte Einführung sinnvoller Innovationen." www.philips.de; Zugriff 01/2011

[87] www.philips.de; Zugriff 10/2010

[88] www.ge.com; Zugriff 10/2010

[89] www.ge.com/de/ourcompany/advertising/index.html; Zugriff 01/2011

[90] Typische Beispiele für den Stil von GE finden sich auf der YouTube-Seite des Konzerns: www.youtube.com/ecomagination; Zugriff 01/2011

[91] Jacobi (1957), Jung (1954), Seifert (1965), siehe weiterführende Literatur. In der Markenwelt spielt auch Young & Rubicam mit Archetypen, allerdings ohne genauere Beschreibung: http://young-rubicam.de/?attachment_id=2882; Zugriff 06/2011

[92] www.gillettevenus.com; Zugriff 01/2011

[93] Einige Hintergrundinformationen zu der gesamten Kampagne finden sich in folgender Quelle: www.autointell.de/News-deutsch-2001/August-2001/August-15-01-p2.htm; Zugriff 01/2011

[94] Die Zahlen finden sich in folgender Quelle: www.motor-talk.de/news/auszeichnung-kampagne-mini-is-it-love-t43535.html; Zugriff 01/2011

[95] www.youtube.com/watch?v=UwO2t3Ls_gg; Zugriff 05/2011

[96] www.trumpf-machines.com/services.html; Zugriff 11/2010

[97] Botha (2006), siehe weiterführende Literatur

[98] Auf der neuseeländischen Seite des Herstellers finden sich auch einige Beispiele für die schwarz-weißen Motive: www.jackdaniels.co.za/lynchburg/ads.asp; Zugriff 01/2011

[99] www.nikebiz.com/company_overview/; Zugriff 05/2011

[100] www.microsoft.com; Zugriff 10/2010

[101] www.business-partner.de/?gclid=CO6bgdXZuqkCFci-zAoddCiF9A; Zugriff 06/2011

[102] Informationen finden sich in der Unternehmensbroschüre, Pdf unter: www.dp-dhl.com/content/dam/ueber_uns/publikationen/keyfact_deutsch_final2009.pdf und auf der Homepage: www.dp-dhl.com/de/ueber_uns.html; beide Zugriff 01/2011

[103] www.intel.com/about/index.htm?iid=hdr+about; Zugriff 06/2011

[104] www.mckinsey.com/en/About_us.aspx; Zugriff 06/2011

[105] www.montblanc.de/11.php; Zugriff 01/2011

[106] Beide Spots sind zu sehen auf der Homepage der Marke: www.duplo.de; Zugriff 01/2011

[107] www.youtube.com/watch?v=5xSK6eKamMQ; Zugriff 01/2011

[108] www.youtube.com/watch?v=YUujU5SEDEw&NR=1; Zugriff 01/2011

[109] www.microsoft.com; Zugriff 10/2010

[110] Teile dieser folgenden Erkenntnisse finden sich auch in Ries/Ries (1998), siehe weiterführende Literatur

[111] Quellen, BMW-Presseportal: www.press.bmwgroup.com/pressclub/p/de/pressDetail.html?outputChannelId=7&id=T0004072DE&left_menu_item=node__2229, www.press.bmwgroup.com/pressclub/p/de/pressDetail.html?outputChannelId=7&id=T0022953DE&left_menu_item=node__2205; Zugriff 01/2011

[112] www.press.bmwgroup.com/pressclub/p/de/pressDetail.html?outputChannelId=7&id=T0022953DE&left_menu_item=node__2205; Zugriff 01/2011

[113] www.ford.de/; Zugriff 05/2011

[114] www.opel.de/ueber-opel/wir-leben-autos/opel-philosophie.html; Zugriff 05/2011

[115] www.bmw.com/com/de/insights/technology/technology_guide/articles/bmw_efficient_dynamics.html; Zugriff 01/2011

[116] Quellen: www.youtube.com/watch?v=Nyqv4SKOOHA&feature=related, www.youtube.com/watch?v=jXGMrb-rGMU, www.youtube.com/watch?v=FXJXKlFWR9k&feature=related, www.horizont.net/kreation/tv/pages/protected/show.php?id=41355; alle Zugriff 01/2010

[117] www.rotkaeppchen-mumm.de/unser-unternehmen/zahlen-und-fakten.html und die Pressearchive auf der Seite des Herstellers; Zugriff 06/2011

[118] www.welt.de/wirtschaft/article5602101/Deutscher-Sekt-Markt-waechst-erstmals-seit-Jahren.html; Zugriff 06/2011

[119] Originalzitate stammen von der Homepage des Monheimer Instituts, eine Studie mit dem Titel „Einfach Lena – ein Hoffnungsträger in Krisenzeiten", www.monheimerinstitut.com/research_insights/einfach_lena_-_ein_hoffnungstrager_in_krisenzeiten.html; Zugriff 01/2011

[120] Ausführliche Informationen zur Szenarioanalyse finden sich bei Porter (1985), S. 448 ff., siehe weiterführende Literatur

[121] http://tobaccodocuments.org/pollay_ads/Came08.06.html?ocr_position=hide_ocr; Zugriff 05/2011

[122] Zur Beschreibung dieses Strategiewechsels: Esch (2010), siehe weiterführende Literatur, oder http://fakultaet.geist-soz.uni-karlsruhe.de/litwiss/downloads/Werbung_MaibrittHutzel.pdf; Zugriff 05/2011; http://entertainment.webshots.com/album/13010149OWFMtJuXAF; Zugriff 05/2011

[123] Gute Hinweise für diese Basisentscheidungen finden sich in folgenden Quellen: Kroeber-Riel (1996), Radkte et. al. (2004), Stankowski (1994), siehe weiterführende Literatur

[124] Gute Hinweise für diese Basisentscheidungen finden sich in Bringhurst (2005), Nohl (2007), siehe weiterführende Literatur

[125] Gute Anregungen für die akustische Umsetzung einer Marke in Klänge finden sich in folgenden Quellen: Nölke (2009), Wüsthoff (1999), Hofmann (2006), siehe weiterführende Literatur

[126] Originalzitate: www.audi.de/de/brand/de/unternehmen/aktuelles.detail.2010~07~audi_mit_neuem_herzschlag.html; Zugriff 01/2011

[127] Gute Hinweise für diese Basisentscheidungen finden sich in folgenden Quellen: Kroeber-Riel (1996), Radkte et. al. (2004), Stankowski (1994), siehe weiterführende Literatur

[128] Stellvertretend für die gesamte Literatur sei auf folgende Quellen hingewiesen: Aaker (2002), Esch (2010), Esch (2005), siehe weiterführende Literatur, Icon Brand Steering Wheel: www.pret-a-press.de/wolfgangseeger/download/Mafo.PDF; Zugriff 01/2011

[129] Weiterführende Einsichten bieten: Esen (2011), Kroeber-Riel (1996), Müller (2002), Schmitt (1986), siehe weiterführende Literatur

[130] Interessante Einsichten in Konzeptionen Vorgehensweisen und Möglichkeiten des Audio Branding bieten folgende Quellen: Nölke (2009), Wüsthoff (1999), Hofmann (2006), siehe weiterführende Literatur

[131] Weiterführende Literatur zu Texten und Textbausteinen, auch im Kontext verschiedener Kommunikationskanäle: Grede (2003), Gottschling (2007), Stoschek (2009a, b, c) Weinberger (2007). Zu den Veränderungen der Textinhalte und Aussagen im Zeitablauf: Klüver (2009), siehe weiterführende Literatur

[132] Aaker (2002), S. 95. Icon Brand Navigation AG (2011) liefert mit ihrem Markensteuerrad gewissermaßen eine Kurzzusammenfassung des gesamten Ansatzes von Aaker. Icon Brand Navigation AG (2011)

[133] www.sueddeutsche.de/wirtschaft/gilette-vs-wilkinson-ein-kampf-bis-aufs-messer-1.770762; Zugriff 05/2011

[134] Kastens (2008). Während im ersten Teil (bis Seite 149) die Grundlagen erarbeitet werden, findet sich die Anwendung auf die Marke BMW ab Seite 149 in diesem Buch, siehe weiterführende Literatur

[135] www.elektrojournal.at/ireds-40451.html, www2.philips.de/entspannter_fernsehen/; beide Zugriff 05/2011

[136] www.caterpillar.com/cda/files/2801406/7/CAT-2010AR_pdfversion_German.pdf; Zugriff 06/2011

[137] www.volvogroup.com/SiteCollectionDocuments/VGHQ/Volvo%20Group/Volvo%20Group/Our%20values/volvo_way_eng.pdf; Zugriff 06/2011

[138] Gierke (2006), siehe weiterführende Literatur

[139] Alle folgenden wortwörtlichen Zitate sind dem Geschäftsbericht entnommen: www.caterpillar.com/cda/files/2801406/7/CAT-2010AR_pdfversion_German. pdf; Zugriff 06/2011, zur Ergänzung auch Nolde (2000), siehe weiterführende Literatur

[140] Gierke (2006), siehe weiterführende Literatur

[141] Hilfreiche weiterführende Quellen sind: Aaker/Kumar/Day (2009), Burns/Bush (2008), Herrmann/Homburg/Klarmann (2007), siehe weiterführende Literatur

[142] Quelle: www.brauer-bund.de/index.php?id=56; Zugriff 01/2011

[143] www.brauereijournal.de/scripts/basics/brauereijournal/1/basics.prg?a_ no=1374; Zugriff 01/2011

[144] www.inbev-deutschland.de/B2C7C4894C8C42F591E110EFDF57F530.htm; Zugriff 01/2011

[145] Ettenhofer (2010), siehe weiterführende Literatur

[146] Beck's Gold: www.youtube.com/watch?v=fncULN6mCto; Zugriff 03/2010.
Beck's Ice: www.youtube.com/watch?v=wO5SZacddsA; Zugriff 03/2010.
Beck's Pils: www.youtube.com/watch?v=h-EFmhkOGY; Zugriff 03/2010.
Beck's Pils: www.youtube.com/watch?v=Al8iLqyi7Pk; Zugriff 03/2010.
Erdinger: www.erdinger.de/Unternehmen/Kampagnen.html#Dachmarke; Zugriff 03/2010.
Heineken: www.youtube.com/watch?v=pWEjJfjNu44; Zugriff 03/2010.
Jever: www.youtube.com/watch?v=7FDW31mSEQI; Zugriff 03/2010.
Köstritzer: www.koestritzer.de/en/unterhaltung/tvspot.html; Zugriff 03/2010.
Krombacher: www.youtube.com/watch?v=IxYZoUGAcKU; Zugriff 03/2010.
Paulaner: http://presse.paulanerserviceportal.de/145.0.302fa00568724fed6e03 222ddf1cafab.html?PHPSESSID=302fa00568724fed6e03222ddf1cafab; Zugriff 03/2010.
Schöfferhofer Eis-Kristall: www.youtube.com/watch?v=Ota0GzQRPaE; Zugriff 03/2010.
Schöfferhofer Weizen: www.youtube.com/watch?v=2IIqkR-SIk8; Zugriff 03/2010.

[147] Mandelbrot (1987), siehe weiterführende Literatur

[148] www.medienhandbuch.de/news/media-markt-ja-saubillig-hat-in-der-ein- oder-anderen-einstellung-einen-echten-schweinebauch-interview-mit-boris- malvinsky-exklusiv-9764.html; Zugriff 05/2011

[149] www.welt.de/fernsehen/article5816397/Oliver-Pocher-spricht-nicht-gerne- ueber-Quoten.html; Zugriff 12/2010

[150] www.welt.de/wirtschaft/article2644031/Dittsche-spielt-fuer-Media-Markt-das- Luder-Petra.html,
www.presseportal.de/pm/55404/1084387/media_markt,
www.metrogroup.de/servlet/PB/menu/1190430_l1/index.htm,
www.blogjoy.de/2007/11/14/olli-dittrich-neue-media-markt-werbung-video/,
www.spiegel.de/netzwelt/web/0,1518,druck-462835,00.html;
alle Zugriff 12/2010

[151] www.microsoft.com/presspass/press/2006/mar06/03-16PeopleReadyPR.mspx,
www.microsoft.com/germany/presseservice/news/pressemitteilung.
mspx?id=531829; beide Zugriff 12/2010

[152] http://download.microsoft.com/download/1/5/3/153753d9-5d5e-41f9-bb05- 6776aaa2faf6/people_ready_business.doc; Zugriff 12/2010

[153] Aktuell nicht mehr auf den Servern von Microsoft. Zu diesen Aussagen http://download.microsoft.com/download/c/0/f/c0f7424f-e335-4a57-af36- b247b6b33984/Microsoft_CERG_January_2007.pdf; Zugriff 10/2008

[154] Aktuell nicht mehr auf den Servern von Microsoft. Zu diesen Aussagen http://download.microsoft.com/download/c/0/f/c0f7424f-e335-4a57-af36-b247b6b33984/Microsoft_CERG_January_2007.pdf; Zugriff 10/2008

[155] Aktuell nicht mehr auf den Servern von Microsoft. Zu diesen Aussagen http://download.microsoft.com/download/c/0/f/c0f7424f-e335-4a57-af36-b247b6b33984/Microsoft_CERG_January_2007.pdf; Zugriff 10/2008

[156] Fog/Budtz/Munch/Blanchette (2010); Heiser (2009), siehe weiterführende Literatur, vom Grundprinzip ähnlich, bleibt allerdings in der konkreten Werbemaßnahme stecken.

[157] Stein (2011), S. 131 ff., siehe weiterführende Literatur

[158] http://news.cnet.com/IBM-On-demand-computing-has-arrived/2100-7339_3-5106577.html,
www-01.ibm.com/software/de/iod/,
www.cio.com/article/29776/A_Critical_Look_at_IBM_s_On_Demand_Computing_Marketing_Campaign; alle Zugriff 12/2010

[159] www.milka.de, www.kraftfoods.de; alle Zugriff 12/2010

[160] www.autobild.de/artikel/werbung-und-wahrheit-36513.html; Zugriff 12/2010

[161] Miller (1956), siehe weiterführende Literatur

[162] Auf den folgenden Seiten werden Teile aus folgenden Quellen verarbeitet: Cornelsen (1997), De Micheli (2004), Esch (2010), Fischer (2006), Gottschling (2007), Hartleben (2004), Holzapfel/Holzapfel (2010), Jodeleit (2010), Kloss (2007), Krug (2000), Meckel/Schmid (2008), Ogilvy (2007), Ogilvy (2010), Schweiger/Schrattenecker (2009), Stoschek (2009a, b, c) Thomas/Stammermann (2007), Wilhelm/Zich (2007), Weinberger (2007), Wirth (2004), Zich (2003a, b). Diese Quellen dienen auch der Vertiefung.

[163] www.milka.de; Zugriff 03/2011

[164] Cohen, L. (1995), siehe weiterführende Literatur

[165] Jolles (2000), siehe weiterführende Literatur

[166] Alle folgenden Zitate und sinngemäßen Zusammenfassungen beziehen sich auf die Broschüre Office Professional Enterprise Edition 2003, Microsoft Deutschland GmbH München, 2006

[167] Zitiert werden im Folgenden nur die fett gedruckten Hauptüberschriften, die schwach gedruckten Unter-Überschriften wurden weggelassen, Quelle Microsoft (2006)

[168] Zu medienspezifischen Darstellungen sei auf die spezifische Literatur hingewiesen, als Überblick Wirtz (2011), siehe weiterführende Literatur

[169] Holzapfel/Holzapfel (2010), siehe weiterführende Literatur

[170] Gaede (2001), Pricken (2003), Pricken/Klell (2007), siehe weiterführende Literatur

[171] Hochreiter (2011), Kudlich (2011), siehe weiterführende Literatur

[172] Alle Abbildungen aus Hochreiter (2011), siehe weiterführende Literatur

[173] Nachdem die folgenden Instrumente der Werbewirksamkeitsanalyse jedem Marketer bekannt sein sollten, wird auf eine genauere Erläuterung verzichtet. Zu einer genaueren Beschreibung der Instrumente der Werbewirksamkeitsanalyse sei auf die einschlägige Literatur verwiesen, zum Beispiel Kloss (2007), S. 96 ff., siehe weiterführende Literatur

[174] Zum folgenden Kapitel über Prozesse: Hammer/Champy (1994). Weitere Quellen: Walter (2009), Thomas (1990), Thomas (1991), Schmelzer/Sesselmann (2010), Hammer (1996), siehe weiterführende Literatur

[175] Hammer (1996), siehe weiterführende Literatur

[176] Schmelzer/Sesselmann (2010), siehe weiterführende Literatur

[177] Eine schöne Beschreibung der unterschiedlichen Vorgehensweisen westeuropäischer/amerikanischer auf der einen Seite und japanischer Manager auf der anderen Seite findet sich in dem wegweisenden Buch von Imai (1986) S. 16 ff., siehe weiterführende Literatur

[178] Die im Folgenden beschriebene Vorgehensweise bei der Analyse und Bewertung von Barrieren lehnt sich an die Vorgehensweise von Imai (1986) an. Ein sehr gutes Beispiel findet sich auf Seite 54 ff., siehe weiterführende Literatur

[179] Eine sehr gute Beschreibung der verschiedenen Reifegrad-Stufen findet sich in CMMI (2011), ab S. 26 ff. auf Seite 29 findet sich die im folgenden sinngemäß wiedergegebene Definition des Maturity Levels Optimizing.

[180] Link zur Studie: www-05.ibm.com/de/pressroom/downloads/mcw_2007.pdf; Zugriff 03/2011

[181] Hammer (1996), siehe weiterführende Literatur

[182] www.efqm.org/en/Home/Ourservices/Assessment/tabid/127/Default.aspx; Zugriff 4/2011

[183] www.efqm.org/en/Home/Ourservices/Assessment/Selfassessment/tabid/133/Default.aspx; Zugriff 4/2011

Weiterführende Literatur

Aaker, D. A. [Aaker (2002)]: Building strong brands; London, 2002

Aaker, D. A. [Aaker (2004)]: Brand Portfolio Strategy; New York, 2004

Aaker, D. A.; Kumar, V.; Day, G. S. [Aaker/Kumar/Day (2009)]: Marketing Research. 10th Edition; New York, 2009

Aaker, J. [Aaker (1997)]: Dimensions of Brand Personality, in Journal of Marketing Research; 34/1997, S. 347–356

Aronson, E.; Wilson, T. D.; Akert, R. M. [Aronson/Wilson/Akert (2004)]: Sozialpsychologie; Pearson Studium, 2004

Bachl, J.; Pershina, E.; Sorge, L.; Tajik, N.: Marketing Research Study; unveröffentlichte Studienarbeit; Deggendorf, 2011

Blackwell, R. D.; Miniard, P.W.; Engel, J. F. [Blackwell/Miniard/Engel (2006)]: Consumer Behavior; Mason, 2006

Botha, J. [Botha (2006)]: The Myth is with us. Star Wars, Jung's Archetypes, and the Journey of the Mythic Hero; Stellenbosch, 2006

Bringhurst, R. [Bringhurst (2005)]: The Elements of Typographic Style. Version 3.1; Point Roberts, 2005

Burns, A. C.; Bush, R. F. [Burns/Bush (2008)]: Marketing Research. 6th Edition; Prentice Hall, 2008

Nolde, G. C. (Hrsg.) [Nolde (2000)]: Caterpillar. 75 Jahre Kontinuität und Fortschritt; Peoria, 2000

Cohen, L. [Cohen (1995)]: Quality Function Deployment – How to make QFD work for you; Massachusetts, 1995

Cornelsen, C. [Cornelsen (1997)]: Das 1×1 der PR. Öffentlichkeitsarbeit leicht gemacht; Freiburg, 1997

De Micheli, M. [De Micheli (2004)]: Direktwerbung, die verkauft, Kunden gewinnt und Aufträge bringt.; Zürich, 2004

Döring, N. [Döring (2003)]: Sozialpsychologie des Internet; Göttingen, 2003

Edelmann, W. [Edelmann (2000)]: Lernpsychologie, 6. Auflage; Weinheim, 2000

Esch, F.-R. (Hrsg.) [Esch (2005)]: Moderne Markenführung; Wiesbaden, 2005

Esch, F.-R. [Esch (2010)]: Strategie und Technik der Markenführung, 6. Auflage; München, 2010

Esen, J. [Esen (2011)]: Zielgruppen faszinieren mit Bildwelten, www.bbdt.de/fileadmin/bbdt/dokumente/Vortraege_2008/Vortrag_Esen.pdf; 2011

Ettenhofer, V. [Ettenhofer (2010)]: Imagefeedback-Effekte von Produktportfolioerweiterungen auf die Kernmarke – Eine empirische Untersuchung anhand eines ausgewählten Beispiels aus der Bierindustrie; Deggendorf, 2010

Fischer, M. [Fischer (2006)]: Website Boosting; Heidelberg, 2006

Fog, K.; Budtz, C.; Munch, P.; Blanchette, S. [Fog/Budtz/Munch/Blanchette (2010)]: Storytelling: Branding in Practice; Heidelberg, 2010

Friedman, H. S.; Schustak, M. W. [Friedman/Schustak (2004)]: Persönlichkeitspsychologie und Differentielle Psychologie; München, 2004

Gaede, W. [Gaede (2001)]: Abweichen von der Norm: Enzyklopädie kreativer Werbung; Langen, 2001

Gierke, M. [Gierke (2006)]: Customer Loyalty and an Extraordinary Partnership, in: Design Management Review; Winter 2006

Gladwell, M. [Gladwell (2000)]: The Tipping Point; New York, 2000

Gottschling, S. [Gottschling (2007)]: Stark texten, mehr verkaufen. Kunden finden, Kunden binden mit Mailing, Web & Co.; Wiesbaden, 2007

Grede, A. [Grede (2003)]: Texten für das Web, Erfolgreich werben, erfolgreich verkaufen; München, Wien, 2003

Grunert S. C.; Scherhorn, G. [Grunert/Scherhorn (1990)]: Consumer Values in West Germany: Underlying Dimensions and Cross-cultural Comparison with North America, Journal of Business Research 20, S. 97–107

Habermas, J. [Habermas, J. (1981a)]: Theorie des kommunikativen Handelns, Band 1, Handlungsrationalität und gesellschaftliche Rationalisierung; Frankfurt a. M., 1981

Habermas, J. [Habermas, J. (1981b)]: Theorie des kommunikativen Handelns, Band 2, Zur Kritik der funktionalistischen Vernunft; Frankfurt a. M., 1981

Hammer, M. [Hammer (1996)]: Beyond Reengineering. How the Process-Centered Organization is changing our work and our lives; New York, 1996

Hammer, M.; Champy, J. [Hammer/Champy (1994)]: Reengineering the Corporation; New York, 1994

Hartleben, R. E. [Hartleben (2004)]: Werbekonzeption und Briefing; Erlangen, 2004

Häusel, H.-G. [Häusel (2000)]: Think Limbic! Die Macht des Unbewussten verstehen und nutzen für Motivation, Marketing, Management; Planegg, 2000

Heiser, A. [Heiser (2009)]: Bullshit Bingo. Storytelling für Werbetexte; Berlin, 2009

Herrmann, A.; Homburg, C.; Klarmann, M. (Hrsg.) [Herrmann/Homburg/Klarmann) (2007)]: Marktforschung. 3. Auflage; Wiesbaden, 2007

Hochreiter, O. [Hochreiter (2011)]: Vergleichende Analyse von Stilmitteln in der Printwerbung; Deggendorf, 2011

Hofmann, P. [Hofmann (2006)]: Wenn Ohren kotzen. Ein Handbuch für den strategischen Einsatz von Radiowerbung.; Münster, 2006

Holzapfel, F.; Holzapfel, K. [Holzapfel/Holzapfel (2010)]: facebook. marketing unter freunden; Göttingen, 2010

Icon Brand Navigation AG [Icon Brand Navigation AG (2011)]: Brand Status, www.pret-a-press.de/wolfgangseeger/download/Mafo.PDF; Zugriff 01/2011

Imai, M. [Imai (1986)]: Kaizen. The Key to Japan's competitive success; New York, 1986

Jacobi, J. [Jacobi (1957)]: Komplex Archetypus. Symbol in der Psychologie C. G. Jungs.; Zürich, 1957

Jodeleit, B. [Jodeleit (2010)]: Social Media Relations. Leitfaden für erfolgreiche PR-Strategien und Öffentlichkeitsarbeit im Web 2.0; Heidelberg, 2010

Jolles, Robert L. [Jolles (1998)]: Customer Centered Selling; New York, 1998

Jung, C. G. (Hrsg.) [Jung (1999)]: Der Mensch und seine Symbole. Sonderausgabe. 15. Auflage; Olten, 1999

Jung, C. G. [Jung (1954)]: Von den Wurzeln des Bewusstseins. Studien über den Archetypus.; Zürich, 1954

Kahle, L. R.; Beatty, S.; Mager, J. [Kahle/Beatty/Mager (1994)]: Implications of Social Values for Consumer Communications: The Case of the European Community, in B. Englis, ed., Global and Multinational Advertising, S. 47–64; Hillsdale, 1994

Kastens, I. E. [Kastens (2008)]: Linguistische Markenführung. Die Sprache der Marken – Aufbau, Umsetzung und Wirkungspotenziale eines handlungsorientierten Markenführungsansatzes; Münster, 2008

Kloss, I. [Kloss (2003)]: Werbecontrolling; Stuttgart, 2003

Kloss, I. [Kloss (2007)]: Werbung; Handbuch für Studium und Praxis; München, 2007 zitiert als Kloss (2007)

Klüver, N. [Klüver (2009)]: Werbesprache als Spiegel der Gesellschaft? Anzeigentexte und Werbung im Laufe der Jahrzehnte; Hamburg, 2009

Kroeber-Riel, W. [Kroeber-Riel (1996)]: Bildkommunikation; München, 1996

Krug, S. [Krug (2000)]: Don't make me think. A common sense approach to web usability; Berkely, 2000

Kudlich, S. [Kudlich (2011)]: Vergleichende Analyse des Einflusses von Stilmitteln in Printwerbungen auf das Erinnerungsvermögen und die damit verbundene Erzeugung von Interesse und Kaufbereitschaft für das beworbene Produkt; Deggendorf, 2011

Kudlich, S. [Kudlich (2012)]: Vergleichende Analyse des Einflusses von Stilmitteln in Printwerbungen auf das Erinnerungsvermögen und die damit verbundene Erzeugung von Interesse und Kaufbereitschaft für das beworbene Produkt; Deggendorf, 2011

Lempert, P. [Lempert (2002)]: Being the Shopper. Understanding the Buyer's Choice.; New York, 2002

Lewis, R. D. [Lewis (1999)]: When cultures collide; London, 1999

Mandelbrot, B. [Mandelbrot (1987)]: Die fraktale Geometrie der Natur; Basel, 1987

Manthey (Hrsg.) [Manthey (1983)]: Die SF-Filme, Cinema Sonderheft Nr. 9; Hamburg, 1983

Mazur, J. E. [Mazur (2004)]: Lernen und Gedächtnis; München, 2004

Meckel, M.; Schmid, B. F. [Meckel/Schmid (2008)]: Unternehmenskommunikation. Kommunikationsmanagement aus Sicht der Unternehmensführung, 2. Auflage; Wiesbaden, 2008

Meffert, H./Burmann, C./Koers, M. [Meffert, H./Burmann, C./Koers, M. (2005)]: Markenmanagement; Wiesbaden, 2005

Miller, G. A. [Miller (1956)]: The Magical Number 7, Plus or Minus Two: Some Limits on Our Capacity for Processing Information. Psychological Review, 63, pp. 81–97

Müller, S. [Müller (2002)]: Bildkommunikation als Erfolgsfaktor bei Markenerweiterungen; Wiesbaden, 2002

Nohl, M. [Nohl (2007)]: Workshop Typographie & Printdesign. Ein Lern- und Arbeitsbuch; Heidelberg, 2007

Nölke, S. V. [Nölke (2009)]: Das 1×1 des Audio-Marketings; Köln, 2009

Ogilvy, D. [Ogilvy (2007)]: Ogilvy on Advertising; London, 2007

Ogilvy, D. [Ogilvy (2010)]: Confessions of an Advertising Man; London, 2010

Porter, M. E. [Porter (1980)]: Competitive strategy; New York, 1980

Porter, M. E. [Porter (1985)]: Competitive advantage; New York, 1985

Pricken, M. [Pricken (2003)]: Visuelle Kreativität. Kreativitätstechniken für neue Bilderwelten in Werbung, 3D Animation & Computer-Games; Mainz, 2003

Pricken, M.; Klell, C. [Pricken/Klell (2007)]: Kribbeln im Kopf: Kreativitätstechniken & Denkstrategien für Werbung, Marketing & Medien; Mainz, 2007

Radkte, S. P.; Pisani, P.; Wolters, W. [Radkte et. al. (2004)]: Visuelle Mediengestaltung, 2. Auflage; Berlin, 2004

Reiss, S. [Reiss (2002)]: Who am I? The 16 basic desires that motivate our actions and define our personalities; New York, 2002

Ries, A; Ries, L. [Ries/Ries (1998)]: 22 immutable laws of branding; New York, 1998

Scheier, C.; Held, D. [Scheier/Held (2006)]: Wie Werbung wirkt. Erkenntnisse des Neuromarketing.; Planegg, 2006

Scheier, C.; Held, D. [Scheier/Held (2009)]: Was Marken erfolgreich macht. Neuropsychologie in der Markenführung., 2. Auflage; Planegg, 2009

Schmelzer, H.; Sesselmann, W. [Schmelzer/Sesselmann (2010)]: Geschäftsprozessmanagement in der Praxis., 7. Auflage; München, 2010

Schmitt, R. [Schmitt (1986)]: Texte und Bildrezeption bei TV-Werbespots; Frankfurt a. M., 1986

Schneewind, K. A., Schröder, G. & Cattell, R. B. (1983, 3. Aufl. 1994). Der Persönlichkeits-Faktoren-Test (16PF). Testmanual. Bern. Huber.

Schweiger, G.; Schrattenecker, G. [Schweiger/Schrattenecker (2009)]: Werbung, 7. Auflage; Stuttgart, 2009

Seifert, F. [Seifert (1965)]: Bilder und Urbilder. Erscheinungsformen des Archetypus.; München, 1965

Software Engineering Institute (Hrsg.) [Software Engineering Institute (Hrsg.) (2011a)]: CMMI for Acquisition, Version 1.3; Hanscom, 2011

Software Engineering Institute (Hrsg.) [Software Engineering Institute (Hrsg.) (2011b)]: CMMI for Development, Version 1.3; Hanscom, 2011

Stankowski, A. (Hrsg.) [Stankowski (1994)]: Visuelle Kommunikation, ein Design Handbuch; Berlin, 1994

Stein, S. [Stein (2011)]: Über das Schreiben, 5. Auflage; Frankfurt a. M., 2011

Stevenson, D. [Stevenson (2008)]: Die Storytheater-Methode. Strategisches Geschichtenerzählen im Business; Offenbach, 2008

Stoschek, A. [Stoschek (2009a)]: Das 1×1 der SEO-Texte, in Internet World, 15/2009, S. 36–37

Stoschek, A. [Stoschek (2009b)]: Texten für Google Adwords, in Internet World, 16/2009, S. 34–35

Stoschek, A. [Stoschek (2009c)]: Auf Semantic Web geeicht, in Internet World, 17/2009, S. 38–39

Strebinger, A. [Strebinger (2011)]: Die Markenpersönlichkeit und das Ich des Konsumenten. Von der Rolle des Selbst in der Markenwahl, in transfer – Werbeforschung & Praxis, WWG/ DWG [Hrsg.]; 1/2004., o. S.

Thomas, A.; Kammhuber, S.; Schroll-Machl, S. (Hrsg.) [Thomas et. al. (2003a)]: Handbuch Interkulturelle Kommunikation und Kooperation, Band 1; Göttingen, 2003

Thomas, A.; Kammhuber, S.; Schroll-Machl, S. (Hrsg.) [Thomas et. al. (2003b)]: Handbuch Interkulturelle Kommunikation und Kooperation, Band 2; Göttingen, 2003

Thomas, P. R. [Thomas (1990)]: Competitiveness Trough Total Cycle Time. An Overview for CEOs; New York, 1990

Thomas, P. R. [Thomas (1991)]: Getting Competitive. Middle managers and the Cycle Time Ethic; New York, 1991

Thomas, W.; Stammermann, L. [Thomas/Stammermann (2007)]: In-Game Advertising – Werbung in Computerspielen; Wiesbaden, 2007

Tybout, A. M.; Calcins, T. [Tybout/Calcins (2005)]: Kellog on Branding; Hoboken, 2005

Walter, J. [Walter (2009)]: Geschäftsprozessmanagement umsetzen. Prozesse am Kunden orientieren, transparent und flexibel gestalten.; Müchen, 2009

Weinberger, A. [Weinberger (2007)]: Flyer; München, 2007

Wilhelm, C.; Zich, C. [Wilhelm/Zich (2007)]: Erfolgreiches Multi-Channel-Marketing in der IT-Branche, in Wirtz, B. W.: Handbuch Multi-Channel-Marketing; Wiesbaden, 2007, S. 717–734

Wirth, T. [Wirth (2004)]: Missing Links, München; Wien, 2004

Wirtz, B. (Hrsg.) [Wirtz (2011)]: Medien- und Internetmanagement, 7. Auflage; Wiesbaden, 2011

Wittgenstein, L. [Wittgenstein (1989)]: Tractatus logico-philosophicus, Werkausgabe Bd. 1, 5. Auflage; Frankfurt a.M., 1989

Wüsthoff, K. [Wüsthoff (1999)]: Die Rolle der Musik in der Film-, Funk- und Fernsehwerbung. 2. Auflage; Kassel, 1999

Zich, C. [Zich (2003a)]: Effizienz von Kundenzeitschriften im industriellen Marketing, in Kamenz, U.: Applied Marketing; Heidelberg, 2003, S. 927–934

Zich, C. [Zich (2003b)]: Was Kunden von Kundenzeitschriften erwarten – eine Case Study zur kundenorientierten Identifizierung von Effizienzsteigerungspotentialen in der Marketingkommunikation, in Gündling, C.: Erfolg durch Direktmarketing; Neuwied, 2003, Kap. 8.4.3.

Zimbardo, P. G.; Gerrig, R. J. [Zimbardo/Gerrig (2004)]: Psychologie; München, 2004

Stichwortverzeichnis

Hans-Jürgen Borchardt

Dezentrales Marketing und Crowdsourcing

Warum und wie sich das Marketing neu erfinden muss

April 2012, ca. 200 Seiten, gebunden
ISBN 978-3-89578-413-2, ca. € 24,90

Hans-Jürgen Borchardt zeigt Unternehmen, welche Elemente des Marketings in den nächsten Jahren relevant sein werden und worauf Unternehmen achten müssen, wenn sie dauerhaft Erfolg haben wollen. Marketingabteilungen, Unternehmenseinheiten und Filialen, aber auch Klein- und mittelständische Unternehmer können ihre aktuellen Strategien, Strukturen und Prozesse daran spiegeln und Ideen für neue Konzepte gewinnen.

Hans-Jürgen Borchardt

Marketing für Klein- und Familienbetriebe

Konzepte, Ideen, Beispiele, Checklisten

2010, 237 Seiten, gebunden
ISBN 978-3-89578-349-4, € 24,90

„Marketing für Klein- und Familienbetriebe" ist Pflichtlektüre für alle, die ihren Betrieb wettbewerbsfähig und kundenorientiert in die Zukunft führen wollen. Die Handlungsanleitungen im Buch sind so aufgebaut, dass jeder damit systematisch sein Unternehmenskonzept ausarbeiten und realisieren kann. Unterstützt durch die Beispiele und Checklisten ermöglichen sie es, ein eigenes, individuelles Marketingkonzept mit Werbemaßnahmen zu entwickeln und umzusetzen und so die Wettbewerbsfähigkeit des Betriebes dramatisch zu erhöhen.

www.publicis-books.de

Kolonat Noss

Der Mind Malus

Warum die Schwächen des Verstandes für unsere Kommunikation so wertvoll sind

2011, 253 Seiten, gebunden
ISBN 978-3-89578-390-6, € 24,90

Unser Verstand hält eine große Ressource bereit. Nicht in seinen Vorzügen, wo wir sie vermuten. Im Gegenteil, in seinen Schwächen, seinen Defiziten, seinen Unzulänglichkeiten. Das ist eine neue Einsicht. Und sie trägt einen neuen Namen: Mind Malus. Wir alle können diese Ressource zu unserem Vorteil nutzen. Besonders Pädagogen, Politiker, Manager und Kulturschaffende. Und ganz besonders die Experten in Marketing, Werbung, Design und Markengestaltung.

Peter Kinne

Die Kunst, bevorzugt zu werden

Das Erfolgskonzept Wertebalance

2011, 207 Seiten, 41 Abbildungen,
24 Tabellen, gebunden
ISBN 978-3-89578-395-1, € 34,90

Peter Kinne beschreibt einen neuen Weg, Organisationen im Wettbewerb zukunftsfähig zu machen. Die dargestellte Methodik bezieht das Präferenzverhalten von Kunden und Mitarbeitern ein und bietet damit klare Vorteile gegenüber der Balanced Scorecard und anderen Managementmethoden. Sie basiert auf einer messbaren Balance der – ökonomisch relevanten – Werte an den kritischen Schnittstellen zwischen der Organisation und ihren Key-Stakeholdern. Ein Orientierungsmodell ermöglicht, die Wettbewerbsposition zu optimieren, kritische Veränderungsprozesse zu beschleunigen und die Nachhaltigkeit zu verbessern. Die beschriebene Methodik ist branchenunabhängig, leicht verständlich und relativ einfach implementierbar.

www.publicis-books.de

Günter Hofbauer

Professionelles Vertriebsmanagement

Der prozessorientierte Ansatz aus Anbieter- und Beschaffersicht

2., aktualisierte und erweiterte Auflage, 2009, 516 Seiten, 154 Abb., 118 Tab., gebunden ISBN 978-3-89578-328-9, € 59,90

Dieses Buch stellt den Vertriebsprozess erstmals aus Anbieter- und Kundensicht dar und ermöglicht es so, die Prozesse optimal aufeinander abzustimmen. Es liefert wichtige Ansatzpunkte für ein profitables Customer Relationship Management und zeigt, wie Beziehungen zwischen den beiden Marktpartnern identifiziert, aufgebaut und für beide Seiten dauerhaft profitabel aufrechterhalten werden können. Die konsequente Prozessorientierung ermöglicht zudem höhere Effektivität und Effizienz in der Vertriebsarbeit. Für die 2. Auflage wurde das Buch wesentlich erweitert, abgerundet wird es durch ein ausführliches Kapitel zu Verhandlungsmanagement.

Günter Hofbauer, Barbara Schöpfel

Professionelles Kundenmanagement

Ganzheitliches CRM und seine Rahmenbedingungen

2010, 383 Seiten, 100 Abbildungen, 89 Tabellen, gebunden ISBN 978-3-89578-331-9, € 49,90

Dieses Buch vermittelt dem Leser ein umfassendes Verständnis der kundenbezogenen Prozesse. Kompakt, leicht lesbar und verständlich stellt es die Grundlagen des kundenorientierten Beziehungsmanagements dar und zeigt, wie dieses in der betrieblichen Organisation verankert und mit anderen Aufgaben verknüpft ist. Dabei geht es auch auf die besonderen Problemfelder des Kundenmanagements ein und beschreibt entsprechende Lösungsmöglichkeiten und Vorgehensweisen. Außerdem gibt es wertvolle Hilfestellung zur Implementierung eines Kundenbeziehungsmanagements und zur Umsetzung praktischer Maßnahmen.

Günter Hofbauer, Anita Sangl

Professionelles Produktmanagement

Der prozessorientierte Ansatz, Rahmenbedingungen und Strategien

2., aktualisierte und erweiterte Auflage,
2011, 578 Seiten, 281 Abbildungen, gebunden
ISBN 978-3-89578-376-0, € 59,90

Klar strukturiert und leicht lesbar stellt dieses Buch systematisch und umfassend die relevanten Erfolgsfaktoren des Produktmanagements dar. Im ersten Teil erläutert es die Rahmenbedingungen des Produktmanagements, im zweiten Teil beschreibt es in einem umsetzungsnahen Referenzmodell den Kernprozess des Produktmanagements in 11 Phasen. Das Buch richtet sich an Betriebswirte, Ingenieure und Wirtschaftsingenieure in Vertrieb und Marketing, Produktentwicklung, Beschaffung und Fertigung, an Praktiker, Berufseinsteiger und Studierende.

Günter Hofbauer, Daniela Rau

Professionelles Kundendienstmanagement

Strategie, Prozess, Komponenten

2011, 240 Seiten, 68 Abbildungen,
63 Tabellen, gebunden
ISBN 978-3-89578-373-9, € 49,90

Dieses Buch stellt ein Modell für effizientes Kundendienstmanagement vor, das alle kaufmännischen und technischen Kundendienstleistungen erfasst und mehr abdeckt als das klassische After-Sales-Management. Es bietet eine kompakte Einführung in die Thematik, präsentiert einen Managementansatz, der prozessorientiert und logisch aufgebaut ist, und gibt Hinweise, an welchen Stellen des Kundendienstmanagements Optimierungspotenzial besteht. Schwerpunkte der Darstellung sind Handover-Management, Ersatzteilmanagement, Zufriedenheits- bzw. Beschwerdemanagement und Recovery-Management. Auch strategische Fragen, Situationsanalyse, Organisation, Kundenkontakt, Wissensmanagement, Controlling und die kaufmännische Nachbetreuung werden behandelt.

www.publicis-books.de

Angélique Werner

Communication2Win

Ihr Praxishandbuch für innovative
Marketingkommunikation im Zeitalter
sozialer Netzwerke

2012, 251 Seiten,
28 Abbildungen, gebunden
ISBN 978-3-89578-405-7, € 29,90

Ein derart umfassender, praktischer und lebendig geschriebener
Überblick über alle Facetten der Marketingkommunikation in der
Welt von Google, XING, LinkedIn, Facebook, Twitter usw. ist in dieser
Form neu. Die Kommunikationsexpertin Angélique Werner bietet eine
griffige Anleitung, um die externen und internen Kommunikations- und
Marketingaktivitäten Ihrer Firma u.a. auch via Social Media zu optimieren: Wie kommunizieren Sie erfolgreich mit Kunden, wie mit den
eigenen Mitarbeitern? Dabei geht es sowohl um Tipps und Innovationen
für die klassischen Kommunikations- und Marketingkanäle, als auch
um den systematischen Aufbau von Social Media zur Verstärkung der
traditionellen Maßnahmen.

Ralf Langwost

How to Catch the Big Idea

Die Strategien der Top-Kreativen
Mit einem Geleitwort von John Hegarty

2004, 304 Seiten, gebunden mit Schutzumschlag
ISBN 978-3-89578-237-4, € 47,90

Wer die Möglichkeit schätzt, von den Top-Kreativen der Welt zu
lernen, wird dieses Buch lieben. Es zeigt, wie die am kreativen Prozess
Beteiligten ihren eigenen Arbeitsprozess wirksam und nachvollziehbar
optimieren können. „How to Catch the Big Idea" liefert kraftvoll-
inspirierende Fragen für die Tagesarbeit, und konkrete praxisnahe Tipps
für den Umgang mit Ideen und deren Umsetzung. Es schafft eine neue
Grundlage für eine effektivere und kreativere Arbeitsstruktur, um selbst
auf großartige Ideen zu kommen.